住房城乡建设部土建类学科专业“十三五”规划教材
“十三五”江苏省高等学校重点教材（编号：2016-2-087）
高等学校土木工程学科专业指导委员会规划教材
（按高等学校土木工程本科指导性专业规范编写）

钢结构设计

（建筑工程专业方向适用）

于安林　主编
童根树　主审

中国建筑工业出版社

图书在版编目（CIP）数据

钢结构设计/于安林主编. —北京：中国建筑工业出版社，2016.7（2023.3重印）
高等学校土木工程学科专业指导委员会规划教材（按高等学校土木工程本科指导性专业规范编写）（建筑工程专业方向适用）
ISBN 978-7-112-19540-4

Ⅰ. ①钢…　Ⅱ. ①于…　Ⅲ. ①钢结构-结构设计-高等学校-教材　Ⅳ. ①TU391.04

中国版本图书馆CIP数据核字（2016）第146528号

本书按照高等学校土木工程学科专业指导委员会编制的《高等学校土木工程本科指导性专业规范》编写，为《钢结构基本原理》的后续教材。本书涉及轻型门式刚架结构、单层普通钢结构工业厂房、多层房屋钢结构及大跨屋盖结构等常用钢结构体系，着重介绍了这些钢结构体系的基本形式、结构布置、结构的荷载、荷载效应组合、结构分析及设计方法。为了便于学生更好地掌握每一种结构体系，每章均给出了相应的工程实例，介绍了设计的基本过程及在设计中所依据的主要规范及规程，章后均附有工程算例。

本书可作为各高校土木工程专业的教材，也可供从事结构设计、科研和施工的工程技术人员参考使用。

为了更好地支持教学，我社向采用本书作为教材的教师提供课件，有需要者可与出版社联系，索取方式如下：建工书院 http://edu.cabplink.com，邮箱 jckj@cabp.com.cn，电话（010）58337285。

*　*　*

责任编辑：仕　帅　吉万旺　王　跃
责任校对：王宇枢　刘梦然

住房城乡建设部土建类学科专业“十三五”规划教材
“十三五”江苏省高等学校重点教材（编号：2016-2-087）
高等学校土木工程学科专业指导委员会规划教材
（按高等学校土木工程本科指导性专业规范编写）

钢结构设计
（建筑工程专业方向适用）
于安林　主编
童根树　主审

*

中国建筑工业出版社出版、发行（北京海淀三里河路9号）
各地新华书店、建筑书店经销
霸州市顺浩图文科技发展有限公司制版
北京建筑工业印刷厂印刷

*

开本：787×1092毫米　1/16　印张：17　插页：1　字数：356千字
2016年11月第一版　2023年3月第七次印刷
定价：**42.00**元（赠教师课件）
ISBN 978-7-112-19540-4
（34420）

本系列教材编审委员会名单

出版说明

近年来，高等学校土木工程学科专业教学指导委员会根据其研究、指导、咨询、服务的宗旨，在全国开展了土木工程学科教育教学情况的调研。结果显示，全国土木工程教育情况在2000年以后发生了很大变化，主要表现在：一是教学规模不断扩大，据统计，目前我国有超过400余所院校开设了土木工程专业，有一半以上是2000年以后才开设此专业的，大众化教育面临许多新的形势和任务；二是学生的就业岗位发生了很大变化，土木工程专业本科毕业生中90%以上在施工、监理、管理等部门就业，在高等院校、研究设计单位工作的本科生越来越少；三是由于用人单位性质不同、规模不同、毕业生岗位不同，多样化人才的需求愈加明显。土木工程专业教指委根据教育部印发的《高等学校理工科本科指导性专业规范研制要求》，在住房和城乡建设部的统一部署下，开展了专业规范的研制工作，并于2011年由中国建筑工业出版社正式出版了土建学科各专业第一本专业规范——《高等学校土木工程本科指导性专业规范》。为紧密结合此次专业规范的实施，土木工程教指委组织全国优秀作者按照专业规范编写了《高等学校土木工程学科专业指导委员会规划教材（专业基础课）》。本套专业基础课教材共20本，已于2012年底前全部出版。教材的内容满足了建筑工程、道路与桥梁工程、地下工程和铁道工程四个主要专业方向核心知识（专业基础必需知识）的基本需求，为后续专业方向的知识扩展奠定了一个很好的基础。

为更好地宣传、贯彻专业规范精神，土木工程教指委组织专家于2012年在全国二十多个省、市开展了专业规范宣讲活动，并组织开展了按照专业规范编写《高等学校土木工程学科专业指导委员会规划教材（专业课）》的工作。教指委安排了叶列平、郑健龙、高波和魏庆朝四位委员分别担任建筑工程、道路与桥梁工程、地下工程和铁道工程四个专业方向教材编写的牵头人。于2012年12月在长沙理工大学召开了本套教材的编写工作会议。会议对主编提交的编写大纲进行了充分的讨论，为与先期出版的专业基础课教材更好地衔接，要求每本教材主编充分了解前期已经出版的20种专业基础课教材的主要内容和特色，与之合理衔接与配套、共同反映专业规范的内涵和实质。此次共规划了四个专业方向29种专业课教材。为保证教材质量，系列教材编审委员会邀请了相关领域专家对每本教材进行审稿。

本系列规划教材贯彻了专业规范的有关要求，对土木工程专业教学的改革和实践具有较强的指导性。在本系列规划教材的编写过程中得到了住房和城乡建设部人事司及主编所在学校和单位的大力支持，在此 并表示感谢。希望使用本系列规划教材的广大读者提出宝贵意见和建议，以便我们在重印再版时得以改进和完善。

高等学校土木工程学科专业指导委员会
中国建筑工业出版社
2014年4月

前　言

2011 年 10 月，住房和城乡建设部与全国高等学校土木工程学科专业指导委员会颁布了《高等学校土木工程本科指导性专业规范》，对土木工程本科专业教学内容进行了全面整合。在“本科专业规范”的指导下，组织编写了《钢结构设计》，本教材为《钢结构基本原理》的后续教材，适用于建筑工程专业方向。

学生在掌握了钢结构基本构件及连接设计的基础上，需进一步熟悉钢结构体系的设计方法，遵循设计规范和规程的要求，设计出既安全又经济的建筑钢结构。本教材涉及了轻型门式刚架结构、单层普通钢结构工业厂房、多层房屋钢结构及大跨屋盖结构等常用钢结构体系。着重介绍了这些钢结构体系的基本形式、结构布置、结构的荷载和荷载效应组合、结构分析及设计方法。为了便于学生更好地掌握每一种结构体系，每章均给出了相应的工程实例，介绍了设计的基本过程及在设计中所依据的主要规范及规程，章后均附有工程算例。

本书共分为 4 章。第 1 章介绍了单层门式刚架结构的组成、形式和结构布置，檩条、压型钢板、墙梁和支撑的连接构造及设计，刚架的荷载及荷载效应组合，变截面刚架梁、柱的设计，刚架主要节点的构造和设计。第 2 章阐述了单层普通钢结构工业厂房的组成、形式和结构布置，单层工业厂房的荷载计算和效应组合，阶形柱、柱间支撑、钢屋架和吊车梁的设计及连接节点的构造。第 3 章讲述了多层房屋钢结构的组成、形式和结构布置，多层房屋钢结构的荷载计算、效应组合及内力计算方法，楼盖、框架梁、柱、支撑以及连接节点设计和构造。第 4 章从大跨钢屋盖结构的种类入手，着重介绍了网架、网壳及管桁架结构的形式和结构布置，钢屋盖结构设计的荷载及其效应组合，网架、网壳和管桁架结构的内力计算要点，网壳结构的稳定性分析，网架、网壳及管桁架杆件设计，焊接空心球节点、螺栓球节点及相贯节点的设计和构造。

苏州科技大学的相关教师完成了本书的编写工作。全书由主编于安林修改定稿，参加本书各章编写工作的有：孙国华（第 1 章），李启才（第 2 章），毛小勇（第 3 章），赵宝成（第 4 章），姚江峰编写了第 2 章的钢屋架设计算例。苏州科技大学多名研究生对工程算例进行了校对和试算，并绘制了部分插图。苏州科技大学方恬副教授对本书也提出了许多建设性意见，浙江大学童根树教授对全书进行了细致地审阅。在本书编写过程中，也参考了相关单位的资料，一并致谢。

由于编者水平有限，在内容取舍及衔接方面难免存在不妥之处，敬请同行和读者对所发现的错误、疏漏及需要完善之处予以指正。

目 录

第1章 轻型门式刚架结构

本章知识点

【知识点】单层门式刚架结构的组成、形式和结构布置，檩条、压型钢板、墙梁和支撑的连接构造及设计，刚架的荷载计算和荷载效应组合，变截面刚架梁、柱的设计，刚架主要节点的构造和设计。

【重　点】轻型门式刚架的结构布置，刚架和檩条设计。

【难　点】冷弯薄壁型钢构件截面的有效宽度，变截面构件设计。

1.1 概述

在工业发达的国家，轻型门式刚架结构已经非常广泛地应用于各类房屋结构中。国内轻型门式刚架结构的应用大约始于20世纪80年代初期，中国工程建设标准化协会在1999年颁布了《门式刚架轻型房屋钢结构技术规程》CECS 102：98，此后轻型门式刚架结构的应用得到了迅速发展，国内采用轻型门式刚架结构的工程数量越来越多，工程规模越来越大，大约每年有上千万平方米的轻钢建筑竣工，充分展示了这种结构的优越性。国外也有大量钢结构制造商进入中国，加上国内几百家的轻钢结构专业公司和制造厂，市场竞争也日趋激烈。

1.1.1 工程实例

美的南沙工业园空调项目位于广州市南沙区珠江工业园内，建于2011年，厂房类别为丁类，抗震设防烈度7度，设计使用年限50年，建筑耐火等级二级。其中1号厂房为单层门式刚架结构，建筑高度14.95m，建筑面积为43152.2m^2，结构平面尺寸132m×297m，柱距9m，共五跨（中间跨为36m，其余跨均为24m)。厂房1.2m以下外墙为180mm厚蒸压灰砂砖墙体，1.2m以上外墙采用镀铝锌压型钢板，0.60mm镀铝锌彩色压型钢板屋面，保温隔热采用75mm厚玻璃丝棉。刚架梁、柱采用焊接工字形变截面构件，檩条和墙梁为冷弯薄壁卷边槽钢。图1-1为该工程主体结构的施工安装过程。

1.1.2 组成

如图1-2所示，轻型门式刚架结构主要由门式刚架、支撑、屋面、墙面等组成。

图1-1　主体结构的安装过程

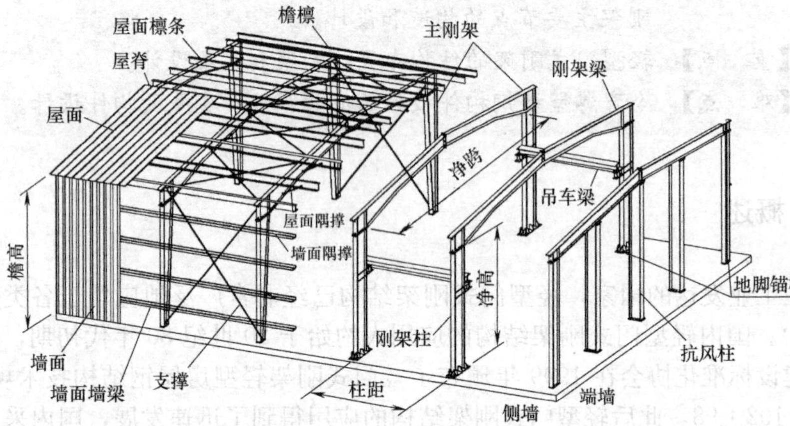

图1-2　门式刚架轻型钢结构房屋的基本组成

1. 主体结构

门式刚架是结构的主要承重骨架，通常采用轻型焊接H型钢或热轧H型钢等构成。为节省钢材，刚架梁、刚架柱一般采用变截面构件。设有桥式吊车时，刚架柱则采用等截面构件。

支撑主要由屋面横向水平支撑、柱间支撑、系杆等组成，是确保结构能够整体工作的重要构件，同时也是结构纵向传力的主要构件。

此外，在山墙处，设有抗风柱；有桥式吊车时，还设有吊车梁；为保证刚架梁在负弯矩区段的稳定以及刚架柱内侧翼缘受压区段的稳定，还需设置隅撑。

2. 围护结构

屋面和墙面是房屋的围护结构，在轻型门式刚架结构中，一般不再采用砌体、预制板等传统材料，而是由檩条、墙梁、拉条和面板组成。

檩条和墙梁是屋面和墙面的承重构件，常采用冷弯薄壁型钢。拉条可阻止檩条和墙梁的面外失稳，用圆钢和钢管做成。

工程中多采用彩色镀锌（或镀铝锌）压型钢板作为面板，当确保面板和檩条、墙梁等构件连接可靠时，面板可以考虑参与结构的共同受力（蒙皮效应）。保温隔热材料有玻璃棉、聚苯乙烯泡沫塑料、岩棉等，目前多采用玻璃棉。

1.1.3 门式刚架的特点

轻型门式刚架结构具有以下特点：

（1）质量轻

由于围护结构采用压型金属板、玻璃棉及冷弯薄壁型钢等材料组成，屋面、墙面的质量都很轻，因而支承它们的门式刚架也很轻。根据国内的工程实例统计，单层门式刚架房屋承重结构的用钢量一般为10～30kg/m²。在相同的跨度和荷载条件下，自重约为钢筋混凝土结构的1/30～1/20。

由于单层门式刚架结构质量轻，地基处理费用相对较低，基础可以做得比较小。同时在相同地震设防烈度下门式刚架结构的地震反应小，一般情况下，地震作用参与的内力组合对刚架梁、柱构件的设计不起控制作用。但是风荷载对门式刚架结构构件的受力影响较大，风荷载产生的吸力可能会使屋面的金属压型板、檩条反向受力，当风荷载较大或房屋较高时，风荷载可能是门式刚架设计的控制荷载。

（2）工业化程度高，施工周期短

门式刚架结构的主要构件和配件均为工厂制作，质量易于保证，工地现场安装方便。除基础施工外，基本没有湿作业，构件之间多采用高强度螺栓连接，现场施工人员少。

（3）柱网布置比较灵活

门式刚架结构的围护体系采用金属压型钢板，柱网布置不受模数限制，柱距大小主要根据使用要求和用钢量最省的原则来确定。

（4）组成构件的板件较薄，对制作、涂装、运输、安装要求高

在门式刚架结构中，焊接构件中钢板的最小厚度为3.0mm，冷弯薄壁型钢构件中钢板的最小厚度为1.5mm，压型钢板的最小厚度为0.4mm。板件的宽厚比大，使得构件在外力撞击下易发生局部变形。同时，锈蚀对构件截面削弱带来的后果更为严重。

此外，构件的抗弯刚度、抗扭刚度较小，结构整体较柔，要注意防止构件发生弯曲和扭转变形。同时，要重视支撑体系和隅撑的布置，重视屋面板、墙面板与构件的连接构造，使其能参与结构的整体工作。

1.1.4 应用范围

轻型门式刚架结构主要应用于轻型厂房、仓库、交易市场、大型超市、体育馆、展览厅及活动房屋、加层建筑等。

1.1.5 设计过程

1.1.5.1 设计所依据的主要规范、规程

《建筑结构荷载规范》GB 50009—2012

《门式刚架轻型房屋钢结构技术规范》GB 51022—2015

《冷弯薄壁型钢结构技术规范》GB 50018—2002

《钢结构设计规范》GB 50017—2003

《建筑抗震设计规范》GB 50011—2010

《建筑地基基础设计规范》GB 50007—2011

《钢结构工程施工质量验收规范》GB 50205—2001

1.1.5.2　设计步骤

轻型门式刚架的使用要求确定以后，其设计步骤一般如下：

(1) 结构选型与布置：确定结构形式、建筑尺寸、结构平面布置。

(2) 初选构件截面：主要包括刚架梁和柱、屋面支撑、柱间支撑、系杆、墙梁、檩条、抗风柱以及吊车梁（有吊车时）等。

(3) 荷载计算与荷载组合：确定结构所承受的永久荷载、可变荷载以及各种作用，确定可能的荷载组合形式。

(4) 屋面板和檩条的设计。

(5) 刚架内力及侧移计算：确定刚架计算单元与计算模型，计算内力与侧移。

(6) 构件强度、稳定性的计算复核，及结构刚度校核：对刚架梁、刚架柱的强度、刚度及稳定性进行校核。当计算结果满足安全、经济要求时，可转到下一步骤，否则需调整截面后回到第 (5) 步，重新设计刚架。

(7) 节点和柱脚的构造设计及强度计算。

(8) 屋面支撑、柱间支撑、系杆、隅撑、抗风柱以及吊车梁（有吊车时）等构件的内力计算及构件验算等。

(9) 基础设计，柱脚以下部分的设计，可参考基础及混凝土相关资料。

(10) 绘制施工图，编制计算书。结构施工图主要包含目录、结构设计说明、结构布置图、构件图、节点图等。结构计算书需包含详尽的荷载取值及荷载组合、材料选用、结构模型、结构分析结果、主要受力构件及节点的设计过程，以及分析所选用设计软件等信息。

一般情况下，可采用上述设计步骤进行，实际设计中结构工程师也可根据设计经验先设计主刚架，后设计次要结构。

1.2　结构形式和结构布置

1.2.1　结构形式

门式刚架又称山形门式刚架，是梁、柱单元构件的组合体，其形式种类众多。通常情况下，门式刚架可分为单跨（图 1-3a、d）、双跨（图 1-3b、e、f）、多跨（图 1-3c）、带挑檐的（图 1-3d）和带毗屋的（图 1-3e）刚架等形式。多跨刚架宜采用双坡（图 1-3c、h）或单坡屋盖（图 1-3f），必要时也可采用由多个双坡屋盖组成的多跨刚架形式。当需要设置夹层时，夹层可沿纵向设置（图 1-3g）或设置在横向端跨（图 1-3h）。

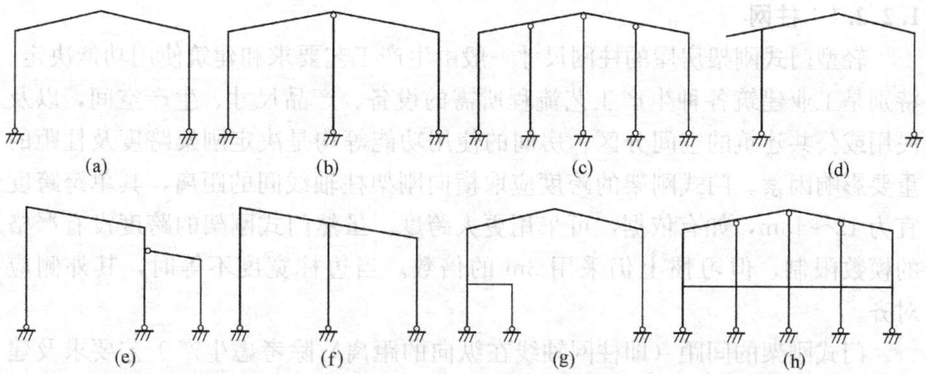

图 1-3　门式刚架的结构形式示例

（a）单跨双坡刚架；（b）双跨双坡刚架；（c）四跨双坡刚架；（d）带挑檐刚架
（e）双跨单坡（毗屋）刚架；（f）双跨单坡刚架；（g）纵向带夹层刚架；（h）端跨带夹层刚架

根据跨度、高度和荷载不同，门式刚架的梁、柱可采用变截面或等截面实腹焊接工字形截面或 H 形截面。一般情况下，变截面构件通过改变腹板的高度做成楔形截面，必要时也可改变腹板厚度。变截面梁端高度不宜小于跨度的 1/40～1/35，中段高度则不小于跨度的 1/60，等截面梁的截面高度一般取跨度的 1/40～1/30。变截面柱在铰接柱脚处的截面高度不宜小于 200～250mm。当设有桥式吊车时，刚架柱宜采用等截面构件，其截面高度不宜小于柱高的 1/20。结构构件在安装单元内一般不改变翼缘截面，必要时可改变翼缘厚度。邻接的安装单元可采用不同的翼缘截面，但两单元相邻截面高度宜相等。

门式刚架可由多个梁、柱单元构件组成。刚架柱一般为独立单元构件，刚架梁可根据运输条件划分为若干个单元。单元构件本身采用焊接，单元构件之间可通过端板用高强度螺栓连接。

门式刚架的柱脚多按铰接支承设计，通常为平板支座，设一或两对地脚锚栓。当用于工业厂房且有 5t 以上桥式吊车时，柱脚宜设计成刚接。

当门式刚架跨度较大时，中间柱上下两端均采用铰接形式，称之为摇摆柱。摇摆柱只用于承担竖向荷载，不能用于承担水平荷载及提供侧向刚度。

轻型门式刚架房屋的屋面坡度宜取 1/20～1/8，在雨水较多地区宜取用较大值。此外，多跨刚架采用双坡或单坡屋顶有利于屋面排水，在多雨地区宜采用这些形式。

根据通风、采光的要求，轻型门式刚架房屋可设置通风口、采光带和天窗架等。

1.2.2　结构布置

轻型门式刚架房屋的结构布置主要包括柱网尺寸、温度区段、支撑和系杆布置、檩条及墙梁布置等。

1.2.2.1　柱网

轻型门式刚架房屋的柱网尺寸一般由生产工艺要求和建筑使用功能决定。特别是工业建筑各种生产工艺流程所需的设备、产品尺寸、生产空间，以及民用或公共建筑的空间分区、房间的使用功能等均是决定刚架跨度及柱距的重要影响因素。门式刚架的跨度应取横向刚架柱轴线间的距离，其单跨跨度宜为12～48m，如有依据，可采用更大跨度。虽然门式刚架的跨度没有严格的模数限制，但习惯上仍采用3m的倍数。当边柱宽度不等时，其外侧应对齐。

门式刚架的间距（即柱网轴线在纵向的距离）除考虑生产工艺要求及建筑使用功能外，还应考虑刚架跨度、荷载情况和使用条件等，一般宜采用6～9m，最大可用到12m，跨度较小时可用4.5m。当柱距超过10m，门式刚架屋面系统的用钢量会显著增加，一般需设置托架或托梁。

挑檐长度可根据使用要求确定，宜为0.5～1.2m，其上翼缘坡度宜与刚架梁坡度相同。

门式刚架的高度，应取地坪至柱轴线与刚架梁轴线交点的高度，主要根据使用要求的室内净高确定，有吊车的厂房应根据轨顶标高和吊车净空要求确定，宜取4.5～9m，必要时可适当放大，但不宜大于18m。

1.2.2.2　温度区段

结构构件在环境温度发生改变时产生伸缩变形，如果变形受到约束，在结构及主要受力构件内部产生温度应力。目前，精确计算结构内部的温度应力仍比较困难，通常采用构造解决，即设置温度变形缝。将较长、较宽的结构分为若干个独立部分，称为温度区段。门式刚架轻型房屋的主要受力构件和维护结构通常刚度不大，其温度应力相对较小，与传统结构形式相比可适当放宽，《门式刚架轻型房屋钢结构技术规范》规定的温度区段长度（伸缩缝间距）应符合下列规定：

（1）纵向温度区段不大于300m；

（2）横向温度区段不大于150m。

当满足上述规定时，可不计算门式刚架的温度应力。当有合理的计算依据时，温度区段长度也可适当增加。

当不满足上述规定时，需设置温度伸缩缝，通常有两种做法：（a）在搭接檩条的螺栓连接处采用长圆孔，并使该处屋面板在构造上允许胀缩；（b）设置双柱。

1.2.2.3　檩条及墙梁布置

屋面檩条的布置，应考虑天窗、通风屋脊、采光带、屋面材料、檩条供货规格等因素影响，采用等间距布置。屋脊两侧通常各布置一根檩条，双檩间距一般小于400mm，以避免屋面板外伸悬挑过长。檐口檩条的布置需考虑天沟位置及宽度。

门式刚架房屋墙梁的布置应考虑设置门窗、挑檐、遮阳和雨篷等构件和围护材料的要求。门式刚架房屋的侧墙采用压型钢板做围护墙面时，墙梁宜布置在刚架柱的外侧，其间距应根据墙板板型和规格确定，且不应大于计算要求的值。

当抗震设防烈度为 8 度及以下时，轻型门式刚架房屋的外墙宜采用压型钢板或砌体；当抗震设防烈度为 9 度时，应采用压型钢板或与柱柔性连接的轻质墙板。

1.2.3 支撑布置

门式刚架支撑系统主要包含屋面支撑系统和柱间支撑系统。支撑体系的设置应遵循布置均匀、传力简捷、结构对称、形式统一、经济可靠的原则。

(1) 在每个温度区段或者分期建设的区段中，应分别设置能独立构成空间稳定结构的支撑体系。在设置柱间支撑开间的同时设置屋面横向支撑，以组成完整的空间稳定体系。

(2) 屋面横向支撑宜设在温度区段端部的第一或第二开间，当支撑设置在端部第二开间时，在第一开间的相应位置需设置刚性系杆。在门式刚架转折处，如单跨房屋边柱柱顶、屋脊处、多跨刚架某些中间柱顶和屋脊处等，均应沿房屋全长设置刚性系杆。

(3) 由支撑斜杆等组成的水平桁架，其直腹杆宜按刚性系杆考虑。刚性系杆也可采用檩条兼作，此时檩条应满足压弯构件的承载力及刚度要求。若不满足，可在刚架梁间增设钢管、H 型钢或其他截面的杆件。

(4) 柱间支撑一般设置在边墙柱列，当建筑物宽度大于 60m 时，在内柱列宜适当设置柱间支撑。有吊车时，每个吊车跨两侧柱列均应设置吊车柱间支撑。

(5) 同一柱列不宜混用刚度差异大的支撑形式。在同一柱列设置的柱间支撑共同承担该柱列的水平荷载，水平荷载按各支撑的刚度进行分配。若无法实现不同柱列间的抗侧刚度与其承受的风或地震作用相匹配时，应采用力学方法进行空间建模分析，以确定内力在各列支撑上的分配。

(6) 柱间支撑的间距应根据房屋纵向受力情况、纵向柱距及温度区段等情况确定。无吊车时，一般取 30～45m 或 4～6 个开间，端部柱间支撑宜设置在房屋端部的第一或第二开间内。当有吊车时，吊车牛腿下部支撑宜设置在温度区段中部，且柱间支撑最大间距不宜超过 50m。

(7) 当房屋高度大于柱距 2 倍时，柱间支撑宜分层设置。当沿柱高有质量集中点、吊车牛腿或矮屋面连接点时应设置相应支撑点。

(8) 门式刚架的柱间支撑宜采用带张紧装置的十字交叉圆钢支撑，圆钢应采用特制的连接件与梁、柱腹板连接。连接件应能适用不同夹角，圆钢端部均应有丝扣，校正定位后宜采用花篮螺栓张紧固定。圆钢支撑与构件的夹角应控制在 45°～60°之间，宜接近 45°。

(9) 当设有起重量不小于 5t 的桥式吊车时，宜采用型钢交叉支撑。当房屋不允许设置柱间支撑时，需设置纵向刚架。

1.3 屋面设计

1.3.1 屋面板设计

1.3.1.1 屋面板的材料和类型

门式刚架轻型房屋的屋面板主要有压型钢板（图 1-4a）和复合板（图 1-4b）两类。无论哪种形式，其主要受力部件均是压型钢板。

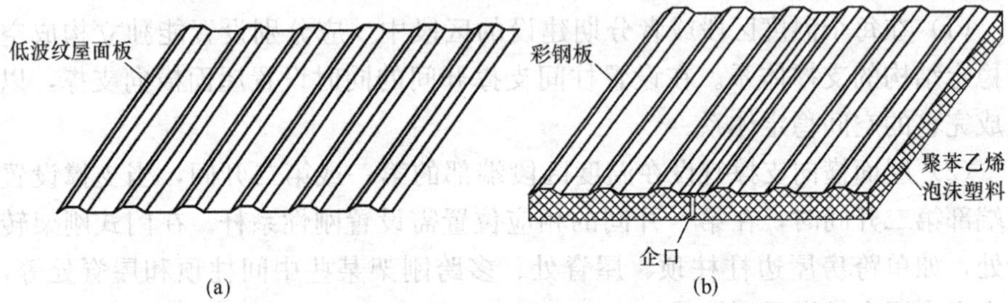

图 1-4 金属屋面板的类型
（a）单层压型钢板；（b）复合板

压型钢板的基板钢材厚度通常为 0.4～1.6mm，多采用热浸镀锌或热浸镀锌铝的方式在压型钢板基材表面形成保护层以防锈蚀。基板钢材按屈服强度级别宜选用 250 级（MPa）与 350 级（MPa）结构级钢材，其强度设计值等计算指标可参考《冷弯薄壁型钢结构技术规范》的有关规定取用。

压型钢板是轻型钢结构中最常用的屋面材料，常采用镀锌钢板、彩色镀锌钢板或彩色镀铝锌钢板，将其辊压、冷弯成各种波形，具有轻质、高强、施工方便等优点。目前，压型钢板制作和加工已完全工业化、标准化，大多数加工单位均有一套完整的板材生产线，国内厂家已能生产出几十种板型，但工程中常用的也就十几种。图 1-5 给出了几种常用的压型钢板截面形式。

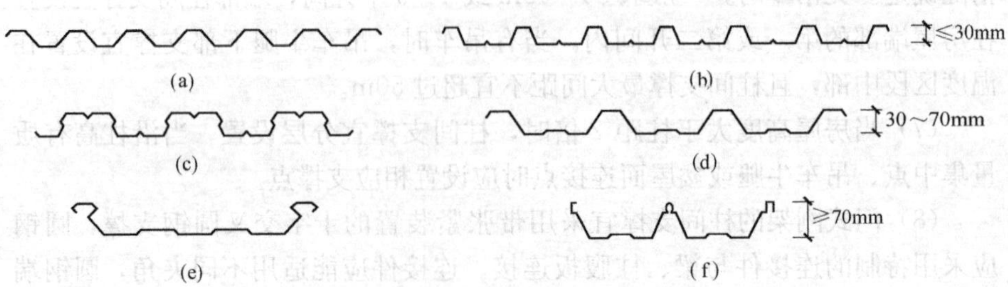

图 1-5 常用的压型钢板截面形式

压型钢板的表示方法为 YX 波高-波距-有效覆盖宽度，如 YX75-200-600 即表示波高为 75mm，波距为 200mm，有效覆盖宽度为 600mm 的板型。压型钢板厚度需另外注明。

根据压型钢板波高不同，一般可分为低波板（波高小于 30mm，图 1-5a、b)、中波板（波高为 30～70mm，图 1-5c、d）和高波板（波高大于 70mm，图 1-5e、f)。屋面板通常采用中波或高波板，实际工程采用中波板居多，但这样的单层压型钢板无法满足保温隔热要求，需在屋面板下面铺设保温层。墙板通常采用低波板，中波及高波板的装饰效果较差，一般不在墙面中使用。保温层可采用玻璃纤维保温棉、岩棉等，其厚度应根据保温要求由热工计算确定。另一种满足保温隔热的措施是直接选用复合板。复合板外层是高强度压型钢板，芯材为阻燃性聚苯乙烯、玻璃纤维保温棉或岩棉，通过自动成型机器，用高强度胶粘剂将两者粘成一体，再经加压、修边、开槽、落料等工序制作形成。复合板不仅具有保温、隔热、隔音的优点，还具有较高的抗弯、抗剪性能。

1.3.1.2 屋面板的连接构造

屋面压型钢板需固定在檩条上方，能可靠传递竖向荷载，并能阻止被风掀起。早期采用搭接方式连接，常用普通螺栓、钩头螺栓或拉铆钉固定，这种方式需在檩条及屋面板上预制螺栓孔，施工不便。后期采用自攻螺钉直接穿透压型钢板并连接在檩条上，施工方便，比较经济，曾经是金属屋面连接的主要方式。自攻螺钉在屋面向上的风吸力作用下主要承担拉力，可能被拔出，因此需保证足够数量的自攻螺钉。此外，由于自攻螺钉暴露在外部，与屋面板之间的连接存在孔洞，其自攻螺钉周边的密封胶质量无法保证，存在老化问题，屋面漏水现象严重。虽然，也有采用带橡胶或尼龙垫圈的自攻螺钉等连接件，但仍未彻底解决屋面漏水难题。这种连接方式已不在金属屋面上采用。

目前，工程上金属屋面板主要采用扣合式（图 1-6a）或咬合式直立连接（图 1-6b)。这两种连接方式均避免直接在屋面板上开设孔眼，有效地避免了屋面漏水。扣合式连接方式主要是预先在檩条位置安装预制卡座，卡座侧壁翘起一对扣舌，扣舌形状与压型钢板波高侧壁凹槽形状匹配。屋面板安装时，先采用自攻螺钉将卡座与檩条可靠连接，再将压型钢板扣合在卡座上，使得卡座的扣舌刚好卡在压型钢板的凹槽内。屋面的竖向荷载可通过压型钢板与卡座之间的接触传递，风吸力作用下，卡座扣舌与压型钢板凹槽的咬合可阻止屋面板的掀起。当压型钢板产生过大的弯曲变形后，会导致卡座的扣舌同压型钢板侧壁凹槽脱开，连接失效。《门式刚架轻型房屋钢结构技术规范》明确规定当金属屋面板采用扣合式连接时，其基板钢材的屈服强度不应小于 $500N/mm^2$。

咬合式直立连接仍需要与压型钢板配套的固定基座，基座分为底座和滑舌两部分，可采用自攻螺钉将底座安装在檩条上，利用专门的自动咬合机器将压型钢板边侧及滑舌做 180°咬合，这种连接方式可有效防止屋面板被风掀起，除非底座自攻螺钉失效。此外，屋面板还可随滑舌沿压型钢板纵向滑动，即可解决金属屋面板由于伸缩在固定支座处产生撕裂现象，还可释放由于温

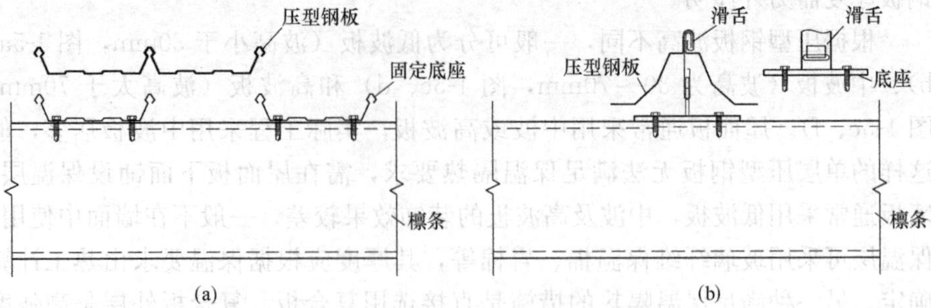

图 1-6　压型钢板的连接构造
(a) 扣合式连接；(b) 咬合式连接

度变化导致围护结构出现的温度应力，避免对下部主体结构产生不利影响。

1.3.1.3　压型钢板的截面特性

压型钢板在弯矩作用下，其受压区极易发生局部失稳，这是因为压型钢板的板件宽厚比较大。在产品制作时考虑了利用压型钢板的屈曲后性能，供货时生产商家会提供压型钢板的承载力系数，如未提供相关资料，压型钢板受压区板件的有效宽度可根据现行国家规范《冷弯薄壁型钢结构技术规范》的相关规定计算，截面特征可采用“线性元件算法”计算，本书不做赘述。

1.3.1.4　压型钢板的荷载

压型钢板作为墙面板时主要承受水平风荷载作用，荷载与荷载组合均比较简单。这里主要介绍压型钢板用作屋面板时的情况。

1. 永久荷载

当屋面板采用单层压型钢板时，永久荷载仅为压型钢板自重；当屋面板采用复合板（中间设有玻璃棉或岩棉保温层）时，作用在下层压型钢板上的永久荷载除包含自重外，还应包含保温层及龙骨自重。

2. 可变荷载

屋面压型钢板的可变荷载主要包含屋面均布活荷载、雪荷载、积灰荷载、风荷载和施工检修荷载。

屋面均布活荷载的标准值按水平投影面积计算。不上人屋面，均布活荷载取 0.5kN/m^2，当承受荷载水平投影面积大于 60m^2 时，均布活荷载可取不小于 0.3kN/m^2。

需要注意的是，屋面板属于门式刚架轻型房屋中的维护结构，计算风荷载所取的体型系数同计算刚架所取的体型系数不同，应按《门式刚架轻型房屋钢结构技术规范》取用。

屋面的施工及检修集中荷载，一般取 1kN，且作用在结构的最不利位置；当施工荷载有可能超过 1kN 时，应按实际情况采用。当屋面板按单槽口截面受弯构件设计时，考虑到相邻槽口的协同工作机理提高了压型钢板承受集中荷载的能力，需按下列方法将作用在一个波距上的集中荷载折算成板宽方向上的线荷载（图 1-7）。

$$q_{re}=\eta\frac{F}{b_{pi}} \quad (1\text{-}1)$$

式中　b_{pi}——压型钢板的波距；

F——集中荷载；

q_{re}——折算均布荷载；

η——折算系数，由试验确定；无试验依据时，可取 0.5。

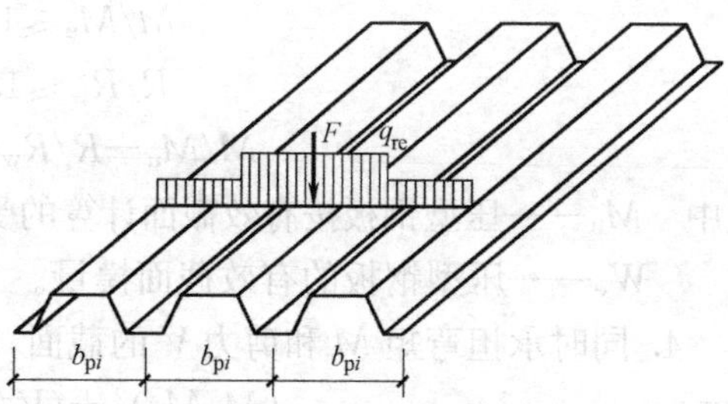

图 1-7　折算线荷载

1.3.1.5　压型钢板的荷载组合

进行压型钢板内力计算时，主要考虑以下两种荷载组合：

(1) 1.2×永久荷载＋1.4×max｛屋面均布活荷载，雪荷载｝；

(2) 1.2×永久荷载＋1.4×施工检修集中荷载换算值。

当需考虑风吸力对屋面板的受力影响时，此时永久荷载为有利因素，其荷载分项系数取 1.0，应补充以下荷载组合：1.0×永久荷载＋1.4×风荷载（吸力）。

1.3.1.6　压型钢板的强度及挠度

压型钢板的强度和挠度可取一个波距的单槽口有效截面，按受弯构件计算。内力计算时，可将檩条视为压型钢板的支座，按多跨连续梁考虑。

1. 压型钢板腹板的抗剪计算：

$$V\leqslant V_u=(ht\sin\theta)\tau_{cr} \quad (1\text{-}2)$$

当$\frac{h}{t}<100$时，　$\tau_{cr}=\frac{8550}{h/t}\leqslant f_v$　(1-3a)

当$\frac{h}{t}\geqslant100$时，　$\tau_{cr}=\frac{855000}{(h/t)^2}$　(1-3b)

式中　V——计算截面的剪力设计值；

V_u——腹板的受剪承载力设计值；

τ_{cr}——腹板的剪切屈曲临界剪应力；

h/t——腹板的高厚比，其中 h、t 分别为压型钢板的腹板斜高和厚度。

2. 压型钢板支座处腹板的局部受压承载力计算：

$$R\leqslant R_w \quad (1\text{-}4)$$

$$R_w\leqslant\alpha t^2\sqrt{fE}(0.5+\sqrt{0.02l_c/t})[2.4+(\theta/90)^2] \quad (1\text{-}5)$$

式中　R——支座反力设计值；

R_w——一块腹板局部受压承载力设计值；

α——系数，中间支座取 0.12，端部支座取 0.06；

t——腹板厚度；

l_c——支座处压型钢板的实际支承长度，10mm＜l_c＜200mm，端部支座可取 10mm；

θ——腹板倾角，45°≤θ≤90°。

3. 支座处压型钢板同时承担弯矩 M 和反力 R 的截面，需满足下列要求：

$$M/M_u \leqslant 1.0 \tag{1-6}$$

$$R/R_w \leqslant 1.0 \tag{1-7}$$

$$M/M_u + R/R_w \leqslant 1.25 \tag{1-8}$$

式中　M_u——压型钢板按有效截面计算的受弯承载力设计值，$M_u = W_e f$；

W_e——压型钢板的有效截面模量。

4. 同时承担弯矩 M 和剪力 V 的截面，需满足下列要求：

$$(M/M_u)^2 + (V/V_u)^2 \leqslant 1 \tag{1-9}$$

5. 屋面压型钢板的挠度与跨度之比不宜超过下列限值：

屋面板：1/150；

墙面板：1/100。

1.3.2　檩条设计

1.3.2.1　檩条的截面类型

轻型门式刚架房屋的屋面檩条主要有实腹式和桁架式两类，应优先选用实腹式构件。当柱距小于 9m 时，宜采用冷弯薄壁型钢檩条。冷弯薄壁型钢是在常温下将薄钢板弯折成所需形状，常用的截面有：C 形（槽形，图 1-8a）、带卷边的 C 型（带卷边槽形，图 1-8b）、Z 形、带卷边（垂直）Z 形（图 1-8c）、带卷边（倾斜）Z 形（图 1-8d）。C 形卷边槽钢檩条适用于屋面坡度 $i \leqslant 1/3$ 的情况，直卷边和带斜卷边的 Z 形檩条适用于屋面坡度 $i > 1/3$ 的情况。当檩条跨度较大时，还曾采用过普通热轧槽钢（图 1-8e）、轻型热轧槽钢或工字钢截面（图 1-8f），但因板件较厚，用钢量较大，现已被高频焊 H 型钢（图 1-8g）所替代。高频焊 H 型钢的板件厚度一般控制在 3～9mm，是一种轻型型钢截面。

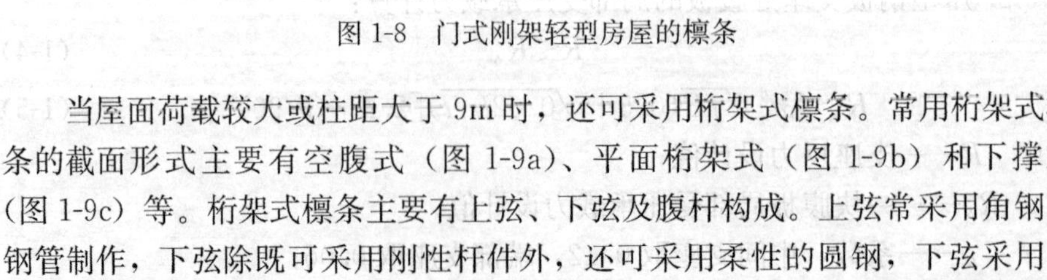

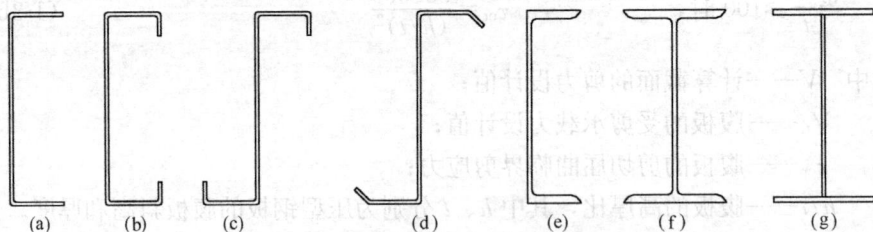

图 1-8　门式刚架轻型房屋的檩条

当屋面荷载较大或柱距大于 9m 时，还可采用桁架式檩条。常用桁架式檩条的截面形式主要有空腹式（图 1-9a）、平面桁架式（图 1-9b）和下撑式（图 1-9c）等。桁架式檩条主要有上弦、下弦及腹杆构成。上弦常采用角钢或钢管制作，下弦除既可采用刚性杆件外，还可采用柔性的圆钢，下弦采用圆钢时，其腹杆必须能承受压力。桁架式檩条虽然用钢量低，但侧向刚度小，支座及连接构造复杂。

本节主要介绍实腹式冷弯薄壁型钢檩条的设计。冷弯薄壁型钢檩条既可设计成简支构件，也可设计为连续构件。简支檩条在两相邻的刚架上简单支承，不传递弯矩，而连续檩条则需传递弯矩。

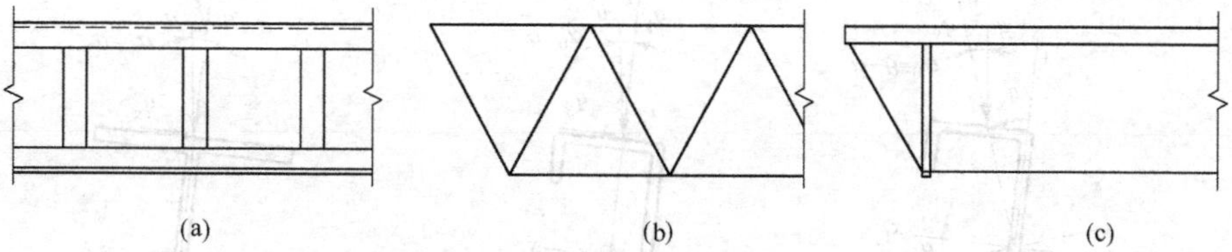

图 1-9 格构式檩条

(a) 空腹式檩条；(b) 平面桁架式檩条；(c) 下撑式檩条

1.3.2.2 檩条的荷载及荷载组合

屋面檩条所受到的荷载同压型钢板类似，永久荷载增加了檩条自重、拉条和撑杆重量以及悬挂物的自重。可变荷载主要考虑屋面均布活荷载、屋面雪荷载、积灰荷载、风荷载、施工及检修荷载。屋面均布活荷载不与雪荷载同时作用，积灰荷载与雪荷载或屋面均布活荷载两者中的较大值同时考虑，施工及检修荷载与屋面及檩条自重同时考虑。当门式刚架轻型房屋的屋面坡度 $i>1/3$ 时，需考虑风的正压力。实际上，大部分门式刚架的屋面坡度均较小（$i\leqslant 1/3$），一般可不考虑风的正压力作用。当风荷载较大时，檩条设计须考虑向上的风吸力影响，在永久荷载同风荷载（吸力）的共同作用下檩条截面应力会出现反号现象，此时永久荷载有利，其荷载分项系数取 1.0。因此，屋面檩条设计时，主要考虑以下荷载组合：

(1) 1.2×永久荷载＋1.4×max{屋面均布活荷载，雪荷载}；

(2) 1.2×永久荷载＋1.4×max{屋面均布活荷载，雪荷载}＋0.6×1.4×风荷载（压力）；

(3) 1.2×永久荷载＋0.7×1.4×max{屋面均布活荷载，雪荷载}＋1.4×风荷载（压力）；

(4) 1.2×永久荷载＋1.4×施工检修集中荷载换算值；

(5) 1.0×永久荷载＋1.4×风荷载（吸力）。

1.3.2.3 檩条设计

1. 计算简图与构件内力

为便于排水，屋面均具有一定的坡度，门式刚架轻型房屋通常采用结构找坡方式实现。因此，设置在刚架梁上的檩条在垂直于地面的荷载（恒载、活荷载、雪荷载等）作用下，沿檩条截面的两个主轴方向均产生弯矩，属于双向受弯构件。在进行内力计算时，应将作用在檩条上的均布竖向荷载 q 沿截面形心主轴方向分解为 q_x、q_y，如图 1-10 所示。现以设置一道拉条的简支檩条为例，说明其内力计算过程。

图 1-11 为简支檩条沿 y 轴、x 轴受力的计算简图。檩条在主轴 y-y 平面的弯曲可视为受均布荷载 q_y 作用的单跨简支梁（图 1-11a）。由于沿主轴 x-x 平面檩条的中间位置设置了一道拉条，拉条可视为中间支座，檩条即为两跨连续梁（图 1-11b）。需要说明的是，C 形或卷边 C 形檩条计算简图中所规定主轴平面与檩条的腹板平面平行，其荷载分量 q_x 指向下方的屋檐。但 Z 形或

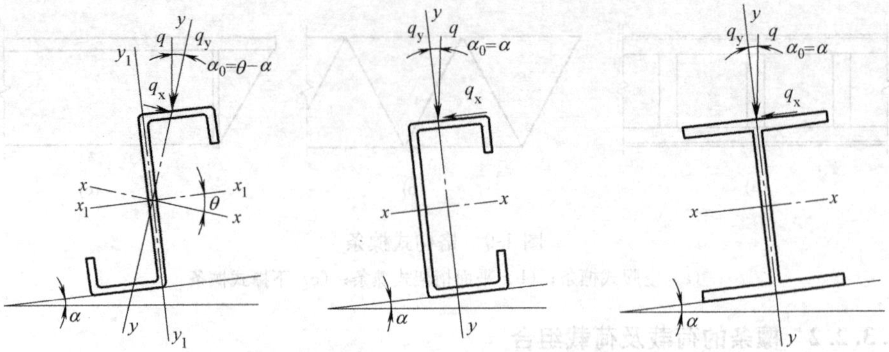

图 1-10　实腹式檩条截面主轴和荷载

卷边 Z 形檩条计算简图中所规定的主轴平面与腹板平面并不平行，荷载分量 q_x 指向上方的屋脊。

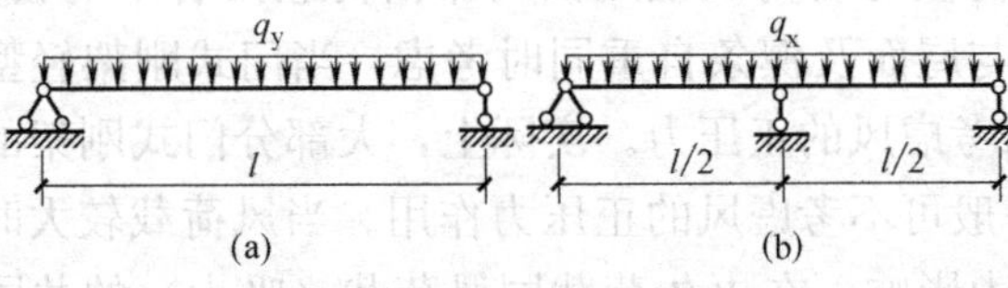

图 1-11　檩条的计算简图

(a) y-y 受力平面檩条计算简图；(b) x-x 受力平面檩条计算简图

表 1-1 给出了跨中无拉条、一道拉条和三分点处各设一道拉条时简支檩条在均布荷载 q_x、q_y 作用下的弯矩、剪力。

简支檩条的内力计算　　**表 1-1**

拉条设置情况	由 q_x 产生的内力		由 q_y 产生的内力	
	$M_{y,\max}$	$V_{x,\max}$	$M_{x,\max}$	$V_{y,\max}$
无拉条	$\frac{1}{8}q_xl^2$	$0.5q_xl$	$\frac{1}{8}q_yl^2$	$0.5q_yl$
跨中一道拉条	拉条处负弯矩 $\frac{1}{32}q_xl^2$ 拉条与支座间正弯矩 $\frac{1}{64}q_xl^2$	$0.625q_xl$	$\frac{1}{8}q_yl^2$	$0.5q_yl$
三分点处各一道拉条	拉条处负弯矩 $\frac{1}{90}q_xl^2$ 跨中正弯矩 $\frac{1}{360}q_xl^2$	$0.367q_xl$	$\frac{1}{8}q_yl^2$	$0.5q_yl$

2. 强度计算

当屋面能阻止檩条侧向失稳和扭转时，檩条可按双向受弯构件验算其截面强度：

$$\sigma=\frac{M_x}{W_{enx}}+\frac{M_y}{W_{eny}}\leqslant f \tag{1-10}$$

式中　M_x、M_y——计算截面绕 x、y 轴的弯矩，当绕 x、y 轴的弯矩最大值不在同一截面时，应分别对 M_x 最大值及其同一截面的 M_y 以及 M_y 最大值及其同一截面的 M_x 两种情况分别验算；

W_{enx}、W_{eny}——对两个截面形心主轴的有效净截面模量。

由于冷弯薄壁型钢构件允许利用板件的屈曲后强度，不同边缘支承板件的屈曲后性能不同。截面板件通常分为三类：加劲板件、部分加劲板件和非加劲板件。其中，加劲板件又称两边支承板件，如C形或Z形檩条的腹板；非加劲板件是一边支承、一边自由的板件，如无卷边的C形檩条的翼缘；部分加劲板件包括边缘加劲板件和中间加劲板件，边缘加劲板件是指一边支承、一边带卷边的板件，如卷边C形、Z形檩条的翼缘；中间加劲板件是指两边支承且带中间加劲肋的板件，如用作屋面或墙面的压型钢板。以下以卷边C形檩条为例予以说明有效宽度及有效截面模量的计算过程，见图1-12。

1）卷边的高厚比

带加劲板件冷弯薄壁型钢中卷边的高厚比不宜大于12，卷边的最小高厚比应根据部分加劲板的宽厚比按表1-2确定。

卷边的最小高厚比 **表1-2**

b/t	15	20	25	30	35	40	45	50	55	60
a/t	5.4	6.3	7.2	8.0	8.5	9.0	9.5	10.0	10.5	11.0

注：a—卷边的高度；b—带卷边板件的宽度；t—板厚。

2）受压板件或部分受压板件两边缘的压应力分布不均匀系数 ψ

$$\psi=\frac{\sigma_{\min}}{\sigma_{\max}} \tag{1-11}$$

式中 $\sigma_{\max}$——受压板件边缘的最大压应力，取正值；

$\sigma_{\min}$——受压板件另一边缘的应力，以压应力为正，拉应力为负。

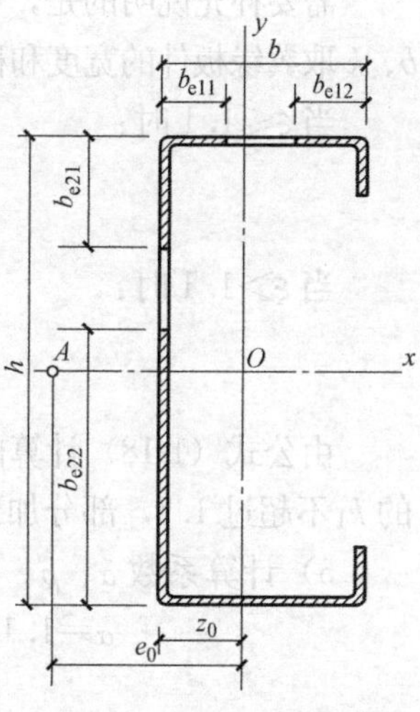

图1-12 C形卷边檩条的有效截面（斜线区域）

3）受压板件的稳定系数 k

① 加劲板件

当 $1\geqslant\psi>0$ 时：

$$k=7.8-8.15\psi+4.35\psi^2 \tag{1-12a}$$

当 $0\geqslant\psi\geqslant-1$ 时：

$$k=7.8-6.29\psi+9.78\psi^2 \tag{1-12b}$$

② 部分加劲板件

最大压应力作用于腹板侧的支承边时（图1-13a）：

当 $\psi\geqslant-1$ 时：

$$k=5.89-11.59\psi+6.68\psi^2 \tag{1-13}$$

最大压应力作用于卷边侧时（图1-13b）：

$$k=1.15-0.22\psi+0.045\psi^2 \tag{1-14}$$

③ 非加劲板件

最大压应力作用于腹板侧的支承边时（图1-13c）：

当 $1\geqslant\psi>0$ 时：

$$k=1.7-3.025\psi+1.75\psi^2 \tag{1-15a}$$

当 $0\geqslant\psi>-0.4$ 时：

$$k=1.7-1.75\psi+55\psi^2 \tag{1-15b}$$

当 $-0.4\geqslant\psi>-1$ 时：

$$k=6.07-9.51\psi+8.33\psi^2 \qquad (1\text{-}15c)$$

最大压应力作用于自由边时（图1-13d）：

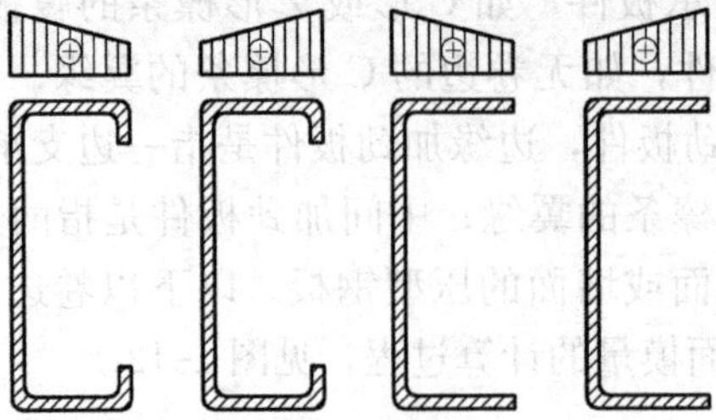

(a) (b) (c) (d)

图1-13 部分加劲板件和非加劲板件的应力分布示意

当 $\psi \geqslant -1$ 时：

$$k=0.567-0.213\psi+0.071\psi^2 \qquad (1\text{-}16)$$

当 $\psi < -1$ 时，以上各式的 k 值按 $\psi=-1$ 的计算值采用。

4）受压板件的板组约束系数 k_1

在确定受压板件的板组约束系数前，需先计算系数 ξ：

$$\xi=\frac{c}{b}\sqrt{\frac{k}{k_c}} \qquad (1\text{-}17)$$

式中 b——计算板件的宽度；

c——与计算板件邻接的板件宽度，如果计算板件两边均有邻接板件时，即计算板件为加劲板件时，取压应力较大一边的邻接板件的宽度；

k——计算板件的受压稳定系数；

k_c——邻接板件的受压稳定系数。

需要补充说明的是，如计算檩条受压翼缘板件的有效宽度时，式（1-17）中 b、k 取翼缘板件的宽度和稳定系数，c、k_c 取腹板的高度和稳定系数，反之亦然。

当 $\xi \leqslant 1.1$ 时：

$$k_1=\frac{1}{\xi} \qquad (1\text{-}18a)$$

当 $\xi > 1.1$ 时：

$$k_1=0.11+\frac{0.93}{(\xi-0.05)^2} \qquad (1\text{-}18b)$$

由公式（1-18）计算的受压板件的板组约束系数 k_1 有其上限值，加劲板件的 k_1 不超过1.7，部分加劲板件的 k_1 不超过2.4，非加劲板件 k_1 不超过3.0。

5）计算系数 α、ρ

$$\alpha=1.15-0.15\psi，当 \psi<0 时，取 \alpha=1.15 \qquad (1\text{-}19)$$

$$\rho=\sqrt{\frac{205k_1k}{\sigma_1}} \qquad (1\text{-}20)$$

式中 σ_1——计算板件的最大压应力，可按《冷弯薄壁型钢结构技术规范》的有关规定取用。

6）板件的受压区宽度 b_c

当 $\psi \geqslant 0$ 时：

$$b_c=b \qquad (1\text{-}21a)$$

当 $\psi < 0$ 时：

$$b_c=\frac{b}{1-\psi} \qquad (1\text{-}21b)$$

7）板件的有效宽度 b_e

当 $b/t \leqslant 18\alpha\rho$ 时：

$$b_e = b_c \tag{1-22a}$$

当 $18\alpha\rho < b/t < 38\alpha\rho$ 时：

$$b_e = \left(\sqrt{\frac{21.8\alpha\rho}{b/t}} - 0.1\right) b_c \tag{1-22b}$$

当 $b/t \geqslant 38\alpha\rho$ 时：

$$b_e = \frac{25\alpha\rho}{b/t} b_c \tag{1-22c}$$

8）有效宽度在板件上的分布

当按上述公式计算获得板件有效宽度小于实际宽度时，意味着板件部分截面有效。受压板件的有效截面为图 1-14 中的斜线区域。

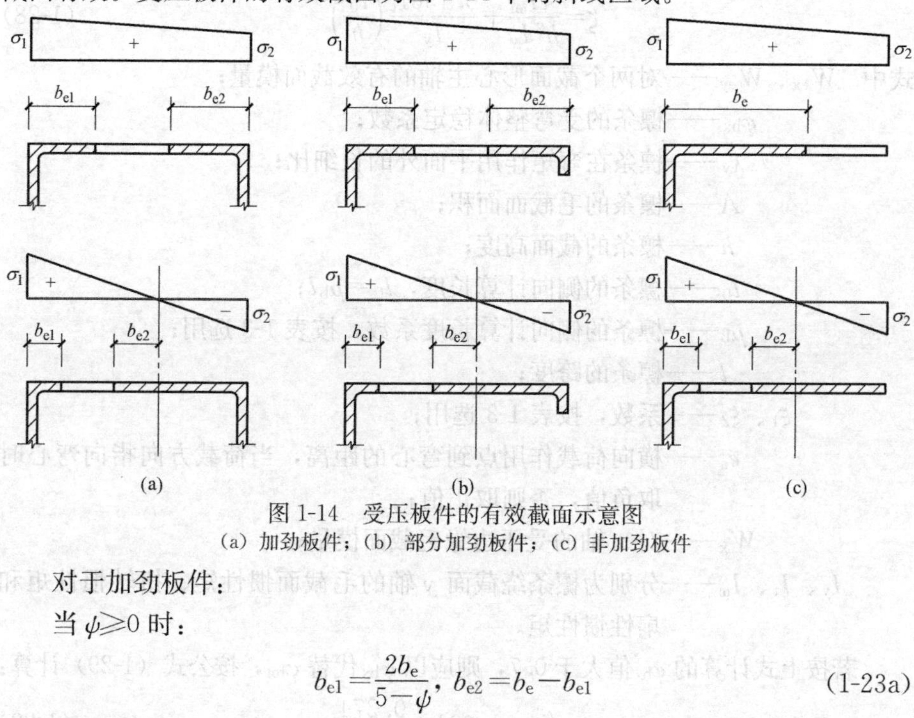

图 1-14 受压板件的有效截面示意图
（a）加劲板件；（b）部分加劲板件；（c）非加劲板件

对于加劲板件：

当 $\psi \geqslant 0$ 时：

$$b_{e1} = \frac{2b_e}{5-\psi},\ b_{e2} = b_e - b_{e1} \tag{1-23a}$$

当 $\psi < 0$ 时：

$$b_{e1} = 0.4b_e,\ b_{e2} = 0.6b_e \tag{1-23b}$$

对于部分加劲板件及非加劲板件有效宽度的分布按公式（1-23b）计算。

9）确定冷弯薄壁型钢构件的有效截面，计算有效截面模量

需要注意的是当冷弯薄壁型钢构件的翼缘宽厚比、卷边宽厚比满足特定条件时，截面全部有效，《冷弯薄壁型钢结构技术规范》所附卷边槽钢和卷边Z形钢规格大多数都能满足。根据卷边槽钢、Z形钢的简化相关公式分析，得出截面全部有效的范围如下：

当 $h/b \leqslant 3.0$ 时：

$$\frac{b}{t} \leqslant 31\sqrt{205/f} \tag{1-24a}$$

当$3.0<h/b\leqslant3.3$时：

$$\frac{b}{t}\leqslant28.5\sqrt{205/f} \tag{1-24b}$$

3. 整体稳定计算

当屋面不能有效阻止檩条的失稳和扭转时，还应按公式（1-25）计算整体稳定性：

$$\sigma=\frac{M_x}{\varphi_{bx}W_{ex}}+\frac{M_y}{W_{ey}}\leqslant f \tag{1-25}$$

$$\varphi_{bx}=\frac{4320Ah}{\lambda_y^2W_x}\xi_1(\sqrt{\eta^2+\zeta}+\eta)\left(\frac{235}{f_y}\right) \tag{1-26}$$

$$\eta=2\xi_2\frac{e_a}{h} \tag{1-27}$$

$$\zeta=\frac{4I_\omega}{h^2I_y}+\frac{0.156I_t}{I_y}\left(\frac{l_0}{h}\right)^2 \tag{1-28}$$

式中　W_{ex}、W_{ey}——对两个截面形心主轴的有效截面模量；

φ_{bx}——檩条的受弯整体稳定系数；

λ_y——檩条在弯矩作用平面外的长细比；

A——檩条的毛截面面积；

h——檩条的截面高度；

l_0——檩条的侧向计算长度，$l_0=\mu_b l$；

μ_b——檩条的侧向计算长度系数，按表1-3选用；

l——檩条的跨度；

ξ_1、ξ_2——系数，按表1-3选用；

e_a——横向荷载作用点到弯心的距离，当荷载方向指向弯心时取负值，否则取正值；

W_x——对x轴的受压边缘毛截面模量；

I_y、I_t、I_ω——分别为檩条绕截面y轴的毛截面惯性矩、扭转惯性矩和扇性惯性矩。

若按上式计算的φ_{bx}值大于0.7，则应以φ'_{bx}代替φ_{bx}，按公式（1-29）计算：

$$\varphi'_{bx}=1.091-\frac{0.274}{\varphi_{bx}} \tag{1-29}$$

冷弯薄壁C形檩条所受的荷载并未通过截面的剪心，由横向剪力所产生的双力矩并不为零，理论上应考虑双力矩的不利影响，但《冷弯薄壁型钢结构技术规范》认为非牢固连接的屋面板仍起一定作用，从而在檩条的稳定计算中略去了双力矩的影响。

简支檩条整体稳定计算系数ξ_1、ξ_2、μ_b　　**表1-3**

系数	跨中无拉条	跨中一道拉条	跨中两道拉条
μ_b	1.0	0.5	0.33
ξ_1	1.13	1.35	1.37
ξ_2	0.46	0.14	0.06

在较大风吸力作用下，当屋面板能阻止檩条上翼缘的侧移和扭转时，受

压下翼缘的稳定性应按《门式刚架轻型房屋钢结构技术规范》附录 E 的相关规定计算。当屋面板不能阻止檩条上翼缘侧移和扭转时，受压下翼缘的稳定性应按公式（1-25）计算。当采用的可靠措施阻止了檩条的侧移和扭转时，檩条可仅根据式（1-10）按双向受弯构件进行强度验算。

4. 挠度计算

为避免檩条在正常使用状态下出现过大的弯曲变形，应计算垂直于屋面（y 轴方向）的檩条挠度（v），设计时必须保证檩条挠度不超过规定的容许挠度［v］。

$$v \leqslant [v] \tag{1-30}$$

当两端简支檩条采用 C 形卷边截面时：

$$v=\frac{5}{384}\cdot\frac{q_{ky}l^4}{EI_x} \tag{1-31}$$

式中 q_{ky}——沿 y 轴作用的荷载标准值；

I_x——对 x 轴的毛截面惯性矩。

当两端简支檩条采用 Z 形卷边截面时：

$$v=\frac{5}{384}\cdot\frac{q_k\cos\alpha l^4}{EI_{x1}} \tag{1-32}$$

式中 α——屋面坡度；

I_{x1}——Z 形截面檩条对平行于屋面形心轴的毛截面惯性矩。

需要补充说明的是，在进行檩条的挠度计算时需采用荷载的标准组合。当檩条仅支承屋面压型钢板时，容许挠度［v］取 $l/150$；当屋面设有吊顶时，取 $l/240$。

1.3.2.4 檩条支座、拉条及撑杆

冷弯薄壁型钢檩条可通过檩托与刚架梁连接（图 1-15a）。设置檩托可增强檩条的整体稳定性，阻止檩条端部截面倾覆或扭转。檩托通常采用角钢或钢板制作，高度为檩条高度的 3/4。檩托与檩条腹板之间采用普通螺栓连接，数量不少于 2 个，且沿檩条高度方向布置。安装就位的檩条下翼缘应距离刚架梁上翼缘有 10mm 左右的距离，用于避开檩托与刚架梁上翼缘的连接焊缝，

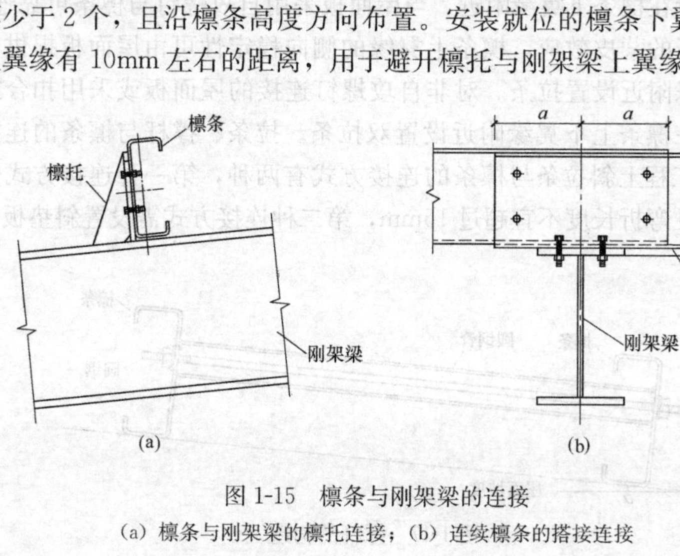

图 1-15 檩条与刚架梁的连接

(a) 檩条与刚架梁的檩托连接；(b) 连续檩条的搭接连接

同时也为了避免檩条下翼缘的接触传力。Z 形连续檩条也可采用嵌套搭接方式，当有可靠依据时，可不设檩托，采用螺栓直接将 Z 形檩条翼缘连于刚架翼缘上（图 1-15b）。连续檩条的搭接长度 $2a$ 不宜小于 10%的檩条跨度，嵌套搭接部分的檩条应采用普通螺栓连接。

在屋面荷载作用下，檩条同时产生弯曲和扭转。冷弯薄壁型钢截面的板件宽厚比较大，抗扭刚度较低。由于屋面坡度的影响，檩条腹板倾斜，扭转问题突出。当屋面承受较大的风吸力作用时，檩条下翼缘有可能受压。如果檩条下翼缘无可靠的侧向支撑，极易产生弯扭失稳。为阻止此类破坏，最有效的措施是设置拉条和撑杆（图 1-16）。

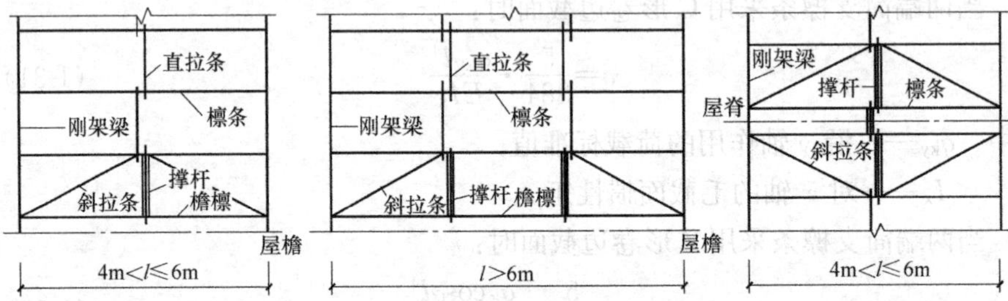

图 1-16 拉条和檩条的布置

当檩条跨度大于 4m 时，应在檩条跨中位置设拉条。当檩条跨度大于 6m 时，需在檩条跨度三分点位置处各设一道拉条。拉条的作用是阻止檩条侧向变形和扭转，并提供檩条弱轴方向的支承。拉条通常采用 10mm 以上直径的圆钢制作，在屋脊及檐口处，还需布置斜拉条和撑杆（图 1-16）。撑杆可采用钢管、方钢或角钢制作，为方便连接，工程上将拉条和钢管配合安装（图 1-17），即通过将拉条外部套圆钢管实现。通常撑杆截面可按压杆的刚度要求（$[\lambda] \leqslant 200$）选择。一般情况下，檩条上翼缘受压，拉条可设置在距离檩条上翼缘 1/3 高的腹板范围内（图 1-17）。当风吸力使得檩条下翼缘受压时，需要将拉条设置在檩条下翼缘附近。当屋面板采用自攻螺钉与檩条可靠连接时，考虑到屋面板的蒙皮效应，檩条上翼缘的侧向稳定性可由屋面板提供，可仅在檩条下翼缘附近设置拉条。对非自攻螺钉连接的屋面板或采用扣合式屋面板时，需要在檩条上下翼缘附近设置双拉条。拉条、撑杆与檩条的连接构造见图 1-18。工程上斜拉条与檩条的连接方式有两种，第一种连接方式需将斜拉条弯折，且弯折长度不宜超过 15mm，第二种连接方式需设置斜垫板或角钢与檩条连接。

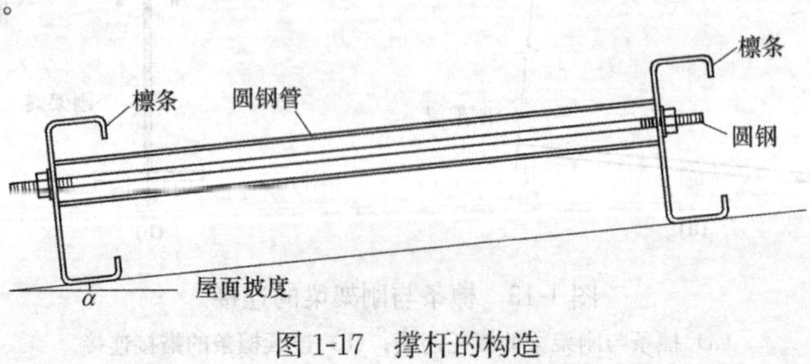

图 1-17 撑杆的构造

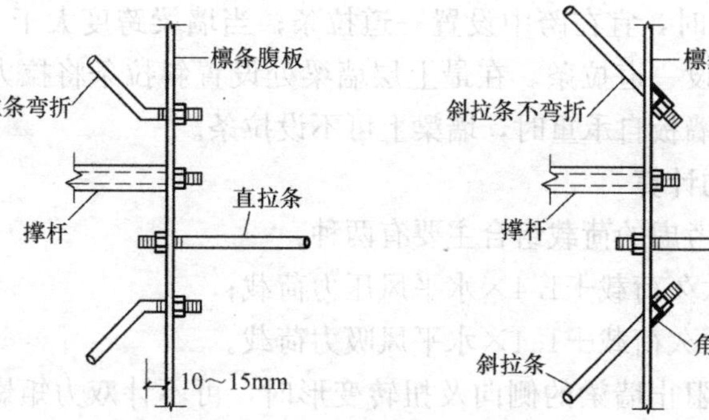

图 1-18 拉条与檩条的连接

1.4 墙面设计

1.4.1 墙面板设计

门式刚架轻型房屋的墙面系统主要由墙面板、墙梁、拉条、刚架柱及抗风柱构成。在横向山墙面，由于门式刚架跨度较大，需设置一些墙柱用于承担山墙的风荷载并将其可靠传递给基础，称之为抗风柱。

墙面作为门式刚架轻型房屋的重要组成部分，除起围护功能外，还应具有保温隔热功能。与屋面板类似，墙面板可选用镀（涂）层钢板、不锈钢板、铝镁锰合金板等金属板材或夹芯板材，也可采用其他轻质材料，如多孔砖、加气混凝土砌块、玻璃纤维增强水泥墙板（GRC 板）、加气混凝土板等。一些新开发的绿色板材除具有轻质高强、保温隔热、阻燃隔音等优点外，还具有造型美观、安装简单等特点，工程上也可采用。目前，压型钢板或夹芯板仍是门式刚架轻型房屋墙面的主流建材。

墙面板通常设计成自承重式（墙板的重力直接传至基础），主要承担水平风荷载，可按单向受弯构件设计，计算方法可参考屋面板。

1.4.2 墙梁设计

1.4.2.1 墙梁的截面形式

与屋面檩条类似，墙梁可设计成简支梁或连续梁，两端支承在刚架柱上。墙梁一般采用冷弯薄壁卷边 C 形钢，有时也采用卷边 Z 形钢。

当墙面板设计成与基础直接相连的自承重式，且墙梁与墙板之间连接可靠时，墙梁主要承担水平风荷载，宜将腹板置于水平面，不考虑自重引起的弯矩和剪力。当墙梁需承受墙板或窗的重量时，应视为双向受弯构件。此外，当采用卷边 C 形截面墙梁时，为便于墙梁与刚架柱的连接将槽口向上放置，窗框下沿的墙梁则需将槽口向下放置。墙梁应尽量等间距设置，在墙面的上沿、下沿及窗框的上沿、下沿处应设置一道墙梁。

为减小墙梁在竖向荷载作用下产生的挠度，可在墙梁上设置拉条。当墙梁跨度为4～6m时，宜在跨中设置一道拉条；当墙梁跨度大于6m时，宜在跨内三分点处各设一道拉条。在最上层墙梁处设置斜拉条将拉力传递给刚架柱或墙架柱。当墙板自承重时，墙梁上可不设拉条。

1.4.2.2 墙梁的计算

墙梁设计所考虑的荷载组合主要有两种：

(1) 1.2×永久荷载+1.4×水平风压力荷载；

(2) 1.2×永久荷载+1.4×水平风吸力荷载。

当墙面板能阻止墙梁的侧向及扭转变形时，可不计双力矩影响，墙梁的抗弯强度计算采用公式（1-10），抗剪强度按下式计算：

$$\frac{3V_{y,max}}{2h_0 t} \leqslant f_v \tag{1-33}$$

$$\frac{3V_{x,max}}{4b_0 t} \leqslant f_v \tag{1-34}$$

式中 $V_{x,max}$、$V_{y,max}$——分别为竖向荷载和水平荷载产生的剪力的最大值；

b_0、h_0——分别为墙梁在竖向和水平方向的计算高度，取板件弯折处两圆弧起点之间的距离；

t——墙梁厚度。

当构造无法保证墙梁的整体稳定时，需对墙梁进行稳定性验算，可按《门式刚架轻型房屋钢结构技术规范》或《冷弯薄壁型钢结构技术规范》的相关规定计算。双侧挂墙板的墙梁，无需计算其稳定性。

墙梁尚应验算在风荷载标准值作用下的水平挠度。当墙梁仅支承压型钢板墙时，其水平挠度不超过$l/100$；当墙梁支承砌体墙时，其水平挠度不超过$l/180$，且小于50mm。

1.4.3 支撑构件设计

门式刚架结构中的支撑构件主要包含屋面水平支撑、柱间支撑及系杆。其中，交叉支撑和柔性系杆可按拉杆设计，非交叉支撑中的受压杆件及刚性系杆按压杆设计。

屋面横向水平支撑的内力，根据纵向风荷载按支承于柱顶的水平桁架计算，并计入支撑对刚架梁起减少计算长度作用而承受的力，对于交叉支撑可不计压杆的受力。刚架柱间支撑的内力，应根据该柱列所受纵向风荷载（如有吊车，还应计入吊车纵向制动力）按支承于柱脚上的竖向悬臂桁架计算，并计入支撑对柱起减小计算长度而应承受的力，对交叉支撑可不计压杆的受力。当同一柱列设有多道柱间支撑时，纵向力在支撑间可平均分配。

支撑杆件中，拉杆可采用圆钢制作，但应以花篮螺栓张紧。压杆宜采用双角钢组成的T形截面或十字形截面，按压杆设计的刚性系杆也可采用圆管截面。

门式刚架轻型房屋中受压支撑的长细比不宜大于220。当设有吊车时，受拉支撑长细比不宜大于300；未设吊车时，受拉支撑长细比不宜大于400。此外，在永久荷载与风荷载组合作用下受压时，其支撑的长细比不宜超过250。

针对采用花篮螺栓张紧的圆钢支撑的长细比，《门式刚架轻型房屋钢结构技术规范》未做要求。

1.4.4 抗风柱设计

山墙面刚架承担的屋面竖向荷载小于中间跨刚架，抗风柱主要承受山墙的纵向风荷载和墙体自身的竖向荷载，无需承受屋面竖向荷载。因此，抗风柱与刚架梁之间的连接采用铰接方式，通常采用弹簧片（图1-19a）或开长圆孔连接方式（图 1-19b）。弹簧片或长圆孔连接方式均不能承担竖向荷载，但可将墙面受到的水平力传递给屋面支撑系统。抗风柱底部与基础之间既可采用铰接也可采用固接连接，在屋面能够适应较大变形时，抗风柱也可采用固接，作为刚架梁的中间铰支座。

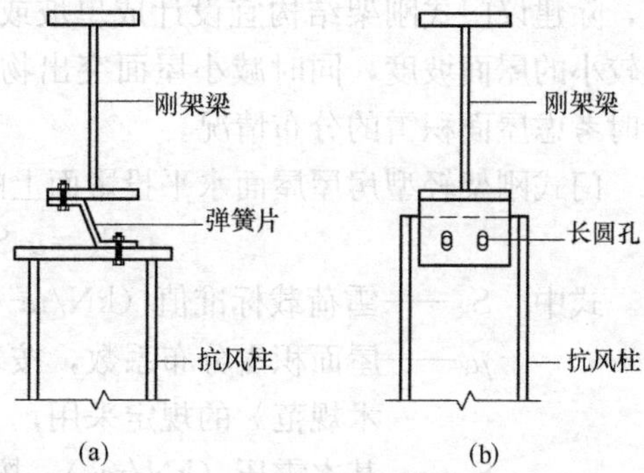

图 1-19 抗风柱与刚架梁的连接节点
（a）抗风柱用弹簧片连接；
（b）抗风柱腹板开长圆孔连接

若抗风柱不参与竖向承重，与之相连的墙梁又能提供侧向支撑，抗风柱可视为只承受风荷载作用的受弯构件。当抗风柱参与竖向承重时，抗风柱则需作为压弯构件验算其强度和稳定性，平面外稳定的计算长度可取抗风柱和墙梁之间所设置隅撑的两倍间距。

1.5 刚架设计

1.5.1 门式刚架的荷载及荷载组合

1.5.1.1 门式刚架的荷载计算

门式刚架轻型房屋钢结构设计所采用的荷载及作用主要有永久荷载、可变荷载、风荷载、温度作用和地震作用。

1. 永久荷载

门式刚架所承受的永久荷载主要包括屋面、檩条、支撑、刚架、墙面等构件自重，还包含吊顶、管道、天窗、门窗重量以及吊挂荷载等，其密度或面荷载可按我国现行《建筑结构荷载规范》的有关规定选用。

需要说明的是，工程中提到的“吊挂荷载”主要指吊挂的管道、桥架、屋顶风机等。当其作用位置或作用时间不确定时，在计算风吸力为主导作用效应时如考虑其参与荷载组合，会对结构产生不安全影响，此时不应考虑吊挂荷载参与荷载组合。

2. 可变荷载

可变荷载主要包括屋面均布活荷载、雪荷载、积灰荷载、吊车荷载、风荷载等。

1）屋面均布活荷载

屋面均布活荷载需按水平投影面积计算，具体取值参见本章第1.3.1.4部分。

2）屋面雪荷载

由于门式刚架轻型房屋结构自重较轻，对雪荷载敏感，近年来雪灾事故调查表明雪荷载的局部堆积是造成房屋坍塌的主要原因之一。为减小雪灾事故，除建议门式刚架结构宜设计成单坡或双坡形式，针对高低跨屋面，宜采用较小的屋面坡度，同时减小屋面突出物及女儿墙高度等措施外，还应在设计时考虑屋面积雪的分布情况。

门式刚架轻型房屋屋面水平投影面上的雪荷载标准值按下式计算：

$$S_k = \mu_r S_0 \tag{1-35}$$

式中　S_k——雪荷载标准值（kN/m²）；

μ_r——屋面积雪分布系数，按现行《门式刚架轻型房屋钢结构技术规范》的规定采用；

S_0——基本雪压（kN/m²），按现行《建筑结构荷载规范》的规定采用。

3）屋面积灰荷载

针对冶金、铸造、水泥、纺纱等行业的生产用轻钢厂房尚应考虑屋面积灰荷载，其标准值按《建筑结构荷载规范》的有关规定采用。针对屋面易于积灰位置，可参照雪荷载的屋面积雪分布系数确定积灰荷载的增大系数。

4）吊车荷载

单台或多台吊车所产生的竖向、纵向和水平荷载，应按《建筑结构荷载规范》的有关规定计算。

5）风荷载

在进行门式刚架轻型房屋结构的风荷载计算时，其作用面积应取垂直于风向的最大投影面积，垂直于建筑物表面的单位面积风荷载标准值应按下式计算：

$$w_k = \beta \mu_w \mu_z w_0 \tag{1-36}$$

式中　w_k——风荷载标准值（kN/m²）；

w_0——基本风压（kN/m²），按我国现行《建筑结构荷载规范》的有关规定采用；

μ_z——风荷载高度变化系数，按我国现行《建筑结构荷载规范》的有关规定采用；当房屋高度小于10m时，应按10m高度处的数值采用；

μ_w——风荷载系数，考虑内、外风压最大值的组合，按我国现行《门式刚架轻型房屋钢结构技术规范》的有关规定采用；

β——系数，计算主刚架时取$\beta=1.1$；计算檩条、墙梁、屋面板和墙面板及其连接时，取$\beta=1.5$。

《门式刚架轻型房屋钢结构技术规范》中所规定的门式刚架结构的风荷载系数同我国《荷载规范》的相关规定有较大差异，主要参照了美国MBMA低矮房屋的风荷载系数，结合实际工程实践加以修改，针对门式刚架不同部位（房屋中部、端部等）均明确区分，给出了建议取值。MBMA 手册中规定的风荷载系数是内、外压力的峰值组合。此外，《门式刚架轻型房屋钢结构技术规范》还对开敞式结构、内部有维护的结构构件风荷载系数做出了明确规定。

3. 地震作用

在地震设防区，门式刚架轻型房屋应按我国现行《建筑抗震设计规范》的有关规定进行验算。

一般情况下，可按房屋两个主轴方向分别计算水平地震作用。当房屋的质量和刚度分布明显不对称、不均匀时，应计算双向水平地震作用并计及扭转影响。针对存在夹层的门式刚架房屋，当夹层偏心布置时，计算地震作用时还需考虑偶然偏心影响。在 8 度、9 度地震设防区，应考虑竖向地震作用，分别取该结构重力荷载代表值的 10% 和 20%，设计基本地震加速度为 0.3g 时，取结构重力荷载代表值的 15%。

1.5.1.2 门式刚架的荷载组合

门式刚架轻型房屋的荷载组合效应需符合以下原则：

（1）屋面均布活荷载不与雪荷载同时考虑，应取两者中的较大值；

（2）屋面积灰荷载与雪荷载或屋面均布活荷载中较大值同时考虑；

（3）施工或检修集中荷载不与屋面材料或檩条自重以外的其他荷载同时考虑；

（4）多台吊车的组合应符合现行国家规范《建筑结构荷载规范》的有关规定；

（5）风荷载不与地震作用同时考虑。

不考虑地震作用下，门式刚架轻型房屋结构设计荷载基本组合（无震组合）的效应设计值应按下式确定：

$$S_d = \gamma_G S_{Gk} + \psi_Q \gamma_Q S_{Qk} + \psi_w \gamma_w S_{wk} \tag{1-37}$$

式中 S_d——荷载组合的效应设计值；

γ_G——永久荷载分项系数；当其效应对结构承载力不利时，对由可变荷载效应控制的组合应取 1.2，对由永久荷载效应控制的组合应取 1.35；当其效应对结构承载力有利时，应取 1.0；

γ_Q——可变荷载分项系数，一般情况下取 1.4；

γ_W——风荷载分项系数，应取 1.4；

S_{Gk}——永久荷载效应标准值；

S_{Qk}——可变荷载效应标准值；

S_{wk}——风荷载效应标准值；

ψ_Q、ψ_w——分别为可变荷载组合值系数和风荷载组合值系数；当永久荷载效应起控制作用时，分别取 0.7 和 0.0；当可变荷载效应起控制作用时，应分别取 1.0 和 0.6 或 0.7 和 1.0。

考虑地震作用时，门式刚架轻型房屋结构设计荷载基本组合（有震组合）的效应设计值应按下式确定：

$$S_E = \gamma_G S_{GE} + \gamma_{Eh} S_{Ehk} + \gamma_{Ev} S_{Evk} \tag{1-38}$$

式中 S_E——荷载和地震效应组合的效应设计值；

S_{GE}——重力荷载代表值；

S_{Ehk}——水平地震作用标准值的效应；

S_{Evk}——竖向地震作用标准值的效应；

γ_G——重力荷载分项系数，一般情况下取 1.2；

γ_{Eh}——水平地震作用分项系数，一般情况下取 1.3；

γ_{Ev}——竖向地震作用分项系数，地震设防烈度为 8 度、9 度时需考虑竖向地震作用的影响，当不与水平地震作用同时考虑时取 1.3；当与水平地震同时考虑时取 0.5。

针对门式刚架轻型房屋结构，当地震设防烈度为 7 度时且风荷载标准值大于 0.35kN/m^{2}或地震设防烈度为 8 度（Ⅰ、Ⅱ类场地）且风荷载标准值大于 0.45kN/m^{2}时，地震作用组合一般不起控制作用，可只考虑基本组合进行内力计算。

1.5.2　门式刚架的内力计算

在进行门式刚架轻型房屋主体结构的内力计算时，通常选取单榀门式刚架按平面结构分析内力，且不宜考虑外部围护结构的蒙皮效应，将其视为安全储备。为节省材料，减轻结构质量，可根据门式刚架的内力分布情况将刚架梁、刚架柱设计成变截面构件。由于采用手算方法计算变截面楔形构件组成的超静定结构过于复杂，常采用有限元法计算刚架在各种工况下的内力。建立平面门式刚架的有限元模型时，需将刚架梁、刚架柱沿长度方向划分为若干个较小的杆件单元，当采用等截面单元时不宜少于 8 段，采用楔形单元时不宜少于 4 段。一般杆件单元长度控制在 500mm 左右时，即可获得较为理想的计算精度。如采用二阶弹性分析时，还应施加假想水平荷载。假想水平荷载一般取竖向荷载设计值的 0.5%，分别施加在竖向荷载的作用位置，其方向与风荷载或地震作用一致。

单跨门式刚架、多跨等高门式刚架、不等高但相邻跨高差不大于不等高处柱子截面高度三倍的门式刚架的地震作用可采用底部剪力法计算。无吊车且高度不大的门式刚架可采用单质点体系模型，对于有吊车荷载时，需考虑吊车自重，并将其平均分配至两牛腿处。针对不等高厂房，应采用振型分解反应谱方法计算其地震作用，振型数量不应少于不同屋面高度数的三倍。计算地震作用时，封闭式门式刚架的阻尼比取 0.05，敞开式门式刚架的阻尼比取 0.035，其余门式刚架的阻尼比可按外墙总面积插值确定。

根据不同荷载工况下的内力分析结果，需找出控制截面的内力组合。控制截面的位置一般在刚架柱底部、刚架柱顶部、刚架柱牛腿位置及刚架梁端部、刚架梁跨中截面。

在刚架梁的控制截面上，一般应计算以下三种最不利内力组合：

(1) M_{max}及相应的 V；

(2) M_{min}（负弯矩最大）及相应的 V；

(3) V_{max}及相应的 M。

在刚架柱的控制截面上，一般应计算以下四种最不利内力组合：

(1) N_{max}及相应的 M、V；

（2）N_{min}及相应的M、V；

（3）M_{max}及相应的N、V；

（4）M_{min}（负弯矩最大）及相应的N、V。

1.5.3 门式刚架的侧移计算

在正常使用极限状态下，单层门式刚架轻型房屋产生的侧向变形不宜过大，通常需控制柱顶侧移。变截面门式刚架的柱顶侧移应采用弹性的理论分析方法或有限单元法确定，计算时可不考虑螺栓孔引起的截面削弱。所采用荷载应为标准值，即不考虑荷载分项系数。单层门式刚架结构在吊车荷载或风荷载标准值作用下计算的柱顶侧移不应大于表1-4的规定限值，表中h为刚架柱高度。

刚架柱顶位移限值 **表1-4**

吊车情况	其他情况	柱顶位移限值
无吊车	当采用轻型钢墙板时	$h/60$
	当采用砌体墙时	$h/240$
有桥式吊车	当吊车有驾驶室时	$h/400$
	当吊车由地面操作时	$h/180$

若门式刚架的变形验算不满足要求，可采用增大构件（梁、柱）截面、刚接柱脚、中间摇摆柱顶改为刚接等方式来提高刚架的整体抗侧刚度，减小结构侧向变形。

1.5.4 门式刚架柱和梁设计

1.5.4.1 梁、柱板件的最大宽厚比和腹板屈曲后强度利用

1. 最大宽厚比

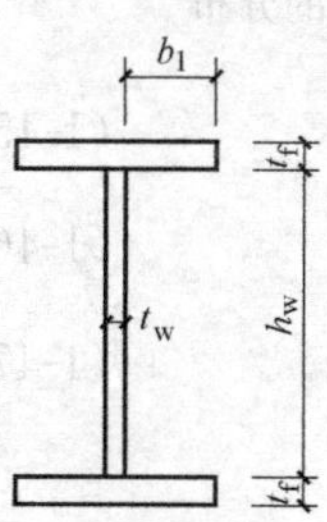

图1-20 工字形截面

门式刚架柱和梁通常采用工字形截面（图1-20），翼缘板件是三边支撑一边自由的板件，一旦发生屈曲，其屈曲后的后继强度提高不明显，通常不利用翼缘板件的屈曲后强度。基于翼缘板件达到强度极限承载力时不失去局部稳定的临界条件确定翼缘板件的宽厚比限值为：

$$b_1/t_f \leqslant 15\sqrt{\frac{235}{f_y}} \tag{1-39}$$

工字形截面的腹板属于四边支承板件，局部失稳后的后继强度提高较多，可利用其屈曲后强度。腹板的宽厚比限值可按现行《门式刚架轻型房屋钢结构技术规范》确定：

$$h_w/t_w \leqslant 250 \tag{1-40}$$

2. 腹板屈曲后强度利用

为节省钢材，允许门式刚架梁、柱构件的腹板在受弯及受压时发生屈曲，因此确定腹板有效截面的抗剪和抗弯承载力成为确定工字形构件截面强度的关键。《门式刚架轻型房屋钢结构技术规范》给出了按有效宽度计算截面特性的相关规定，有效宽度（h_e）按下式计算：

$$h_e \leqslant \rho h_c \tag{1-41}$$

$$\rho=\frac{1}{(0.243+\lambda_\rho^{1.25})^{0.9}}\leqslant 1 \tag{1-42}$$

$$\lambda_P=\frac{h_w/t_w}{28.1\sqrt{k_\sigma}\sqrt{235/f_y}} \tag{1-43}$$

$$k_\sigma=\frac{16}{\sqrt{(1+\beta)^2+0.112(1-\beta)^2}+(1+\beta)} \tag{1-44}$$

式中 h_c——腹板受压区宽度；

ρ——有效宽度系数；

λ_P——与板件受弯、受压有关的参数；

h_w——腹板的高度；

t_w——腹板的厚度；

β——截面边缘正应力比值（$1\geqslant\beta\geqslant-1$），可按 $\beta=\sigma_2/\sigma_1$ 计算；

k_σ——杆件在正应力作用下的屈曲系数。

当腹板边缘最大应力 $\sigma_1<f$ 时，计算 λ_P 时可用 $\gamma_R\sigma_1$ 代替式（1-43）中的 f_y，γ_R 为抗力分项系数，对 Q235、Q345 钢材，$\gamma_R=1.1$。

按公式（1-41）和式（1-42）即可计算出工字形截面腹板利用屈曲后强度的有效宽度，沿腹板高度的分布规则（图 1-21）可参考檩条的确定准则，见本书第 1.3.2.3 部分。

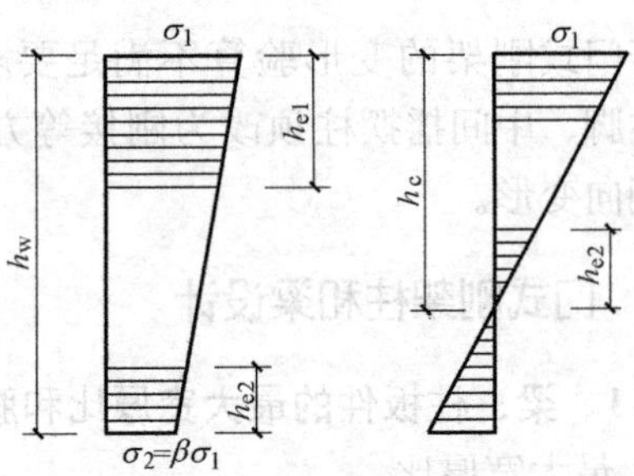

图 1-21 有效宽度的分布

楔形工字形截面，当考虑腹板屈服后强度时，应设置横向加劲肋，腹板的受剪板幅长度与板幅范围内的大端截面高度相比不应大于 3，腹板的受剪承载力设计值可按下列公式计算：

$$V_d=\chi_{tap}\varphi_{ps}h_{w1}t_w f_v\leqslant h_{w0}t_w f_v \tag{1-45}$$

$$\varphi_{ps}=\frac{1}{(0.51+\lambda_s^{3.2})^{1/2.6}}\leqslant 1.0 \tag{1-46}$$

$$\chi_{tap}=1.0-0.35\alpha^{0.2}\gamma_p^{2/3} \tag{1-47}$$

式中 f_v——钢材抗剪强度设计值；

h_{w1}、h_{w0}——楔形腹板大端和小端腹板高度；

t_w——腹板的厚度；

χ_{tap}——腹板屈曲后抗剪强度的楔率折减系数；

γ_p——区格内的楔率，按 $\gamma_p=h_{w1}/h_{w0}-1$ 计算；

α——区格的长高比，按 $\alpha=a/h_{w1}$ 计算，a 为腹板加劲肋间距。

λ_s——与板件受剪有关的参数，可按公式（1-48）计算：

$$\lambda_s=\frac{h_{w1}/t_w}{37\sqrt{k_\tau}\sqrt{235/f_y}} \tag{1-48}$$

当 $a/h_{w1}<1.0$ 时：

$$k_\tau=4+5.34/(a/h_{w1})^2 \tag{1-49a}$$

当 $a/h_{w1}\geqslant 1.0$ 时：

$$k_\tau=\eta_s[5.34+4/(a/h_{w1})^2] \quad (1\text{-}49b)$$

$$\eta_s=1-\omega_1\sqrt{r_p} \quad (1\text{-}50)$$

$$\omega_1=0.41-0.897\alpha+0.363\alpha^2-0.041\alpha^3 \quad (1\text{-}51)$$

式中 k_τ——受剪板件的屈曲系数，当不设横向加劲肋时取 $5.34\eta_s$。

1.5.4.2 梁、柱构件考虑屈曲后强度的截面强度计算

(1) 工字形截面受弯构件在剪力 V 和弯矩 M 共同作用下的强度应符合下列要求：

当 $V\leqslant 0.5V_d$ 时：

$$M\leqslant M_e \quad (1\text{-}52a)$$

当 $0.5V_d<V\leqslant V_d$ 时：

$$M\leqslant M_f+(M_e-M_f)\left[1-\left(\frac{V}{0.5V_d}-1\right)^2\right] \quad (1\text{-}52b)$$

当截面为双轴对称时：

$$M_f=A_f(h_w+t_f)f \quad (1\text{-}53)$$

式中 M_f——两翼缘所承担的弯矩；

M_e——构件有效截面所承担的弯矩，$M_e=W_e f$；

W_e——构件有效截面最大受压纤维的截面模量；

A_f——构件翼缘的截面面积；

h_w——计算截面的腹板高度；

t_f——计算截面的翼缘厚度；

V_d——腹板受剪承载力设计值，按公式 (1-45) 计算。

(2) 工字形截面压弯构件在剪力 V、弯矩 M 和轴压力 N 共同作用下的强度应符合下列要求：

当 $V\leqslant 0.5V_d$ 时：

$$\frac{N}{A_e}+\frac{M}{W_e}\leqslant f \quad (1\text{-}54a)$$

当 $0.5V_d<V\leqslant V_d$ 时：

$$M\leqslant M_f^N+(M_e^N-M_f^N)\left[1-\left(\frac{V}{0.5V_d}-1\right)^2\right] \quad (1\text{-}54b)$$

$$M_e^N=M_e-NW_e/A_e \quad (1\text{-}55)$$

当截面为双轴对称时：

$$M_f^N=A_f(h_w+t_f)(f-P/A) \quad (1\text{-}56)$$

式中 A_e——有效截面面积；

M_f^N——兼承压力时两翼缘所能承受的弯矩。

1.5.4.3 刚架梁腹板加劲肋的设置

刚架梁腹板应在中柱连接处、较大集中荷载作用处和翼缘转折处设置横向加劲肋。《门式刚架轻型房屋钢结构技术规范》明确规定，工字形截面构件腹板的受剪板幅，考虑屈曲后强度时，所设置的加劲肋应使得板幅长度与板幅范围内大端截面高度相比不超过 3。

当刚架梁腹板在剪切应力作用下发生屈曲后，以拉力场方式继续承担增加的剪力，由此导致中间加劲肋除承受集中荷载和翼缘转折产生的压力外，还承受拉力场产生的压力。该压力可按公式（1-57）计算：

$$N_s = V - 0.9\varphi_s h_w t_w f_v \tag{1-57}$$

$$\varphi_s = \frac{1}{\sqrt[3]{0.738+\lambda_s^6}} \leqslant 1.0 \tag{1-58}$$

式中 N_s——拉力场产生的压力；

V——梁受剪承载力设计值；

φ_s——腹板剪切屈曲稳定系数；

λ_s——腹板剪切屈曲通用高厚比，可按公式（1-48）计算；

h_w——腹板高度；

t_w——腹板厚度；

h_w——加劲肋的高度；

λ_{ws}——参数，可按公式（1-48）计算。

加劲肋稳定性验算按 GB 50017 规范的规定进行，计算长度取腹板高度，截面取加劲肋全部和其两侧各 $15t_w\sqrt{235/f_y}$宽度范围内的腹板面积，按两端铰接轴心受压构件进行计算。

1.5.4.4 变截面柱在刚架平面内的整体稳定性计算

变截面柱在刚架平面内的整体稳定性应按下列公式计算：

$$\frac{N_1}{\eta_t \varphi_x A_{e1}} + \frac{\beta_{mx} M_1}{[1 - N_1/N_{cr}]W_{e1}} \leqslant f \tag{1-59}$$

$$N_{cr} = \pi^2 E A_{e1} / \lambda_1^2 \tag{1-60}$$

当$\bar{\lambda}_1 \geqslant 1.2$时：

$$\eta_t = 1 \tag{1-61a}$$

当$\bar{\lambda}_1 < 1.2$时：

$$\eta_t = \frac{A_0}{A_1} + \left(1 - \frac{A_0}{A_1}\right) \times \frac{\bar{\lambda}_1^2}{1.44} \tag{1-61b}$$

$$\lambda_1 = \frac{\mu H}{i_{x1}} \tag{1-61c}$$

$$\bar{\lambda}_1 = \frac{\lambda_{1x}}{\pi}\sqrt{\frac{f_y}{E}} \tag{1-61d}$$

式中 N_1——大头的轴向压力设计值；

M_1——大头的弯矩设计值；

A_{e1}——大头的有效截面面积；

W_{e1}——大头有效截面最大受压纤维的截面模量；

φ_x——杆件轴心受压稳定系数，根据楔形柱的计算长度系数由现行国家规范《钢结构设计规范》查表确定，计算长细比时取大头截面的回转半径；

β_{mx}——等效弯矩系数，有侧移刚架柱的等效弯矩系数取 1.0；

N_{cr}——欧拉临界力，按公式（1-60）计算；

λ_1——按大端截面计算，考虑计算长度系数的长细比；

$\bar{\lambda}_1$——通用长细比；

i_{x1}——大端截面绕强轴的回转半径；

μ——柱的计算长度系数，按公式（1-62）计算；

H——柱高；

A_0、A_1——小端和大端截面的主截面面积；

E——柱钢材的弹性模具；

f_y——柱钢材的屈服强度值。

需要注意的是，计算时轴力和弯矩采用同一截面（即大端截面），以便能退化成等截面构件。当柱中最大弯矩并未出现在大头位置时，M_1和W_{e1}分别取最大弯矩和该弯矩所在截面的有效截面模量。

1.5.4.5 变截面柱在刚架平面内的计算长度

《门式刚架轻型房屋钢结构技术规范》在附录A中明确给出了变截面门式刚架柱长度系数的计算公式。楔形柱的截面高度沿柱高呈线性变化，在刚架平面内的计算长度应取为$h_0=\mu H$，式中H为刚架柱高度，μ为变截柱换算成以大端截面为准的等截面柱的计算长度系数。柱底铰接的楔形刚架柱的计算长度系数可由以下公式计算：

$$\mu=2\left(\frac{I_{c1}}{I_{c0}}\right)^{0.145}\sqrt{1+\frac{0.38}{K}} \tag{1-62}$$

$$K=\frac{K_z}{6i_{c1}}\left(\frac{I_{c1}}{I_{c0}}\right)^{0.29} \tag{1-63}$$

$$i_{c1}=EI_{c1}/H \tag{1-64}$$

式中　I_{c0}——刚架柱小端截面的惯性矩；

I_{c1}——刚架柱大端截面的惯性矩；

H——刚架柱的柱高；

K_z——梁对刚架柱的转动约束；

i_{c1}——柱的线刚度；

K_z根据刚架梁截面变化的不同情况分别由下列公式计算：

（1）刚架梁形式一（包含一个楔形段的半跨刚架梁，图1-22*a*）

$$K_z=3i_1\left(\frac{I_0}{I_1}\right)^{0.2} \tag{1-65}$$

$$i_1=EI_1/s \tag{1-66}$$

式中　s——半跨刚架梁长度；

I_0——变截面梁跨中小端截面的惯性矩；

I_1——变截面梁檐口大端截面的惯性矩。

（2）刚架梁形式二（包含两个楔形段的半跨刚架梁，图1-22*b*）

$$\frac{1}{K_z}=\frac{1}{K_{11}}+\frac{2s_2}{s}\frac{1}{K_{12}}+\left(\frac{s_2}{s}\right)^2\frac{1}{K_{21}}+\left(\frac{s_2}{s}\right)^2\frac{1}{K_{22}} \tag{1-67a}$$

$$K_{11}=3i_{11}R_1^{0.2};K_{12}=6i_{11}R_1^{0.44};K_{21}=3i_{11}R_1^{0.712};K_{22}=3i_{21}R_2^{0.712} \tag{1-67b}$$

式中　R_1——与立柱相连的变截面梁段远端截面惯性矩与近端截面惯性矩之比，按 $R_1=I_{10}/I_{11}$ 计算；

R_2——第 2 变截面梁段近端截面惯性矩与远端截面惯性矩之比，按 $R_2=I_{20}/I_{21}$ 计算；

s_1、s_2——分别为与立柱相连的第 1 段变截面梁和第 2 段变截面梁的斜长，$s=s_1+s_2$；

i_{11}——以大端截面惯性矩计算的线刚度，按 $i_{11}=EI_{11}/s_1$ 计算；

i_{21}——以第 2 段远端截面惯性矩计算的线刚度，按 $i_{21}=EI_{21}/s_2$ 计算；

I_{11}、I_{10}、I_{20}、I_{21}——分别为各梁段端部截面的截面惯性矩，见图 1-22（b）。

（3）刚架梁形式三（包含一个等截面梁段、两个楔形段的半跨刚架梁，图 1-22c）

$$\frac{1}{K_z}=\frac{1}{K_{11}}+2\left(1-\frac{s_1}{s}\right)\frac{1}{K_{12}}+\left(1-\frac{s_1}{s}\right)^2\left(\frac{1}{K_{21}}+\frac{1}{3i_2}\right)+\frac{2s_3(s_2+s_3)}{s^2}\frac{1}{6i_2}+\left(\frac{s_3}{s}\right)^2\left(\frac{1}{3i_2}+\frac{1}{K_{22}}\right) \tag{1-68a}$$

$$K_{11}=3i_{11}R_1^{0.2};K_{12}=6i_{11}R_1^{0.44};K_{21}=3i_{11}R_1^{0.712};K_{22}=3i_{31}R_3^{0.712} \tag{1-68b}$$

$$i_{11}=EI_{11}/s_1;i_2=EI_2/s_2;i_{31}=EI_{31}/s_3 \tag{1-68c}$$

式中　s——半跨刚架梁长度；

s_1、s_2、s_3——分别为三段梁段的斜长，$s=s_1+s_2+s_3$；

I_{11}、I_{10}、I_{30}、I_{31}——分别为两个楔形梁段端部的截面惯性矩，见图 1-22（c）；

I_2——中间等截面梁段的截面惯性矩。

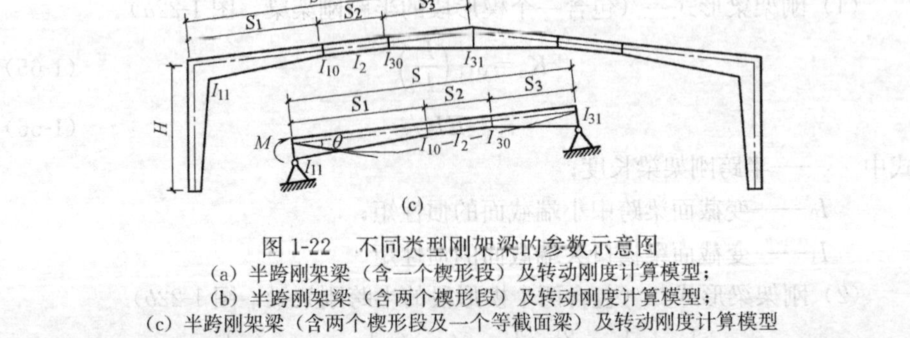

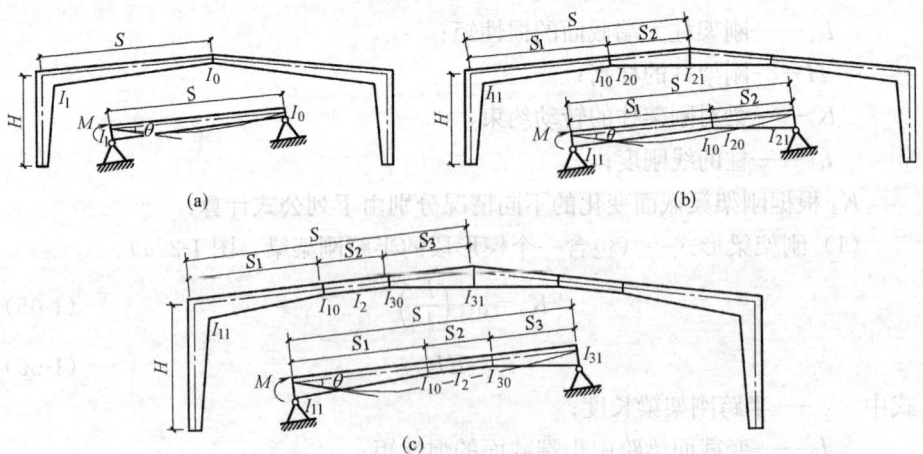

图 1-22　不同类型刚架梁的参数示意图
（a）半跨刚架梁（含一个楔形段）及转动刚度计算模型；
（b）半跨刚架梁（含两个楔形段）及转动刚度计算模型；
（c）半跨刚架梁（含两个楔形段及一个等截面梁）及转动刚度计算模型

多层刚架柱或多阶刚架柱中上下柱的计算长度系数可按《门式刚架轻型

房屋钢结构技术规范》附录 A 的建议方法确定，限于篇幅，本书不做描述。

当多跨刚架的中间柱为摇摆柱，刚架柱产生侧向失稳时，除自身柱顶的轴向压力对刚架柱产生不利倾覆外，摇摆柱顶部的竖向荷载同样产生倾覆作用，对刚架柱的稳定性起不利影响。因此，在确定刚架梁对刚架柱的转动约束时通常假定梁远端铰支点在摇摆柱的柱顶，按此方法确定的刚架柱计算长度应乘以下放大系数：

$$\eta=\sqrt{1+\frac{\sum N_j/h_j}{1.1\sum P_i/H_i}} \tag{1-69}$$

式中 η——放大系数；

N_j——换算到摇摆柱顶部承受的轴向压力；

h_j——摇摆柱的高度；

P_i——换算到刚架柱顶部承受的轴向压力；

H_i——刚架柱的高度。

针对单层多跨房屋，当各跨屋面梁的标高无突变时，可考虑各柱的相互支援作用，采用修正后的计算长度系数进行刚架柱的平面内稳定计算。修正系数按下式计算：

$$\mu'_j=\frac{\pi}{h_j}\sqrt{\frac{EI_{cj}[1.2\sum(P_i/H_i)+\sum(N_k/h_k)]}{P_jK}} \tag{1-70a}$$

或

$$\mu'_j=\frac{\pi}{h_j}\sqrt{\frac{EI_{cj}[1.2\sum(P_i/H_i)+\sum(N_k/h_k)]}{1.2P_j\sum(P_{cr,j}/h_j)}} \tag{1-70b}$$

式中 μ'_j——修正系数；

K——为檐口高度作用水平力计算的门式刚架的抗侧刚度。

考虑同层各柱的相互支援作用求得的计算长度系数如小于 1.0，则取 1.0。

当门式刚架结构采用二阶高等分析时，等截面刚架柱的计算长度系数 μ 取 1.0。柱脚铰接的单段变截面刚架柱的计算长度系数（μ_r）可按下列公式计算：

$$\mu_r=\frac{1+0.035\gamma}{1+0.54\gamma}\sqrt{\frac{I_1}{I_0}} \tag{1-71}$$

$$\gamma=\frac{h_1}{h_0}-1 \tag{1-72}$$

式中 γ——构件的楔率；

h_0、h_1——为构件小端和大端截面的高度；

I_0、I_1——为构件小端和大端截面的惯性矩；

H——变截面柱的柱高。

1.5.4.6 变截面柱在刚架平面外的整体稳定性计算

变截面柱的平面外稳定应分段按下列公式计算：

$$\frac{N_1}{\eta_{ty}\varphi_y A_{e1} f}+\left(\frac{M_1}{\varphi_b\gamma_x W_{e1} f}\right)^{1.3-0.3k_\sigma}\leqslant 1 \tag{1-73}$$

当$\bar{\lambda}_{1y}\geqslant 1.3$ 时：

$$\eta_{ty}=1 \tag{1-74a}$$

当$\bar{\lambda}_{1y}<1.3$时：

$$\eta_{ty}=\frac{A_0}{A_1}+\left(1-\frac{A_0}{A_1}\right)\times\frac{\bar{\lambda}_{1y}^2}{1.69} \tag{1-74b}$$

$$\bar{\lambda}_{1y}=\frac{\lambda_{1y}}{\pi}\sqrt{\frac{f_y}{E}} \tag{1-75}$$

式中 φ_y——轴心受压构件弯矩作用平面外的稳定系数，以大端截面为准，按现行国家标准《钢结构设计规范》的规定采用，计算长度取纵向柱间支撑点间的距离；若各段线刚度差别较大，确定计算长度时可考虑各段间的相互约束；

N_1——所计算构件段大端截面的轴向压力设计值；

M_1——所计算构件段大端截面的弯矩设计值；

k_σ——为楔形构件的小端截面与大端截面由弯矩产生的应力比值，按$k_\sigma=\dfrac{M_0/W_{x0}}{M_1/W_{x1}}$计算；

$\bar{\lambda}_{1y}$——绕弱轴的通用长细比；

λ_{1y}——绕弱轴的长细比，按$\lambda_{1y}=L/i_{y1}$计算；

i_{y1}——大端截面绕弱轴的回转半径；

γ_x——截面塑性发展系数，可按《钢结构设计规范》的规定选用；

φ_b——均匀弯曲的受弯构件整体稳定系数，可按公式（1-79a）计算。

《门式刚架轻型房屋钢结构技术规范》对原变截面楔形柱的平面外稳定计算公式进行了修订，由于框架柱中的两端弯矩往往引起双曲率弯曲，其等效弯矩系数一般小于0.65，这对弯矩折减较多，在某些特定情况下会不安全。因此，新修订的相关公式中，弯矩项的指数在1.0～1.6之间变化，相关曲线外凸，这等效于考虑弯矩变号对其稳定性的有利作用，避免了在某些特殊情况下的不安全。

1.5.4.7 刚架梁和隅撑的设计

1. 刚架梁的设计

当门式刚架梁坡度不超过1：5时，实腹式刚架梁可只按压弯构件计算强度和平面外的整体稳定，不计算平面内的稳定。

实腹式刚架梁的平面外计算长度应取侧向支撑点间的距离。当刚架梁两翼缘侧向支承点间的距离不等时，取最大受压翼缘侧向支承点间的距离。为增强刚架梁的整体稳定性，常以两倍檩距间隔在刚架梁下翼缘与檩条之间设置隅撑，《门式刚架轻型房屋钢结构技术规范》明确强调隅撑不能给刚架梁提供足够的侧向支撑，仅仅起到弹性支座的作用，因此，隅撑不能作为刚架梁固定的侧向支座。隅撑支撑的刚架梁的面外计算长度不应小于两倍檩距，且刚架梁截面越大，隅撑的支撑作用相对越弱，刚架梁的面外计算长度也就越大。只有当刚架梁与檩条之间设置的隅撑在满足特定条件下，下翼缘受压的刚架梁的平面外计算长度方可取两倍的隅撑间距。当实腹式刚架梁的下翼缘受压时，支承在刚架梁上翼缘的檩条不能单独作为刚架梁的侧向支承。

此外，当刚架梁上翼缘承受集中荷载处不设置横向加劲肋时，除应按现行国家规范《钢结构设计规范》的有关规定验算腹板上的边缘正应力、剪应力和局部压应力共同作用下的折算应力外，还应按公式（1-76）进行补充验算，避免腹板受压褶皱破坏。

$$F \leqslant 15\alpha_m t_w^2 f \sqrt{\frac{t_f}{t_w}} \cdot \sqrt{\frac{235}{f_y}} \tag{1-76}$$

$$\alpha_m = 1.5 - M/(W_e f) \tag{1-77}$$

式中　F——上翼缘所受的集中荷载；

t_f、t_w——分别为刚架梁翼缘和腹板的厚度；

α_m——参数；$\alpha_m \leqslant 1.0$，在刚架梁负弯矩区取 1.0；

M——集中荷载作用处的弯矩；

W_e——有效截面最大受压纤维的截面模量。

楔形变截面梁段在承受线性变化弯矩作用时的整体稳定性，可按下式计算：

$$\frac{M_1}{\gamma_x \varphi_b W_{x1}} \leqslant f \tag{1-78}$$

$$\varphi_b = \frac{1}{(1-\lambda_{b0}^{2n}+\lambda_b^{2n})^{1/n}} \leqslant 1.0 \tag{1-79a}$$

$$\lambda_0 = \frac{0.55-0.25k_\sigma}{(1+\gamma)^{0.2}} \tag{1-79b}$$

$$n = \frac{1.51}{\lambda_b^{0.1}} \sqrt[3]{\frac{b_1}{h_1}} \tag{1-79c}$$

式中　γ_x——截面塑性发展系数，按《钢结构设计规范》的规定选用；

W_{x1}——弯矩较大截面受压边缘的截面模量；

φ_b——刚架梁的整体稳定系数，按公式（1-79a）计算；

k_σ——楔形构件的小端截面压应力与大端截面压应力之比，$k_\sigma = k_M \dfrac{W_{x1}}{W_{x0}}$；

$k_M = \dfrac{M_0}{M_1}$是楔形构件较小弯矩与较大弯矩的比值；

λ_b——梁的通用长细比，按 $\lambda_b = \sqrt{\dfrac{\gamma_x M_{x1} f_y}{M_{cr}}}$计算；

γ——为变截面梁段的楔率，按 $\gamma=(h_1-h_0)/h_0$ 计算；

b_1、h_1——弯矩较大截面的受压翼缘宽度和上、下翼缘中面之间的距离；

h_0——小端截面上、下翼缘中面之间的距离；

M_{cr}——刚架梁的弹性屈曲弯矩，通常情况下按公式（1-80）计算：

$$M_{cr} = C_1 \frac{\pi^2 E I_y}{L^2} \left[\beta_{x\eta} + \sqrt{\beta_{x\eta}^2 + \frac{I_{\omega\eta}}{I_y}\left(1+\frac{G J_\eta L^2}{\pi^2 E I_{\omega\eta}}\right)}\right] \tag{1-80}$$

C_1——等效弯矩系数，按公式（1-81）计算：

$$C_1 = 0.46k_M^2\left(\frac{I_{yB}}{I_{yT}}\right)^{0.346} - 1.32k_M\left(\frac{I_{yB}}{I_{yT}}\right)^{0.132} + 1.86\left(\frac{I_{yB}}{I_{yT}}\right)^{0.023} \leqslant 2.75 \tag{1-81}$$

$\beta_{x\eta}$——截面不对称系数，按公式（1-82）计算：

$$\beta_{x\eta} = 0.45(1+\gamma\eta)h_0 \frac{I_{yT}-I_{yB}}{I_y} \tag{1-82}$$

$$\eta=0.55+0.04\sqrt[3]{\frac{I_{yB}}{I_{yT}}}\left(1-\frac{W_{x1}}{W_{x0}}k_{M}\right) \tag{1-83}$$

I_y——变截面梁绕弱轴惯性矩；

$I_{\omega\eta}$——变截面梁的等效翘曲惯性矩，按 $I_{\omega\eta}=I_{\omega0}(1+\gamma\eta)^2$ 计算；

$I_{\omega0}$——小端截面的翘曲惯性矩，按 $I_{\omega0}=I_{yT}h_{sT0}^2+I_{yB}h_{sB0}^2$ 计算；

J_η——变截面梁等效圣维南扭转常数，按 $J_\eta=J_0+\gamma\eta(h_0-t_f)t_w^3/3$ 计算；

J_0——小端截面自由扭转常数；

h_{sT0}、h_{sB0}——分别是小端截面上、下翼缘的中面到剪切中心距离；

h_0——小端截面上、下翼缘中面距离；

t_w——腹板厚度；

b_1、h_1——大端截面宽度和高度；

b_T、t_T、b_B、t_B——受压和受拉翼缘的宽度和厚度；

L——梁段平面外计算长度。

当验算隅撑支撑刚架梁的稳定性时，刚架梁的弹性屈曲弯矩 M_{cr} 应按式（1-84）计算：

$$M_{cr}=\frac{GJ+2e\sqrt{k_b(EI_ye_1^2+EI_\omega)}}{2(e_1-\beta_x)} \tag{1-84}$$

$$k_b=\frac{1}{l_{kk}}\left[\frac{(1-2\beta)l_p}{2EA_p}+(a+h)\frac{(3-4\beta)}{6EI_p}\beta l_p^2\tan\alpha+\frac{l_k^2}{\beta l_pEA_k\cos\alpha}\right]^{-1} \tag{1-85}$$

式中 J、I_y、I_ω——大端截面的自由扭转常数、绕弱轴惯性矩和翘曲惯性矩；

a——檩条截面形心到梁上翼缘中心的距离；

h——大端截面上、下翼缘中面间的距离；

α——隅撑和檩条轴线的夹角；

β——隅撑和檩条的连接点离开主梁的距离与檩条跨度的比值；

l_p——檩条的跨度；

I_p——檩条截面绕强轴的惯性矩；

A_p——檩条的截面面积；

A_k——隅撑的截面面积；

l_k——隅撑的长度；

l_{kk}——隅撑的间距；

e——隅撑下支撑点到檩条形心线的垂直距离；

e_1——梁截面的剪切中心到檩条形心线的距离；

β_x——梁截面不对称系数，按 $\beta_x=0.45h(I_1-I_2)/I_y$ 计算；

I_1——被隅撑支撑的梁翼缘绕弱轴惯性矩；

I_2——与檩条连接的梁翼缘绕弱轴惯性矩。

门式刚架梁需进行挠度验算，在竖向荷载的标准组合作用下刚架梁的竖向挠度与其跨度的比值不应超过表1-5规定的限值。

2. 隅撑的设计

门式刚架梁负弯矩区的下翼缘受压，易侧向失稳。为提高其整体稳定性，可在刚架梁下翼缘位置增设侧向支撑点。通常在刚架梁受压翼缘的两侧设置

受弯构件的竖向挠度与跨度比限值 **表 1-5**

构件	其他情况	竖向挠度限值
门式刚架梁（全跨）	仅支承压型钢板屋面和冷弯型钢檩条	$L/180$
	尚有吊顶	$L/240$
	有悬挂起重机	$L/400$

注：1. 表中 L 为构件跨度；
2. 对悬臂梁，按悬伸长度的 2 倍计算受弯构件的跨度。

隅撑，隅撑的另一端连接在屋面檩条上（图 1-23）。端框架的屋面梁与檩条之间，除抗风柱位置外，不宜设置隅撑。一旦设置单面隅撑，需考虑隅撑作为檩条的实际支座承受的反力对屋面梁下翼缘的水平作用。此侧向水平推力对刚架梁的整体稳定有潜在危害。

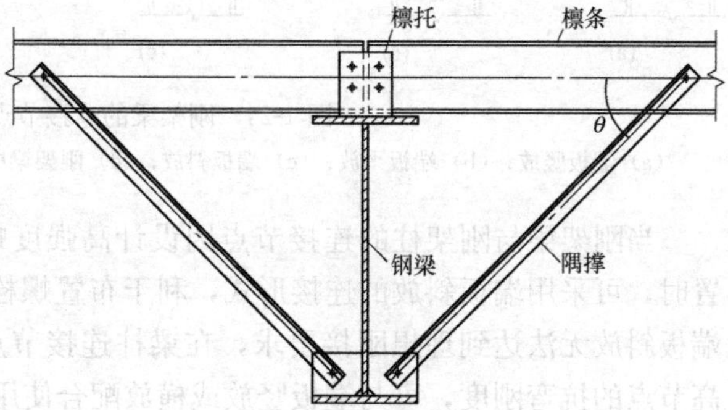

图 1-23 隅撑的连接构造

工程上，隅撑一般采用角钢制作，需按轴心受压构件设计。当隅撑成对布置时，轴向压力按公式（1-86）计算：

$$N=\frac{A_f f}{120\cos\theta}\sqrt{\frac{f_y}{235}} \qquad (1\text{-}86)$$

式中 A_f——实腹刚架梁被支撑翼缘的截面面积；

f——实腹刚架梁钢材的强度设计值；

f_y——实腹刚架梁钢材的屈服强度；

θ——隅撑与檩条轴线的夹角。

需要注意的是，当隅撑单面布置时，隅撑的轴向压力取公式（1-86）计算结果的两倍。单角钢的隅撑为偏心受压构件，计算稳定时，应采用换算长细比。

1.5.5 门式刚架节点设计

受运输长度所限，需将长度超过 12m 的刚架梁分段制作，刚架的主要构件在运送到现场后通过高强度螺栓相连。门式刚架结构的主要节点有：梁与柱的拼接节点、梁与梁的拼接节点、梁与摇摆柱的连接节点、搁置吊车梁的牛腿节点及柱脚节点等。

1.5.5.1 梁与柱及梁与梁的拼接节点

门式刚架的刚架梁与刚架柱之间采用刚性连接，以确保门式刚架结构的整体刚度和承载力，通常采用高强度螺栓端板连接节点，可采用端板竖放（图 1-24a）、平放（图 1-24b）和斜放（图 1-24c）三种形式。刚架梁与刚架柱连接节点的受拉侧，宜采用外伸式端板，且刚架梁端板连接的柱翼缘部位应与端板等厚。刚架梁中部或屋脊拼接时宜使端板与构件外边缘垂直，且应采用外伸式连接，并使翼缘内外螺栓群中心与翼缘中心重合或接近（图 1-24d、 e)。为确保外伸端板的刚度及强度，应增设加劲肋，其长短边之比宜大于1.5：1，不满足时可增加端板厚度。

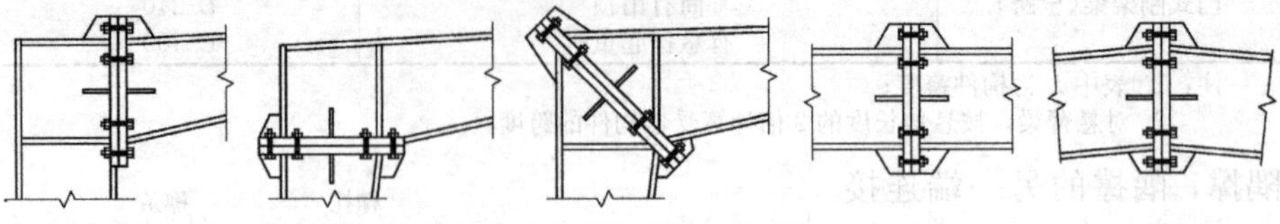

图 1-24 刚架梁的连接节点

（a）端板竖放；（b）端板平放；（c）端板斜放；（d）刚架梁中间拼接；（e）刚架梁屋脊拼接

当刚架梁与刚架柱的连接节点因设计高强度螺栓数量过多而导致无法布置时，可采用端板斜放的连接形式，利于布置螺栓，加长了抗弯连接的力臂。端板斜放无法达到理想刚接要求，在梁柱连接节点设置斜向加劲肋可显著提高节点的抗弯刚度，可与端板竖放或横放配合使用。

为满足节点强度要求，端板连接中需采用高强度螺栓摩擦型或承压型连接，不允许使用普通螺栓代替高强度螺栓。高强度螺栓承压型连接可用于承受静力荷载和间接承受动力荷载的结构，重要结构或直接承受动力荷载的结构应采用高强度螺栓摩擦型连接。此外，应按规范要求对高强度螺栓施加预拉力，以增强节点转动刚度，这是确保端板连接节点出现理想破坏模式的重要前提。端板连接节点若只承受轴向力和弯矩作用或剪力较小时，摩擦面可不做专门处理。

端板节点螺栓宜成对布置。在受拉翼缘和受压翼缘的内外两侧各设一排，并宜使每个翼缘的四个螺栓的中心与翼缘中心重合。螺栓排列应符合构造要求，螺栓中心至翼缘板表面距离，应满足拧紧螺栓时的施工要求，不宜小于 35mm。螺栓端距不应小于 2 倍螺栓孔径，螺栓中距不应小于 3 倍螺栓孔径。两排螺栓之间的最大距离不宜超过 400mm，最小距离为 3 倍螺栓直径。

端板连接应按所受到最大内力和能够承受不小于较小被连接截面承载力的一半设计，并取最大值。端板连接节点设计包括连接高强度螺栓设计、端板厚度确定、节点域剪应力验算、端板螺栓处构件腹板强度、端板连接刚度验算。

1. 端板连接高强度螺栓设计

端板连接高强度螺栓应按现行国家标准《钢结构设计规范》的相关规定或本系列教材《钢结构基本原理》[30]第 4 章的有关内容验算高强度螺栓在拉力、剪力或拉剪共同作用下的强度。

2. 端板厚度确定

端板连接节点的梁翼缘、腹板和加劲肋将端板分割为若干区格，在高强度螺栓的拉力作用下区格内的端板达到极限状态，形成塑性铰线，可根据极限平衡法确定在端板产生塑性破坏时所需的最小厚度。因此，各种支承条件下端板区格厚度分别按下列公式确定（图 1-25）。

1）伸臂类区格

$$t \geqslant \sqrt{\frac{6e_f N_t}{bf}} \tag{1-87a}$$

2）无加劲肋类区格

$$t \geqslant \sqrt{\frac{3e_w N_t}{(0.5a+e_w)f}} \tag{1-87b}$$

3）两临边支承类区格

当端板外伸时：

$$t \geqslant \sqrt{\frac{6e_f e_w N_t}{[e_w b+2e_f(e_f+e_w)]f}} \tag{1-87c}$$

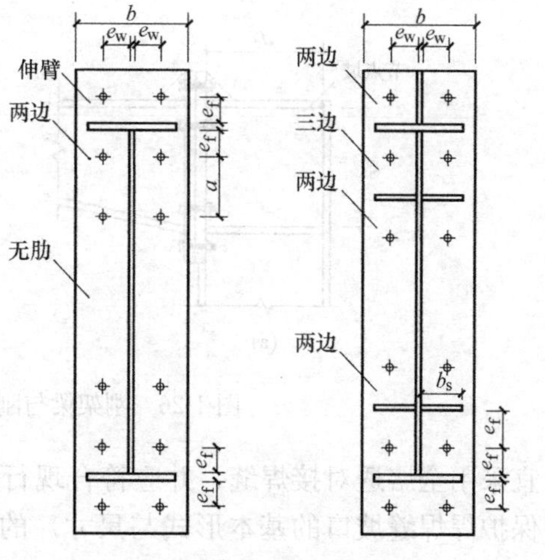

图 1-25　端板的支承条件

当端板平齐时：

$$t \geqslant \sqrt{\frac{12e_f e_w N_t}{[e_w b+4e_f(e_f+e_w)]f}} \tag{1-87d}$$

4）三边支承类区格

$$t \geqslant \sqrt{\frac{6e_f e_w N_t}{[e_w(b+2b_s)+4e_f^2]f}} \tag{1-87e}$$

式中　N_t——一个高强度螺栓的受拉承载力设计值；

e_w、e_f——分别为螺栓中心至腹板和翼缘板表面的距离；

b、b_s——分别为端板和加劲肋板的宽度；

a——螺栓间距；

f——端板钢材的抗拉强度设计值。

端板厚度取以上各种支承条件确定板厚的最大值，但不应小于 16mm 及 0.8 倍的高强度螺栓直径。

3. 节点域剪应力验算

刚架梁与刚架柱相交的节点域（图 1-26a）抗剪承载力应满足下式要求：

$$\tau = \frac{M}{d_b d_c t_c} \leqslant f_v \tag{1-88}$$

式中　d_c、t_c——分别为节点域的宽度和厚度；

d_b——刚架梁端部高度或节点域高度；

M——节点承受的弯矩，对多跨刚架中间柱处，应取两侧刚架梁端弯矩的代数和或柱端弯矩；

f_v——节点域钢材的抗剪强度设计值。

当验算不满足公式（1-88）要求时，应加厚节点域腹板或设置斜向加劲肋（图 1-26b）。

4. 端板螺栓处构件腹板强度验算

门式刚架构件的翼缘和端板或柱底板的连接，当翼缘厚度大于 12mm 时

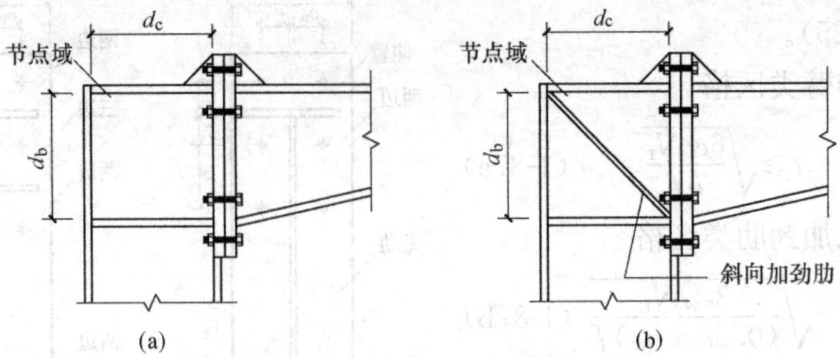

图 1-26　刚架梁与刚架柱相交的节点域

宜采用全熔透对接焊缝，并应符合现行国家标准《气焊、手工电弧焊及气体保护焊焊缝坡口的基本形式与尺寸》的规定。其他情况宜采用等强连接角焊缝。在端板设置螺栓处，应按下列公式验算构件腹板的强度：

当 $N_{t2} \leqslant 0.4P$ 时：

$$\frac{0.4P}{e_w t_w} \leqslant f \tag{1-89a}$$

当 $N_{t2} > 0.4P$ 时：

$$\frac{N_{t2}}{e_w t_w} \leqslant f \tag{1-89b}$$

式中　N_{t2}——翼缘内第二排一个螺栓的轴向拉力设计值；

P——1 个高强度螺栓的预拉力设计值；

e_w——螺栓中心至腹板表面的距离；

t_w——腹板厚度；

f——腹板钢材的抗拉强度设计值。

当验算不满足公式（1-89）要求时，可设置腹板加劲肋或增厚腹板。

5. 端板连接刚度验算

进行门式刚架内力计算时，常假定梁柱连接节点为理想刚接，为使得节点的实际刚度与假定的理想刚度相一致，端板连接刚度需按以下公式进行验算：

$$R \geqslant kEI_b/l_b \tag{1-90}$$

式中　R——刚架梁柱转动刚度；

I_b——刚架横梁跨间的平均截面惯性矩；

l_b——刚架横梁跨度；

k——系数，刚架无摇摆柱时取 25，刚架中柱为摇摆柱时可增大到 40 或 50。

端板节点的变形主要包含：（1）节点域的剪切变形；（2）端板的弯曲变形、螺栓拉伸变形及柱翼缘的弯曲变形。因此，端板节点的转动刚度也来源于这两部分，可按公式（1-91）计算：

$$R = \frac{1}{1/R_1 + 1/R_2} = \frac{R_1 R_2}{R_1 + R_2} \tag{1-91}$$

当节点域未设斜向加劲肋时：

$$R_1 = G h_1 d_c t_p \tag{1-92a}$$

当节点域设置斜向加劲肋时：

$$R_1 = G h_1 d_c t_p + E d_b A_{st} \cos^2\alpha \sin\alpha \tag{1-92b}$$

$$R_2 = \frac{6EI_e h_1^2}{1.1 e_f^3} \tag{1-93}$$

式中 R_1——为节点域的剪切刚度；

R_2——为连接的弯曲刚度，包括端板弯曲、螺栓拉伸和柱翼缘弯曲所对应的刚度；

h_1——梁端翼缘板中心间的距离；

d_c——节点域的宽度；

t_p——柱节点域腹板厚度；

I_e——端板惯性矩；

e_f——端板外伸部分的螺栓中心到其加劲肋外边缘的距离；

d_b——刚架梁端部高度或节点域的高度；

A_{st}——两条斜向加劲肋的总截面面积；

α——斜向加劲肋的倾角。

1.5.5.2 梁与摇摆柱连接节点

门式刚架结构的摇摆柱与屋面梁的连接设计成铰接节点，一般采用端板横放的顶接连接方式（图 1-27）。摇摆柱顶端板上通常配置 2 个或 4 个高强度螺栓，并布置在摇摆柱腹板高度范围内，只传递轴力，避免传递弯矩。实际上，这种构造的铰接节点仍能传递部分弯矩，为减小刚架梁下翼缘的面外弯曲变形，应在刚架梁腹板上布置加劲肋，该加劲肋即可沿刚架梁腹板全高布置，也可沿半高布置（图 1-27c）。

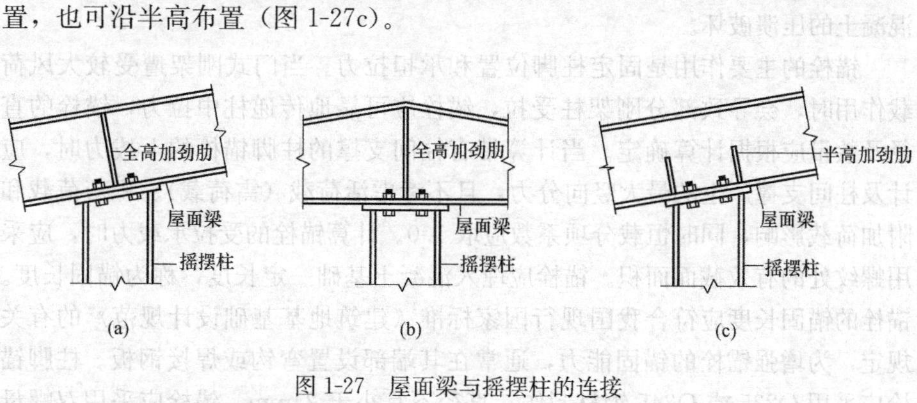

图 1-27 屋面梁与摇摆柱的连接

1.5.5.3 吊车梁牛腿节点

当门式刚架结构中设有桥式吊车时，需在刚架柱上设置牛腿，牛腿与刚架柱焊接连接，构造见图 1-28。

牛腿一般采用焊接工字形截面，根部截面尺寸根据剪力 V 和弯矩 M 按下式计算确定：

$$V = 1.2P_D + 1.4D_{max} \tag{1-94}$$

$$M=Ve \tag{1-95}$$

式中 P_D——吊车梁及轨道在牛腿上产生的反力；

D_{max}——吊车最大轮压在牛腿上产生的最大反力；

e——吊车梁中心到牛腿根部的距离。

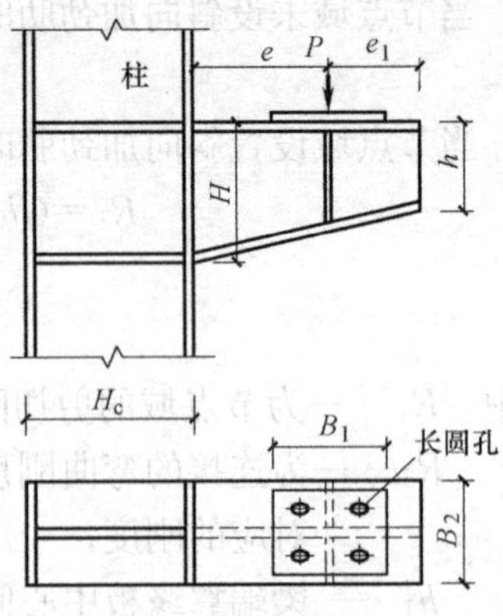

图 1-28 吊车梁牛腿构造

牛腿根部上翼缘和下翼缘与刚架柱翼缘之间采用熔透的对接焊缝，牛腿腹板与刚架柱翼缘之间也可采用角焊缝连接，焊脚尺寸由设计剪力 V 确定。当采用变截面牛腿时，端部截面高度 h 不宜小于根部截面高度的一半。在吊车梁对应位置的牛腿腹板应设置支承加劲肋。吊车梁下翼缘与牛腿上翼缘之间可采用高强度螺栓连接，且宜设置长圆孔，高强度螺栓直径根据需要选用，常采用 M16～M24 螺栓。

1.5.5.4 柱脚节点

柱脚是连接柱子与基础的节点，其主要作用是可靠地将柱身内力传递给基础，并同基础有牢固的连接。门式刚架柱脚一般采用平板式铰接柱脚（图 1-29a、b），当有桥式吊车或刚架需要较大抗侧刚度时，则采用刚接柱脚（图 1-29c、d）。本节重点论述平板式铰接柱脚的构造及设计过程。

平板式铰接柱脚主要由底板、锚栓、锚板、抗剪件等构成。底板焊接于刚架柱底部，并直接搁置在混凝土基础顶部。刚架柱的轴向压力通过底板直接扩散给基础，底板增加了刚架柱与基础顶面的接触面积，避免了基础顶部混凝土的压溃破坏。

锚栓的主要作用是固定柱脚位置和承担拉力。当门式刚架遭受较大风荷载作用时，会导致部分刚架柱受拉，锚栓应可靠地传递柱中拉力，锚栓的直径及数量应根据计算确定。当计算带有柱间支撑的柱脚锚栓的上拔力时，应计及柱间支撑产生的最大竖向分力，且不考虑活荷载（雪荷载）、积灰荷载和附加荷载影响，同时恒载分项系数应取 1.0。计算锚栓的受拉承载力时，应采用螺纹处的有效截面面积。锚栓应埋入混凝土基础一定长度，称为锚固长度。锚栓的锚固长度应符合我国现行国家标准《建筑地基基础设计规范》的有关规定，为增强锚栓的锚固能力，通常在其端部设置弯钩或焊接钢板。柱脚锚栓应采用 Q235 或 Q345 钢材制作，直径不宜小于 24mm。锚栓应采用双螺母以避免松动或脱落。

工程施工时锚栓预埋于混凝土基础中，由于土建施工精度较低，锚栓偏位现象时常发生，为便于门式刚架安装，柱脚底板的锚栓孔洞常开设比锚栓直径大 2～3cm，需在螺母下面设置垫板。一般情况下，垫板与底板等厚，所钻孔洞直径比锚栓直径大 1.5～2mm，在门式刚架安装就位后，垫板与底板之间现场焊牢。

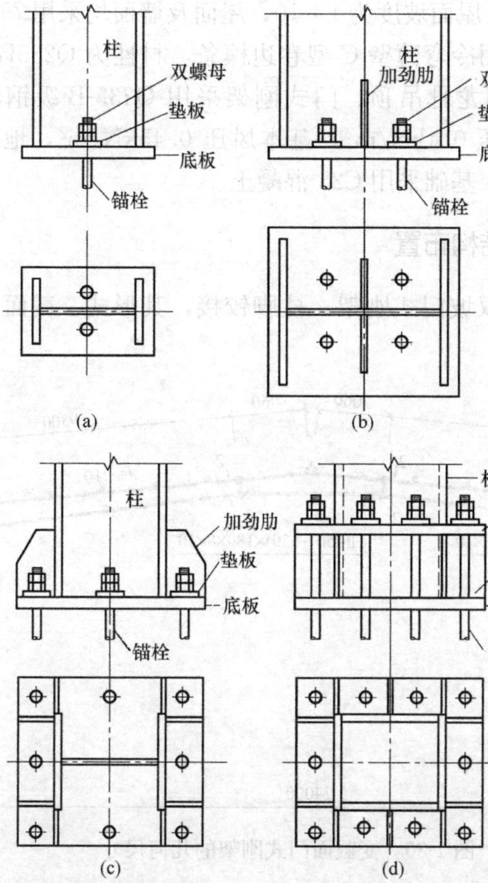

图 1-29 门式刚架常用柱脚形式

（a）两个锚栓铰接柱脚；（b）四个锚栓铰接柱脚；

（c）带加劲肋刚接柱脚；（d）带靴梁刚接柱脚

柱脚锚栓不宜承担门式刚架结构中的水平剪力。柱底水平剪力先由底板与混凝土基础之间的摩擦力承担，计算时摩擦系数可按 0.4 取用，且应考虑风吸力产生的上拔力影响。当柱底摩擦力不足时，应在柱底设置抗剪键。抗剪键可采用钢板、角钢、槽钢或工字钢制作，垂直焊接于柱脚底板的底面，抗剪键截面及连接焊缝应计算确定。

平板式铰接柱脚的设计内容主要包含底板面积及厚度的确定、锚栓直径、抗剪键的截面面积及连接焊缝等，设计过程参见本系列教材《钢结构基本原理》[30]第 5 章的有关内容。

1.6 设计实例

1.6.1 设计资料

某超市采用单层轻型门式刚架结构，房屋总长 60m，跨度 24m，柱距

6m，檐口高度7.2m。屋面坡度为1∶10，屋面及墙面均采用75mm厚EPS夹芯板。檩条及墙梁采用冷弯薄壁C型卷边檩条，材性为Q235B，檩条间距为1.5m，下设V形轻钢龙骨吊顶。门式刚架采用Q235-B级钢材，焊条采用E43型。设计基本雪压0.4kN/m²，基本风压0.45kN/m²，地面粗糙度为B类，不考虑地震作用。基础采用C25混凝土。

1.6.2　刚架形式及结构布置

采用变截面单跨双坡门式刚架，柱脚铰接，其形式、截面和几何尺寸见图1-30。

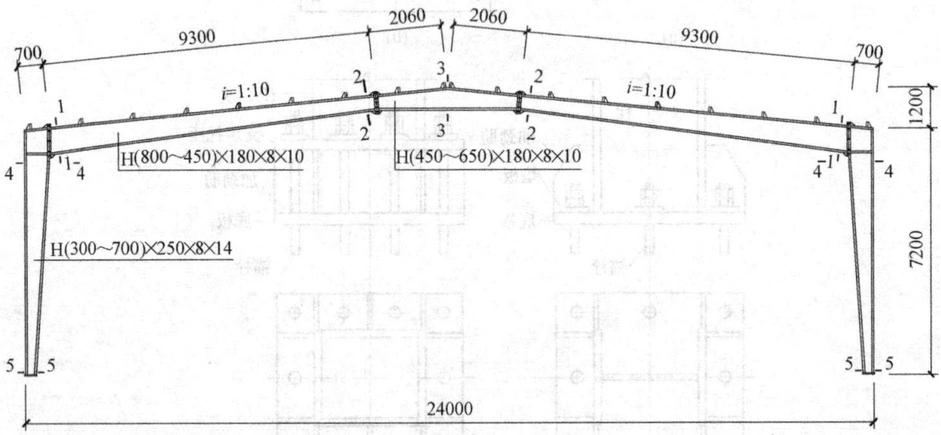

图1-30　变截面门式刚架的几何尺寸

1.6.3　荷载计算

1.6.3.1　永久荷载（标准值）

压型钢板及保温层（沿坡向）	0.20kN/m²
屋面檩条及支撑（沿坡向）	0.15kN/m²
刚架横梁自重（沿坡向）	0.15kN/m²
屋面自重（沿坡向）	Σ=0.50kN/m²
墙面及柱自重（包含墙面材料、墙梁及刚架柱）	0.50kN/m²

1.6.3.2　可变荷载（标准值）

由于门式刚架承受荷载的水平投影面积大于60m²，屋面均布活荷载取0.3kN/m²。屋面雪荷载为0.4kN/m²，考虑到屋面均布活荷载不与雪荷载同时考虑，取其较大值0.4kN/m²。

风荷载：$\omega_0=0.45\ \text{kN/m}^2$，中间区段门式刚架的风荷载系数见图1-31。

1.6.3.3　门式刚架的荷载计算

1. 屋面永久荷载

$$\cos\alpha=\frac{10}{\sqrt{1^2+10^2}}=0.995$$

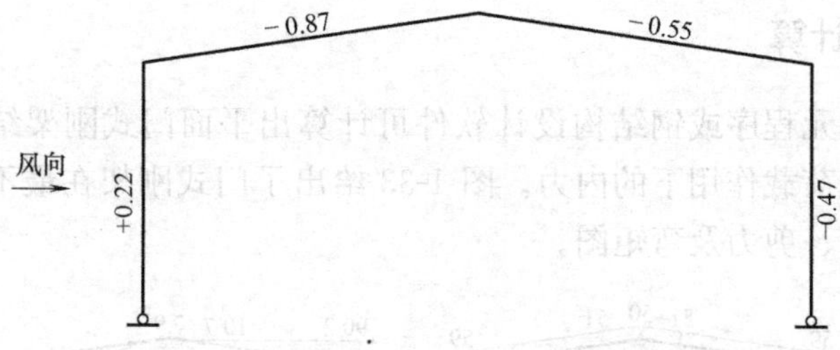

图 1-31　门式刚架中间区段的风荷载系数

屋面永久荷载标准值为：$0.50\times\frac{1}{\cos\alpha}\times6=3.015\text{kN/m}$

2. 屋面均布活载

屋面活载标准值为：$0.40\times\frac{1}{\cos\alpha}\times6=2.412\text{kN/m}$

3. 柱身荷载

柱身荷载标准值为：$0.50\times6=3.0\text{kN/m}$

4. 风荷载

地面粗糙度为B类，柱顶标高为7.2m，屋顶标高为8.4m，根据《建筑结构荷载规范》可确定房屋的风压高度变化系数 $\mu_z=1.0$，则由公式（1-36）可得：

$\omega_1=+1.1\times0.22\times1.0\times0.45\times6=0.653\text{kN/m}$

$\omega_2=-1.1\times0.87\times1.0\times0.45\times6=-2.584\text{kN/m}$

$\omega_3=-1.1\times0.55\times1.0\times0.45\times6=-1.634\text{kN/m}$

$\omega_4=-1.1\times0.47\times1.0\times0.45\times6=-1.396\text{kN/m}$

门式刚架的永久荷载、活载及风荷载（左风）见图 1-32。

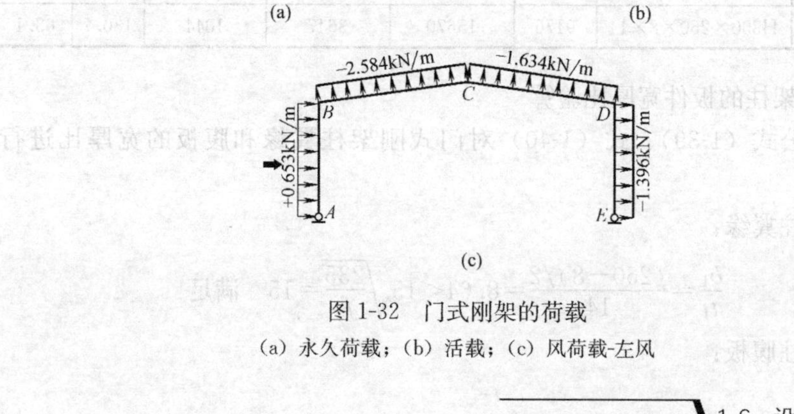

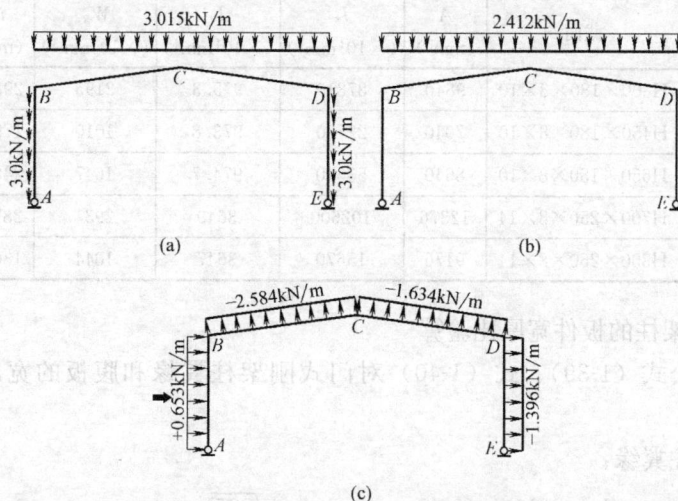

图 1-32　门式刚架的荷载

（a）永久荷载；（b）活载；（c）风荷载-左风

1.6.4　内力计算

通过有限元程序或钢结构设计软件可计算出平面门式刚架结构在永久荷载、活载及风荷载作用下的内力。图 1-33 给出了门式刚架在最不利组合荷载作用下的轴力、剪力及弯矩图。

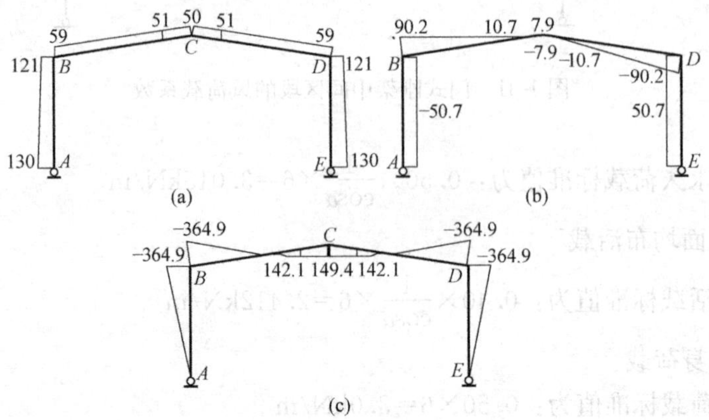

图 1-33　门式刚架最不利组合荷载作用下的轴力、剪力及弯矩图

(a) 轴力 (kN)；(b) 剪力 (kN)；(c) 弯矩 (kN·m)

1.6.5　刚架梁、柱设计

1.6.5.1　刚架柱截面验算

1. 刚架柱的截面几何特征

楔形刚架梁、柱截面的几何特性见表 1-6。

刚架梁、柱的毛截面几何特性　　**表 1-6**

构件名称	截面位置	截面	A (mm²)	I_x (×10⁴mm⁴)	I_y (×10⁴mm⁴)	W_x (×10³mm³)	i_x (mm)	i_y (mm)
梁	1-1	H800×180×8×10	9840	87810	975.3	2195	298.7	31.5
	2-2	H450×180×8×10	7040	22730	973.8	1010	179.7	37.2
	3-3	H650×180×8×10	8640	53540	974.7	1647	248.9	33.6
柱	4-4	H700×250×8×14	12376	102600	3649	2931	287.9	54.3
	5-5	H300×250×8×14	9176	15670	3647	1044	130.7	63.1

2. 刚架柱的板件宽厚比验算

可按公式 (1-39)、式 (1-40) 对门式刚架柱翼缘和腹板的宽厚比进行验算。

刚架柱翼缘：

$$\frac{b_1}{t_f}=\frac{(250-8)/2}{14}=8.64<15\sqrt{\frac{235}{f_y}}=15\quad 满足$$

刚架柱腹板：

4-4 截面：$\frac{h_w}{t_w}=\frac{(700-2\times14)}{8}=84<250$　满足

5-5 截面：$\frac{h_w}{t_w}=\frac{(300-2\times14)}{8}=34<250$　满足

3. 刚架柱腹板的有效宽度计算

刚架柱翼缘宽厚比满足相关规范要求，故刚架柱翼缘全截面有效，仅需计算刚架柱腹板的有效截面。

4-4 截面：

腹板边缘最大应力

$$\sigma_1=\frac{N}{A}+\frac{M_x y}{I_x}=\frac{121\times10^3}{12376}+\frac{364.9\times10^6\times336}{1.026\times10^9}=129.277\text{N/mm}^2$$

$$\sigma_2=\frac{N}{A}-\frac{M_x y}{I_x}=\frac{121\times10^3}{12376}-\frac{364.9\times10^6\times336}{1.026\times10^9}=-109.722\text{N/mm}^2$$

腹板边缘正应力比值：$\beta=\frac{\sigma_2}{\sigma_1}=\frac{-109.722}{129.277}=-0.849$

腹板受压区高度：$h_c=\frac{129.277}{129.277+109.722}\times672=363.49\text{mm}$

腹板在正压力作用下的凸曲系数：

$$k_\sigma=\frac{16}{\sqrt{(1+\beta)^2+0.112(1-\beta)^2}+(1+\beta)}$$

$$=\frac{16}{\sqrt{(1-0.849)^2+0.112(1+0.849)^2}+(1-0.849)}=20.306$$

由于 $\sigma_1=129.277\ \text{N/mm}^2<215\ \text{N/mm}^2$，计算 λ_ρ 时用 $\gamma_R\sigma_1$ 代替公式(1-43) 中的 f_y，则：

$$\gamma_R\sigma_1=1.1\times129.277=142.205\text{N/mm}^2$$

与板件受弯、受压有关的参数 λ_p 为：

$$\lambda_p=\frac{h_w/t_w}{28.1\sqrt{k_\sigma}\sqrt{235/f_y}}=\frac{672/8}{28.1\sqrt{20.306}\sqrt{235/142.205}}=0.516$$

有效宽度系数：$\rho=\frac{1}{(0.243+\lambda_\rho^{1.25})^{0.9}}=\frac{1}{(1-0.8^{1.25}+0.516^{1.25})^{0.9}}=1.42\geqslant1$

柱顶 4-4 截面腹板全部有效。

5-5 截面：

由于柱底铰接，则截面边缘正应力比值：$\beta=\frac{\sigma_2}{\sigma_1}=1.0$

腹板在正压力作用下的凸曲系数 k_σ 为：

$$k_\sigma=\frac{16}{\sqrt{(1+\beta)^2+0.112(1-\beta)^2}+(1+\beta)}$$

$$=\frac{16}{\sqrt{(1+1)^2+0.112(1-1)^2}+(1+1)}=4$$

$$\sigma_{max}=\frac{N}{A}=\frac{130\times10^3}{9176}=14.167\text{N/mm}^2$$

$$\gamma_R\sigma_1=1.1\times14.167=15.584\text{N/mm}^2$$

则与板件受弯、受压有关的参数λ_p为：

$$\lambda_p=\frac{h_w/t_w}{28.1\sqrt{k_\sigma}\sqrt{235/f_y}}=\frac{272/8}{28.1\sqrt{4}\sqrt{235/15.584}}=0.156$$

有效宽度系数：$\rho=\frac{1}{(0.243+\lambda_\rho^{1.25})^{0.9}}=\frac{1}{(1-0.8^{1.25}+0.156^{1.25})^{0.9}}=2.63\geqslant 1$

柱底5-5截面腹板全部有效。

4. 抗剪承载力验算

刚架柱腹板设置了横向加劲肋，加劲肋区格内的板幅长度与板幅范围内的大端截面高度比等于3。取位于刚架柱小端截面的下部最不利区格进行抗剪验算，如下：

刚架柱验算区格的长度$a=1005$mm，$h_{w1}=335$mm

刚架柱腹板验算区格内的长高比α为：$\alpha=\frac{a}{h_{w1}}=\frac{1005}{335}=3$

刚架柱腹板验算区格内楔率γ_p为：$\gamma_p=\frac{h_{w1}}{h_{w0}}-1=\frac{335}{272}-1=0.232$

参数ω_1为：$\omega_1=0.41-0.897\alpha+0.363\alpha^2-0.041\alpha^3=-0.121$

参数η_s为：$\eta_s=1-\omega_1\sqrt{\gamma_p}=1-(-0.121)\times\sqrt{0.232}=1.058$

由于$a/h_{w1}\geqslant 1$，

$$k_\tau=\eta_s[5.34+4/(a/h_{w1})^2]=1.058\times[5.34+4/3^2]=6.12$$

参数λ_s为：$\lambda_s=\frac{h_{w1}/t_w}{37\sqrt{k_\tau}\sqrt{235/f_y}}=\frac{335/8}{37\times\sqrt{6.12}\times\sqrt{235/235}}=0.4575$

参数φ_{ps}为：$\varphi_{ps}=\frac{1}{(0.51+\lambda_s^{3.2})^{1/2.6}}=\frac{1}{(0.51+0.4575^{3.2})^{1/2.6}}=1.223>1.0$，

取$\varphi_{ps}=1.0$

参数χ_{tap}为：$\chi_{tap}=1.0-0.35\alpha^{0.2}\gamma_p^{2/3}=1-0.35\times3^{0.2}\times0.232^{2/3}=0.8354$

将上述参数代入至公式（1-45）可得刚架柱的抗剪承载力：

$$V_{d1}=\chi_{tap}\varphi_{ps}h_{w1}t_w f_v=0.8354\times1\times335\times8\times125=279.9\text{kN}$$

$V_{d2}=\chi_{tap}\varphi_{ps}h_{w1}t_w f_v=h_{w0}t_w f_v=272\times8\times125=272\text{kN}$，取$V_d=272$kN

刚架柱的最大剪力$V_{max}=50.7\text{kN}\leqslant V_d=272$kN，满足！

5. 在剪力V、弯矩M和轴力N共同作用下的强度验算

$V_{max}=50.7\text{kN}\leqslant 0.5V_d=0.5\times272=136$kN

$\sigma=\frac{N}{A_e}+\frac{M}{W_e}=\frac{121\times10^3}{12376}+\frac{364.9\times10^6}{2.931\times10^6}=134.274\text{ N/mm}^2<f=215\text{ N/mm}^2$，

满足！

6. 平面内整体稳定验算

按公式（1-59）验算变截面门式刚架柱的平面内整体稳定性。首先按公式（1-62）计算刚架柱平面内的计算长度系数，如下：

$$i_{11}=\frac{EI_{11}}{s_1}=\frac{2.06\times10^5\times8.781\times10^8}{9850}=1.836\times10^{10}\text{N}\cdot\text{mm}$$

$$i_{21}=\frac{EI_{21}}{s_2}=\frac{2.06\times10^5\times5.354\times10^8}{2060}=5.354\times10^{10}\text{N}\cdot\text{mm}$$

$$R_1=\frac{I_{10}}{I_{11}}=\frac{2.273\times10^8}{8.781\times10^8}=0.2589$$

$$R_2=\frac{I_{20}}{I_{21}}=\frac{2.273\times10^8}{5.354\times10^8}=0.4245$$

$$K_{11}=3i_{11}R_1^{0.2}=3\times1.836\times10^{10}\times0.2589^{0.2}=4.2036\times10^{10}\text{N}\cdot\text{mm}$$

$$K_{12}=6i_{11}R_1^{0.44}=-6\times1.836\times10^{10}\times0.2589^{0.44}=6.0786\times10^{10}\text{N}\cdot\text{mm}$$

$$K_{21}=3i_{11}R_1^{0.712}=3\times1.836\times10^{10}\times0.2589^{0.712}=2.1045\times10^{10}\text{N}\cdot\text{mm}$$

$$K_{22}=3i_{21}R_2^{0.712}=3\times5.354\times10^{10}\times0.4245^{0.712}=8.7267\times10^{10}\text{N}\cdot\text{mm}$$

刚架梁对刚架柱的转动约束 k_z 为：

$$K_z=\left(\frac{1}{K_{11}}+\frac{2s_2}{s}\frac{1}{K_{12}}+\left(\frac{s_2}{s}\right)^2\frac{1}{K_{21}}+\left(\frac{s_2}{s}\right)^2\frac{1}{K_{22}}\right)^{-1}$$

$$=\left(\frac{1}{4.2036\times10^{10}}+\frac{2\times2060}{11910}\frac{1}{6.0786\times10^{10}}+\left(\frac{2060}{11910}\right)^2\right.$$

$$\left.\frac{1}{2.1045\times10^{10}}+\left(\frac{2060}{11910}\right)^2\frac{1}{8.7267\times10^{10}}\right)^{-1}$$

$$=\frac{1\times10^{10}}{(0.2379+0.0569+0.01422+0.00343)}=3.2\times10^{10}\text{N}\cdot\text{mm}$$

参数 i_{c1} 为：$i_{c1}=\frac{EI_{c1}}{H}=\frac{2.06\times10^5\times1.026\times10^9}{7200}=2.9355\times10^{10}\text{N}\cdot\text{mm}$

参数 K 为：$K=\frac{K_z}{6i_{c1}}\left(\frac{I_{c1}}{I_{c0}}\right)^{0.29}=\frac{3.2\times10^{10}}{6\times2.9355\times10^{10}}\left(\frac{1.026\times10^9}{1.567\times10^8}\right)^{0.29}=0.3133$

考虑刚架梁约束的刚架柱的计算长度系数 μ 为：

$$\mu=2\left(\frac{I_{c1}}{I_{c0}}\right)^{0.145}\sqrt{1+\frac{0.38}{K}}=2\times\left(\frac{1.026\times10^9}{1.567\times10^8}\right)^{0.145}\sqrt{1+\frac{0.38}{0.3133}}=3.907$$

刚架柱在平面内的计算长度 h_0 为：

$$h_0=\mu h=3.907\times7200=28130.4\text{mm}$$

$$\lambda_{1,x}=\frac{h_0}{i_x}=\frac{28130.4}{287.923}=97.7$$

查《钢结构设计规范》可得 $\varphi_x=0.57$，有侧移刚架柱的等效弯矩系数 β_{mx} 取 1.0。

$$\bar{\lambda}_1=\frac{\lambda_1}{\pi}\sqrt{\frac{f_y}{E}}=\frac{97.7}{3.14}\sqrt{\frac{235}{2.06\times10^5}}=1.051$$

由 $\bar{\lambda}_1<1.2$ 可得：

$$\eta_t=\frac{A_0}{A_1}+\left(1-\frac{A_0}{A_1}\right)\frac{\bar{\lambda}_1^2}{1.44}=\frac{9176}{12376}+\left(1-\frac{9176}{12376}\right)\times\frac{1.051^2}{1.44}=0.94$$

$$N_{cr}=\frac{\pi^2EA_{e1}}{\lambda_1^2}=\frac{3.14^2\times2.06\times10^5\times12376}{97.7^2}=2633.4\text{kN}$$

将上述参数代入至公式（1-59），可得：

$$\sigma=\frac{N_1}{\eta_t\varphi_xA_{e1}}+\frac{\beta_{mx}M_1}{[1-N_1/N_{cr}]W_{e1}}$$

$$=\frac{121\times10^3}{0.94\times0.57\times12376}+\frac{1.0\times364.9\times10^6}{[1-121\times10^3/2633.4\times10^3]\times2.931\times10^6}$$

$$=148.74\text{N/mm}^2\leqslant f=215\text{N/mm}^2$$

满足！

7. 平面外整体稳定验算

根据公式（1-73）验算门式刚架柱平面外的整体稳定，其中计算长度 l 取支撑点间距 7200mm，按大头截面（4-4 截面）的几何特性及内力计算刚架柱的平面外稳定系数，如下：

$$\lambda_{1y}=\frac{l_{0y}}{i_{y0}}=\frac{7200}{54.3}=132.6$$

查《钢结构设计规范》可得 $\varphi_y=0.376$

$$\bar{\lambda}_{1y}=\frac{\lambda_{1y}}{\pi}\sqrt{\frac{f_y}{E}}=\frac{132.6}{3.14}\sqrt{\frac{235}{2.06\times10^5}}=1.426\geqslant1.3，取\ \eta_{ty}=1.0$$

整体稳定系数 φ_b 的计算：

$$k_M=\frac{M_0}{M_1}=0, k_\sigma=K_M\frac{W_{x1}}{W_{x0}}=0$$

$$\gamma=\frac{h_1-h_0}{h_0}=\frac{686-286}{286}=1.399$$

$$C_1=0.46k_M^2\left(\frac{I_{yB}}{I_{yT}}\right)^{0.346}-1.32k_M\left(\frac{I_{yB}}{I_{yT}}\right)^{0.132}+1.86\left(\frac{I_{yB}}{I_{yT}}\right)^{0.023}=1.86$$

$$\eta=0.55+0.04\sqrt[3]{\frac{I_{yB}}{I_{yT}}}\cdot\left(1-\frac{W_{x1}}{W_{x0}}k_M\right)=0.55+0.04=0.59$$

$$\beta_{x\eta}=0.45(1+\gamma\eta)h_0\frac{I_{yT}-I_{yB}}{I_y}=0$$

$$I_{yT}=I_{yB}=\frac{bh^3}{12}=\frac{14\times250^3}{12}=18229166.67\text{mm}^4$$

$$I_{\omega0}=I_{yT}h_{sT0}^2+I_{yB}h_{sB0}^2=2\times18229166.67\times143^2=7.4554\times10^{11}\text{mm}^6$$

$$I_{\omega\eta}=I_{\omega0}(1+\gamma\eta)^2=7.4554\times10^{11}\times\left(1+\frac{4}{3}\times0.59\right)^2=2.3799\times10^{12}\text{mm}^6$$

$$J_0=486759.8\text{mm}^4$$

$$J_\eta=J_0+1/3\gamma\eta(h_0-t_f)t_w^3=486759.8+\frac{1}{3}\times1.399\times0.59\times(286-14)\times8^3=$$

525076.4mm^4

$$M_{cr}=C_1\frac{\pi^2EI_y}{L^2}\left[\beta_{x\eta}+\sqrt{\beta_{x\eta}^2+\frac{I_{\omega\eta}}{I_y}\left(1+\frac{GJ_\eta L^2}{\pi E^2I_{\omega\eta}}\right)}\right]$$

$$=1.86\times\frac{3.14^2\times2.06\times10^5\times3649\times10^4}{7200^2}$$

$$\left[0+\sqrt{0+\frac{2.3799\times10^{12}}{3649\times10^4}\left(1+\frac{79000\times525076.4\times7200^2}{2.06\times10^5\times3.14^2\times2.3799\times10^{12}}\right)}\right]$$

$$=816308956.9\text{N}\cdot\text{mm}$$

通用长细比 λ_b 为：$\lambda_b=\sqrt{\frac{\gamma_xM_y}{M_{cr}}}=\sqrt{\frac{1.05\times235\times291896}{816308956.9}}=0.297$

参数：$n=\frac{1.51}{\lambda_b^{0.1}}\sqrt[3]{\frac{b_1}{h_1}}=\frac{1.51}{0.297^{0.1}}\sqrt[3]{\frac{250}{686}}=1.218$

$$\lambda_{b0}=\frac{0.55-0.25k_\sigma}{(1+\gamma)^{0.2}}=\frac{0.55-0.25\times 0}{(1+1.399)^{0.2}}=0.462$$

$$\varphi_b=\frac{1}{(1-\lambda_{b0}^{2n}+\lambda_b^{2n})^{1/n}}=\frac{1}{(1-0.462^{2\times 1.218}+0.297^{2\times 1.218})^{1/1.218}}=1.091>1.0$$

取 $\varphi_b=1.0$

将上述参数代入至公式（1-73）可得：

$$\frac{N_1}{\eta_{ty}\varphi_y A_{e1} f}+\left(\frac{M_1}{\varphi_b\gamma_x W_{e1} f}\right)^{1.3-0.3k_\sigma}=\frac{121\times 10^3}{1\times 0.376\times 12376\times 215}+$$

$$\left(\frac{364.9\times 10^6}{1.0\times 1.05\times 2931\times 10^3\times 215}\right)^{1.3}=0.582<1$$

满足！

1.6.5.2 刚架梁截面验算

1. 刚架梁的局部稳定验算

刚架梁翼缘

$$\frac{b_1}{t_f}=\frac{(180-8)/2}{10}=8.6<15\sqrt{\frac{235}{f_y}}=15 \quad 满足$$

刚架梁腹板

1-1 截面：$\frac{h_w}{t_w}=\frac{(800-2\times 10)}{8}=97.5<250$ 满足

2-2 截面：$\frac{h_w}{t_w}=\frac{(450-2\times 10)}{8}=53.75<250$ 满足

3-3 截面：$\frac{h_w}{t_w}=\frac{(650-2\times 10)}{8}=78.75<250$ 满足

2. 刚架梁的有效截面特性

由于刚架梁翼缘宽厚比满足规范要求，故刚架梁翼缘全截面有效，仅需计算刚架梁腹板的有效截面。刚架梁腹板为非均匀受压板件，利用腹板屈曲后强度时，需按有效宽度计算其截面特征。

1-1 截面：

截面最大、最小应力分别为：

$$\sigma_1=\frac{N}{A}+\frac{M_x y}{I_x}=\frac{59\times 10^3}{9840}+\frac{364.9\times 10^6\times 390}{8.781\times 10^8}=168.063\text{N/mm}^2$$

$$\sigma_2=\frac{N}{A}-\frac{M_x y}{I_x}=\frac{59\times 10^3}{9840}-\frac{364.9\times 10^6\times 390}{8.781\times 10^8}=-156.071\text{N/mm}^2$$

截面边缘正应力比值：$\beta=\frac{\sigma_2}{\sigma_1}=\frac{-156.071}{168.067}=-0.929$

腹板受压区高度：$h_c=\frac{168.067}{168.067+156.071}\times 780=404.43\text{mm}$

腹板在正压力作用下的凸曲系数：

$$k_\sigma=\frac{16}{\sqrt{(1+\beta)^2+0.112(1-\beta)^2}+(1+\beta)}$$

$$=\frac{16}{\sqrt{(1-0.929)^2+0.112(1+0.929)^2}+(1-0.929)}=22.208$$

由于 $\sigma_1=168.067\ \text{N/mm}^2<215\ \text{N/mm}^2$，计算 λ_p 时用 $\gamma_R\sigma_1$ 代替公式(1-43) 中的 f_y，则：

$$\gamma_R\sigma_1=1.1\times168.067=184.874\text{N/mm}^2$$

参数 λ_p：$\lambda_p=\dfrac{h_w/t_w}{28.1\sqrt{k_\sigma}\sqrt{235/f_y}}=\dfrac{780/8}{28.1\sqrt{22.208}\sqrt{235/184.874}}=0.653$

有效宽度系数：$\rho=\dfrac{1}{(0.243+\lambda_\rho^{1.25})^{0.9}}=\dfrac{1}{(0.243+0.653^{1.25})^{0.9}}=1.182\geqslant1$

由于 $\rho>1.0$，刚架梁 1-1 截面腹板全截面有效。

2-2 截面：

截面最大、最小应力分别为：

$$\sigma_1=\frac{N}{A}+\frac{M_xy}{I_x}=\frac{51\times10^3}{7040}+\frac{142.1\times10^6\times215}{2.273\times10^8}=141.654\text{N/mm}^2$$

$$\sigma_2=\frac{N}{A}-\frac{M_xy}{I_x}=\frac{51\times10^3}{7040}-\frac{142.1\times10^6\times215}{2.273\times10^8}=-127.166\text{N/mm}^2$$

截面边缘正应力比值：$\beta=\dfrac{\sigma_2}{\sigma_1}=\dfrac{-127.166}{141.654}=-0.898$

腹板受压区高度：$h_c=\dfrac{141.654}{141.654+127.166}\times430=226.587\text{mm}$

系数：

$$k_\sigma=\frac{16}{\sqrt{(1+\beta)^2+0.112(1-\beta)^2}+(1+\beta)}$$

$$=\frac{16}{\sqrt{(1-0.898)^2+0.112(1+0.898)^2}+(1-0.898)}=21.467$$

由于 $\sigma_1=141.654\ \text{N/mm}^2<215\ \text{N/mm}^2$，计算 λ_p 时用 $\gamma_R\sigma_1$ 代替公式（1-43）中的 f_y，则：

$\gamma_R\sigma_1=1.1\times141.654=155.819\ \text{N/mm}^2$

参数 λ_p：$\lambda_p=\dfrac{h_w/t_w}{28.1\sqrt{k_\sigma}\sqrt{235/f_y}}=\dfrac{430/8}{28.1\sqrt{21.467}\sqrt{235/155.819}}=0.336$

有效宽度系数：$\rho=\dfrac{1}{(0.243+\lambda_\rho^{1.25})^{0.9}}=\dfrac{1}{(0.243+0.336^{1.25})^{0.9}}=1.869\geqslant1$

由于 $\rho>1.0$，刚架梁 2-2 截面腹板全截面有效。

3-3 截面：

截面最大、最小应力分别为：

$$\sigma_1=\frac{N}{A}+\frac{M_xy}{I_x}=\frac{50\times10^3}{8640}+\frac{149.4\times10^6\times215}{5.354\times10^8}=65.781\text{N/mm}^2$$

$$\sigma_2=\frac{N}{A}-\frac{M_xy}{I_x}=\frac{50\times10^3}{8640}-\frac{149.4\times10^6\times215}{5.354\times10^8}=-54.207\text{N/mm}^2$$

截面边缘正应力比值：$\beta=\dfrac{\sigma_2}{\sigma_1}=\dfrac{-54.207}{65.781}=-0.824$

腹板受压区高度：$h_c=\dfrac{54.207}{65.781+54.207}\times630=284.615\text{mm}$

系数：

$$k_\sigma=\frac{16}{\sqrt{(1+\beta)^2+0.112(1-\beta)^2}+(1+\beta)}$$

$$=\frac{16}{\sqrt{(1-0.824)^2+0.112(1+0.824)^2}+(1-0.824)}=19.722$$

由于 $\sigma_1=65.781\ \text{N/mm}^2<215\ \text{N/mm}^2$，计算 λ_p 时用 $\gamma_R\sigma_1$ 代替公式（1-43）中的 f_y，则：

$$\gamma_R\sigma_1=1.1\times65.781=72.359\text{N/mm}^2$$

参数 λ_p 为：$\lambda_p=\dfrac{h_w/t_w}{28.1\sqrt{k_\sigma}\sqrt{235/f_y}}=\dfrac{630/8}{28.1\sqrt{19.722}\sqrt{235/72.359}}=0.35$

有效宽度系数：$\rho=\dfrac{1}{(0.243+\lambda_p^{1.25})^{0.9}}=\dfrac{1}{(0.243+0.35^{1.25})^{0.9}}=1.825\geqslant1$

由于 $\rho>1.0$，刚架梁 3-3 截面腹板全截面有效。

3. 抗剪承载力验算

刚架梁腹板设置了横向加劲肋，加劲肋区格内的腹板板幅长度与板幅范围内的大端截面高度比等于 3。考虑刚架梁端部剪力最大，对刚架梁端部区格的抗剪承载力进行验算，如下：

刚架梁验算区格的长度 $a=2340\text{mm}$，$h_{w1}=780\text{mm}$，$h_{w0}=592\text{mm}$

刚架梁腹板验算区格内的长高比 α 为：$\alpha=\dfrac{a}{h_{w1}}=\dfrac{2340}{780}=3$

刚架梁腹板验算区格内楔率 γ_p 为：$\gamma_p=\dfrac{h_{w1}}{h_{w0}}-1=\dfrac{780}{592}-1=0.317$

参数 ω_1 为：$\omega_1=0.41-0.897\alpha+0.363\alpha^2-0.041\alpha^3=-0.121$

参数 η_s 为：$\eta_s=1-\omega_1\sqrt{\gamma_p}=1-(-0.121)\times\sqrt{0.317}=1.068$

由于 $a/h_{w1}\geqslant1$，

$$k_\tau=\eta_s[5.34+4/(a/h_{w1})^2]=1.068\times[5.34+4/3^2]=6.18$$

参数 λ_s 为：$\lambda_s=\dfrac{h_{w1}/t_w}{37\sqrt{k_\tau}\sqrt{235/f_y}}=\dfrac{780/8}{37\times\sqrt{6.18}\times\sqrt{235/235}}=1.06$

参数 φ_{ps} 为：$\varphi_{ps}=\dfrac{1}{(0.51+\lambda_s^{3.2})^{1/2.6}}=\dfrac{1}{(0.51+1.06^{3.2})^{1/2.6}}=0.813>1.0$，取 $\varphi_{ps}=0.813$

参数 χ_{tap} 为：$\chi_{tap}=1.0-0.35\alpha^{0.2}\gamma_p^{2/3}=1-0.35\times3^{0.2}\times0.317^{2/3}=0.797$

将上述参数代入至公式（1-45）可得刚架梁验算区格的抗剪承载力：

$$V_d=\chi_{tap}\varphi_{ps}h_{w1}t_wf_v=0.797\times0.813\times780\times8\times125$$

$$=505.4\text{kN}\leqslant h_{w0}t_wf_v=592\times8\times125=592\text{kN}$$

刚架梁的最大剪力 $V_{max}=90.2\text{kN}\leqslant V_d=505.4\text{kN}$，满足！

4. 在剪力 V、弯矩 M 和轴力 N 共同作用下的强度验算

1-1 截面验算：

梁段内力为：$M=364.9\text{kN}\cdot\text{m}$，$N=59\text{kN}$，$V=90.2\text{kN}$

由于 $V\leqslant0.5V_d$，根据公式（1-54）可得：

$$\sigma=\frac{N}{A_e}+\frac{M}{W_e}=\frac{59\times10^3}{9840}+\frac{364.9\times10^6}{2.195\times10^6}=172.2\text{N/mm}^2<f=215\text{N/mm}^2$$

2-2 截面验算：

梁段内力为：$M=142.1\text{kN}\cdot\text{m}$，$N=51\text{kN}$，$V=10.7\text{kN}$

$$\sigma=\frac{N}{A_e}+\frac{M}{W_e}=\frac{51\times10^3}{7040}+\frac{142.1\times10^6}{1.01\times10^6}=147.9\text{N/mm}^2<f=215\text{N/mm}^2$$

3-3 截面验算：

梁段内力为：$M=149.4\text{kN}\cdot\text{m}$，$N=50\text{kN}$，$V=7.9\text{kN}$

$$\sigma=\frac{N}{A_e}+\frac{M}{W_e}=\frac{50\times10^3}{8640}+\frac{149.4\times10^6}{1.647\times10^6}=96.5\text{N/mm}^2<f=215\text{N/mm}^2$$

满足！

5. 挠度验算

由有限元程序计算的刚架梁最大竖向挠度为：

$$v=72\text{mm}\leqslant[v]=\frac{24000}{240}=100\text{mm}$$

满足！

1.6.6　梁柱连接节点验算

由于门式刚架中梁柱、梁梁拼接节点均采用端板连接，考虑到计算过程的相似性，限于篇幅仅给出计算较为复杂的梁柱节点设计过程。

1.6.6.1　梁柱节点连接螺栓计算

梁柱节点见图 1-34。

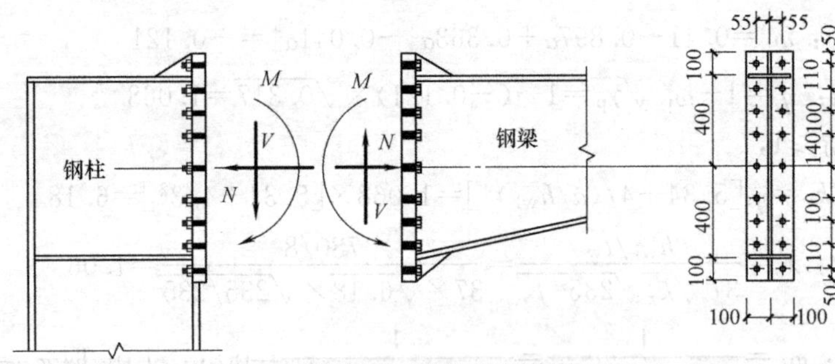

图 1-34　梁柱节点详图

梁柱连接节点所受内力为：$M=364.9\text{kN}\cdot\text{m}$，$N=59\text{kN}$，$V=90.2\text{kN}$

采用 10.9 级 M20 高强度螺栓摩擦型连接，构件截面采用喷砂处理并涂无机富锌漆。高强度螺栓预拉力为 155kN，界面抗滑移系数为 0.35。

$$N_v^b=0.9n_f\mu P=0.9\times1\times0.35\times155=48.825\text{kN}$$

$$N_t^b=0.8P=0.8\times155=124\text{kN}$$

端板连接高强度螺栓的中心线为计算中和轴，各排受拉螺栓内力如下：

$$N_{t1}^M=\frac{My_1}{m\sum y_i^2}=\frac{364.9\times10^6\times450}{2\times(140^2\times2+240^2\times2+340^2\times2+450^2\times2)}=103.85\text{kN}$$

$$N_{t1}^N=\frac{N}{n}=\frac{59}{18}=3.28\text{kN}$$

$$N_{t1,max}=N_{t1}^{M}-N_{t1}^{N}=103.85-3.28=100.57\text{kN}$$

$$N_1^V=\frac{V}{n}=\frac{90.2}{18}=5.01\text{kN}$$

受力最大的1号高强度螺栓承载力验算如下：

$$\frac{N_v}{N_v^b}+\frac{N_t}{N_t^b}=\frac{5.01}{48.825}+\frac{100.57}{124}=0.914<1$$

梁柱端板连接的高强度螺栓在轴力、剪力及弯矩共同作用下强度满足要求!

1.6.6.2 端板厚度计算

第一排螺栓位置端板厚度：

$$t\geqslant\sqrt{\frac{6e_fe_wN_t}{[e_wb+2e_f(e_f+e_w)]f}}=\sqrt{\frac{6\times50\times51\times100.57\times10^3}{[51\times200+2\times50(50+51)]\times205}}=19.22\text{mm}$$

第二排螺栓位置端板厚度：

$$N_{t2,max}=N_{t2}^{M}-N_{t1}^{N}=103.85\times\frac{340}{450}-3.28=75.18\text{kN}$$

$$t\geqslant\sqrt{\frac{6e_fe_wN_t}{[e_wb+2e_f(e_f+e_w)]f}}=\sqrt{\frac{6\times50\times51\times75.18\times10^3}{[51\times200+2\times50(50+51)]\times205}}=16.63\text{mm}$$

第三排螺栓位置端板厚度：

$$N_{t3,max}=N_{t3}^{M}-N_{t1}^{N}=103.85\times\frac{240}{450}-3.28=52.11\text{kN}$$

$$t\geqslant\sqrt{\frac{3e_wN_t}{(0.5a+e_w)f}}=\sqrt{\frac{3\times51\times52.11\times10^3}{(0.5\times100+51)\times205}}=19.62\text{mm}$$

端板厚度取20mm。

1.6.6.3 节点域剪应力验算

$$\tau=\frac{M}{d_bd_ct_c}=\frac{364.9\times10^6}{800\times672\times8}=84.85\text{N/mm}^2\leqslant f_v=125\text{N/mm}^2$$

梁柱连接节点域抗剪承载力满足要求!

1.6.6.4 端板螺栓处腹板强度验算

因为 $N_{t2,max}=75.18\text{kN}>0.4P=0.4\times155=62\text{kN}$

则 $\frac{N_{t2,max}}{e_wt_w}=\frac{75.18\times10^3}{51\times8}=184.26\text{N/mm}^2<215\text{N/mm}^2$

满足!

1.6.7 柱脚设计

门式刚架柱脚采用平板式铰接柱脚，锚栓采用M20，钢材强度等级为Q235B，基础采用C25混凝土，$f_c=11.9\text{N/mm}^2$。

柱脚内力：(1) 柱底最不利荷载作用下的轴力为 $N=130\text{kN}$，剪力 $V=50.7\text{kN}$；(2) 考虑到风吸力引起的上拔力影响（1.0恒载+1.4风荷载），轴力 $N=40.776\text{kN}$，剪力 $V=1.92\text{kN}$。

柱脚底板尺寸的确定

$$A_{n0}=\frac{N}{f_c}=\frac{130\times10^3}{11.9}=10924\text{mm}^2$$

考虑到楔形柱小头截面，柱脚底板选用 290mm×340mm，见图 1-35。

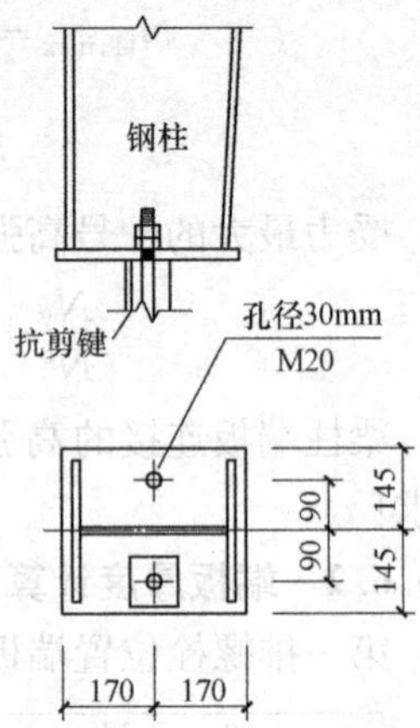

图 1-35 柱脚节点详图

柱脚底板面积：$A=290\times340=98600\text{mm}^2>A_{n0}=10924\ \text{mm}^2$

柱脚底板压应力：$\sigma=\dfrac{N}{A-A_0}=\dfrac{130\times10^3}{98600-2\times\dfrac{30^2\pi}{4}}=$

$1.338\text{N/mm}^2<f_c=11.9\ \text{N/mm}^2$

区格 1 所承受的弯矩：$M=\dfrac{1}{2}qc^2=\dfrac{1}{2}\times1.338\times141^2=13300.4\text{N}\cdot\text{mm}$

柱脚底板的厚度为：$t\geqslant\sqrt{\dfrac{6M_{max}}{f}}=\sqrt{\dfrac{6\times13300.4}{205}}=19.73\text{mm}$

底板厚度取为 20mm。

柱脚抗剪承载力验算：$V=50.7\text{kN}>V_d=0.4N=0.4\times40.776=16.31\text{kN}$

柱脚抗剪承载力不足，需设置抗剪键！

1.6.8 位移计算

由有限元程序计算的门式刚架在风荷载作用下的最大柱顶水平位移为：

$$u=8.9\text{mm}\leqslant[u]=\frac{7200}{60}=120\text{mm}$$

满足！

1.6.9 屋面檩条设计

1. 荷载计算

檩条跨度 6m，跨中设置一道拉条，水平檩距 1.5m，采用冷弯薄壁 C 形卷边檩条，截面尺寸为 C160×60×20×2.5，材料为 Q235，屋面坡度 1/10（$\alpha=5.71°$）。

檩条所受到的荷载为：

① 1.2×永久荷载＋1.4×屋面活荷载

$$q=(1.2\times0.35+1.4\times0.4)\times1.5=1.47\text{kN/m}$$

$$q_x=q\sin5.71°=0.146\text{kN/m}$$

$$q_y=q\cos5.71°=1.463\text{kN/m}$$

图 1-36 为 6m 跨檩条的计算简图。

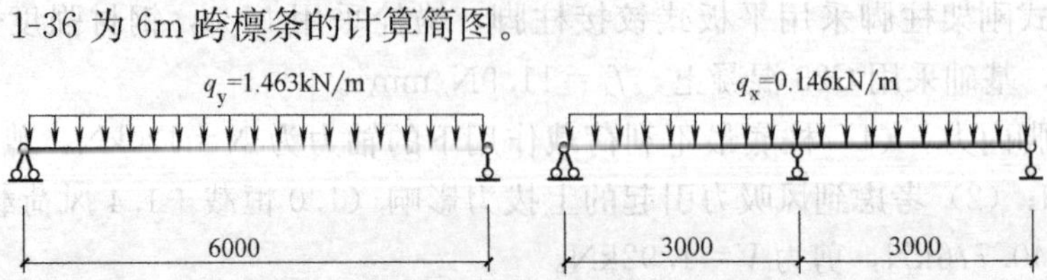

图 1-36 6m 跨檩条的计算简图

② 1.0×永久荷载＋1.4×风吸力荷载

根据《门式刚架轻型房屋钢结构技术规范》双坡屋顶的封闭式建筑在中间区的屋顶向上风荷载系数为－1.08，则：

$$w_k = \beta\mu_w\mu_z w_0 = -1.5\times1.08\times1.0\times0.45 = -0.729\text{kN/m}^2$$

$$q = (1.0\times0.35 - 1.4\times0.729)\times1.5 = -1.006\text{kN/m}$$

$$q_x = q\sin5.71° = -0.1\text{kN/m}$$

$$q_y = q\cos5.71° = -1.001\text{kN/m}$$

③ 1.0×永久荷载＋1.0×屋面活荷载

$$q = (1.0\times0.35 + 1.0\times0.4)\times1.5 = 1.125\text{kN/m}$$

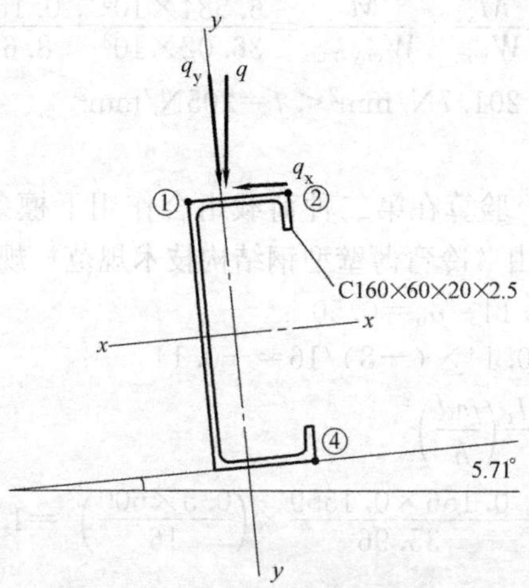

图 1-37　檩条截面

2. 檩条的截面几何特征

经查表，已知 C160×60×20×2.5 截面的毛截面几何特性为（图 1-37）：$A=7.48\text{ cm}^2$，$I_x=288.13\text{ cm}^4$，$I_y=35.96\text{ cm}^4$，$i_x=6.21\text{cm}$，$i_y=2.19\text{cm}$，$W_x=36.02\text{ cm}^3$，$W_{y,max}=19.47\text{ cm}^3$，$W_{y,min}=8.66\text{ cm}^3$，$x_0=1.85\text{cm}$，$I_\omega=1887.71\text{cm}^6$，$I_t=0.1559\text{cm}^4$。

3. 弯矩计算

第一种组合：$M_x=\dfrac{1}{8}\times1.463\times6^2=6.584\text{kN}\cdot\text{m}$

$$M_y=\frac{1}{32}\times0.146\times6^2=0.164\text{kN}\cdot\text{m}$$

第二种组合：$M_x=-\dfrac{1}{8}\times1.001\times6^2=4.505\text{kN}\cdot\text{m}$

$$M_y=\frac{1}{32}\times0.1\times6^2=0.113\text{kN}\cdot\text{m}$$

4. 有效截面计算

由公式（1-24）及表 1-2 可知：

$$\frac{h}{b}=\frac{160}{60}=2.67<3.0,\ \frac{b}{t}=\frac{60}{2.5}=24<31\sqrt{\frac{205}{205}}=31$$

且$\dfrac{a}{t}=\dfrac{20}{2.5}=8>7.02$，故檩条全截面有效。

5. 强度计算

屋面能阻止檩条的侧向失稳和扭转，可根据公式（1-10）验算檩条在第一种荷载组合作用下①、②、④点的强度：

$$\sigma_1=\frac{M_x}{W_{enx}}+\frac{M_y}{W_{eny,max}}=\frac{6.584\times10^6}{36.02\times10^3}+\frac{0.164\times10^6}{19.47\times10^3}$$
$$=191.2\text{N/mm}^2<f=205\text{N/mm}^2$$

$$\sigma_2=\frac{M_x}{W_{enx}}+\frac{M_y}{W_{eny,min}}=\frac{6.584\times10^6}{36.02\times10^3}-\frac{0.164\times10^6}{8.66\times10^3}$$
$$=163.8\text{N/mm}^2<f=205\text{N/mm}^2$$

$$\sigma_4=\frac{M_x}{W_{enx}}+\frac{M_y}{W_{eny,min}}=\frac{6.584\times10^6}{36.02\times10^3}+\frac{0.164\times10^6}{8.66\times10^3}$$
$$=201.7\text{N/mm}^2<f=205\text{N/mm}^2$$

6. 稳定计算

根据公式（1-25）验算在第二种荷载组合作用下檩条的整体稳定，受弯构件的整体稳定系数由《冷弯薄壁型钢结构技术规范》规范计算：

$\xi_1=1.35$，$\xi_2=0.14$，$\mu_b=0.50$

$$\eta=2\xi_2 e_a/h=2\times0.14\times(-8)/16=-0.14$$

$$\zeta=\frac{4I_\omega}{h^2I_y}+\frac{0.156I_t}{I_y}\left(\frac{\mu_b l}{h}\right)^2$$
$$=\frac{4\times1887.71}{16^2\times35.96}+\frac{0.156\times0.1559}{35.96}\times\left(\frac{0.5\times600}{16}\right)^2=1.058$$

$$\lambda_y=\frac{300}{2.19}=136.99$$

$$\varphi_{bx}=\frac{4320Ah}{\lambda_y^2W_x}\xi_1(\sqrt{\eta^2+\zeta}+\eta)$$
$$=\frac{4320\times7.48\times16}{136.99^2\times36.02}\times1.35\times(\sqrt{(-0.14)^2+1.058}-0.14)$$
$$=0.927>0.7$$

$$\varphi'_{bx}=1.091-\frac{0.274}{\varphi_{bx}}=1.091-\frac{0.274}{0.927}=0.795$$

风吸力作用下檩条下翼缘受压，稳定性验算如下：

$$\frac{M_x}{\varphi'_{bx}W_{ex}}+\frac{M_y}{W_{ey}}=\frac{4.505\times10^6}{0.795\times36.02\times10^3}+\frac{0.113\times10^6}{8.66\times10^3}$$
$$=170.37\text{N/mm}^2<f=205\text{N/mm}^2$$

7. 挠度验算

$$v_y=\frac{5}{384}\frac{q_k\cos\alpha l^4}{EI_x}$$
$$=\frac{5}{384}\frac{1.125\times\cos5.71^\circ\times6000^4}{2.06\times10^5\times288.13\times10^4}=31.83\text{mm}<[v]=\frac{l}{150}=40\text{mm}$$

计算结果表明檩条的强度、稳定及刚度均满足要求。

图 1-38～图 1-40 分别给出了 24m 跨门式刚架屋面水平支撑及柱间支撑布置图、屋面檩条布置图、24m 跨门式刚架施工图及材料表。

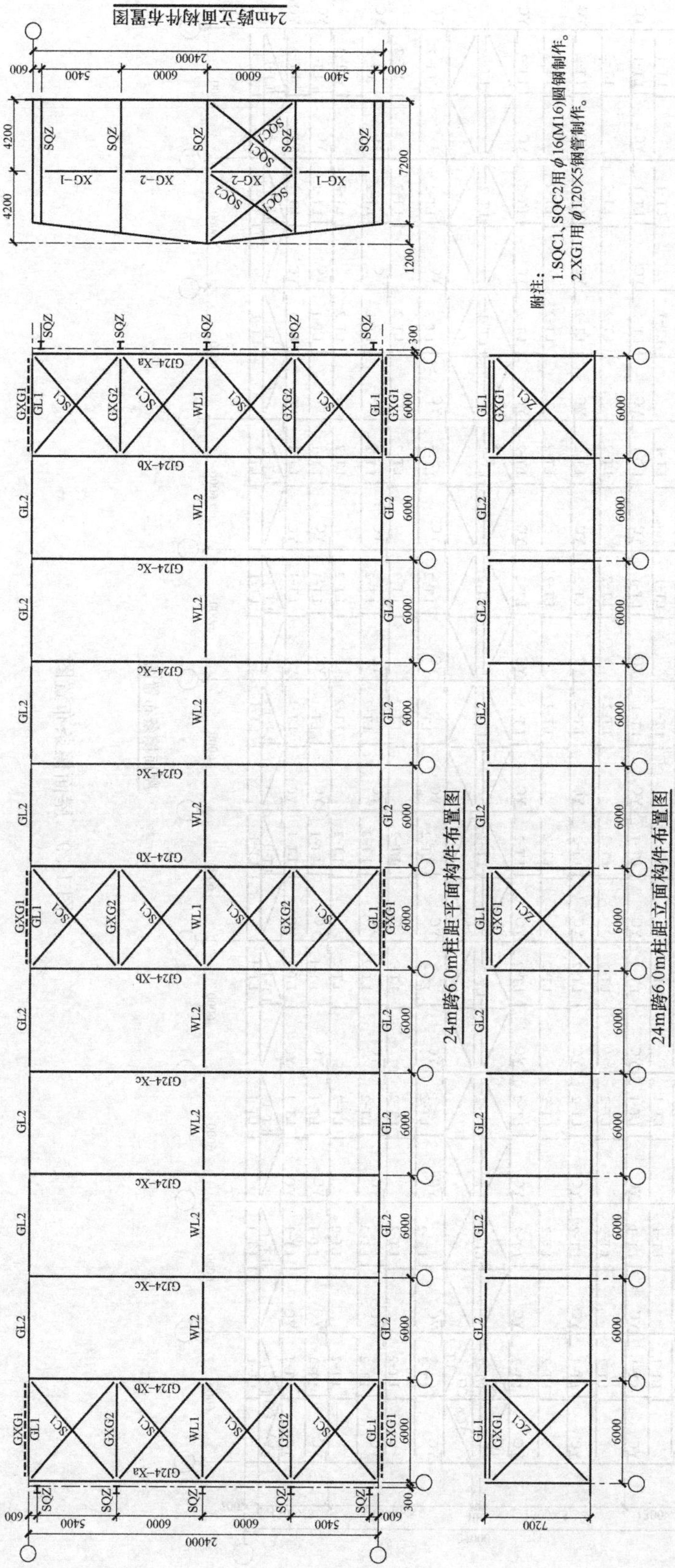

图 1-38　24m 跨门式刚架及支撑布置图

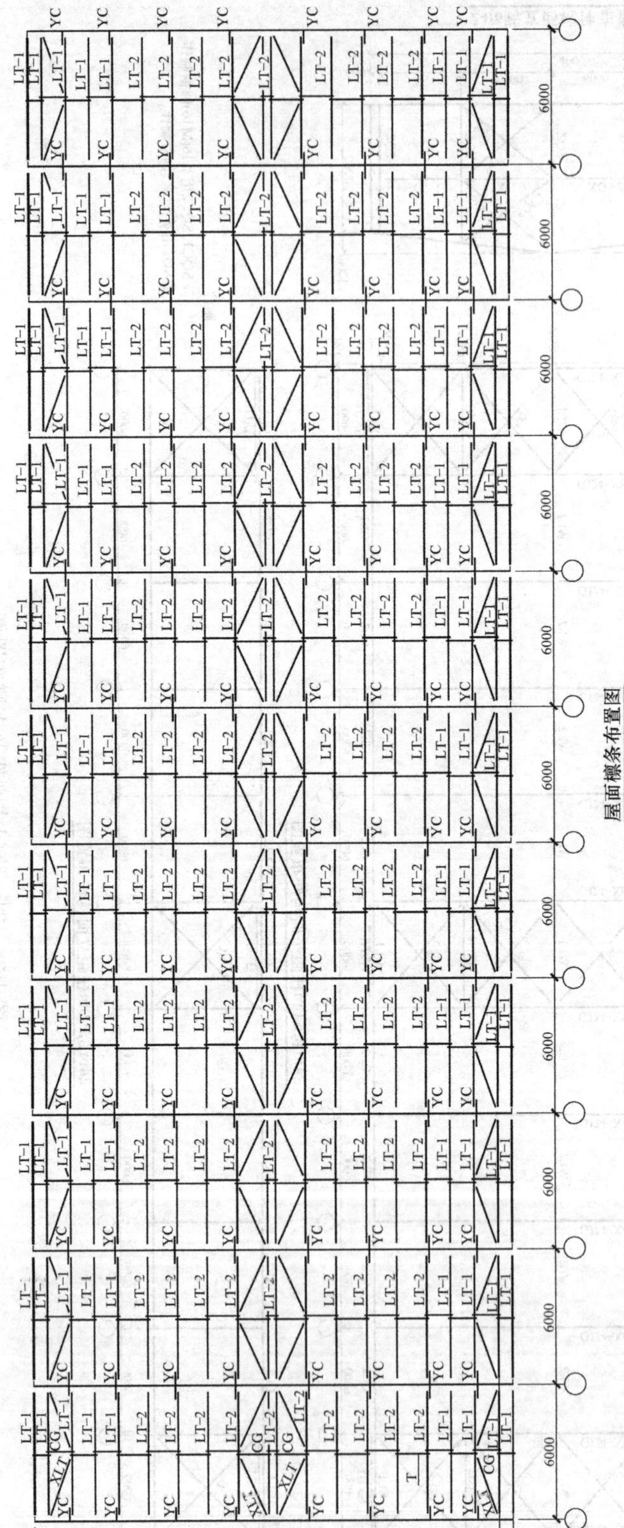

图 1-39 屋面檩条布置图

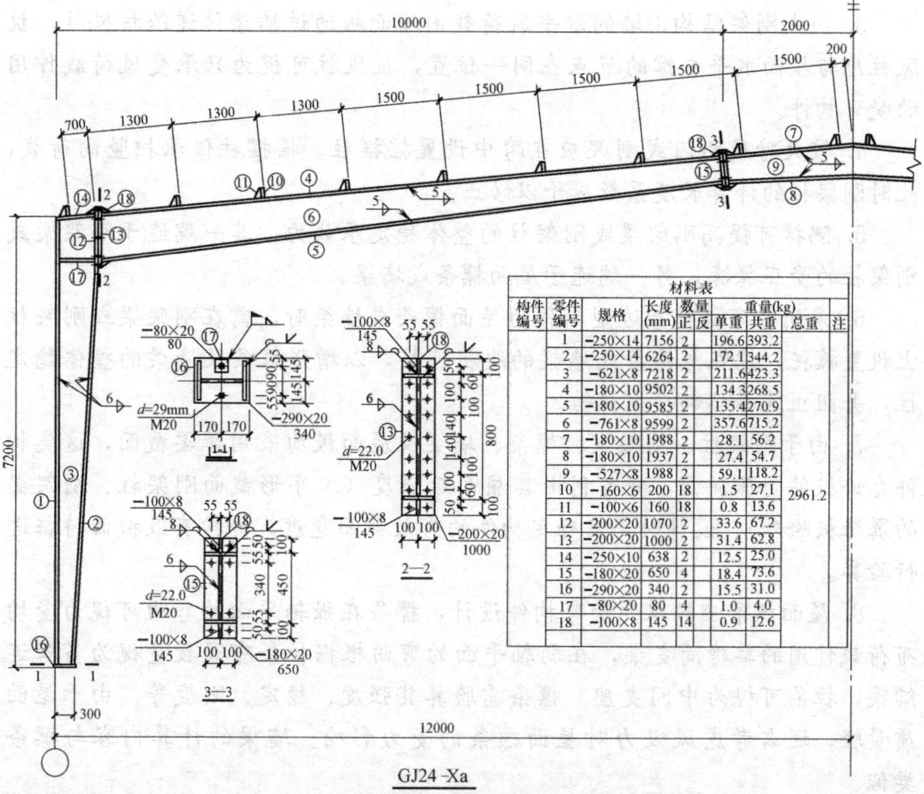

材料表

构件编号	零件编号	规格	长度(mm)	数量 正	数量 反	重量(kg) 单重	重量(kg) 共重	总重	注
	1	−250×14	7156	2		196.6	393.2	2961.2	
	2	−250×14	6264	2		172.1	344.2		
	3	−621×8	7218	2		211.6	423.3		
	4	−180×10	9502	2		134.3	268.5		
	5	−180×10	9585	2		135.4	270.9		
	6	−761×8	9599	2		357.6	715.2		
	7	−180×10	1988	2		28.1	56.2		
	8	−180×10	1937	2		27.4	54.7		
	9	−527×8	1988	2		59.1	118.2		
	10	−160×6	200	18		1.5	27.1		
	11	−100×6	160	18		0.8	13.6		
	12	−200×20	1070	2		33.6	67.2		
	13	−200×20	1000	2		31.4	62.8		
	14	−250×10	638	2		12.5	25.0		
	15	−180×20	650	4		18.4	73.6		
	16	−290×20	340	2		15.5	31.0		
	17	−80×20	80	4		1.0	4.0		
	18	−100×8	145	14		0.9	12.6		

图 1-40　24m 跨门式刚架施工图及材料表

小结及学习指导

本章主要介绍了门式刚架结构的组成、形式和布置，荷载和效应计算，重点阐述了刚架梁、刚架柱、檩条及节点的设计。

在学习过程中，应掌握门式刚架的结构布置，熟悉荷载计算及内力分析，理解薄柔截面有效宽度的概念及基本原理，重点把握变截面刚架柱、刚架梁、檩条及节点的设计，了解门式刚架结构中常用节点的构造。

1. 轻型门式刚架结构主要由刚架梁、刚架柱、支撑、檩条、屋面板等构成。门式刚架为平面结构，需联合纵向柱间支撑、屋面水平支撑、刚性系杆等构件形成空间稳定体，且屋面水平支撑与柱间支撑应布置在同一柱间，这是确保门式刚架结构可靠传递内力的关键。横向水平荷载及竖向荷载由门式刚架自身承担，纵向水平荷载（如水平地震作用、风荷载及吊车刹车力等）由柱间支撑承担。

2. 门式刚架结构的屋面系统包含檩条、拉条（撑杆）、屋面水平支撑、系杆及屋面板等。檩条常采用C形或Z形冷弯薄壁卷边型钢制作，屋面水平支撑为柔性支撑，常采用圆钢制作，屋面板采用压型钢板制作。在屋脊及檐口除沿房屋纵向设置刚性系杆外，还需布置斜拉条和撑杆。

3. 门式刚架结构山墙的水平风荷载由墙面板通过墙梁传递给抗风柱。抗风柱应与屋面水平支撑的节点在同一位置，抗风柱可视为只承受风荷载作用的受弯构件。

4. 较大跨度的门式刚架应在跨中设置摇摆柱。摇摆柱仅承担竖向荷载，此时刚架柱的计算长度系数应予以修正。

5. 隅撑可提高刚架梁或刚架柱的整体稳定承载力，其一端连于刚架梁或刚架柱的受压翼缘，另一端连于屋面檩条或墙梁。

6. 采用冷弯薄壁卷边型钢作为屋面檩条或墙梁时，需在刚架梁或刚架柱上设置檩托，檩托与檩条或墙梁的腹板连接，以增强檩条及墙梁的整体稳定性，并阻止其在端部产生扭转。

7. 由于刚架柱、刚架梁、檩条、墙梁及屋面板均采用薄柔截面，这类构件允许板件受压屈曲，并可利用其屈曲后强度（工字形截面刚架柱、刚架梁的翼缘板除外）。设计时，需确定构件的有效截面宽度，并按有效截面特征进行验算。

8. 屋面檩条应按双向受弯构件设计，檩条在强轴平面的弯曲可视为受均布荷载作用的单跨简支梁，在弱轴平面的弯曲根据拉条布置数量视为多跨连续梁，拉条可视为中间支座。檩条需验算其强度、稳定、刚度等。由于屋面质量轻，还需考虑风吸力对屋面檩条的受力影响。墙梁的计算内容与檩条类似。

9. 门式刚架结构的荷载及作用主要有永久荷载、屋面活荷载、雪荷载、积灰荷载、风荷载和地震作用。门式刚架风荷载计算同《建筑结构荷载规范》的有关规定差异较大，已将风振系数与风荷载体型系数合并为风荷载系数，学习时应加以注意。通常情况下，由于门式刚架结构质量轻，且常为单层，水平地震作用并不控制。

10. 为适应门式刚架结构在外荷载作用下的内力分布，常将梁、柱设计为变截面，以达到节约钢材的目的。设有吊车时，需将刚架柱设计为等截面构件，且柱脚刚接，以增加门式刚架的抗侧刚度。

11. 门式刚架采用轻型屋面，不满足面内无穷刚假定，且刚架梁均有较大坡度。在进行刚架梁设计时，应考虑梁中轴力影响，进行强度、整体稳定性、局部稳定及刚度验算。在确定刚架柱计算长度时，按《门式刚架轻型房屋钢结构技术规范》建议的有关公式计算。

12. 门式刚架结构的主要节点有：梁柱节点、梁梁节点、梁与摇摆柱的连接节点、牛腿节点及柱脚等。进行门式刚架结构设计时，节点的计算假定必须与实际构造一致，在实际构造达不到刚接的情况下，计算模型应做必要的修正。此外，在任何荷载作用下，应确保节点的承载力大于构件承载力，即实现强节点弱构件这一要求。

13. 门式刚架梁柱节点、梁梁节点通常采用高强度螺栓端板连接。端板连接应按所受到最大内力和能够承受不小于较小被连接截面承载力的一半设计，并取最大值。端板连接节点设计包括螺栓设计、端板厚度确定、节点域剪应力验算、端板螺栓处构件腹板强度、端板连接刚度验算。

14. 门式刚架常采用平板式铰接柱脚，当有桥式吊车或刚架需要较大抗侧刚度时，则采用刚接柱脚。平板式铰接柱脚主要由底板、锚栓、垫板、抗剪键等构成。底板焊接于刚架柱底部，刚架柱的轴向压力通过底板直接扩散给基础，锚栓除起固定柱脚位置的作用外，还应承担拉力，锚栓不允许承担水平剪力。柱底水平剪力可由底板与混凝土基础之间的摩擦力承担。当柱底摩擦力不足时，应在柱底设置抗剪键。

思考题与习题

1-1 当门式刚架在水平风荷载作用下的柱顶侧移不满足规范限值要求时，可采用何种措施调整？

1-2 在多跨门式刚架结构中，为何采用单脊双坡的结构形式比采用多脊多坡的结构形式好？

1-3 在门式刚架屋面系统中，为何设置拉条？设置拉条的作用和原则？

1-4 在门式刚架结构中哪些部位需设置隅撑？设置隅撑的目的和作用？

1-5 在门式刚架轻型房屋结构的屋面系统中，为何C形卷边檩条和Z形檩条的肢尖（或卷边）应朝屋脊方向？

1-6 设计檩条时，应按何种类型构件计算？应计算哪些内容？

1-7 为何在门式刚架结构中梁、柱构件的腹板可利用屈曲后强度，而翼缘不能利用屈曲后强度？

1-8 门式刚架梁按何种类型构件进行强度和稳定验算？实腹式刚架梁的平面外计算长度如何确定？

1-9 应在门式刚架梁腹板的哪些部位设置横向加劲肋？

1-10 门式刚架结构中梁与柱的刚性连接有哪几种连接形式？

第2章 单层普通钢结构工业厂房

本章知识点

【知识点】 单层普通钢结构工业厂房的组成、形式和结构布置，荷载计算和效应组合，阶形柱、柱间支撑、钢屋架和吊车梁的设计。

【重　点】 单层工业厂房的结构布置、荷载计算和效应组合，阶形柱和钢屋架设计。

【难　点】 柱间支撑和屋面支撑的作用和布置，阶形柱、钢屋架和吊车梁的关键设计要求。

2.1 概述

为了区别于第1章讲述的轻型门式刚架结构厂房，本章将主要承重构件按照《钢结构设计规范》中的较厚实截面构件设计的单层工业厂房，称为单层普通钢结构工业厂房，下文简称单层工业厂房，或者单层厂房。

这种厂房须使用吊车进行运输作业，有必要先介绍一下吊车的分类。传统上将吊车按照工作制等级划分为特重、重、中和轻四级。普通生产工业厂房，采用重级或者特重级工作制的吊车较多。生产辅助厂房，如检修车间等，则可能采用中级或轻级工作制的吊车。上述按照特重、重、中和轻来划分吊车的工作制等级，是一般的说法。国家标准《起重机设计规范》则按照两个指标，一是表示吊车使用频繁程度的使用等级，二是代表每次起吊的物体重量与吊车额定起重量之比的荷重状态，将吊车划分为A1～A8八个工作级别。两种分类方法的对应关系和应用举例见表2-1。

吊车的工作制等级与工作级别之间的对应关系　　表2-1

工作制等级	轻级	中级	重级	特重级
工作级别	A1～A3	A4,A5	A6,A7	A8
举例说明	安装,维修用的电动梁式吊车、手动梁式吊车	机械加工车间用的软钩桥式吊车	繁重工作车间软钩桥式吊车	冶金用桥式吊车,连续工作的吊车,抓斗桥式吊车

2.1.1 工程实例

图2-1为某建设中的单层工业厂房的部分照片。厂房横向由5跨组成，各

(a)

(b)

(c)

(d)

图 2-1　某单层工业厂房

(a) 厂房整体照片；(b) 屋盖、双层吊车梁、柱和柱间支撑等；

(c) 柱网布置；(d) 屋盖、托梁、变截面吊车梁和墙体等

跨的跨度和高度均不相同，厂房最高点约 27m。厂房纵向较长，且纵向沿高度方向也有变化。该厂房局部设有双层吊车梁，上层吊车最大起重吨位为 150t。阶形柱的下阶柱采用双肢格构式缀条柱，上阶柱采用实腹式 H 型钢，钢梁采用楔形的实腹式焊接 H 形截面，柱间支撑采用由角钢做成的双片十字形交叉支撑。屋面局部设有采光带，并采用有檩体系的压型金属板轻型屋面，同时也设置了横向及纵向屋面水平支撑。墙体结构采用墙梁和压型金属板的做法。

2.1.2　组成

从以上工程实例可以看出，单层工业厂房由屋盖、吊车梁、柱和柱间支撑、墙体和基础等组成。

屋盖主要承受屋面的防水和保温等材料重量、屋盖结构的自重、屋盖上部放置和下部挂设的设备自重及其运行荷载。

吊车梁承受吊车传来的荷载，并将这些荷载通过柱及柱间支撑系统可靠地传递至基础。

柱和柱间支撑是单层厂房重要的承重结构部分，柱主要用于承受工业厂房中的各种竖向和横向水平荷载，柱间支撑主要承受工业厂房纵向的水平风荷载、地震作用或吊车荷载等。

墙体主要承受风荷载及其自重。

基础包括柱下独立基础、厂房内的设备基础和墙体下部的基础梁，目前有的厂房采用彩色压型金属板作为外墙面，这时可以不做基础梁。

2.1.3　特点

(1) 吊车的工作级别高、吨位大、数量多

工业厂房的吊车吨位比较大，一般从 20t 到数百吨，具有特殊使用功能的工业厂房甚至设置了上千吨的吊车。此外，单层工业厂房不仅在同一跨间的同一高度上布置多台吊车，甚至沿厂房的高度方向也会布置多层吊车。

(2) 厂房跨度大

为了满足生产工艺的要求，工业厂房的单跨跨度一般都较大，且可能出现多跨连续布置的情况。如炼铁、炼钢和轧钢车间，一般都至少 3 跨连续布置，有时多达 5 跨以上。

(3) 厂房体型庞大

由于单层工业厂房的生产工艺和生产规模等因素影响，单体厂房的体型往往较庞大。

图 2-2 给出了某轧钢厂房建筑布置的横向剖面图，可以看出以上这些特点。其中一跨只有一台吊车，其他两跨都有多台吊车运行。由于生产需要，厂房各跨的跨度和高度也不一样，并且采用了不同形式的屋面通风采光天窗。

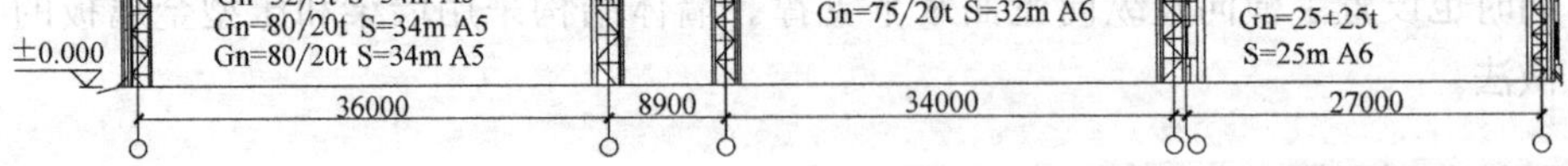

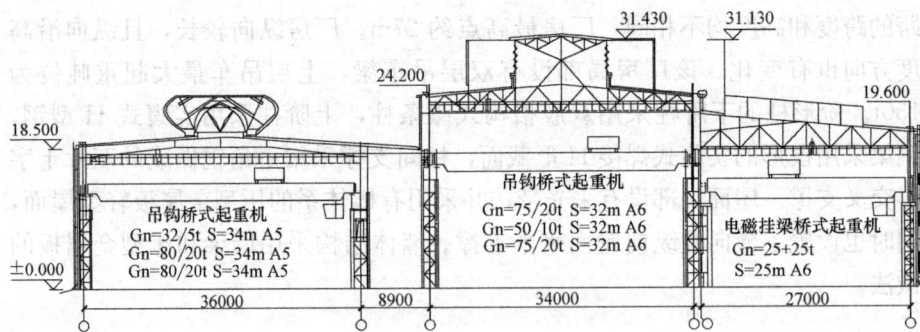

图 2-2　某轧钢厂房横向剖面图

2.1.4　设计过程

2.1.4.1　设计所依据的主要规范

《建筑结构荷载规范》GB 50009—2012

《钢结构设计规范》GB 50017—2003

《冷弯薄壁型钢结构技术规范》GB 50018—2002

《建筑抗震设计规范》GB 50011—2010

《钢结构工程施工质量验收规范》GB 50205—2001

2.1.4.2 设计的一般步骤

单层工业厂房的建筑布置和结构设计需要遵从生产工艺的要求，其设计一般步骤如下：

(1) 柱网布置和结构选型：确定结构形式、跨度和柱距，初选主要受力构件的截面形式和材料等。

(2) 荷载计算与荷载组合：确定结构所承受的永久荷载、可变荷载以及各种作用，确定可能的荷载组合形式。

(3) 框架内力及侧移计算：确定框架计算单元与计算模型，计算内力与侧移。

(4) 柱和柱间支撑设计：计算柱的强度、稳定以及刚度，根据厂房纵向所承受的水平风荷载、地震作用和吊车荷载进行柱间支撑设计。

(5) 屋盖设计：屋盖支撑系统中屋架、上弦横向水平支撑、下弦横向水平支撑、下弦纵向水平支撑、垂直支撑、系杆、檩条及拉条等主要构件的布置及设计。

(6) 吊车梁系统设计：吊车梁、制动结构及必要的辅助桁架等设计。

(7) 墙体设计：墙架柱、抗风柱、墙梁、拉条（撑杆）、隅撑等构件的布置及设计。

(8) 基础设计：阶形柱基础及基础梁的布置及设计。

(9) 绘制施工图和编制设计计算书。

2.2 结构布置

工业厂房的结构布置主要包括柱网、柱间支撑、厂房竖向和屋面系统等布置。

2.2.1 柱网布置

柱网布置一般考虑以下因素：

(1) 厂房生产工艺和设备要求。柱网布置需要考虑到生产设备在厂房中的布置，设备及其基础的几何尺寸，原材料、半成品和成品的吊装、运输和堆放等要求，以及工人操作、办公和休息等空间需求。

(2) 厂房构件生产的标准化和模数化。车间的跨度、柱距、屋架的形式和构件尺寸，应尽量统一，以简化设计，有利于工厂化生产，降低造价。厂房的横向跨度和纵向柱距一般都取 3m 的倍数，如跨度取 21m、24m 和 27m 等，柱距一般为 6m、9m 和 12m 等。

(3) 温度区段。当厂房的横向和纵向尺寸过大时，需要计算温度变化引起的结构内力。由于温度应力的计算比较复杂，而且温度应力的存在会加大构件截面，一般通过设置温度缝来避免温度应力。《钢结构设计规范》对不考虑温度应力的厂房纵向和横向最大尺寸（温度区段）做出规定，见表 2-2。

温度区段长度（m）　　表 2-2

结构情况	纵向温度区段（垂直屋架或构架跨度方向）	横向温度区段（屋架或构架跨度方向）	
		柱顶为刚接	柱顶为铰接
采暖房屋和非采暖地区的房屋	220	120	150
热车间和采暖地区的非采暖房屋	180	100	125
露天结构	120	—	—

（4）局部抽柱。由于厂房中生产设备布置、操作空间或交通运输等要求，须要局部抽柱。局部柱距可以是基本柱距的 2 倍、3 倍甚至数倍，这将影响柱、吊车梁和墙架柱的布置，并须设置托架来支承上部屋架。图 2-3 为某厂房柱网布置，其基本柱距为 6m，但抽柱较多，形成了局部 12m 和 18m 的柱距。图 2-4 为实际工程中厂房的局部抽柱照片。

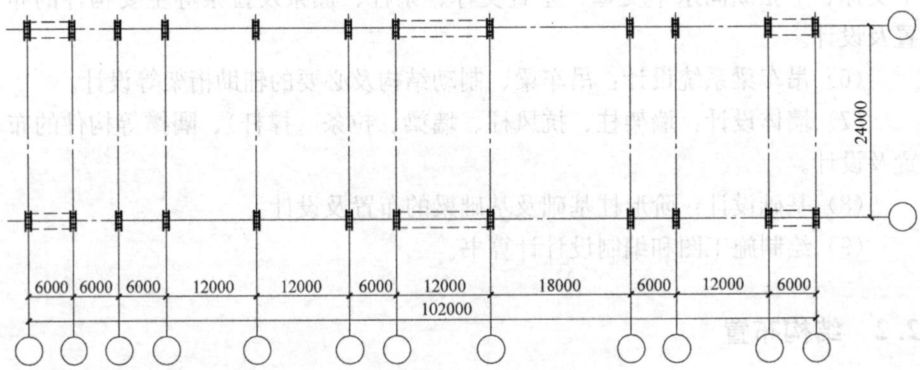

图 2-3　柱网布置

图 2-4　局部抽柱

（5）结构优化和经济性。在满足工艺要求的前提下，合理调整柱距可降低结构的总用钢量。

2.2.2 柱间支撑布置

2.2.2.1 柱间支撑的组成

图 2-5 给出了与图 2-3 的柱网布置相应的柱间支撑布置图。从图中可以看出，柱间支撑一般由以下部分组成：

(1) 上柱柱间支撑：吊车梁以上的柱间支撑称为上柱柱间支撑。

(2) 下柱柱间支撑：吊车梁以下的柱间支撑称为下柱柱间支撑。下柱柱间支撑承受吊车的纵向荷载，截面一般比上柱柱间支撑大。

(3) 刚性系杆：其作用是将不设柱间支撑跨的纵向荷载传递到设置纵向支撑的跨间，并协调各柱的纵向荷载。

以下几部分可以起到柱间支撑或者系杆的作用，当其存在时，可以将其看做柱间支撑的组成部分，而省去相应位置的支撑或系杆。

(1) 局部抽柱处的托架或托梁：其主要作用是为抽柱处的屋架提供支承点，也起到柱间刚性系杆的作用。

(2) 梯形屋架端部的垂直支撑和与屋架上下弦相对应的系杆：如果连接于柱上，可看做是柱间支撑的一部分。

(3) 吊车梁及其制动系统：刚度很大，也起到了刚性系杆的作用。

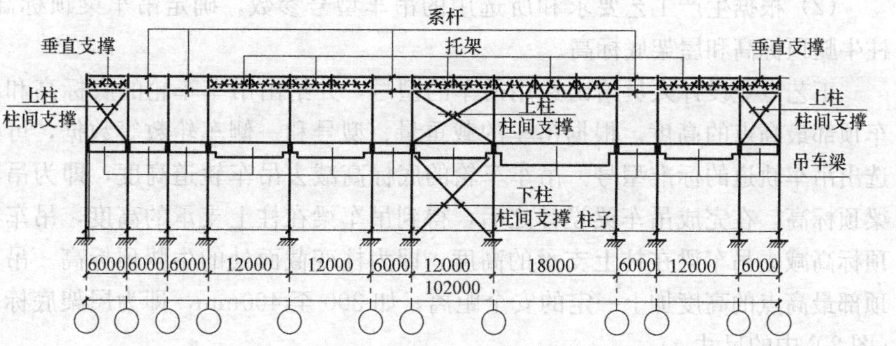

图 2-5　柱间支撑布置

2.2.2.2 柱间支撑的作用

(1) 承受厂房的纵向荷载，如山墙传来的纵向风载、吊车纵向荷载和纵向地震作用等。

(2) 和柱、屋盖支撑一起，形成厂房的纵向结构体系，保证厂房的纵向刚度和整体稳定。

(3) 为厂房柱提供平面外的支撑点，减小柱的平面外计算长度。

2.2.2.3 柱间支撑体系的设置要求

(1) 每列柱都应设置完整的柱间支撑体系。

(2) 每列柱的柱间支撑都应设置在同一柱间，见图 2-3，两个柱列中虚线所示的柱间支撑位置都是对应的。

(3) 一般情况下，应在每个单元的中部设置一道下柱柱间支撑。当柱距数不超过 5 个且厂房纵向长度不超过 60m 时，也可以在厂房单元的两端各布置一道下柱柱间支撑。特殊情况下，应在厂房单元 1/3 区段内各布置一道下柱柱间支撑。这些特殊情况包括：a）温度区段长度大于 150m；b）7 度抗震设防时，厂房单元长度大于 120m（采用轻型材料时为 150m）；c）8 度、9 度抗震设防时，厂房单元长度大于 90m（采用轻型材料时为 120m）。

（4）厂房单元的两端和具有下柱柱间支撑的柱间，均应布置上柱柱间支撑。

（5）未布置上柱柱间支撑的柱间，均应在柱顶布置刚性系杆（可由连接在柱上的屋架端部系杆或者托架兼作）。

（6）如果柱的平面外稳定计算有必要，可在柱间的其他高度处，沿厂房纵向，增设一道刚性系杆。

2.2.3　厂房竖向布置

厂房竖向布置，主要是各跨之间的协调、吊车梁顶标高、柱牛腿顶标高和屋架底标高的确定。

（1）当厂房在横向为多跨连续布置时，宜采用双坡屋顶，避免采用多坡屋顶，以防出现高低跨处的屋面积水，造成屋面漏雨。

（2）根据生产工艺要求和所选用的吊车型号参数，确定吊车梁顶标高、柱牛腿顶标高和屋架底标高。

工艺专业设计人员给出选用吊车的型号，并给出吊车车轮的底标高和吊车顶部最高点的高度。根据吊车的载重量、型号和一侧车轮数等数据，可以选出吊车轨道的标准型号。吊车车轮的底标高减去吊车轨道高度，即为吊车梁顶标高。在完成吊车梁设计之后，得到吊车梁在柱上支承的高度，吊车梁顶标高减去吊车梁在柱上支承的高度，即为柱变截面处的牛腿顶标高。吊车顶部最高点的高度加上一定的安全距离，如 300 至 400mm，即为屋架底标高（图 2-6 中的尺寸 *a*）。

（3）吊车梁中心线与上柱中心线之间的距离应为 750～1000mm（图 2-6 中的尺寸 *b*）。吊车端部与厂房构件之间的净距最少取 80～100mm（图 2-6 中的尺寸 *c*）。

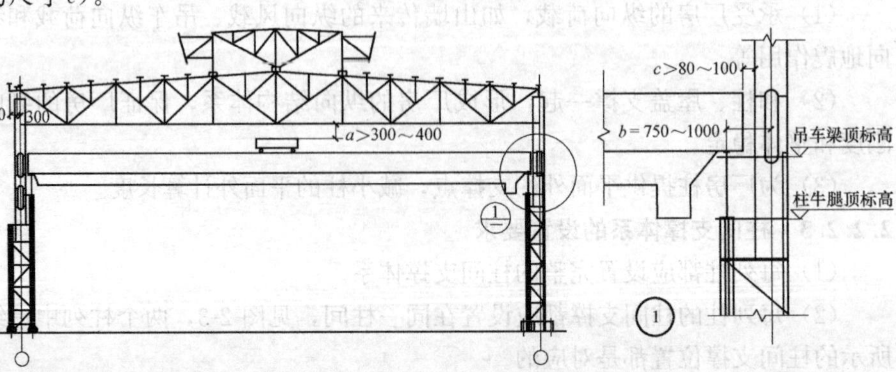

图 2-6　吊车外轮廓线与邻近结构构件的净距要求

(4) 厂房高度方向上有多台吊车。这时需要分别计算各自的吊车梁顶标高和柱牛腿标高，厂房柱会出现多阶柱现象。

(5) 厂房同一高度上出现多台吊车。这时需要区分两种情况：一是不同吊车的运行范围不重叠，这时可以通过设置车挡限制其行驶范围。如果两边的吊车型号相差比较悬殊，则其柱牛腿标高、轨道标高甚至屋架底标高都可以不同，整个厂房会出现纵向高低不同的现象。二是不同吊车的运行范围有重叠或完全重叠，这时在确定上述三个标高时，按照最不利的情况考虑，取为各跨相同。

2.2.4 屋盖系统布置

屋盖结构布置与屋盖承重体系选用屋面梁还是屋架有关。单层工业厂房在跨度不大或者吊车吨位不大时，选用楔形变截面屋面梁，如图 2-7 所示，其屋盖支撑系统布置，与第 1 章相同，可按照《门式刚架轻型房屋钢结构技术规范》进行设计。

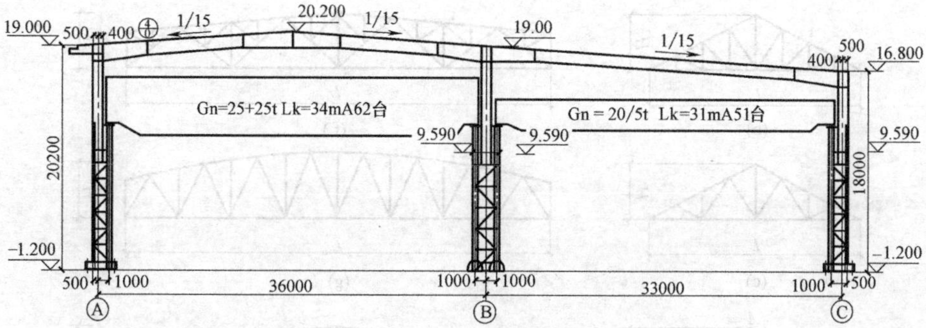

图 2-7 采用实腹式屋面梁的厂房结构

当工业厂房的跨度较大时，采用桁架形式的屋架是非常经济的（图 2-6）。本节主要讲述由屋架及其支撑组成的屋盖系统的布置。

2.2.4.1 屋盖结构形式的选择

单层工业厂房的屋盖形式有两种做法，分别为无檩屋盖和有檩屋盖。

无檩屋盖主要由屋架、支撑、系杆和大型预制混凝土屋面板构成。通常将大型屋面板直接安装在钢屋架上，并确保屋面板至少有 3 点与屋架上弦焊牢，再在屋面板上做找平层、防潮层（隔热层）和防水层等。无檩屋盖自重较大，且工业化生产的尺寸固定（一般为 1.5m×6m），对柱距适用性较差，工程应用已越来越少。

有檩屋盖主要由屋架（钢梁）、支撑、系杆和压型钢板构成。通常屋架或钢梁上直接安装檩条（可采用冷弯薄壁构件或型钢）和压型钢板即可，无保温要求的厂房可采用单层压型钢板，有保温要求的厂房须增设保温隔热层（常采用岩棉等）或采用带保温功能的夹层压型钢板。这种有檩屋盖自重较轻，在实际工程中应用广泛。

2.2.4.2　屋架

1. 屋架形式

屋架的外形对其用途及受力性能有直接影响，图 2-8 给出了工程中常用的三角形屋架（图 2-8a~d）、梯形屋架（图 2-8e~g）和平行弦屋架（图 2-8h）。屋架是由直杆在端部相互连接形成的桁架，主要包含上下弦杆、竖腹杆和斜腹杆。其中，屋架最上边的两根通长斜杆称为屋架上弦，最下边的一根通长水平杆件称为屋架下弦。在屋架上、下弦之间的所有杆件均称为屋架腹杆。竖直方向的腹杆称为竖腹杆，而倾斜方向的腹杆称为斜腹杆。腹杆的布置方式可分为芬克式（图 2-8a、d）、豪式或称单向斜杆式（图 2-8b）、人字式（图 2-8c、e、g、h）和再分式（图 2-8f）。

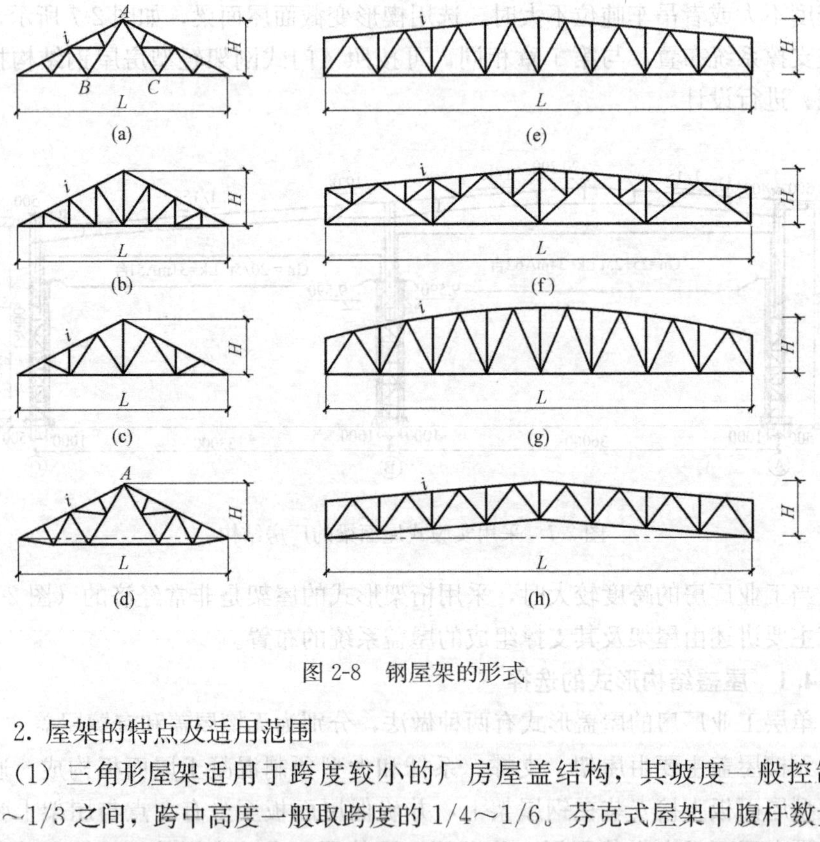

图 2-8　钢屋架的形式

2. 屋架的特点及适用范围

（1）三角形屋架适用于跨度较小的厂房屋盖结构，其坡度一般控制在 1/2~1/3 之间，跨中高度一般取跨度的 1/4~1/6。芬克式屋架中腹杆数量较多，但其长腹杆受拉，短腹杆受压，受力合理，且其集中在屋架两端，可在图 2-8（a）中的 A、B、C 三点处将整个屋架拆分，便于运输。单向斜杆式屋架在竖向荷载作用下，较长的斜腹杆受拉，较短的竖腹杆受压，受力合理。人字式腹杆是三角形屋架最常见的腹杆形式，其特点是腹杆数量较少、下弦节点少、上弦节点多，屋架整体受力合理，用钢量较少。三角形屋架的两端截面高度很小，易于实现铰接连接。但三角形屋架端部截面杆件内力过大，特别是在振动荷载作用下，易产生变形。为改善这种情况，可将屋架与柱之间采用刚性连接，可通过在屋架端部与柱之间设置隅撑实现（图 2-9）。

在某些特殊情况下，也会对屋架外形进行适当改进。例如，将普通三角形钢屋架的下弦杆向下偏移（图 2-8d），增加屋架端部区格上下弦杆之间的夹角，这不仅改善了钢屋架端节间的上下弦杆相交节点的连接构造，还降低了钢屋架重心高度，提高了屋架的空间整体稳定性。

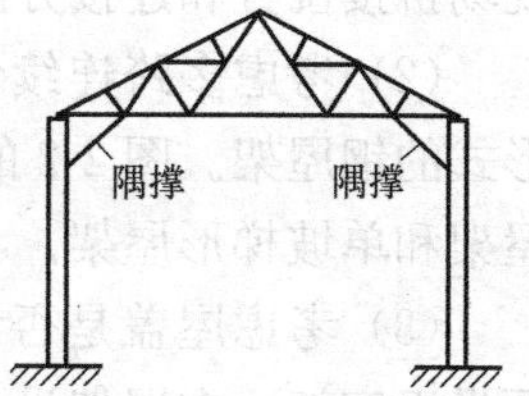

图 2-9 带隅撑的三角形钢屋架

（2）梯形屋架具有较大的刚度，适用于厂房跨度大或厂房内吊车吨位大的情况。梯形屋架的坡度一般在 1/8～1/12 之间，当采用压型钢板轻型屋面时，也可做到 1/15 甚至更缓。梯形屋架跨中高度一般取为跨度的 1/15～1/10，端高一般在 1.8～2.5m 之间。当厂房跨度较大且采用大型预制混凝土屋面板时，为确保屋面荷载作用在上弦节点处，避免上弦节间出现弯矩，可采用再分式腹杆布置（图 2-8f），以适应大型预制混凝土板的尺寸。再分式斜腹杆的角度合理、总长度较短，可节省材料。还可将钢屋架的上弦做成曲线形状（图 2-8g），实现改善屋面外观造型的目的。

（3）平行弦屋架（图 2-8h）是由两根平行的弦杆及腹杆组成的平面桁架，可将两侧做成大小不同的坡度，适用于单坡或双坡屋盖。平行弦屋架的优点是弦杆和腹杆的长度都各自统一，便于加工、制作和安装，但其缺点是当平行弦屋架的坡度较大时，会对下部的支承结构产生较大的水平推力。

3. 确定屋架形式的原则

屋架选型应包含确定钢屋架及腹杆形式，并结合屋架的自身特点、适用范围和具体条件合理确定。

（1）钢屋架上弦的节间长度应尽量短些，下弦的节间应尽量长些。这主要是因为在竖向荷载作用下屋架上弦受压，容易失稳。采用较小的节间长度，可提高弦杆的平面内稳定承载力。屋架下弦杆受拉，并不存在稳定问题，可适当增加节间长度。

（2）屋架腹杆与弦杆之间的夹角一般应在 30°～60°，并应尽量接近 45°。夹角过大影响杆件内力，夹角过小时节点构造不合理。

（3）屋架节间划分应考虑屋面做法。当采用有檩屋盖时，腹杆与上弦的交点尽量为檩条搁置位置，上弦节间长度根据檩条间距确定，一般为 0.8～3.0m。当采用无檩屋盖时，上弦节点应为大型预制混凝土屋面板的支承点，节间长度一般为 1.5m 或 3.0m。从受力角度讲，当外力作用在屋架节点处时，屋架的杆件仅承受轴向拉力或压力；当外力未作用于屋架节点处时，其弦杆内部存在弯矩。轴向受力的杆件受力简单、所需截面小、节省钢材。

（4）腹杆的截面规格尽量少。通过合理布置和归并，减少腹杆规格，便于工厂加工与安装。

4. 屋架选用的其他问题

（1）考虑运输、吊装和安装等因素。在钢屋架设计时，就应根据施工地区的加工制作、运输和吊装等实际条件，对屋架进行合理分段，选择合适的现场拼接位置和连接方法。

(2) 考虑多跨连续情况。根据实际情况，同一工程不同跨间可采用不同形式的钢屋架。图2-2的三跨工业厂房分别采用了楔形实腹式钢梁、双坡梯形屋架和单坡梯形屋架。

(3) 考虑屋盖是否设有天窗架。当屋面有采光或通风要求时，在屋架上须设天窗架。在屋架设计时，应考虑天窗架的荷载传递及与屋架之间合理连接等问题。

(4) 屋架起拱。当屋架跨度较大时（梯形屋架跨度$L\geqslant 24m$，三角形屋架跨度$L\geqslant 15m$），屋架的跨中挠度较大，影响外观，此问题可以通过屋架起拱来解决。在屋架制作时，抬起屋架下弦的跨中拼接节点$f=L/500$，使得屋架有一个初始的向上变形。在使用荷载作用下，屋架初始变形被抵消，下弦就显得比较平直。

2.2.4.3 屋盖支撑

1. 屋盖支撑的组成和作用

屋盖支撑一般由上弦横向水平支撑（图2-10a）、下弦横向水平支撑（图2-10b）、下弦纵向水平支撑（图2-10b）、垂直支撑（图2-10c、d）和系杆（图2-10）等组成。屋盖水平支撑一般都由两个成十字交叉的单角钢或双角钢制作，仅考虑其承受拉力的作用。垂直支撑是竖向放置的平行弦桁架，其杆件即可承受拉力又可承受压力。屋盖支撑系统中还包含系杆，系杆有两类，即刚性系杆和柔性系杆。其中，刚性系杆既可承受拉力又可承受压力，柔性系杆仅能承受拉力。在抽柱位置，可不设刚性系杆，由托梁或托架替代。

屋盖支撑系统组成一个整体，可以起到以下几个方面的作用：

(1) 为屋架提供侧向支撑，减小弦杆的平面外计算长度。屋架是平面受力构件，腹杆仅对弦杆在屋架平面内的变形起到约束作用（图2-11a），屋架弦杆的平面内计算长度为节间长度。在屋架平面外，如未设水平支撑，屋架上弦呈全跨正弦半波变形模式（图2-11b），屋架弦杆平面外计算长度为整个屋架跨度，导致弦杆在平面外需要较大的截面。当设置屋架的水平支撑和系杆后，屋架弦杆在侧向支撑点处出现反弯点，呈现多个正弦半波的面外变形模式（图2-11c），显著降低弦杆的平面外计算长度，提高其平面外稳定承载力，减小弦杆截面面积。

(2) 传递和协调厂房所承受的纵向荷载。厂房端部山墙所承受的水平风荷载通过墙架柱（抗风柱）与屋架的连接节点直接传递给端部屋架，再由屋盖水平支撑系统传递至柱间支撑和基础。厂房结构所承受的其他纵向水平荷载，如纵向水平地震作用、纵向吊车荷载等均通过上述方式传递，在整个水平力传递过程中，屋盖支撑系统起非常重要的分配和协调作用。

(3) 和屋架一起，使屋盖形成几何不变的空间稳定体。实际工程的安装过程中，先将相邻两榀屋架通过上、下弦平面横向水平支撑与跨中、端部的3道垂直支撑在地面组装，形成空间几何稳定体后（图2-12），再整体吊装安装就位，然后方可吊装其他屋架。

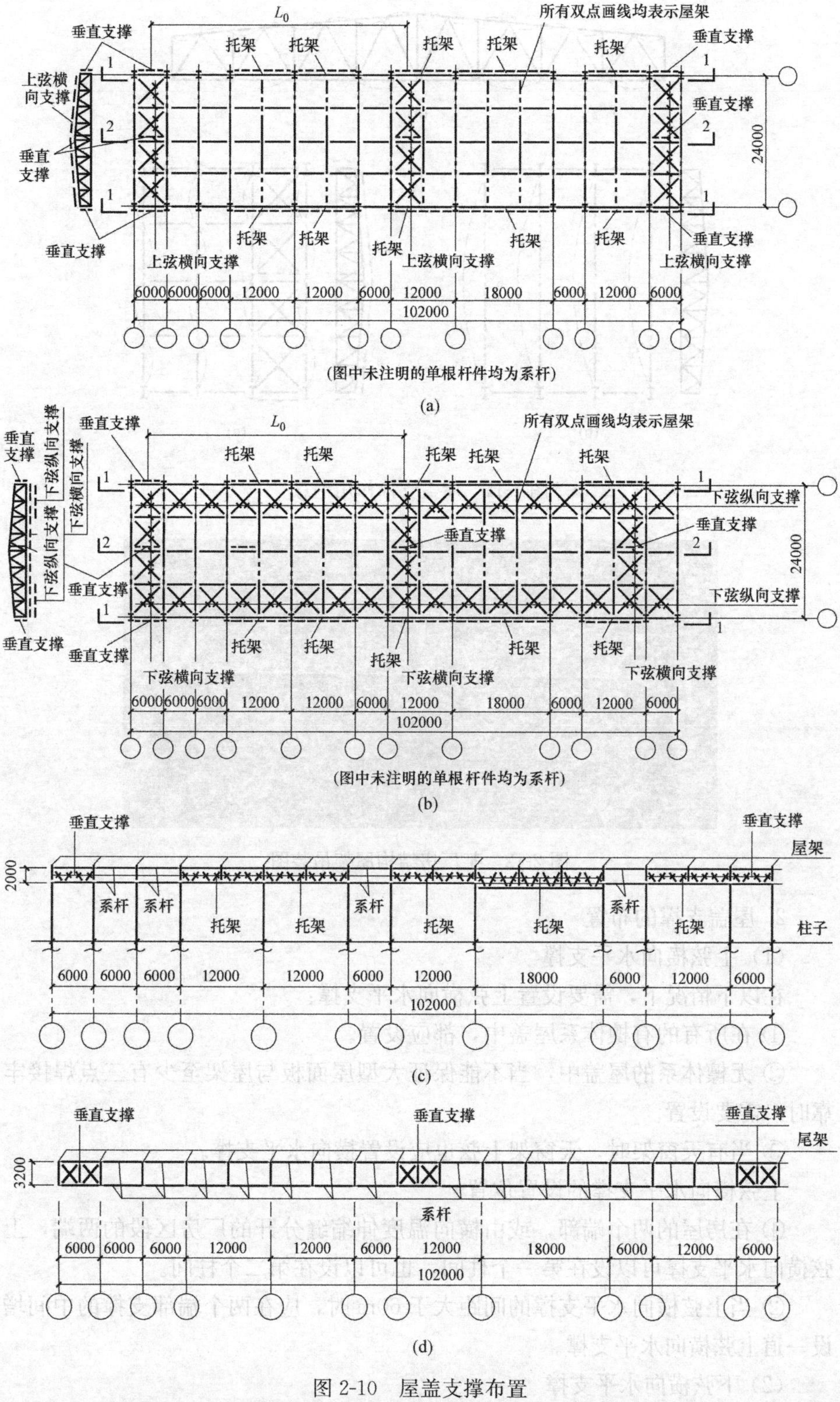

图 2-10　屋盖支撑布置

(a) 上弦支撑、垂直支撑、托架和系杆布置；(b) 下弦支撑、垂直支撑、托架和系杆布置；(c) 1-1 剖面；(d) 2-2 剖面

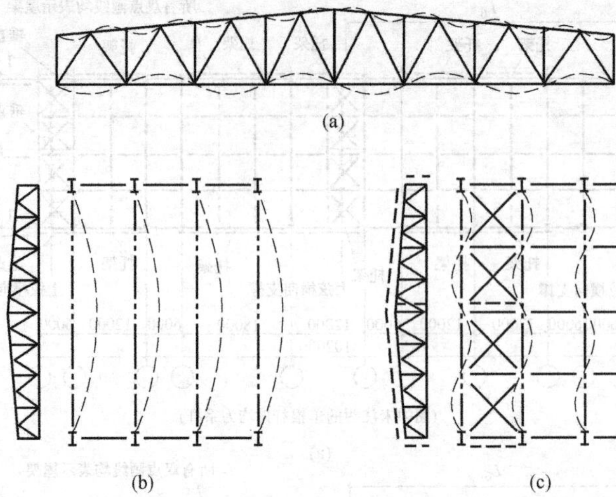

图 2-11　屋盖支撑作用示意

图 2-12　某厂房结构屋架吊装图

2. 屋盖支撑的布置

(1) 上弦横向水平支撑

在以下情况下，需要设置上弦横向水平支撑：

① 在所有的有檩体系屋盖中，都应设置。

② 无檩体系的屋盖中，当不能保证大型屋面板与屋架至少有三点焊接牢靠时，需要设置。

③ 当有天窗架时，天窗架上弦也应设置横向水平支撑。

上弦横向水平支撑的设置位置：

① 在房屋的两个端部，或由横向温度伸缩缝分开的厂房区段的两端，上弦横向水平支撑可以设在第一个柱间，也可以设在第二个柱间。

② 当上弦横向水平支撑的间距大于 60m 时，应在两个端部支撑的中间增设一道上弦横向水平支撑。

(2) 下弦横向水平支撑

以下情况，都需要设置下弦横向水平支撑：

① 厂房跨度大于 18m。

② 厂房跨度虽然不大于18m，但有悬挂式吊车，且其起重吨位较大，或者厂房内也有较大的振动设备。

③ 端部山墙的抗风柱连接于屋架下弦时。

设置位置：

与上弦横向水平支撑设在同一柱间，这样可以形成空间稳定体。

（3）纵向水平支撑

对于有檩体系，屋架上弦连接有檩条和压型金属板。对于无檩体系，屋架上弦连接有大型预制混凝土屋面板。这些屋盖檩条和铺板都是厂房上弦的纵向联系构件，而且全跨满铺，刚度很大，所以屋架的上弦不再需要纵向水平支撑。

在以下需要加强屋架下弦纵向刚度的情况下，设置下弦纵向水平支撑：

① 厂房内设有托架。

② 厂房内有较大吨位的重、中级吊车。

③ 厂房内有壁行吊车。

④ 厂房内有锻锤等大型振动设备。

⑤ 厂房高度和跨度较大，需要加强厂房的空间刚度。

设置位置：

① 沿着厂房纵向，在屋架下弦的端部节间通长设置。

② 如果厂房不需要设置通长的下弦纵向水平支撑，但是厂房内设有托架时，需要在有托架的柱间及其左右各延伸一个柱间，设置纵向支撑，以确保托架的平面外稳定。

（4）垂直支撑

所有厂房中均应设置垂直支撑。

在厂房纵向的设置位置：只在设有上下弦横向水平支撑的跨间，设置垂直支撑。

在厂房横向的设置位置，见以下各条要求：

① 梯形屋架，在其两个端部，各设置一道；当屋架端部连接在托架上时，托架起着垂直支撑的作用（图2-10）。

② 对于跨度不大于30m的梯形屋架和跨度不大于24m的三角形屋架，在跨度中央的屋脊处再设置一道（图2-10）；当跨度大于上述数值时，宜在1/3和2/3跨度附近（图2-13a，b），或者有天窗架时，天窗架两侧柱处，各设置一道（此时在跨中不必再设，图2-13c，d）。

③ 有天窗架时，无论天窗跨度大小，在天窗侧柱高度之间和其下部屋架的上下弦之间，都要对应设置垂直支撑。

④ 当天窗的跨度大于12m时，还要在其跨中设置一道。

（5）刚性系杆和柔性系杆

刚性系杆和柔性系杆的设置要求和设置位置如下：

① 在与垂直支撑对应的无支撑跨间，其上下弦都要设置系杆。

② 在屋脊处，上弦设置刚性系杆，下弦设置柔性系杆。

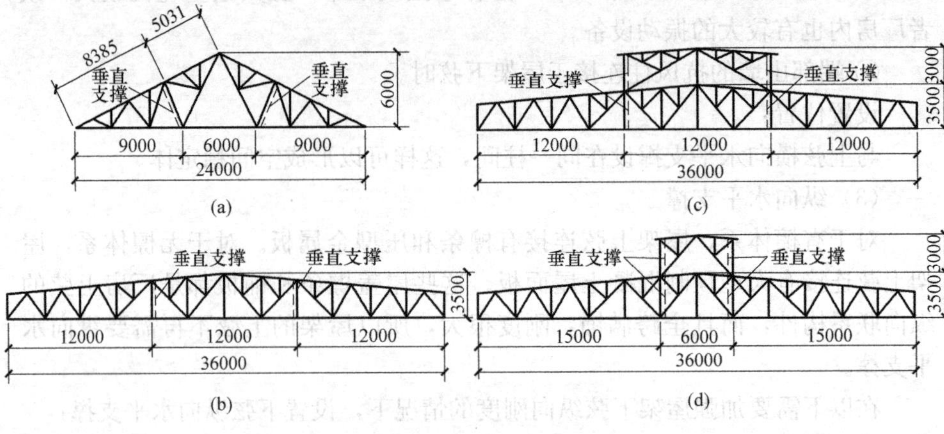

图 2-13　屋架的垂直支撑

③ 在支座处，上下弦位置都要设刚性系杆。但如果在柱顶设有刚性系杆或者钢筋混凝土圈梁，可以省去下弦处的刚性系杆。

④ 在无檩体系屋盖中，大型屋面板可以代替上弦所有系杆。在有檩体系屋盖中，檩条可以代替上弦柔性系杆。

⑤ 天窗架的柱顶和其下部的屋架上下弦处，可以设置柔性系杆。

⑥ 当支撑设置在厂房端部的第二个跨间时，为了有效传递山墙风荷载，第一个跨间的所有系杆，都要设为刚性系杆。

⑦ 当计算需要减小屋架杆件的平面外计算长度时，则在对应位置处，设置柔性系杆。

实际厂房可能会有许多问题，如屋面放置设备和管道，厂房纵向和横向出现高低跨相连等，都需要对厂房的局部刚度甚至整体刚度进行加强，这时需要灵活增加支撑和系杆的设置。

2.3　厂房结构的内力计算

2.3.1　荷载和荷载组合

2.3.1.1　单层厂房的荷载取值

单层厂房的荷载及作用主要包括永久荷载、可变荷载和地震作用。

1. 永久荷载

永久荷载包括厂房结构体系和维护体系等构件的自重，还包含屋面上放置的、屋架下悬挂的和柱上连接的设备和管道等荷载。

2. 可变荷载

可变荷载主要包括屋面均布活荷载、雪荷载、积灰荷载、风荷载和吊车梁系统的活荷载等。

吊车梁系统的活荷载取值较复杂，详见本章 2.6 节。其他荷载均按照

《建筑结构荷载规范》取值。

3. 地震作用

单层工业厂房应按建造地点所在的地震设防区和场地土类别，依据《建筑抗震设计规范》进行抗震设计。地震作用可按横向水平、纵向水平和竖向三个方向计算，其中横向水平和竖向的地震作用由厂房的横向框架承受，而纵向水平地震作用，则由厂房的纵向框架承受。

(1) 水平地震作用取值

厂房横向和纵向水平地震作用均可按下式计算：

$$F_{Ek}=\alpha G_{eq} \tag{2-1}$$

式中，α为相应于结构基本自振周期的水平地震作用影响系数值。计算时结构阻尼比根据屋盖和墙体的类型，取0.045～0.05，结构基本自振周期根据结构的抗侧刚度和等效重力荷载计算。

G_{eq}为结构的总等效重力荷载。对于多质点模型，G_{eq}取结构总重力荷载代表值的85%；有吊车的厂房，应在吊车和屋架的位置，取为多质点模型。

工业厂房的总重力荷载代表值，须考虑以下几项：

1) 结构构件和围护结构的自重标准值；

2) 雪荷载和屋面积灰荷载的组合值，其组合值系数均取0.5；

3) 硬钩吊车组合值，组合值系数为0.3；软钩吊车不计入。

(2) 竖向地震作用取值

8度或者9度设防区，跨度大于24m的屋架和托架，均应计算竖向地震作用。竖向地震作用标准值，取重力荷载代表值的75%乘以竖向地震作用系数。根据设防烈度和场地类别，竖向地震作用系数在0.1～0.2之间取值，其详细取值方法见《建筑抗震设计规范》。

2.3.1.2 单层厂房的荷载组合

单层厂房的荷载组合原则和方法，与本书第1章门式刚架结构基本一样，此处不再赘述。需要注意的是，对于多跨多台吊车厂房，由于每跨每台吊车都有横向、纵向和竖向荷载作用，而水平的横向和纵向作用，又有向左和向右两种情况，每台吊车的竖向荷载最大值和水平荷载最大值出现的左右位置也不同，再加上风荷载和地震荷载也有多个方向，实际的组合工况非常多，设计时不得遗漏任一项。

2.3.2 单层厂房的内力分析

当前的工程设计软件有能力实现对单层厂房的空间建模分析，但是厂房中格构式和桁架式构件中的杆件数量较多，而且二者的构件截面尺寸与实腹式构件相比，相差悬殊，再加上吊车移动荷载作用的复杂性，实际分析非常困难。所以将单层厂房结构简化为平面框架进行分析，仍然是厂房结构设计的主要方法。厂房横向平面框架由屋架和柱组成。厂房纵向平面框架由柱、柱间支撑、系杆、托架和吊车梁等构件组成。

2.3.2.1　厂房横向平面框架分析

图 2-14 给出了单跨厂房横向框架的计算简图，两个屋架分别与柱铰接和刚接。现在的计算机设计软件，可以在对屋架进行单独的内力计算和构件截面设计后，再加上柱子，进行平面框架内力分析。分析时屋面荷载直接取屋架设计时的屋架上弦节点荷载，风荷载和墙体构件自重则直接施加在墙梁与柱的连接节点上。吊车梁设计时得到的吊车梁最不利支座反力，其中的竖向力反向施加在柱牛腿上，水平力反向施加在吊车梁上翼缘与柱的连接节点上。地震作用则根据《建筑抗震设计规范》的要求，施加在多质点模型的相应位置上。

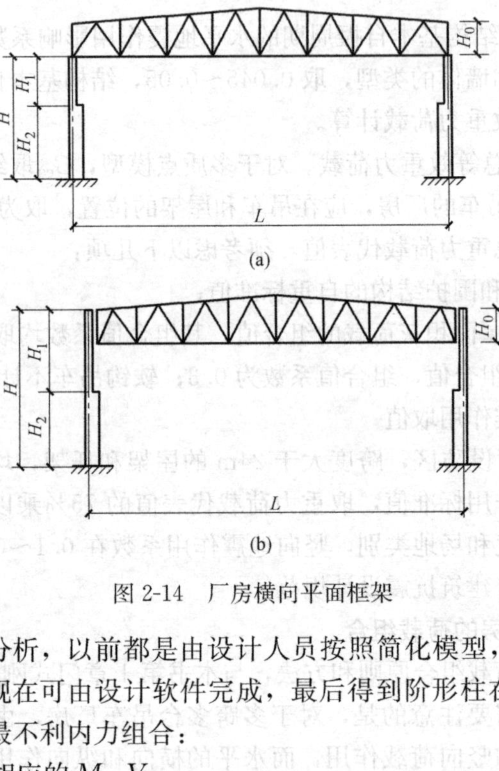

图 2-14　厂房横向平面框架

框架的内力分析，以前都是由设计人员按照简化模型，采用结构力学方法手算得到的，现在可由设计软件完成，最后得到阶形柱在每一柱段控制截面处的以下四种最不利内力组合：

（1）N_{max}及相应的 M、V；

（2）N_{min}及相应的 M、V；

（3）M_{max}及相应的 N、V；

（4）M_{min}（负弯矩最大）及相应的 N、V。

2.3.2.2　厂房纵向平面框架分析

厂房纵向的柱间支撑、系杆、吊车梁和托架等构件，都可以简化为与厂房柱铰接连接。柱下端一般都与基础刚接。厂房纵向平面框架按照承受厂房纵向的风荷载、地震作用和吊车纵向荷载进行分析。

2.3.3　厂房结构的刚度计算

厂房结构的刚度要求，通过对厂房柱的水平位移容许值来控制，包括两项内容：

（1）风荷载作用下的柱顶水平位移，不大于 $H/400$（H 为柱的总高度）；

（2）设有 A7、A8 工作制吊车的厂房，需要计算厂房在一台吊车最大水平荷载（按荷载规范取值）作用下，在吊车梁或者吊车桁架顶标高处所产生的横向和纵向水平位移，不宜超过表 2-3 的限值。

吊车水平荷载作用下柱水平位移（计算值）容许值　　表 2-3

项次	位移的种类	按平面结构计算	按空间结构计算
1	厂房柱的横向位移	$H_c/1250$	$H_c/2000$
2	露天栈桥柱的横向位移	$H_c/2500$	
3	厂房和露天栈桥柱的纵向位移	$H_c/4000$	

注：1. H_c 为基础顶面至吊车梁或吊车桁架顶面的高度；
2. 计算厂房或露天栈桥柱的纵向位移时，可假定吊车的纵向水平制动力分配在温度区段内所有的柱间支撑或纵向框架上；
3. 在设有 A8 级吊车的厂房中，厂房柱的水平位移（计算值）容许值宜减小 10%；
4. 在设有 A6 级吊车的厂房中，厂房柱的纵向位移宜符合表中的要求。

2.4　柱的设计

2.4.1　柱截面形式

（1）柱的截面形式

工业厂房的柱一般都采用变截面阶形柱。柱的上端，一般采用实腹式工字形截面。在支撑吊车梁的地方，增大柱的截面以方便连接吊车梁并承受额外增加的荷载，而且尽量将吊车荷载直接传递到增加的柱肢中心线上，以减小荷载的偏心。一般情况下，下柱截面根据受力大小和两个柱肢传力特点不同，采用实腹式或者格构式的单轴或者双轴对称截面形式，如图 2-15 所示。近些年来，由钢管或钢管混凝土做成的格构式柱，也在单层工业厂房结构中得到应用。

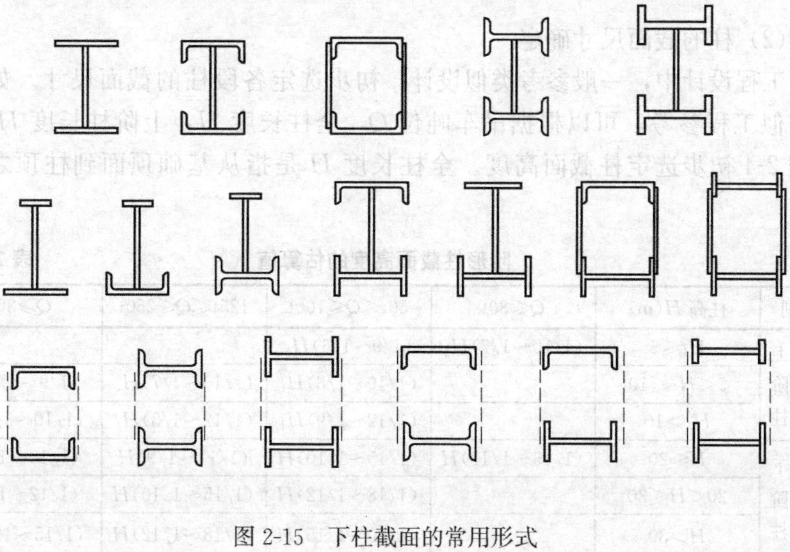

图 2-15　下柱截面的常用形式

图2-16给出了某实际工程中的边柱和中柱沿高度方向的侧面形式。图2-16（a）的边柱为单阶柱，由于只有一层吊车梁，柱截面在柱的高度方向只改变一次。有时厂房中会出现多层吊车的情况，这时厂房柱采用多阶柱。图2-16（b）的中间跨柱两侧吊车高度不相同，这时柱为双阶柱。习惯上，将图2-16中的a段称为上阶柱或上柱，图2-16（a）的b、c和d段，图2-16（b）的b_2、c_2和d段称为下柱。b、b_1和b_2段都是变截面的开始处，一般都称为肩梁。d段为柱脚部分。柱在与吊车梁顶面平齐的以上部分，都要设置人孔，以方便吊车检修时人员的通行，图2-16（a）示意了1个人孔，而图2-16（b）因为有两层吊车，柱上须要开设2个人孔。图2-16的柱脚采用插入式柱脚，构造简单，只须将这一段插入基础中，而不需要特殊处理。如果柱脚采用锚栓连接，则比较复杂，须要设计底板、加劲肋、靴梁和隔板等。

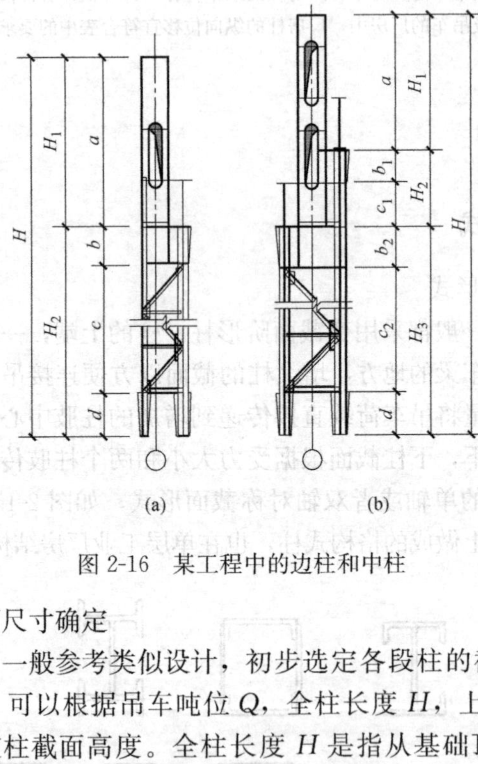

图2-16　某工程中的边柱和中柱

（2）柱的截面尺寸确定

工程设计中，一般参考类似设计，初步选定各段柱的截面尺寸。如果没有类似工程参考，可以根据吊车吨位Q，全柱长度H，上阶柱长度H_1，按照表2-4初步选定柱截面高度。全柱长度H是指从基础顶面到柱顶之间的距离。

阶形柱截面高度的估算值　　表2-4

类别		柱高 H(m)	$Q\leqslant 30$t	$50\text{t}\leqslant Q\leqslant 100\text{t}$	$125\text{t}\leqslant Q\leqslant 250\text{t}$	$Q\geqslant 300$t
阶形柱	上阶柱	$H_1\leqslant 5$	$(1/10\sim1/7)H_1$	$(1/9\sim1/6)H_1$		
		$5<H_1\leqslant 10$		$(1/10\sim1/8)H_1$	$(1/10\sim1/7)H_1$	$(1/9\sim1/6)H_1$
		$H_1>10$		$(1/12\sim1/9)H_1$	$(1/12\sim1/8)H_1$	$(1/10\sim1/7)H_1$
	下阶柱	$H\leqslant 20$	$(1/15\sim1/12)H$	$(1/15\sim1/10)H$	$(1/12\sim1/9)H$	$(1/10\sim1/8)H$
		$20<H\leqslant 30$		$(1/18\sim1/12)H$	$(1/15\sim1/10)H$	$(1/12\sim1/9)H$
		$H>30$		$(1/20\sim1/15)H$	$(1/18\sim1/12)H$	$(1/15\sim1/10)H$

在确定了上下两段柱的截面高度以后，分别按照等截面压弯构件进行截面其他尺寸的估算。

2.4.2 阶形柱的设计

厂房阶形柱的设计，须进行强度、整体稳定和局部稳定设计。

在弯矩作用平面内的整体稳定计算中，阶形柱的平面内计算长度，是分段确定的，不同于一般的等截面柱和第 1 章的楔形柱。这部分将在下一小节单独讲述。

在弯矩作用平面外的整体稳定计算中，一般认为厂房的纵向支撑点，如十字形支撑、系杆、托架、吊车梁等构件与柱的连接点，都可以使柱的变形在该处形成反弯点，所以阶形柱的平面外计算长度，一般取这些纵向支撑点之间的距离。

2.4.3 阶形柱的平面内计算长度

（1）单阶柱

单阶柱的下端一般为固定端，上端为铰接或者只可平移不可转动的约束。其上下柱段的计算长度可分别写为：

$$H_{01}=\mu_1 H_1 \tag{2-2}$$

$$H_{02}=\mu_2 H_2 \tag{2-3}$$

分两种情况：

① 当柱的上端为铰接时（图 2-17a），下段柱的计算长度系数 μ_2 按照附表 2-1确定；

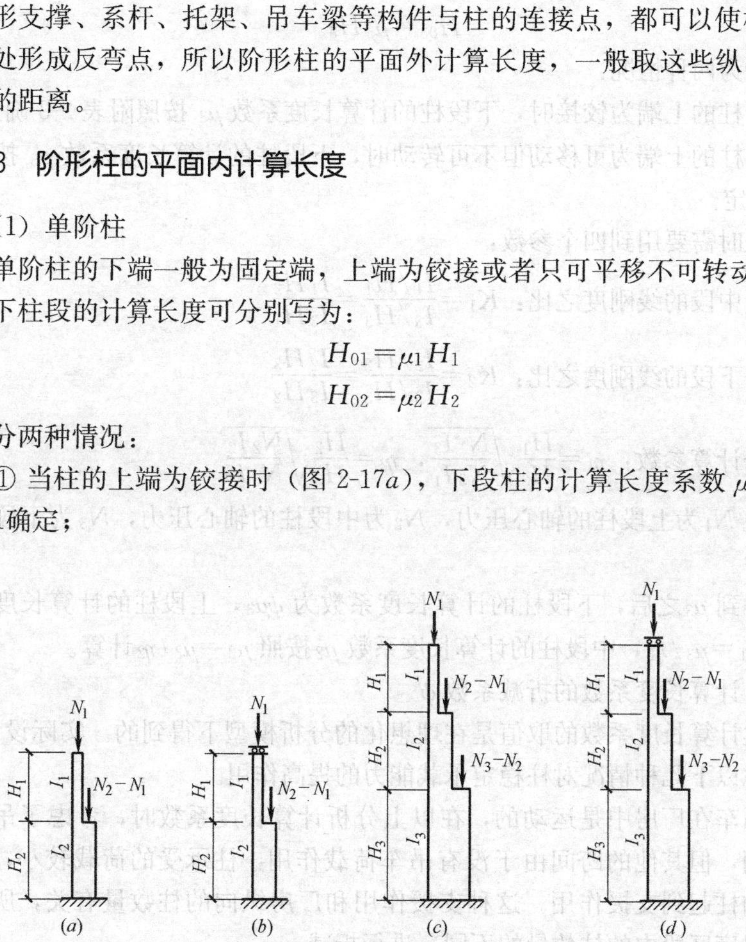

图 2-17　阶形柱计算长度参数示意

② 当柱的上端为可移动但不可转动时（图 2-17b），下段柱的计算长度系数 μ_2 按照附表 2-2 确定。

查这两个表时需要用到两个参数：

柱上下段的线刚度之比：$K_1=\dfrac{I_1/H_1}{I_2/H_2}=\dfrac{I_1H_2}{I_2H_1}$

计算参数：$\eta_1=\dfrac{H_1}{H_2}\sqrt{\dfrac{N_1 I_2}{N_2 I_1}}$

其中 N_1 为上段柱的轴心压力，N_2 为下段柱的轴心压力，如图 2-17 所示。

在得到 μ_2 之后，下段柱的计算长度系数为 $\psi\mu_2$，其中为 ψ 折减系数，上段柱的计算长度系数 μ_1 按照 $\mu_1=\mu_2/\eta_1$ 计算。

(2) 双阶柱

双阶柱的下端均为固定端，上端为铰接或者只可平移不可转动的约束，如图 2-17 所示，其上段和中段的计算长度分别采用公式 (2-2) 和式 (2-3)，下段柱的计算长度可写为：

$$H_{03}=\mu_3 H_3 \tag{2-4}$$

也分为两种情况：

①当柱的上端为铰接时，下段柱的计算长度系数 μ_3 按照附表 2-3 确定；

②当柱的上端为可移动但不可转动时，下段柱的计算长度系数 μ_3 按照附表 2-4 确定。

查表时需要用到四个参数：

柱上中段的线刚度之比：$K_1=\dfrac{I_1/H_1}{I_3/H_3}=\dfrac{I_1 H_2}{I_3 H_1}$

柱中下段的线刚度之比：$K_2=\dfrac{I_2/H_2}{I_3/H_3}=\dfrac{I_2 H_3}{I_3 H_2}$

两个计算参数：$\eta_1=\dfrac{H_1}{H_3}\sqrt{\dfrac{N_1 I_3}{N_3 I_1}}$，$\eta_2=\dfrac{H_2}{H_3}\sqrt{\dfrac{N_2 I_3}{N_3 I_2}}$

其中 N_1 为上段柱的轴心压力，N_2 为中段柱的轴心压力，N_3 为下段柱的轴心压力。

在得到 μ_3 之后，下段柱的计算长度系数为 $\psi\mu_3$，上段柱的计算长度系数 μ_1 按照 $\mu_1=\mu_3/\eta_1$，中段柱的计算长度系数 μ_2 按照 $\mu_2=\mu_3/\eta_2$ 计算。

(3) 计算长度系数的折减系数 ψ

上述计算长度系数的取值是在理想化的分析模型下得到的。实际设计中，需要考虑以下几种情况对柱稳定承载能力的提高作用。

①吊车在厂房中是运动的，在以上分析计算长度系数时，考虑了吊车荷载的作用，但其他的跨间由于没有吊车荷载作用，柱承受的荷载较小，会对荷载大的柱起到支援作用。这种支援作用和厂房纵向的柱数量有关，所以根据纵向温度区段内的柱数量的不同，进行折减。

②采用大型预制混凝土屋面板的厂房，其整体刚度会比采用有檩体系的厂房大得多。

③厂房两侧设有通长的下弦纵向支撑时，厂房的整体刚度会比不设置时好得多。

这些相互支援和刚度加强作用，在理论计算中很难以精确计算的方式进行考虑，但是确实会对厂房的整体稳定有较大的提高，需要对柱的计算长度系数进行折减。柱计算长度系数的折减系数 ψ，取值见表 2-5。

<table>
<caption>单层厂房阶形柱计算长度的折减系数　　表 2-5</caption>
<tr><th colspan="4">厂房类型</th><th rowspan="2">折减系数</th></tr>
<tr><th>单跨或多跨</th><th>纵向温度区段内一个柱列的柱数</th><th>屋面情况</th><th>厂房两侧是否有通长的屋盖纵向水平支撑</th></tr>
<tr><td rowspan="4">单跨</td><td>等于或少于 6 个</td><td>—</td><td>—</td><td rowspan="2">0.9</td></tr>
<tr><td rowspan="3">多于 6 个</td><td rowspan="2">非大型混凝土屋面板的屋面</td><td>无纵向水平支撑</td></tr>
<tr><td>有纵向水平支撑</td><td rowspan="3">0.8</td></tr>
<tr><td>大型混凝土屋面板的屋面</td><td>—</td></tr>
<tr><td rowspan="3">多跨</td><td rowspan="3">—</td><td rowspan="2">非大型混凝土屋面板的屋面</td><td>无纵向水平支撑</td></tr>
<tr><td>有纵向水平支撑</td><td rowspan="2">0.7</td></tr>
<tr><td>大型混凝土屋面板的屋面</td><td>—</td></tr>
</table>

2.4.4 柱的节点设计

重型工业厂房用的阶形柱，由于其特殊的用途，致使其节点构造不同于第 1 章的门式刚架和第 3 章的多层房屋钢结构。本节主要讲述柱头、人孔、肩梁和柱脚的节点设计。

(1) 柱头

① 与三角形屋架相连的柱头节点

这种柱头节点构造简单，主要传递屋架的竖向荷载，可以按照轴心受压柱的柱头进行设计。一般采用柱顶板开四个或者两个螺栓孔的简单构造。螺栓起到安装定位和使用过程中防止意外错动的作用，竖向压力按照 $\sigma=N/A\leqslant f$ 计算。接触面的水平剪力很小，一般不用计算，需要计算时，可以按照接触面的摩擦作用来抵抗水平剪力，即剪力 $Q\leqslant\mu N$。

② 与梯形屋架相连的柱头节点

柱头与梯形屋架的连接构造形式有两种，一种是屋架直接支放在柱顶，另一种是屋架的上下弦杆分别连接在柱的侧面，如图 2-14 (*b*) 所示。其中第一种连接方式与连接三角形屋架的柱头一样。第二种的连接方式，屋架的上下弦杆都会给柱传递竖向压力，除此之外，屋架上弦还会给柱传递水平拉力，屋架下弦给柱传递水平压力。设计时采用高强度螺栓，柱在屋架的上下弦连接处，分别考虑螺栓承受拉剪共同作用和压剪共同作用。

③ 与钢梁连接的柱头节点

近年来，随着人工费用的增加和门式刚架结构的普及，也出现了在重型厂房结构中采用屋面钢梁而不使用屋架的情况。这种钢梁和阶形柱的柱头连接节点，类似于第 1 章的门式刚架或者第 4 章的多高层钢结构框架中的梁柱连接，这里不再赘述。

(2) 上阶柱的人孔

在厂房中吊车梁顶面的侧边，结合吊车梁制动板的设置，在制动板的两侧焊上栏杆，将制动板作为吊车的检修平台。但吊车梁制动板的位置一般和上阶柱的腹板位置相对应，需要在上阶柱的腹板上设置供检修人员通过的人行孔道（人孔），否则检修平台会在柱位置中断。

图 2-16 示意了检修平台和柱的相对位置。一般人孔的最小尺寸为 1800mm×400mm，可供一个人侧身通过。由于开孔较大，采用洞边周圈补强，其补强的横截面面积不小于被削弱的截面面积。由于补强的钢材更偏离上柱的中心线，所以这部分截面的抗弯承载力和刚度都会大于原截面，不必计算。但是开人孔后，上段柱局部形成两个柱肢，需要按照格构式构件，计算两个单肢的平面内和平面外稳定，单肢的计算长度，取为开洞高度即可。吊车荷载较大时，上部柱的振动较大，为了减小疲劳效应，一般补强板为整块板煨弯，上部采用圆弧过渡。

（3）肩梁

阶形柱的不同柱阶之间的过渡加强部分，称为肩梁。肩梁将上部柱的荷载和新增加的吊车荷载一起传递给下部分柱阶。肩梁犹如人的肩膀，将头部重量和肩上扛的其他物品重量一起传给下部的躯干，故而得名。

肩梁的构造形式多样，图 2-18 给出了肩梁的构造图和计算简图，图 2-18（a~f）为边跨肩梁，图 2-18（g、h）为两侧有等高吊车的肩梁。当吊车梁的端部为平板支座时，采用图 2-18（b、d）的构造形式。当吊车梁的端部为突缘支座且受力较大时，采用图 2-18（c、e）的构造形式。由于肩梁构造较复杂，焊缝的实施须要精心设计，所以一般采用简单的构造形式。

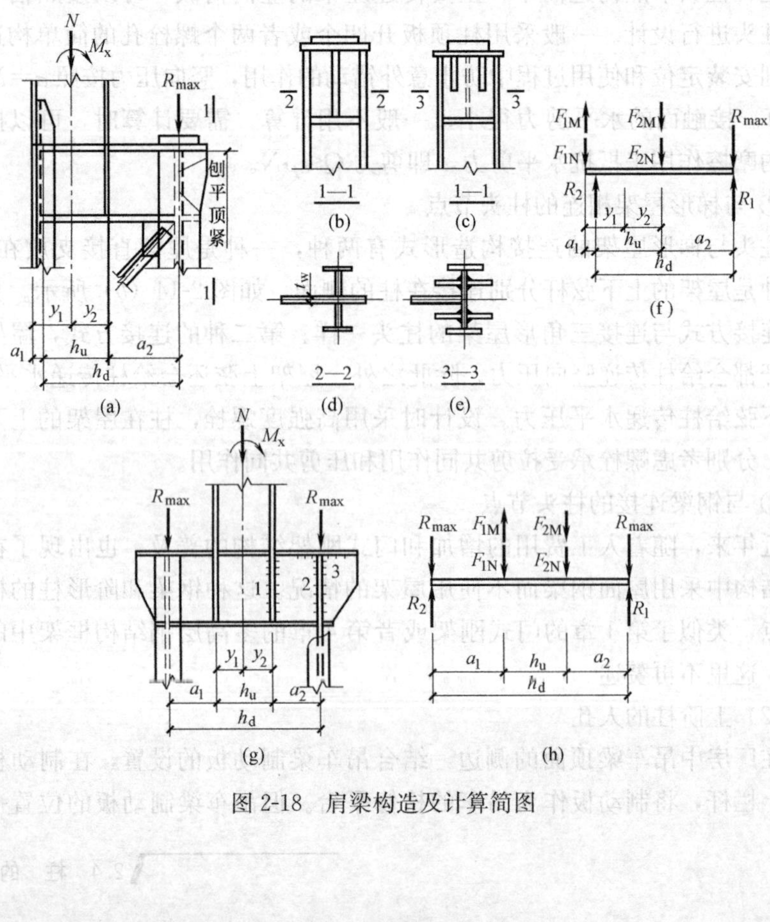

图 2-18 肩梁构造及计算简图

初步设计时，肩梁的截面高度可取其跨度的1/2～1/3，然后根据受弯构件的局部稳定要求，确定各块板厚。图2-18（f、h）给出了肩梁的计算简图，图中给出了上段柱的轴心压力和弯矩转化为上段柱两个翼缘的轴心力F_{1M}、F_{1N}、F_{2M}和F_{2N}。吊车梁的荷载R_{max}和图2-18（f）中的F_{1M}和F_{1N}都直接作用在肩梁的一个翼缘或者柱肢的中心线上，肩梁设计可不考虑。作用在肩梁跨间的荷载，需要按照计算简图进行正应力、剪应力和局部折算应力的承载能力验算，并对每一条焊缝进行验算。肩梁的跨度很小，刚度很大，不需要进行挠度验算。

（4）柱脚

如果阶形柱的下柱是实腹式柱，柱脚采用整体式柱脚。如果阶形柱的下柱是格构式柱，可以根据格构式柱的两个柱脚的距离远近和受力情况，分为整体式柱脚和格构式柱脚。其具体设计要求和计算例题，可以参见压弯构件的柱脚设计。

2.5 柱间支撑设计

2.5.1 柱间支撑形式

柱间支撑一般采用十字交叉支撑，支撑倾角在35°～55°，但有时为了使支撑角度接近45°，也会做成人字形或者八字形的形式。当下柱柱间支撑承受较大的水平荷载或有通行要求时，也会采用门形支撑。当下柱高度较高时，也会出现双层十字形支撑的情况。工业厂房中常用的支撑形式见图2-19。

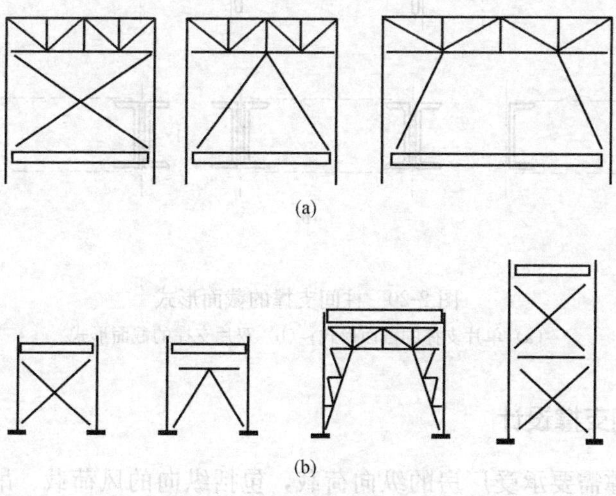

图2-19 柱间支撑的形式

（a）上柱柱间支撑；（b）下柱柱间支撑

柱间支撑的截面形式分为单片支撑（图2-20a）和双片支撑（图2-20b）。单片支撑是由单个或者多个型钢组成的实腹式截面形式的支撑，可以采用单角钢、双角钢、槽钢、工字钢、矩形管或圆管等截面形式。双片支撑是指由两个分肢和缀材组成的格构式截面形式的支撑。分肢的截面形式可以多样，而且两个分肢的截面也可以不同。图 2-20（b）中截面较大的分肢 1 可以用于承担吊车荷载，而截面较小的分肢 2 用于承担屋架荷载。缀材可采用缀板，也可采用缀条。

支撑截面形式的选择原则：

（1）上柱截面高度大于 800 或者设有人孔时，上柱柱间支撑应采用双片支撑。其他情况下，上柱支撑可采用单片支撑。

（2）下柱支撑均采用双片支撑。

柱间支撑的截面构造要求：

由于工业厂房的吊车吨位较大，吊车使用较频繁，所以柱间支撑的杆件截面要求也比较高。像第 1 章的圆钢柱间支撑，是不允许在有吊车的厂房中使用的。当柱间支撑采用角钢时，最小截面为∟75×6；采用槽钢时，最小截面为［12。双片支撑的中间缀条，也不宜小于∟50×5，且其长细比不小于 200。

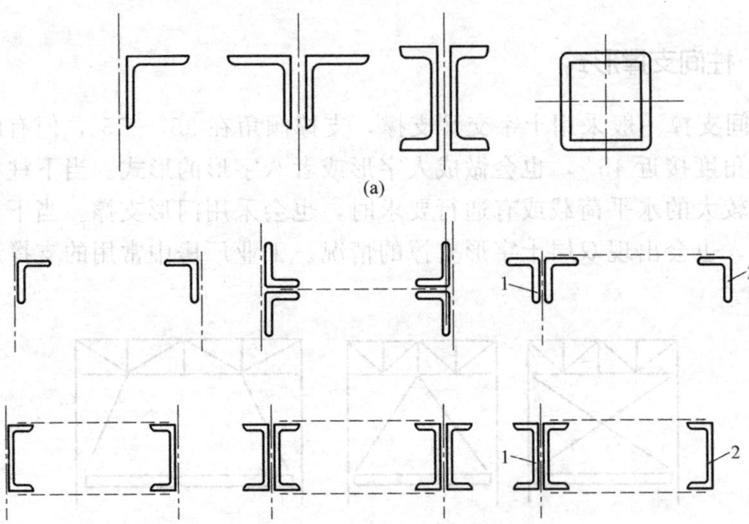

图 2-20　柱间支撑的截面形式

（a）单片支撑的截面形式；（b）双片支撑的截面形式

2.5.2　柱间支撑设计

柱间支撑需要承受厂房的纵向荷载，包括纵向的风荷载、吊车荷载和地震作用。这些荷载和作用都是从其他构件传过来的，可从相关构件的设计中得到。

柱间支撑的杆件设计有两种方法：一是假定只有受拉杆件承受拉力，而与之相交的受压杆件因发生失稳而退出工作；二是假定受压杆件不失稳，受压杆件和受拉杆件共同承受外力。这两种设计方法，柱间支撑均可按照轴心受力构件进行设计。

这里需要补充讲述柱间支撑的计算长度确定方法和刚度要求。

2.5.2.1 柱间支撑的计算长度

由于十字形支撑在连接中点有交叉，其计算长度 l_0 需要根据具体情况分别进行计算。在支撑平面内的计算长度应取节点中心到交叉点的距离；在支撑平面外的计算长度，当两交叉杆长度相等且在中点相交时，应按下列规定采用：

1. 压杆

1）相交另一杆受压，两杆截面相同并在交叉点均不中断，则：

$$l_0=l\sqrt{\frac{1}{2}\left(1+\frac{N_0}{N}\right)} \tag{2-5}$$

2）相交另一杆受压，此另一杆在交叉点中断但以节点板搭接，则：

$$l_0=l\sqrt{1+\frac{\pi^2}{12}\cdot\frac{N_0}{N}} \tag{2-6}$$

3）相交另一杆受拉，两杆截面相同并在交叉点均不中断，则：

$$l_0=l\sqrt{\frac{1}{2}\left(1-\frac{3}{4}\cdot\frac{N_0}{N}\right)}\geqslant 0.5l \tag{2-7}$$

4）相交另一杆受拉，此拉杆在交叉点中断但以节点板搭接，则：

$$l_0=l\sqrt{1-\frac{3}{4}\cdot\frac{N_0}{N}}\geqslant 0.5l \tag{2-8}$$

当此拉杆连续而压杆在交叉点中断但以节点板搭接，若 $N_0\geqslant N$ 或拉杆在桁架平面外的弯曲刚度 $EI_y\geqslant\frac{3N_0l^2}{4\pi^2}\left(\frac{N_0}{N}-1\right)$ 时，取 $l_0=0.5l$。

式中 l——桁架节点中心间距离（交叉点不作为节点考虑）；

N、N_0——所计算杆的内力及相交另一杆的内力，均为绝对值；两杆均受压时，取 $N_0\leqslant N$，两杆截面应相同。

2. 拉杆

应取 $l_0=l$。

当确定交叉腹杆中单角钢杆件斜平面内的长细比时，计算长度应取节点中心至交叉点的距离。

2.5.2.2 柱间支撑的刚度

按照组成柱间支撑各杆件的长细比 λ，不得大于规范要求的容许长细比 $[\lambda]$ 来计算。

受拉的支撑杆件和系杆，用于吊车梁以下的柱间支撑，采用重级工作制吊车的厂房，取容许长细比 $[\lambda]=200$；采用非重级工作制吊车的厂房，取 $[\lambda]=300$。吊车梁以上的柱间支撑，采用重级工作制吊车的厂房，取容许长细比 $[\lambda]=350$；采用非重级工作制吊车的厂房，取 $[\lambda]=400$。

受压的支撑杆件和系杆，用于吊车梁以下的柱间支撑，取容许长细比

$[\lambda]=150$；吊车梁以上的柱间支撑，取容许长细比 $[\lambda]=200$。

2.5.3 柱间支撑的工作原理

工程中为了有效抵抗结构的侧向变形，常常设置柱间支撑。现以图 2-21 的单层柱间支撑为例，说明柱间支撑的抗侧移能力远高于柱的抗侧移能力。柱 AB 和 CD 在厂房的纵向，都相当于一端固定另一端自由的悬臂柱，将柱顶作用的各种水平力看作荷载 P，在其作用下，柱顶发生侧移 Δ。如果未设柱间支撑（图 2-21b），按照力学分析，柱顶侧移 Δ 为：

$$\Delta=\frac{PH^3}{3EI}=\frac{PH^3}{3E\cdot 2I_1} \tag{2-9}$$

假定每个柱的惯性矩为 I_1，则两个柱的惯性矩 $I=2\,I_1$。

如果设有支撑杆 BD 和 AC（图 2-21c），不考虑柱 AB、CD 以及支撑 BD 受压失稳所承受的轴力，只有支撑杆 AC 抵抗水平力 P 作用，则侧移 Δ 的计算公式为：

$$\Delta=\Delta_{AC}\cdot\cos\alpha=\frac{(P/\cos\alpha)\cdot H/\sin\alpha}{EA}\cdot\cos\alpha=\frac{PH}{EA\sin\alpha} \tag{2-10}$$

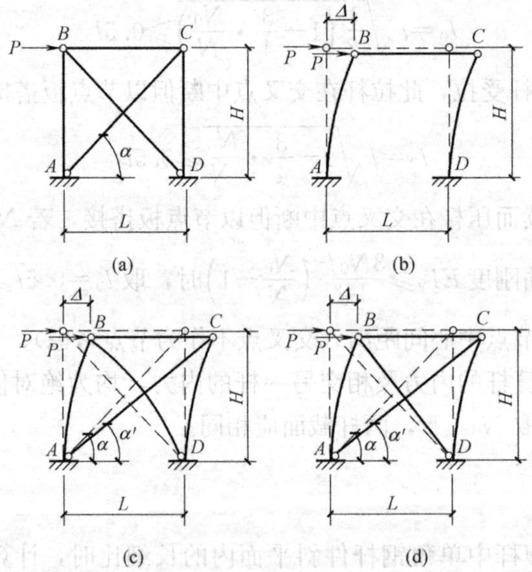

图 2-21 柱间支撑工作原理解释

如果按照有桥式吊车的单层厂房考虑，规范容许的纵向柱顶侧移最大值 Δ 为柱高 H 的 1/400。假设柱高 H 和厂房柱距 L 都是 9m，则支撑杆相对于地面的倾角 $\alpha=45°$。假设水平荷载标准值 $P=20\text{kN}$，钢材弹性模量 $E=206000\text{N/mm}^2$，计算时不考虑支撑倾角的微小变化，仍然取 $\alpha=45°$。按照式（2-4）计算，需要的柱惯性矩 $I_1=5.24\times10^8\ \text{mm}^4$，如果柱选用抗弯能力较好的宽翼缘 H 型钢，则需要两根 HW394×398×11×18（$I_1=5.56\times10^8\ \text{mm}^4$，每米重量 145.6kg/m）的柱。按照式（2-5）计算，需要的支撑杆件截

面面积 $A=54.93\ \text{mm}^2$。再考虑支撑杆件刚度要求，按照受拉杆件要求的 $\lambda=l/i\leqslant[\lambda]=300$，则需要 $i\geqslant l/[\lambda]=9000\times\sqrt{2}/300=42.42\text{mm}$。选用支撑时，考虑到风荷载可能反向，尽管计算需要一根支撑，设计上仍然布置两根支撑杆，选用圆钢管 $\phi127\times4$（$i=43.5\text{mm}$，$A=1546\text{mm}^2$，每米重量 12.13kg/m)，则柱的用钢量是支撑杆的 $146.6\times9\times2/(12.13\times9\times1.414\times2)=8.5$ 倍。如果支撑杆件按照压杆长细比要求，虽然用钢量会上升，但也是非常节省的。

2.5.4 柱间支撑的连接与构造

由于柱间支撑的杆件重量均较轻，为了方便运输和工地安装，一般采用工厂加工、工地地面焊接或栓接拼接（超过最大运输长度的构件）、螺栓安装就位的施工方法。图 2-22 给出了工程中的支撑与柱的连接形式。

图 2-22 柱间支撑的连接节点

柱间支撑的构造要求：杆件的钢板或型钢翼缘厚度一般不小于 6mm，角钢不宜小于 L75×6。焊缝的焊脚尺寸不小于 6mm，焊缝长度不小于 80mm。螺栓连接采用高强度螺栓摩擦型连接，其直径不小于 16mm，每个连接节点的螺栓个数不少于 2 个。

2.6 屋架设计

2.6.1 屋架杆件的截面形式

2.6.1.1 截面形式选择要求

屋架杆件的截面形式选择，需要满足以下要求：

(1) 在同一榀屋架中，角钢的规格不宜太多，一般以 5～6 种为宜，以方便施工。此外，还应避免出现截面肢宽相同而板厚差别不大的角钢。

(2) 截面构造简单，连接方便，便于制造和安装。

(3) 用料经济。受压杆件应按平面内和平面外等稳原则设计，以节省钢材。

2.6.1.2 屋架构件的常见截面形式

(1) 上弦杆一般采用两个不等边角钢短边相拼的 T 形截面，如图 2-24 (a)所示。

一般情况下，为避免屋架上弦杆出现局部弯矩，屋架节间长度取为屋面板宽度 1.5m，而屋架在平面外支撑点之间的距离一般为 3m，屋架上弦杆在平面内和平面外的计算长度系数都是 1.0，这样一来，面外的计算长度就是面内的 2 倍，而根据稳定计算和刚度验算的长细比定义（$\lambda = l_0/i$），需要面外回转半径 i_y为面内回转半径 i_x的 2 倍，才可以实现面内 λ_x和面外的 λ_y近似相等。两个不等边角钢短边相拼的 T 形截面可以较好地实现这一要求。

（2）下弦杆一般采用两个不等边角钢短边相拼的倒放 T 形截面。

屋架下弦杆的面内节间长度一般为 3m，而面外支撑点之间的距离一般为 6m 或者 9m，而其在面内和面外的计算长度系数也都是 1.0，与上弦杆类似，采用两个不等边角钢短边相拼倒放的 T 形截面，不仅容易实现等刚度，而且方便支座和腹杆的连接。

（3）腹杆根据具体情况，采用多种组合形式（图 2-23b、c 和 d）。

屋架端部斜腹杆采用两个不等边角钢长肢相拼的 T 形截面。跨中竖腹杆多采用双角钢组成的十字形截面。其他竖腹杆和斜腹杆，则采用两个等边角钢相拼的 T 形截面。采用这些截面的原因是为了满足不同的受力条件和实现两个方向长细比的近似相等。

近年来，也出现了剖分 T 形钢、矩形钢管和圆钢管等型钢用于钢屋架的情况。这些新型屋架和由双角钢组成的屋架的设计方法类似，但又有各自的特点。本章仅讲解双角钢截面组成的屋架的设计方法。

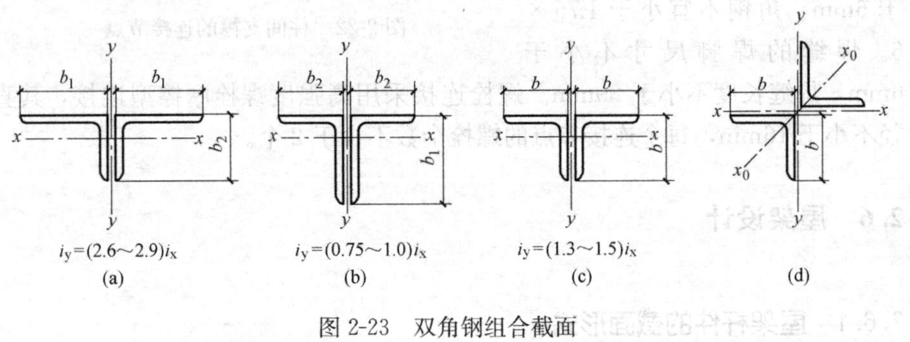

图 2-23　双角钢组合截面

2.6.1.3　屋架构件的构造要求

（1）屋架结构中角钢最小规格为∟45×4 或∟56×36×4。如果是腐蚀性环境的屋架，最小角钢厚度应增加 1～2mm。

（2）角钢的端部切断面应与纵轴线垂直。如果为了连接紧凑，须要局部切削时，只能切割角钢的肢尖，而不能切去肢背。

（3）双角钢构件中间的填板构造：

由双角钢构成的 T 形或十字形截面弦杆或腹杆，必须确保两根角钢协同工作，作为一个构件来承受外部荷载。其实现方法是将两个角钢每隔一定间距，用小钢板将其焊接在一起。这个将两个角钢连接在一起的小钢板，称为填板或垫板。

设置填板的构造要求：

① 填板的几何尺寸：宽度为 50～80mm，长度应为所连接的角钢肢每侧

加上 10～15mm，厚度与节点板相同。

② 填板的间距 l_z：对压杆取 $l_z \leqslant 40i$，拉杆取 $l_z \leqslant 80i$，式中 i 为一个角钢的回转半径，对于双角钢组成的 T 形截面，取与两个角钢平行肢相平行的对称轴。对于双角钢组成的十字形截面，取角钢斜平面上的最小回转半径，如图 2-24 所示。

③ 填板的最少个数要求：在杆件的两端节点板之间，不宜少于 2 个，且至少放置 1 个。

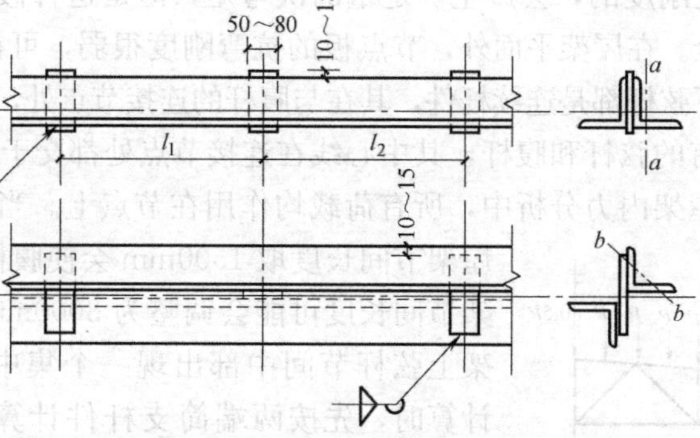

图 2-24 填板的构造要求

2.6.2 屋架内力计算

2.6.2.1 屋架荷载

(1) 永久荷载

无檩体系包括屋架、屋盖支撑、大型混凝土屋面板、保温层、找平层、防水层等自重；有檩体系包括屋架、屋盖支撑、檩条和压型金属板的自重。此外，还应考虑屋架下部悬挂和屋面上部放置的设备和管道等荷载。

(2) 可变荷载

可变荷载包括屋面均布活荷载、积灰荷载、雪荷载和风荷载等，按照《建筑结构荷载规范》取值。其中屋面均布荷载和雪荷载不同时考虑，取二者的较大值。

由于一般工业厂房的屋面坡度都会小于 30°，根据风荷载体型系数，这时屋面出现的是风吸力而不是风压力，为了偏于安全考虑，屋架设计可以不考虑风荷载的作用，但是屋面檩条的设计则需要考虑风吸力的不利影响。

2.6.2.2 屋架荷载组合

在设计过程中，需要考虑以下几种荷载组合：

① 全跨永久荷载＋全跨可变荷载；

② 全跨永久荷载＋半跨可变荷载；

③ 全跨屋架和支撑＋半跨其他屋面永久荷载和可变荷载。

组合①考虑正常使用状态下的荷载情况。组合②考虑在厂房使用过程中，仅对半跨屋架进行检修时的荷载情况。组合③考虑在屋面施工过程中，可能出现在整个屋架和屋盖支撑构件安装之后，先进行半跨屋面板的安装，然后再对另外半跨屋面板进行安装。组合②和③都会出现屋架左右两侧荷载的严重不对称，导致屋架跨中个别腹杆出现“内力变号”的情况。上述三种组合都要分别考虑永久荷载起控制作用还是可变荷载起控制作用的两种情况，按照《建筑结构荷载规范》选取荷载分项系数和组合值系数。

2.6.2.3 屋盖杆件的内力计算

计算假定：

(1) 所有屋架节点均假定铰接。屋架节点基本上都是焊接节点，在屋架平面内是有一定刚度的，会产生一定量的次弯矩，但是这种假定使得计算简单，且略偏于安全。在屋架平面外，节点板的抗弯刚度很弱，可视为铰接节点。尽管屋架的上下弦杆都是连续杆件，其在与腹杆的连接节点处，也假定为铰接。

(2) 所有的弦杆和腹杆，其中心线在连接节点处都交于一点。

(3) 在屋架内力分析中，所有荷载均作用在节点上。当屋架跨度过大时，屋架节间长度取1500mm会使腹杆角度不合适，屋架节间长度可能会调整为3000mm，这时候会在屋架上弦杆节间中部出现一个集中荷载（图2-25）。计算时，先按两端简支杆件计算出节间中部弯矩 $M_0=Pl/4$，然后简单地取中间各节的节间正弯矩和支座负弯矩均为 $0.6M_0$，而对端部节间正弯矩则取为 $0.8M_0$。再将节间集中荷载分配到各节点进行屋架内力分析，计算屋架上弦杆件的轴心压力。在上弦构件设计时，须叠加上节间端部或中部的较大弯矩值，按照压弯构件对其进行设计。

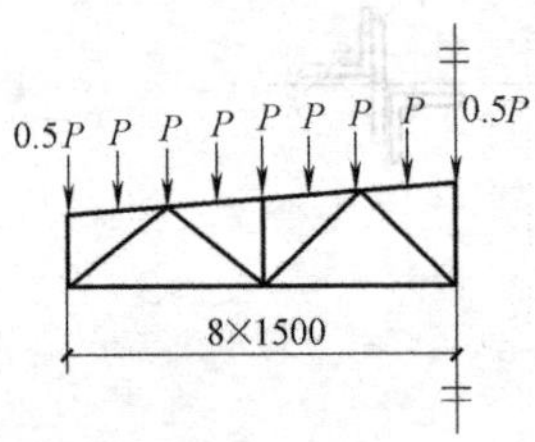

图2-25 节间荷载

屋架杆件的内力计算方法：

① 按照桁架节点内力平衡法、截面法或图解法，求出屋架各杆件在左半跨单位节点力作用下的内力系数，然后利用对称性，得到全跨荷载作用下的屋架内力系数。

② 计算每一种荷载组合作用下的节点荷载值。

③ 将获得的节点荷载值，乘以各杆件在半跨或全跨荷载作用下的内力系数，得出各种荷载组合下的杆件内力值。

④ 对同一杆件的不同内力组合值，取其最不利者，作为该杆件的设计内力。跨中的个别构件，可能出现内力反号。当压力最大值大于拉力最大值时，取压力最大值作为其最不利内力组合值。当拉力最大值大于压力最大值时，则二者都要作为其最不利内力组合值。

2.6.3 屋架杆件设计

屋架杆件一般按照轴心受力构件设计。如果屋架弦杆有弯矩作用，则须按照压弯构件进行设计。跨中的部分腹杆既可能承受拉力，也可能承受压力，其刚度验算按照压杆进行。这种腹杆的承载力设计分两种情况处理：一是承受的最不利拉力组合值小于最不利压力组合值，则按照轴心受压构件进行计算；二是承受的最不利拉力组合值大于最不利压力组合值，这时候需要分别按照轴心受拉构件和轴心受压构件进行两次计算，选出满足这两种情况的构件截面。

这里根据屋架构件连接的实际情况，补充讲述杆件计算长度、弯扭失稳换算长细比和容许长细比等内容，以便用于整体稳定和刚度计算。

2.6.3.1 屋架杆件的计算长度

《钢结构设计规范》规定，计算桁架弦杆和单系腹杆（用节点板与弦杆连接）的长细比时，其计算长度 l_0 应按表 2-6 取值。

桁架弦杆和单系腹杆的计算长度 l_0　　表 2-6

弯曲方向	弦杆	腹杆	
		支座斜杆和支座竖杆	其他腹杆
桁架平面内	l	l	$0.8l$
桁架平面外	l_1	l	l
斜平面	—	l	$0.9l$

注：1. l 为构件的几何长度（节点中心间距离）；l_1 为桁架弦杆侧向支承点之间的距离；
2. 斜平面系指与桁架平面斜交的平面，适用于构件截面两主轴均不在桁架平面内的双角钢十字形截面腹杆。

1. 弦杆

在屋架平面内，其计算长度取杆件节点中心之间的距离 l。在屋架平面外，屋盖上弦或者下弦水平支撑与屋架的交点，均可视为屋架在面外发生变形时的反弯点。在没有支撑的跨间，系杆与屋架的连接节点，可以起到类似作用。所以屋架弦杆在平面外的计算长度取其侧向支撑点之间的距离。

2. 腹杆

由于节点板的厚度方向在屋架平面外，其抗弯刚度很小，所以节点板对腹杆在面外方向的约束，只能视为不产生侧移但可以发生弯曲变形，即铰接作用。在屋架平面内，节点板本身有一定的抗弯刚度。腹杆的两端与屋架的上下弦杆连接，屋架上弦杆受压，约束作用弱，而屋架下弦杆受拉，约束作用强，综合考虑，可以认为一般的腹杆在平面内的端部约束接近于一端固定，一端铰接，计算长度可取 $0.8l$。对于支座处的斜腹杆，由于其自身受力较大，端部对其约束较弱，面内计算长度取为其几何长度 l。支座处的竖腹杆，其下部延伸到屋架支座，对屋架整体稳定有重要作用，所以其面内计算长度也取为 l。

3. 十字形截面的斜平面计算长度

当屋架的跨中竖腹杆采用双角钢组成的十字形截面，除在屋架平面内和平面外有两个形心主轴，需要按照面内和面外进行设计计算外，还有两个与屋架平面呈 45°的斜平面轴，也需要进行计算。这时需要确定它们在斜平面内的计算长度。其计算长度的确定和其他截面形式杆件类似，只是将一般腹杆的 $0.8l$ 改为 $0.9l$。其原因在于节点板对于斜平面来讲，呈 45°，对腹杆斜平面的约束会比屋架平面内弱些，比屋架平面外强些，综合考虑，取 $0.8l$ 和 $1.0l$ 的平均值 $0.9l$。

4. 内力变化的杆件计算长度

如图 2-26 所示的屋架杆件 abc，在屋架平面内由于有节点 b，杆件 abc 在设计时按照 ab 和 bc 两根杆件进行设计。但在屋架平面外，由于在 b 点没有平面外的支撑，杆件 abc 必须按照一根杆件进行设计，其平面外计算长度，可按下式确定：

$$l_0=\left(0.75+0.25\frac{N_2}{N_1}\right)l_1 \tag{2-11}$$

式中　N_1——较大的压力，计算时取正值；

N_2——较小的压力或拉力，计算时压力取正值，拉力取负值。

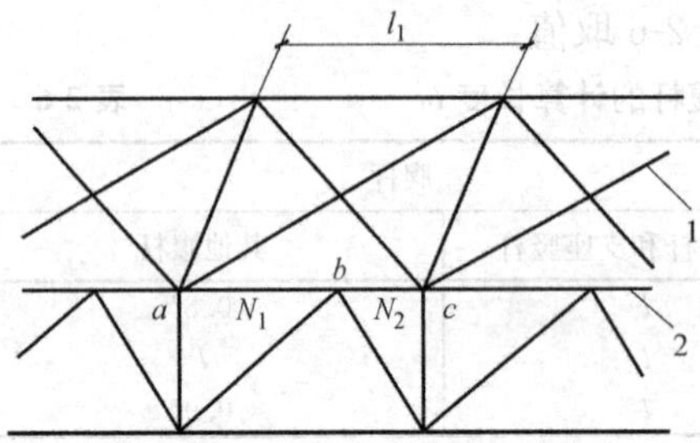

图 2-26　弦杆轴心压力在侧向支承点间有变化的桁架简图

1-支撑；2-桁架

屋架中再分式腹杆的受压主斜杆（图 2-8a、d、f）的平面外计算长度，也要按照上述方法计算。

2.6.3.2　杆件的弯扭失稳换算长细比

由双角钢组成的 T 形截面属于单轴对称截面，其绕对称轴 y 轴的失稳形式是弯扭失稳。确定稳定系数 φ 时，需要采用弯扭失稳换算长细比 λ_{yz} 代替绕 y 轴的长细比 λ_y。

换算长细比的精确计算比较复杂，《钢结构设计规范》给出了下列简化公式计算：

(1) 短肢相并的不等边双角钢截面（图 2-23a）

当 $b_1/t\leqslant0.56l_{0y}/b_1$ 时，$\lambda_{yz}=\lambda_y$

否则应取：

$$\lambda_{yz}=3.7\frac{b_1}{t}\left(1+\frac{l_{0y}^2t^2}{52.7b_1^4}\right) \tag{2-12}$$

(2) 长肢相并的不等边双角钢截面（图 2-23b）

当 $b_2/t\leqslant 0.48l_{0y}/b_2$ 时，

$$\lambda_{yz}=\lambda_y\left(1+\frac{1.09b_2^4}{l_{0y}^2t^2}\right) \tag{2-13}$$

当 $b_2/t>0.48l_{0y}/b_2$ 时，

$$\lambda_{yz}=5.1\frac{b_2}{t}\left(1+\frac{l_{0y}^2t^2}{17.4b_2^4}\right) \tag{2-14}$$

(3) 等边双角钢截面（图 2-23c）

当 $b/t\leqslant0.58l_{0y}/b$ 时，

$$\lambda_{yz}=\lambda_y\left(1+\frac{0.475b^4}{l_{0y}^2t^2}\right) \tag{2-15}$$

当 $b/t>0.58l_{0y}/b$ 时，

$$\lambda_{yz}=3.9\frac{b}{t}\left(1+\frac{l_{0y}^2t^2}{18.6b^4}\right) \tag{2-16}$$

式中　b——等边角钢的肢长；

b_1、b_2——不等边角钢的长肢和短肢的长度；

t——角钢厚度。

以上公式都给出了两种情况，当构件的失稳形式是以弯曲变形为主时，即以 λ_y 乘以放大系数表示。当构件的失稳形式以扭转变形为主时，为构件宽厚比乘以放大系数。

2.6.3.3　屋架的刚度

（1）屋架整体刚度

屋架的整体刚度按照受弯构件的容许挠度 $[v_T]$ 和 $[v_Q]$ 来控制。其中，$[v_T]$ 为永久和可变荷载标准值产生的挠度（如有起拱应减去拱度）的容许值，取 $L/400$。$[v_Q]$ 为可变荷载标准值产生的挠度的容许值，取 $L/500$。

（2）屋架杆件的容许长细比

屋架弦杆和腹杆中的受压构件，其容许长细比 $[\lambda]$ 均取 150。当受压腹杆的内力设计值不大于承载能力的 50%时，容许长细比值可放宽到 200。

屋架弦杆和腹杆中的受拉构件，如果厂房中的起重设备为重级工作制或者杆件直接承受动力荷载（如直接连接悬挂吊车的屋架下弦杆），其容许长细比 $[\lambda]$ 取 250，其他情况下 $[\lambda]$ 可取为 350。

2.6.4　屋架节点设计

2.6.4.1　节点设计原则

（1）杆件对中原则：杆件形心线与屋架几何轴线尽量重合，在节点处汇于一点，构件布置与计算简图一致。角钢形心距 Z_0 取为 5mm 的整数倍，以便施工。

（2）材料节省原则：杆件布置紧凑，除考虑构造和安全因素外，尽量减小节点板的尺寸和焊缝长度。

（3）施工安装方便原则：焊缝设计应易于施焊和保证焊缝质量，尽量减少工地焊缝。

（4）节点板简单化原则：在保证传力简单直接的前提下，节点板应尽量形状简单，减少种类数目，不要出现凹角，避免出现应力集中现象。

2.6.4.2　节点板的厚度选择

屋架节点板承受弦杆和多个腹杆传来的内力，受力情况复杂，其厚度一般可不进行计算，只需要根据经验，按照表 2-7 的杆件内力范围选用跨中节点板的厚度。支座节点板的厚度应比跨中节点板厚度增加 2mm。

对于梯形屋架或者平行弦屋架，节点板的功能主要是把腹杆内力传递给弦杆，所以，节点板厚度可由腹杆的最大内力来确定。对于三角形屋架，支座处的端部节点板需要传递弦杆内力，节点板的厚度都由弦杆的最大内力来确定。

屋架节点板最小厚度参考表　　　　**表 2-7**

梯形屋架腹杆或者三角形屋架弦杆的最大内力(kN)	采用 Q235 钢	≤190	200～310	311～500	501～690	691～940	941～1190
	采用 Q345 钢	≤250	251～360	361～560	561～750	751～1000	1001～1250
节点板厚度(mm)		6	8	10	12	14	16

如果节点板的连接焊缝计算需要较大的节点板厚度，或者所选的节点板厚度小于 T 形钢截面的腹板厚度，也可在上述基础上，适当放大节点板厚度。

2.6.4.3 节点连接计算和构造要求

1. 一般要求

屋架杆件与节点板的连接多采用角焊缝，按照角钢和节点板连接时肢背和肢尖角焊缝连接的内力分配系数，采用焊缝所要传递的内力 N，分别计算肢背连接和肢尖连接所需的焊缝长度。

$$l_{w1} \geqslant \frac{K_1 \cdot N}{2 \times 0.7 h_{f1} \cdot f_f^w} + 2h_{f1} \tag{2-17}$$

$$l_{w2} \geqslant \frac{K_2 \cdot N}{2 \times 0.7 h_{f2} \cdot f_f^w} + 2h_{f1} \tag{2-18}$$

式中 K_1、K_2——角钢与节点板连接采用角焊缝时的肢背和肢尖内力分配系数；

h_{f1}、h_{f1}——肢背和肢尖角焊缝的焊脚尺寸；

f_f^w——角焊缝强度设计值。

2. 下弦一般节点

如图 2-27 所示，下弦一般节点受到弦杆的内力 N_1 和 N_2 以及与其相连的腹杆内力 N_3、N_4 和 N_5 的作用。其设计和构造内容包括：

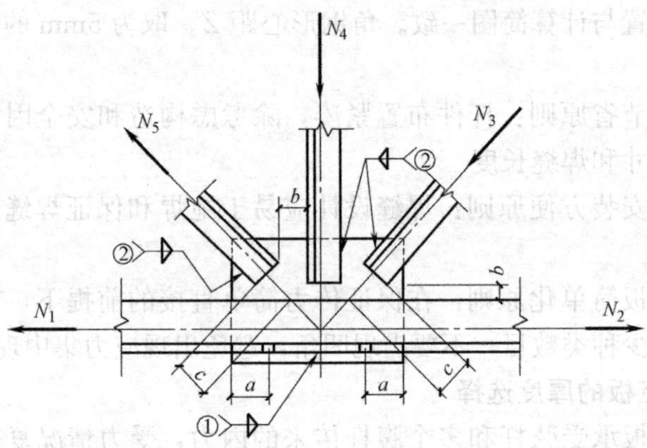

图 2-27 下弦一般节点

(1) 下弦杆与节点板的连接焊缝①：其设计内力 N 取节点板左右两段下弦杆的内力差值 $\Delta N = |N_1 - N_2|$，然后按照式 (2-16) 和式 (2-17) 计算。

(2) 各个腹杆与节点板的连接角焊缝②：其内力 N 分别取各自的腹杆内力 N_3、N_4 和 N_5 进行计算。

(3) 当节点板处有水平支撑连接时，下弦杆和节点板的连接焊缝，应该至少伸出支撑连接螺栓孔 a=100mm。

(4) 为保证节点板的平面外稳定和节省连接材料，同时考虑安装施工的方便和避免不同焊缝施焊时的互相影响。各杆件在节点板上的连接应该尽量靠近，但不得小于 10～15mm，如图 2-27 中尺寸 b 所示。

(5) 节点板在斜腹杆压力作用下的稳定性计算：①对有竖腹杆相连的节

点板，当 $c/t \leqslant 15\sqrt{235/f_y}$ 时（c 为受压腹杆连接肢端面中点沿腹杆轴线方向至弦杆的净距离，图 2-27），可不计算稳定，否则，应按《钢结构设计规范》附录 F 进行稳定计算，在任何情况下，c/t 不得大于 $22\sqrt{235/f_y}$；②对无竖腹杆相连的节点板，当 $c/t \leqslant 10\sqrt{235/f_y}$ 时，节点板的稳定承载力可取为 $0.8b_e tf$（b_e 为节点板的有效宽度，分有无连接螺栓孔两种情况，按图 2-28 计算）；当 $c/t > 10\sqrt{235/f_y}$ 时，应按《钢结构设计规范》附录 F 进行稳定计算，但在任何情况下，c/t 不得大于 $17.5\sqrt{235/f_y}$。

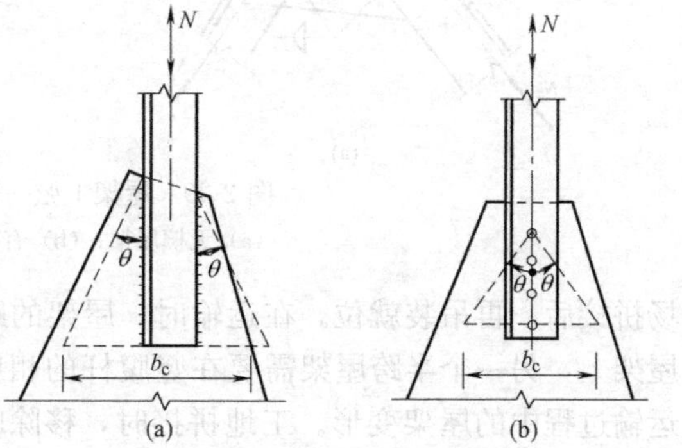

图 2-28　杆件连接节点板的有效宽度

(a) 无连接螺栓孔；(b) 有连接螺栓孔

注：θ 为应力扩散角，可取 30°

上述（3）～（5）条，在屋架其他节点连接处也同样适用。

3. 上弦一般节点

为配合屋面板的做法，上弦杆的连接也区分无檩与有檩两种形式（图 2-29）。无檩形式的节点板可以伸出上弦杆，便于大型屋面板和屋架的焊接。当采用有檩体系时，为方便设置檩托，常采用节点板不伸出屋架上弦杆的做法。

以上两种连接形式中，腹杆的连接构造和计算，与下弦一般节点完全一样。

由于弦杆多承受了一个竖向集中荷载，焊缝计算方法有所不同。对于图 2-29（b）中的塞焊缝，其塞焊深度一般在 $t/2 \sim t$ 之间（t 为节点板的厚度），计算时可将其看做两个焊脚尺寸为 $t/2$ 的角焊缝，这样一来，图 2-29（b）和图 2-29（a）只是做法不同，计算方法相同。为简化计算，屋架上弦的竖向力 P，可以全部由图 2-29（a）中的肢背焊缝或者图 2-29（b）中的塞焊缝来承受，按照正面角焊缝抗剪计算。如果竖向力 P 相对于焊缝长度中心有偏心距 e，还需要考虑其产生的弯矩 $M=Pe$，该焊缝按照弯剪共同作用来计算。

$$\frac{P}{2\times0.7h_{f1}\cdot l_w}+\frac{6M}{2\times0.7h_{f1}\cdot l_w^2}\leqslant\beta_f f_f^w \tag{2-19}$$

弦杆的内力差值 $\Delta N=|N_1-N_2|$，完全由肢尖焊缝承受，肢尖焊缝还要考虑 ΔN 的偏心引起的附加弯矩 $M=\Delta Ne'$，最终须按照弯剪作用进行计算。

$$\sqrt{\left(\frac{\sigma_f}{\beta_f}\right)+\tau_f^2}\leqslant f_f^w \tag{2-20}$$

式中，$\sigma_f=\dfrac{6M}{2\times0.7h_{f1}\cdot l_w^2}$，$\tau_f=\dfrac{\Delta N}{2\times0.7h_{f1}\cdot l_w}$。

4. 下弦跨中拼接节点

图 2-30 给出了下弦跨中节点。由于屋架跨度较大，一般都超过运输要求的长度，所以屋架都是按照跨度的一半进行制作和运输，在工地地面进行现

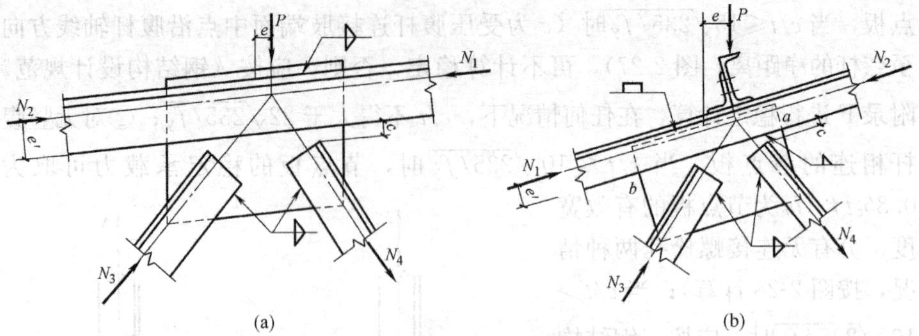

图 2-29 屋架上弦一般节点
(a) 无檩屋架；(b) 有檩屋架

场拼接后，再吊装就位。在运输时，屋架的跨中竖腹杆一般焊接在一个半跨屋架上，另一个半跨屋架需要在竖腹杆的相应位置设置运输临时支撑，以防运输过程中的屋架变形。工地拼接时，移除临时支撑，然后同时安装下弦跨中拼接节点和上弦屋脊拼接节点的拼接螺栓，测量并校准屋架的几何尺寸符合设计要求后，再进行焊接连接。所以图 2-30 的下弦跨中节点和图 2-31 的上弦屋脊节点的右侧，其弦杆和可能出现的腹杆连接，以及连接拼接角钢的所有焊缝，都要采用现场焊缝。

跨中的弦杆轴力 N_1 和 N_2 很大。在满跨荷载作用下，N_1 和 N_2 相等；在半跨荷载作用下，二者不相等。它们通过两条焊缝进行内力平衡和传递，一是弦杆和节点板的连接焊缝，二是弦杆和拼接角钢的连接焊缝。设计时，根据腹杆连接焊缝确定了节点板尺寸后，弦杆和节点板的连接焊缝采用满焊，计算时按承受轴心力 N 考虑，$N=\max(0.15N_1, 0.15N_2, |N_1-N_2|)$。弦杆的最大设计拉力 N_1 全部由拼接一侧的弦杆和两个拼接角钢的四条侧焊缝来传递。如果计算出来所需要的焊缝长度为 l_w，则拼接角钢的长度为 $2l_w+b$，b 为考虑制造和安装误差预留的空隙，一般取为 10～20mm。拼接角钢一般采用和弦杆同型号的角钢制作。为了便于施焊，拼接角钢需要切肢处理（图 2-30b）。为了拼接时的贴合紧密，须对拼接角钢肢背棱角处进行直线或弧线切割，切割尺寸应略大于角钢内角的倒角尺寸（图 2-30b、c）。

5. 上弦屋脊拼接节点

上弦屋脊拼接节点处，上弦杆受压，而且有屋面的集中荷载 P 作用。同下弦跨中节点一样，弦杆的轴力，取其中的较大值，按照拼接一侧的两个拼接角钢与弦杆的四条角焊缝来计算，得到拼接角钢的长度。此时拼接角钢长度仍为 $2l_w+b$，但间隙 b 取 30～50mm。上弦集中荷载 P 则由弦杆和节点板的连接焊缝来传递。如果上弦杆的肢背和拼接板采用塞焊缝，其计算方法同前述一样，按照两条角焊缝计算。拼接角钢的切肢和切棱处理，同下弦拼接角钢。上弦拼接角钢由于存在屋脊坡度，需要弯折。当需要弯折的角度较小时，按照图 2-31（b）处理。当弯折角度较大时，按照图2-31（c）处理。

6. 支座节点

屋架和柱的连接，分为铰接和刚接两种连接方式。

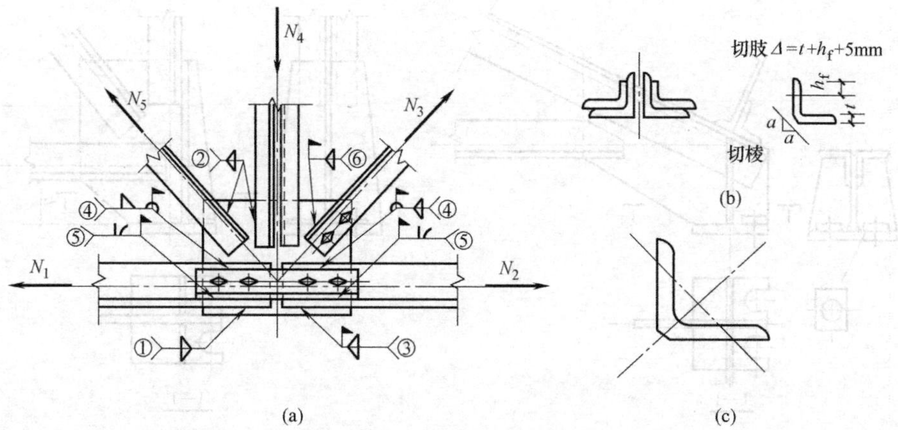

图 2-30　下弦跨中拼接节点

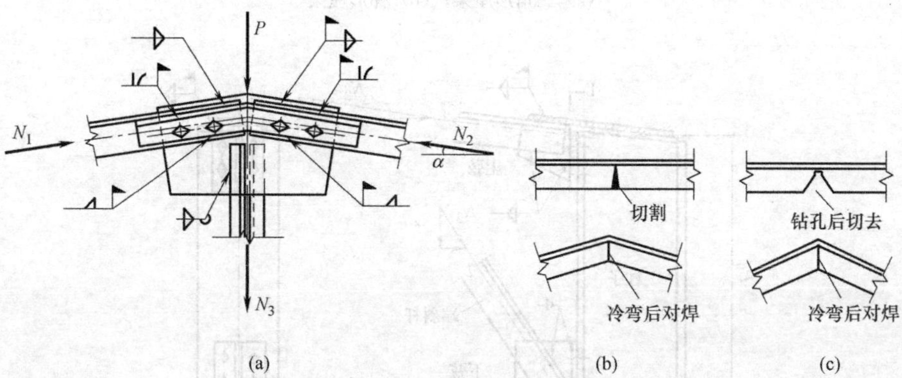

图 2-31　下弦跨中拼接节点

图 2-32 给出了屋架与柱常用的铰接连接方式。铰接连接构造主要由节点板、加劲肋、支座底板和锚栓等构成。节点板的作用是把所连接的弦杆和腹杆内力传递给支座节点。支座加劲肋的设置，一是为了保证支座节点板的平面外稳定，增加节点板的平面外刚度。二是将支座底板进行分区，加强支座底板，并提高底板的抗弯承载能力和刚度，以便均匀地传递支座反力。支座底板是将屋架所传递的竖向轴压力、水平剪力可靠地传递到厂房柱。锚栓主要起到安装时的临时固定作用。铰接连接支座类同于压弯构件在柱脚处的连接节点，各个组成部分的设计方法，可参见相关的设计方法。

图 2-33 给出了屋架与柱常用的刚接连接方式。在刚接连接中，屋架的上下弦杆均与柱连接。上下弦杆的端部都带有连接节点板和端板，现场通过螺栓连接后，在柱顶和上弦杆顶部平放加强连接板，现场焊接。假设上弦杆和下弦杆传给柱的水平力分量均为 N，则二者对柱形成的弯矩 $M=N\cdot H_0$。

7. 构造要求

按照计算得到的焊缝长度，再结合考虑构造要求，最终确定节点板的合理形式和尺寸。节点板的构造要求包括：

(1) 节点板的下料尺寸，一般取 5mm 的整数倍；

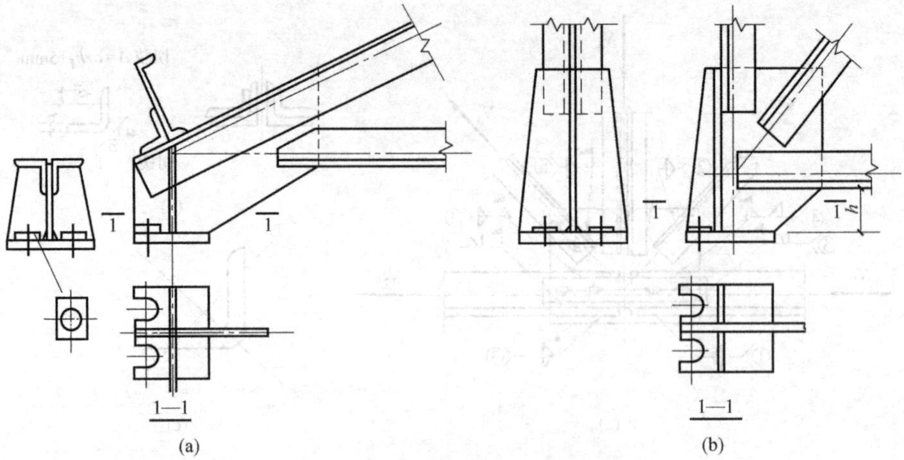

图 2-32 屋架在柱顶的铰接支座节点

(a) 三角形屋架；(b) 梯形屋架

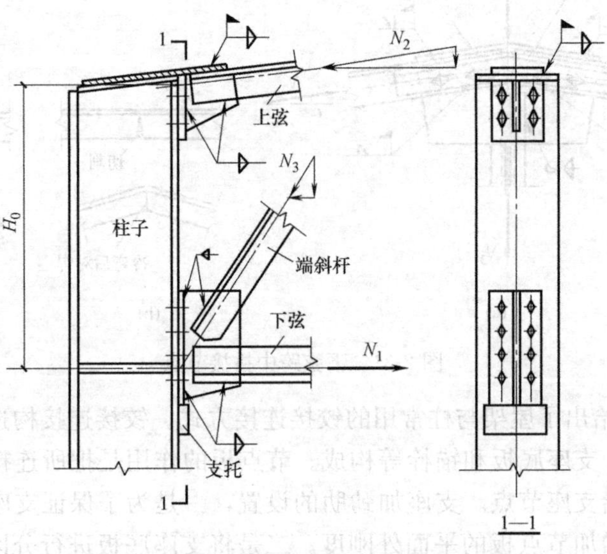

图 2-33 梯形屋架与柱刚性连接的支座节点

(2) 节点板伸出弦杆的长度，一般取 10～15mm。

2.6.5 屋架施工图

屋架施工图包括：屋架正面详图、上弦和下弦平面图、构造较复杂的剖面图和侧面图、需要详细表达的零件图。当屋架为完全对称时，可采用对称符号，仅绘制半榀屋架。

本章工程实例给出了一榀钢屋架施工图。

屋架施工图需要表达的内容和要求：

(1) 左上角绘制整榀屋架的单线条简图，在左半跨注明几何尺寸，右半跨注明杆件设计内力。

(2) 图纸的正中为屋架正面详图，其上部放置上弦平面图，下部放置下弦平面图，左右侧可给出侧面图。图纸中应注明屋架和各构件的所有尺寸，并且全部注明各零件的型号、编号和尺寸，并标注焊缝和螺栓连接要求。

(3) 右上角绘制材料表，需要将图纸中用到的所有杆件和零件，按照编号、规格尺寸、数量、单重、重量和整榀屋架的总重量，详细给出。

(4) 屋架施工图可以采用两种比例绘制，轴线尺寸一般用 1∶20～1∶30，杆件截面和节点尺寸采用 1∶10～1∶15 的比例尺。

(5) 绘出其他图中无法清楚表达的零件图。施工图的下部或者右下角，还应给出本图说明或附注，说明屋架所采用的钢材材质和焊条型号等要求，图中不便于表达的焊缝、螺栓开孔以及其他设计和施工要求等。

2.7 吊车梁系统的设计

2.7.1 吊车梁系统的截面形式

图 2-34 给出了典型的实腹式吊车梁系统的横向截面基本组成，图 2-34 (a)给出的是一侧有吊车的边列柱吊车梁系统，图 2-34 (b) 给出的是两侧都有吊车梁的中列柱吊车梁系统。吊车轨道由吊车生产厂家提出要求，设计时选用即可。吊车梁主要承受吊车竖向荷载。吊车的横向水平荷载由制动结构承受。边列柱的制动结构由吊车梁上翼缘、中间的制动板和辅助桁架的上弦组成。中列柱的制动结构由两根吊车梁的上翼缘和中间的制动板组成。制动板一般采用花纹钢板，兼作吊车检修走道，所以也称为走道板。辅助桁架、下翼缘水平支撑和间隔布置的垂直支撑，都是为了保证吊车梁系统的结构整体稳定，减小吊车运行时的振动。

吊车梁构件一般为简支梁，其上翼缘在竖向荷载作用下，属于弯曲受压侧。在横向水平荷载作用下，吊车梁上翼缘也是制动结构的一部分，既可能弯曲受压，也可能弯曲受拉。而且吊车梁上翼缘需要与吊车轨道连接，有最小宽度要求。吊车梁下翼缘只是竖向荷载作用下的弯曲受拉侧。所以，吊车梁构件经常被设计为上大下小的单轴对称工字形截面。

有时制动结构也可由吊车梁的上翼缘、制动板和制动梁组成（图 2-34c）。

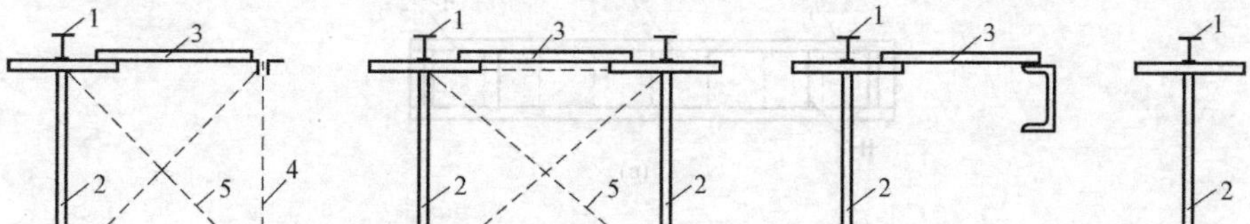

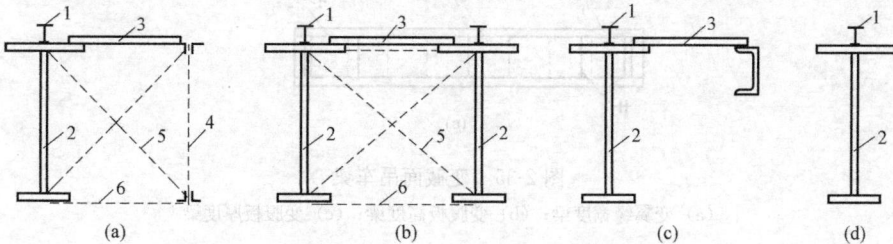

图 2-34　吊车梁系统构件组成

(a) 边列吊车梁；(b) 中列吊车梁；(c) 带有制动梁的吊车梁；(d) 无制动结构的吊车梁

1-轨道；2-吊车梁；3-制动结构；4-辅助桁架；

5-垂直支撑；6-下翼缘水平支撑

在厂房吊车为轻、中级工作制且吊车梁的跨度和荷载较小（$l=6$m，$Q\leqslant50$t）时，吊车梁系统可以只有轨道和吊车梁（图 2-34d）。如果厂房的纵向柱距较大或者吊车吨位较大，采用实腹式的吊车梁将很不经济，将用格构式的吊车桁架来替代。

厂房中同一个吊车行驶范围的柱牛腿高度都是统一的，当厂房中有抽柱时，吊车梁截面需要加大。为便于连接构造和节省钢材，采用变截面梁，如图 2-35 所示。吊车梁截面变化点的位置和变化率，应按梁在移动荷载作用下的内力包络图确定，对梁高变化的吊车梁沿梁长范围内只宜改变一次。

当采用翼缘变化的梁时（2-35a），梁的上翼缘只能改变翼缘宽度并应形成坡形变化，下翼缘既可以改变宽度也可以改变厚度。变窄后的宽度不宜小于原宽度的 1/2。由于改变上翼缘宽度的吊车梁与制动结构连接可能会不方便，故在实际工程中较少采用。

当采用腹板变化的梁时（2-35b、c），工程中常采用梁端腹板变高度的作法，在距支座 $l/6$ 范围内采用阶形突变式或梯形渐变式。梁端腹板变化后的高度应按计算确定，并不小于跨中腹板高度的 1/2。当轮压与梁跨度均较大时，为节省钢材亦可采用梁端变化腹板厚度的梁，其变化处的连接采用加引弧板的对接焊缝，并应焊透。

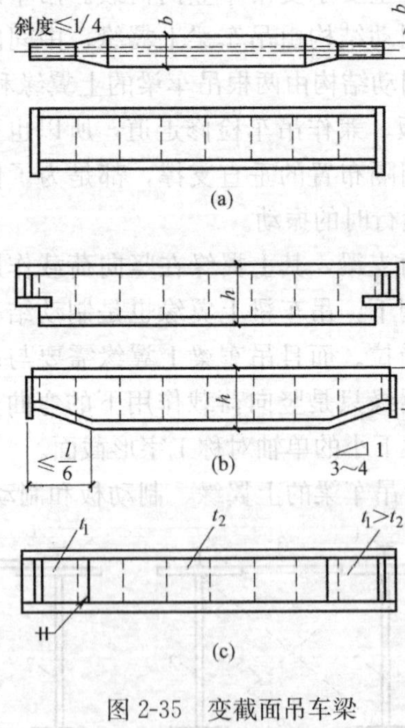

图 2-35　变截面吊车梁

（a）变翼缘宽度梁；（b）变腹板高度梁；（c）变腹板厚度梁

本节主要讲述工程中最常用的焊接实腹式简支吊车梁。

2.7.2　吊车梁系统的荷载作用

如图 2-36 所示，吊车荷载包括竖向荷载 P_{max}、横向水平荷载 T_K 和纵向

水平荷载 T_L。竖向荷载 P_{max} 是指吊车自重及其吊起的重物重量。吊车横向荷载 T_K 是由吊车小车在厂房横向行驶时的启动、制动或速度变化引起的惯性力或刹车力。吊车纵向水平荷载 T_L 是由吊车在厂房纵向行驶时的启动、制动或者速度变化引起的惯性力或刹车力。

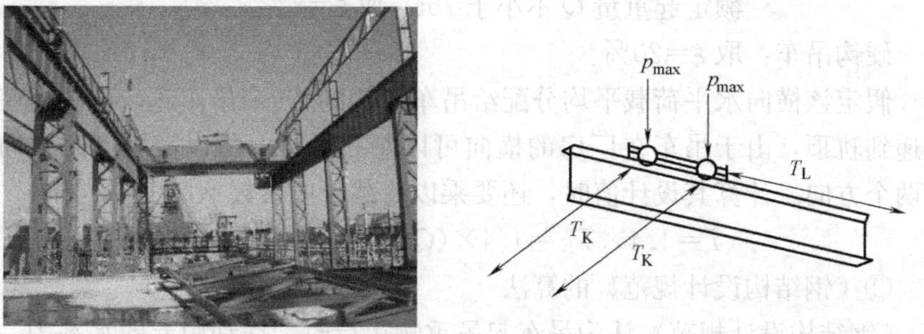

图 2-36　吊车荷载示意

2.7.2.1　吊车竖向荷载 P_{max}

按照工艺专业所选用的吊车型号，从吊车产品规格中直接查到吊车一侧的车轮数量和每个车轮的最大轮压标准值 $P_{k,max}$。吊车梁、摩电架、轨道、制动结构和支撑的自重，以及作用其上的走道活荷载和积灰等竖向荷载，可根据吊车梁的材性和跨度，近似取表 2-8 中的轮压增大系数 β 来估算。

系数 β 值　　　　**表 2-8**

跨度(m) / 材质	6	12	18	24	30	36
Q235	1.03	1.05	1.08	1.1	1.13	1.15
Q345	1.02	1.04	1.07	1.09	1.11	1.13
Q390	/	1.03	1.06	1.08	1.10	1.11
Q420	/	/	1.05	1.07	1.09	1.10

注：当跨度为中间值时，可用插值法计算。

在进行吊车梁系统的强度和稳定计算时，吊车的竖向荷载除应乘以 1.4 的荷载分项系数外，还应乘以动力系数 α 以考虑吊车的动力影响。其中，对悬挂吊车（含电葫芦）及工作级别 A1～A5 的软钩吊车，动力系数 α 取 1.05；对工作级别为 A6～A8 的软钩吊车、硬钩吊车和其他特种吊车，动力系数 α 取 1.1。

这样一来，吊车竖向荷载 P 是按照桥式吊车一侧的吊车轮数量 n 和轮距分布的 n 个 P_{max} 值：

$$P_{max}=1.4\alpha\beta P_{k,max} \tag{2-21}$$

2.7.2.2　吊车横向水平荷载 T

①《建筑结构荷载规范》的算法

横向水平荷载 T_K 是指吊车上的小车在吊起重物后，横向行驶时的启动、制动或速度改变引起的力。计算按照小车的质量 Q' 和吊车额定起重量 Q 之和，再乘以其加速度。该加速度按照吊车额定起重量的不同，取重力加速度 g 的以下百分数 ξ：

软钩吊车：额定起重量 Q 不大于 10t，取 $\xi=12\%$；

额定起重量 Q 为 15～50t，取 $\xi=10\%$；

额定起重量 Q 不小于 75t，取 $\xi=8\%$。

硬钩吊车：取 $\xi=20\%$。

假定该横向水平荷载平均分配给吊车两侧的 $2n$ 个吊车轮，再由这些车轮传递到轨顶，由于吊车在厂房的横向可以左右运行，所以需要考虑横向的正反两个方向。计算其设计值时，还要乘以荷载分项系数 $\gamma_Q=1.4$，则：

$$T=1.4\times T_K=1.4\times(Q+Q')\times g\times\xi/(2n) \tag{2-22}$$

②《钢结构设计规范》的算法

《钢结构设计规范》认为吊车起吊重物运行时，摆动引起的水平力，可能比吊车小车的速度变化引起的力更为不利。经过核算和比较，对于工作级分别为 A6～ A8 的吊车，作用于每个大车车轮处的横向荷载，改为下式计算：

$$T=\alpha_1 P_{k,max} \tag{2-23}$$

系数 α_1：一般软钩吊车取 0.1，抓斗或磁盘吊车宜采用 0.15，硬钩吊车宜采用 0.2。

2.7.2.3　吊车纵向水平荷载

吊车纵向水平荷载，仅与吊车大车的纵向行驶速度变化有关，按下式计算：

$$T_L=0.1P_{k,max} \tag{2-24}$$

吊车纵向水平荷载很小，吊车梁设计时一般不予考虑，但计算柱间支撑时须考虑。

2.7.3　吊车梁的内力计算

应分别计算简支吊车梁在竖向荷载作用下的弯矩 M_{max} 和剪力 V，以及在横向水平荷载作用下所产生的弯矩 M_y 及剪力 V。当采用桁架式制动结构时，尚应补充计算因水平力对吊车梁上翼缘产生的弯矩。

1. 最大竖向弯矩 $M_{x,max}$

吊车荷载产生的弯矩，按吊车排列于吊车梁上的轮数、轮序和轮距，以及最不利位置进行计算。车轮排列应使所有梁上轮压的合力作用线与最近轮子间的距离被梁中心线平分，则此轮压所在位置即为梁最大竖向弯矩 $M_{x,max}$ 的截面位置（如图 2-37 所示，c 点位置为梁最大竖向弯矩截面）。

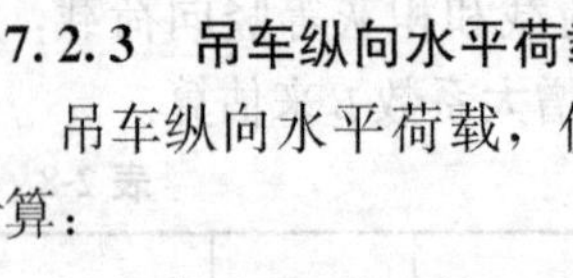

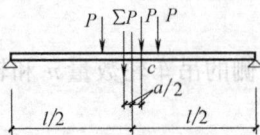

图 2-37　最大竖向弯矩位置示例

2. 最大水平弯矩 $M_{y,max}$ 和附加弯矩 M_{ya}

当制动结构的中间采用制动板时，只需要按照竖向轮压下最大弯矩 M_{max} 相同轮位，按横向荷载进行计算。

当制动结构中间采用制动桁架时，辅助桁架的设计取值与上述相同。吊车梁上翼缘除了作为制动结构的弦杆，考虑上述最大水平弯矩 $M_{y,max}$ 作用产生的轴力 N_1 外，还要考虑当吊车轮位于制动桁架的节间时，吊车梁上翼缘的节间横向集中力产生的附加弯矩 M_{ya}（图 2-38）。此附加弯矩可按下式近似计算：

轻、中级工作制吊车的制动桁架：

$$M_{ya}=\frac{T\cdot a}{4} \tag{2-25}$$

重级工作制吊车的制动桁架：

$$M_{ya}=\frac{T\cdot a}{3} \tag{2-26}$$

式中　a——制动桁架节间距离。

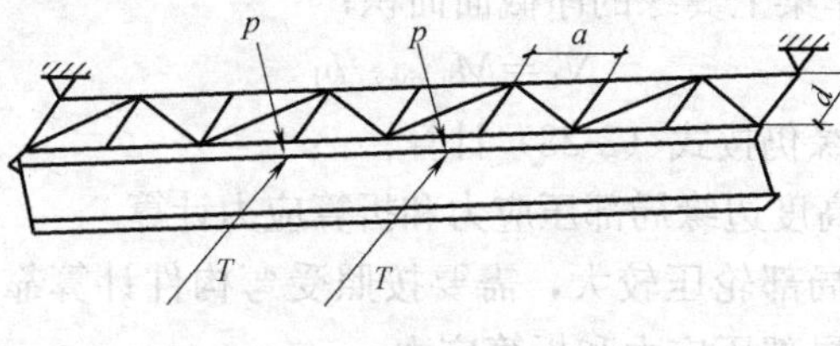

图 2-38　制动桁架计算简图

3. 支座处最大竖向剪力 $V_{x,max}$ 和最大水平剪力 $V_{y,max}$

应按吊车梁上试排轮数、轮序对支座处最不利轮位，由支座的反力影响线求得。

2.7.4　吊车梁构件的截面验算

吊车梁上翼缘同时承受竖向弯矩和横向弯矩作用，而其下翼缘只承受竖向弯矩，属于较为复杂的双向受弯构件。由于其竖向弯矩远大于横向弯矩，在设计初选截面时，将钢材的强度设计值，乘以 0.8～0.9 的折减系数，按照只承受竖向荷载的单向受弯梁进行估算，然后再按实际的截面尺寸进行验算。

2.7.4.1　强度验算

（1）只需要加强吊车梁上翼缘，而不需要制动结构（图 2-39a）

上翼缘按照双向受弯构件进行验算：

$$\sigma=\frac{M_{x,max}}{M_{nx1}}+\frac{M_{y,max}}{W_{ny'}}\leqslant f \tag{2-27}$$

式中　W_{nx1}——吊车梁对截面强轴（x 轴）的净截面模量（取上翼缘最外侧纤维计算）；

$W_{ny'}$——吊车梁上翼缘对其本身弱轴（y 轴）的净截面模量。

下翼缘按照单向受弯构件进行验算：

$$\sigma=\frac{M_{x,max}}{W_{nx2}}\leqslant f \tag{2-28}$$

式中　W_{nx2}——吊车梁对截面强轴（x 轴）的净截面模量（取下翼缘最外侧纤维计算）。

(2) 采用制动板作为制动结构一部分（图 2-39b）

对于吊车梁的上翼缘：

$$\sigma=\frac{M_{x,max}}{W_{nx1}}+\frac{M_{y,max}}{W_{ny1}}\leqslant f \tag{2-29}$$

式中　W_{ny1}——由吊车梁上翼缘、制动板和制动梁（或辅助桁架上弦杆）组成的横向截面对 y_1 轴的净截面模量。

吊车梁的下翼缘仍按式（2-27）计算。

(3) 采用制动桁架作为制动结构（图 2-39c）

对于吊车梁的上翼缘：

$$\sigma=\frac{M_{x,max}}{W_{nx1}}+\frac{M_{ya}}{W_{ny1}}+\frac{N_1}{A_{ne'}}\leqslant f \tag{2-30}$$

式中　$A_{ne'}$——吊车梁上翼缘的净截面面积；

$$N_1=M_{y,max}/b_1。$$

吊车梁的下翼缘仍按式（2-28）计算。

(4) 腹板计算高度边缘局部压应力和折算应力计算

由于吊车梁的局部轮压较大，需要按照受弯构件计算靠近上翼缘处的腹板计算高度边缘的局部压应力和折算应力。

(5) 吊车梁支座处的端部承压

吊车梁在柱牛腿处的支承，简支梁一般采用突缘式支座，连续梁或者带有短悬臂的吊车梁，一般采用平板式支座。这两种支承方式，都需要按照梁端最不利内力组合，进行承载能力验算。

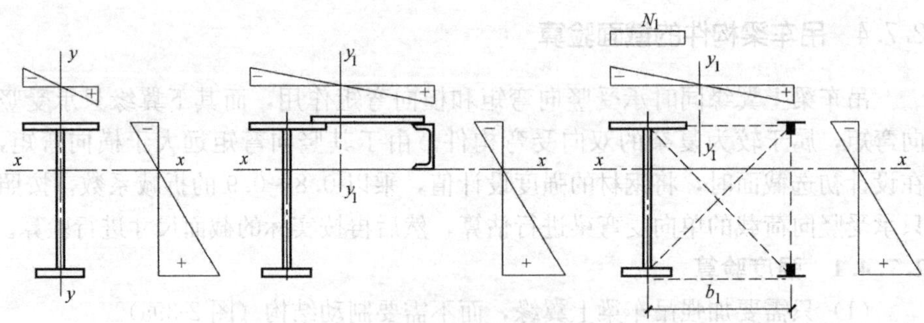

图 2-39　截面强度验算

2.7.4.2　整体稳定验算

① 对于只加强上翼缘而不设置任何制动结构的吊车梁，应按下式验算其整体稳定：

$$\frac{M_x}{\varphi_b W_x}+\frac{M_y}{W_y}\leqslant f \tag{2-31}$$

式中　φ_b——吊车梁对 x 轴所确定的整体稳定系数；

W_x、W_y——梁截面对 x、y 轴的毛截面模量。

② 对于设有制动结构的吊车梁，因其侧向抗弯刚度和承载能力都进行了专门

设计，能够保证吊车梁在水平荷载作用下不发生侧向扭转，所以不需要验算。

2.7.4.3 局部稳定验算

（1）翼缘的局部稳定

设计时不考虑塑性发展，按下式验算：

$$\frac{b_1}{t}\leqslant 15\sqrt{\frac{235}{f_y}} \tag{2-32}$$

式中 b_1——翼缘外伸宽度；

t——翼缘厚度。

（2）腹板的局部稳定

吊车梁沿着跨度方向一般都布置有横向加劲肋，对于吊车吨位大的吊车梁，有的还需根据计算布置纵向加劲肋和短加劲肋。在布置完加劲肋之后，加劲肋把整个腹板划分为不同的单元区格，每个单元区格所承受的弯矩和剪力情况各不相同。需要根据每个区格的位置和内力不同，进行腹板的稳定承载能力计算。这部分知识参见受弯构件设计。

2.7.4.4 刚度验算

应按荷载效应最大的一台吊车，不乘动力系数，按下式计算竖向挠度：

$$\nu=\frac{M_{kx}l^2}{10EI_x}\leqslant[\nu] \tag{2-33}$$

式中 M_{kx}——吊车梁在竖向荷载标准值作用下的最大弯矩；

$[\nu]$——受弯构件的竖向容许挠度值；《钢结构设计规范》对于轻级、中级和重级吊车，$[\nu]$ 分别取 $l/800$、$l/1000$ 和 $l/1200$，对于手动吊车和单梁吊车（含悬挂吊车），取 $l/500$。

对于设有 A7 和 A8 级工作制吊车的吊车梁或吊车桁架的制动结构，由一台最大吊车横向荷载（按照《建筑结构荷载规范》的算法取值）所产生的水平方向挠度：

$$u=\frac{M_{ky}l^2}{10EI_{y1}}\leqslant[u] \tag{2-34}$$

式中 M_{ky}——取跨内最大吊车，按照荷载规范取值，其横向水平荷载标准值所产生的最大弯矩；

I_{y1}——由吊车梁上翼缘、制动板和制动梁组成的横向截面对 y_1 轴的毛截面惯性矩；对制动桁架应考虑腹杆变形的影响，I_{y1} 乘以 0.7 的折减系数；

$[u]$——受弯构件的水平方向容许挠度值，取 $l/2200$。

2.7.4.5 疲劳验算

吊车梁属于直接承受动力荷载重复作用的构件，对于其可能产生疲劳破坏的部位和连接节点，比如梁的变截面应力集中区域、受拉翼缘与腹板的连接焊缝，受拉区加劲肋的端部，以及受拉翼缘与下弦水平支撑和垂直支撑的螺栓连接均应进行疲劳验算。对于重级工作制吊车梁和重级、中级工作制吊车桁架，按照《钢结构设计规范》的有关规定，验算时采用一台起重量最大吊车的荷载标准值（不计动力系数），引入欠载效应的等效系数，视为常幅疲劳问题，按下式计算：

$$\alpha_f \Delta\sigma \leqslant [\Delta\sigma] \quad (2\text{-}35)$$

式中 α_f——欠载效应的等效系数，按表 2-9 取用；

$\Delta\sigma$——对焊接部位为应力幅，$\Delta\sigma=\sigma_{max}-\sigma_{min}$；对非焊接部位为折算应力幅，$\Delta\sigma=\sigma_{max}-0.7\sigma_{min}$；验算时采用一台起重量最大吊车的荷载标准值，且不计动力系数；

$[\Delta\sigma]$——循环次数 $n=2\times10^6$ 次的容许应力幅，按表 2-10 取用。

吊车梁和吊车桁架欠载效应的等效系数 α_f 值 表 2-9

吊 车 类 别	α_f
A6～A8 级硬钩吊车(如均热炉车间夹钳吊车)	1.0
A6～A8 级软钩吊车	0.8
A4,A5 级吊车	0.5

循环次数 $n=2\times10^6$ 次时的容许应力幅（N/mm^2） 表 2-10

构件和连接类别	1	2	3	4	5	6	7	8
$[\Delta\sigma]$	176	144	118	103	90	78	69	59

2.7.5 吊车梁系统其他构件的设计

吊车梁系统的设计，除了吊车梁构件外，还包括制动板、制动梁或者制动桁架的腹杆，以及辅助桁架和垂直支撑等。

制动板在承受制动结构的水平荷载外，还承受走道上的竖向检修荷载和积灰荷载，设计时要按照双向受弯构件进行设计。制动桁架的腹杆是指格构式制动结构的腹杆，其上部也要铺设检修走道板，需要按照拉弯和压弯构件来设计各个杆件。制动梁作为制动结构的一个翼缘，承受水平的弯曲拉应力和压应力，也要承受走道板传来的竖向荷载，需要按照压弯构件进行设计。辅助桁架的上弦杆也要承受水平弯曲正应力，而走道板传来的竖向荷载，则由整个辅助桁架来承受。所以辅助桁架的上弦杆，需要按照压弯构件设计，辅助桁架的腹杆和下弦杆，则按照轴心受力构件设计。下弦水平支撑和垂直支撑，可以按照构造要求进行设计。

2.7.6 吊车梁的连接计算和构造要求

2.7.6.1 腹板与翼缘的连接

(1) 轻、中级吊车梁的上下翼缘与腹板连接焊缝，可采用连续直角角焊缝。

(2) 重级工作制和起重量 $Q\geqslant50t$ 的中级工作制吊车梁，翼缘与腹板采用焊透的 T 形焊缝连接，焊缝形式一般为对接与角接的组合焊缝且焊缝质量应不低于二级焊缝标准。

(3) 下翼缘与腹板的连接角焊缝，其外观质量等级应符合一级标准。

(4) 重级工作制吊车梁，当腹板厚度 $t_w\geqslant14mm$ 时，宜在两端部距支座

$l/8$（且不小于 1000mm）范围内，下翼缘与腹板连接宜采用开坡口焊透的对接焊缝。

2.7.6.2 支座加劲肋与腹板、翼缘板的连接

（1）支座加劲肋与腹板连接焊缝。当采用平板支座时，焊脚尺寸按下式计算，l_w取传递支座反力 R 的焊缝全长：

$$h_f \geqslant \frac{R}{4\times 0.7 l_w f_f^w} \tag{2-36}$$

当采用突缘支座时，支座反力 R 应乘 1.2 的增大系数：

$$h_f \geqslant \frac{1.2R}{2\times 0.7 l_w f_f^w} \tag{2-37}$$

焊脚尺寸 h_f应不小于 $0.6t_w$，并不小于 6mm。

对重级工作制吊车梁突缘支座，当 $t_w>14$mm 时，腹板与端加劲肋的 T 形对接焊缝宜采用 K 形坡口并予焊透。

（2）支座加劲肋与梁翼缘的连接。当采用平板支座时，加劲肋上、下端应与上、下翼缘的内表面刨平顶紧并焊接，当为特重级工作制吊车梁时宜焊透。

采用突缘支座时，端部加劲肋与上翼缘采用角形连接焊缝，见图 2-40 节点①，端部加劲肋与下翼缘的 T 形连接采用两侧角焊缝，其焊脚尺寸 h_f 不宜小于 $0.5t_f$（t_f 为下翼缘的厚度）且不小于 6mm。当 $t_f>24$mm 时，宜采用坡口不焊透的 T 形连接焊缝。

在重级工作制吊车梁中，为减少应力集中的影响，端部加劲肋与腹板的连接焊缝在下翼缘以上空出 40mm 不焊，见图 2-40 节点②。

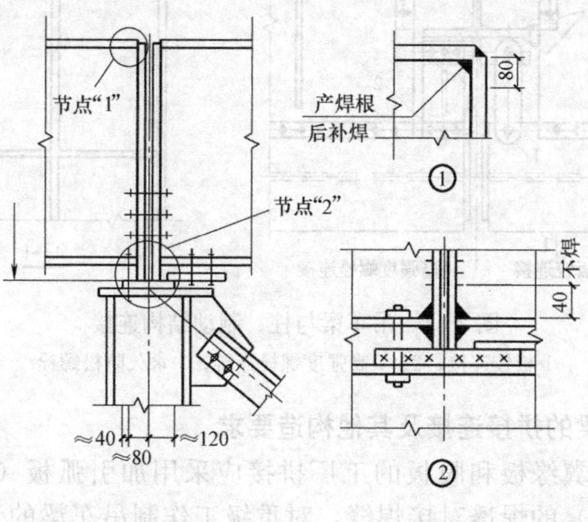

图 2-40 梁支座加劲肋连接构造

2.7.6.3 梁与柱、制动结构连接及梁端构造

（1）梁端与柱的连接可分为板铰连接（图 2-41 左侧）、高强度螺栓摩擦型连接（图 2-41 右侧）及焊接连接。焊接连接耐疲劳性能较差，重级工作制吊车梁宜采用前两种连接。

① 梁端与柱的连接采用板铰连接，在构造上符合简支吊车梁的计算假定，同时相邻梁端纵向连接亦适应梁端铰接变形的构造要求，图 2-41 剖面 1-1 采用普通螺栓（3）的连接，其位置设在中和轴以下约 1/3 梁高的范围内。

② 板铰连接宜按板铰传递全部支座处的横向水平反力（重级工作制吊车梁应考虑横向荷载增大系数 α_T）计算。铰栓直径按抗剪和承压计算决定，一般采用 36～80mm。铰板截面按压杆计算。

③ 高强度螺栓连接，施工较方便，受力及耐疲劳性能较好，是目前工程设计中采用较普通的连接构造。按图 2-41 构造时，高强度螺栓（4）按传递全部支座水平力计算，高强度螺栓（2）可按一个吊车轮最大水平制动力计算（重级工作制吊车梁应取一个吊车轮的最大水平制动力和吊车摆动引起的横向水平力中的较大值），螺栓直径 d 一般为 20～24mm。

（2）吊车梁与制动结构连接，当为重级工作制吊车梁时，上翼缘与制动桁架的连接宜采用高强度螺栓摩擦型连接，按构造以 100～150mm 等间距排列，必要时按水平受弯构件传递剪力的要求计算决定。中级工作制吊车梁上翼缘与制动板的连接可采用焊接，一般选用 6～8mm 的焊脚尺寸沿全长搭接焊接，其俯焊为连续焊缝，仰焊部分可为间断焊缝。制动板和制动梁或者辅助桁架上弦杆的连接，可采用间断单面角焊缝。

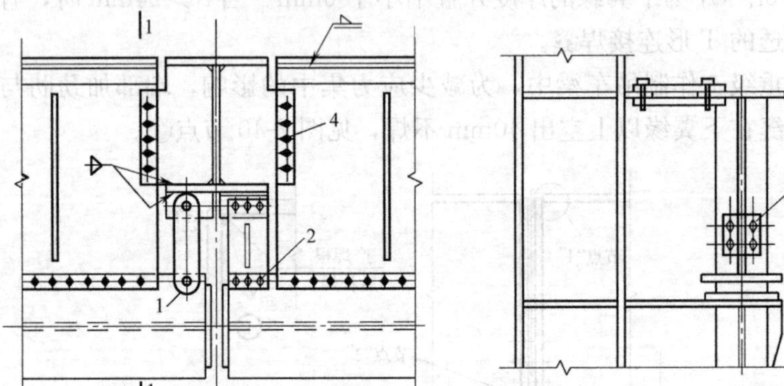

图 2-41　吊车梁与柱、制动结构连接

1-板铰连接；2、4-高强度螺栓连接；3-永久防松螺栓

2.7.6.4　吊车梁的拼接连接及其他构造要求

（1）吊车梁翼缘板和腹板的工厂拼接应采用加引弧板（其材质、厚度、坡口与主材相同）的焊透对接焊缝，对重级工作制吊车梁的受拉翼缘应满足一级焊缝质量要求。拼接缝的位置宜设在板件受力较小处，拼接焊缝应铲平修整。

梁腹板须纵、横向拼接时，焊缝交叉可采用丁字接缝或十字接缝（图 2-42），对 T 形接缝，其相邻交叉点间的距离不得小于 200mm。腹板的横向拼接缝宜设置在剪应力、正应力或疲劳主拉应力均较低处，否则应按下式验算折算应力：

$$\sigma_{red}=\sqrt{\sigma^2+3\tau^3}\leqslant 1.1f_t^w \tag{2-38}$$

沿梁长度方向上下翼缘与腹板的工厂拼接点，不应设在同一截面上，错开距离宜不小于200mm，接头位置宜设在距支座约1/4梁跨范围内。

(2) 吊车梁的工地拼装：梁的工地全截面拼接一般采用高强度螺栓摩擦型连接，其构造可见图2-42 (c)，对上翼缘板的拼接宜采用便于铺设轨道，并便于与制动结构连接的构造。翼缘和腹板均在同一截面拼接，其位置宜设在弯矩较小处。拼接连接应按能承受拼接处的最大内力进行计算。

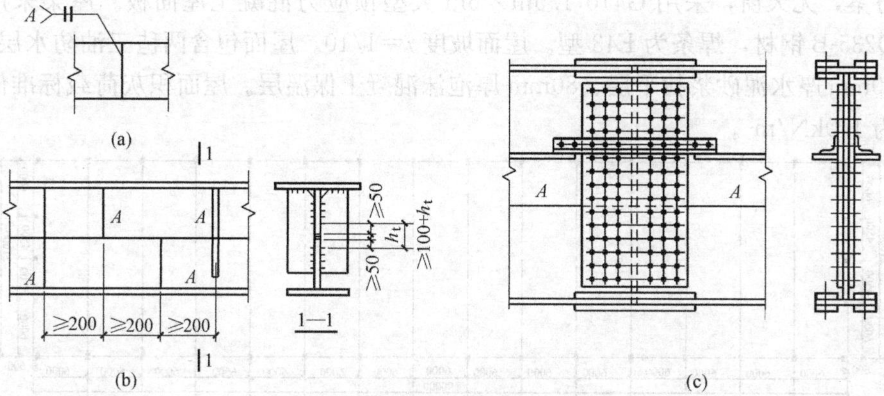

图2-42　焊接工字梁的拼接
(a) 翼缘板直缝工厂拼接；(b) 腹板工厂拼接；(c) 大型梁工地全截面拼接

(3) 其他构造要求：

1) 吊车梁横向加劲肋下端与下翼缘（受拉翼缘）不得焊连，应留50～100mm的间隙。当为重级工作制吊车梁，对此间隙应由疲劳验算决定，且横向加劲肋下端点焊缝宜采用连续回焊后灭弧的施焊方法。如果横向加劲肋连接垂直支撑时，该加劲肋应与梁的下翼缘刨平顶紧且不焊。

2) 吊车梁的受拉翼缘上不得焊接悬挂设备零件，不宜在该处打火或焊接夹具。

3) 吊车梁受拉翼缘与水平支撑的连接应采用螺栓连接，不得采用焊接。

4) 在垂直支撑与横向加劲肋连接处，宜采用横向加劲肋的下端加垫板并与下翼缘栓接的构造，且腹板与加劲肋下端脱开50～100mm，具体数值按抗疲劳计算确定（图2-43）。

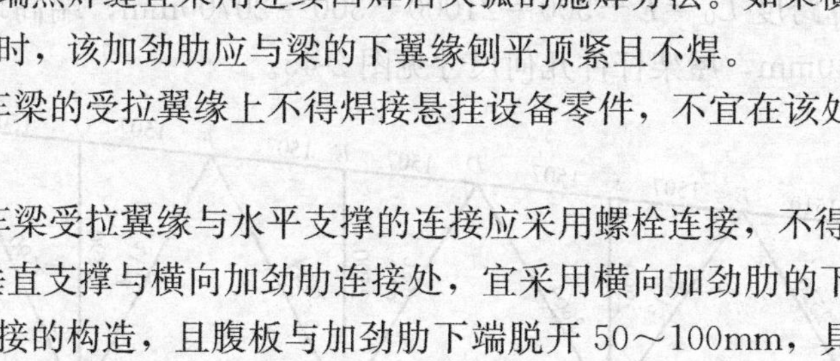

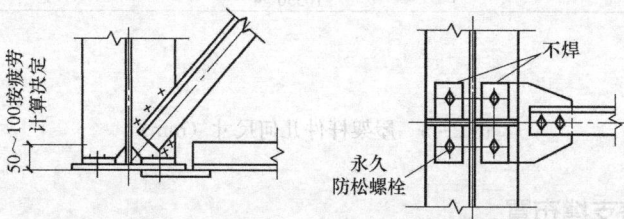

图2-43　吊车梁下翼缘与支撑连接

2.8 普通梯形钢屋架的计算实例

2.8.1 设计资料及说明

某厂房总长度为90m，跨度$L=21$m，纵向柱距为6m，柱网布置如图2-44所示。设有两台中级工作制桥式吊车$Q=20t/5t$。厂房采用钢筋混凝土柱，上柱截面为400mm×400mm，混凝土强度等级C30。屋盖采用无檩体系方案，无天窗，采用G410 1.5m×6m大型预应力混凝土屋面板。屋架采用Q235-B钢材，焊条为E43型。屋面坡度$i=1/10$。屋面包含两毡三油防水层、20mm厚水泥砂浆找平层、80mm厚泡沫混凝土保温层。屋面积灰荷载标准值为1.0kN/m^2。

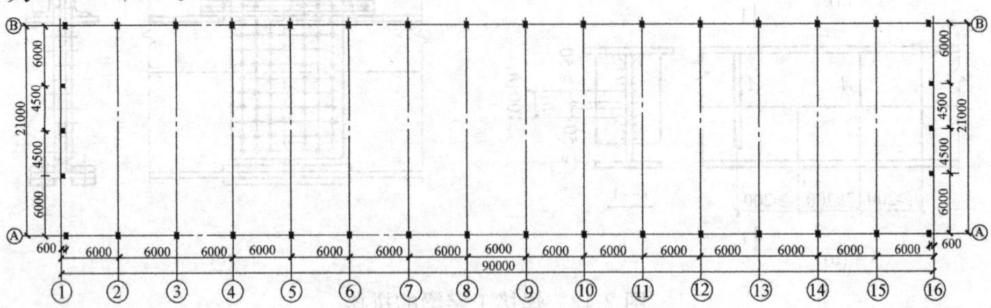

图2-44 厂房的柱网布置

2.8.2 确定屋架形式及其杆件主要尺寸

根据已给荷载、跨度，并考虑屋面采用卷材防水，屋面坡度$i=1/10$，采用铰接梯形屋架。

屋架计算跨度$L_0=L-300=21000-300=20700$mm，端高取1990mm，中高$H=3040$mm，屋架杆件几何尺寸见图2-45。

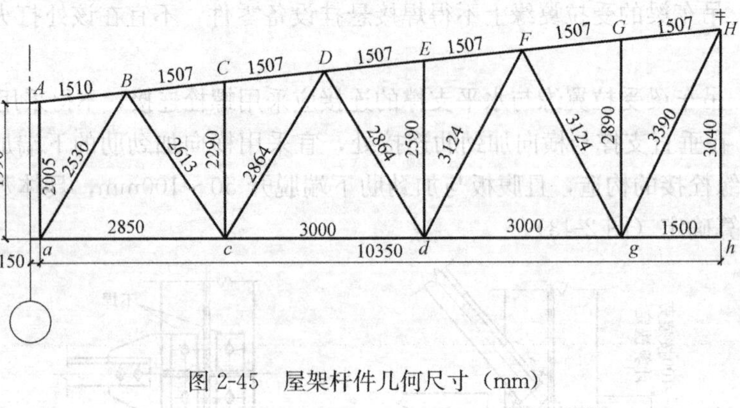

图2-45 屋架杆件几何尺寸（mm）

2.8.3 屋盖支撑布置

根据车间长度，屋架跨度和荷载情况，设置上、下弦杆横向水平支撑，垂直支撑和系杆。屋盖支撑布置见图 2-46。

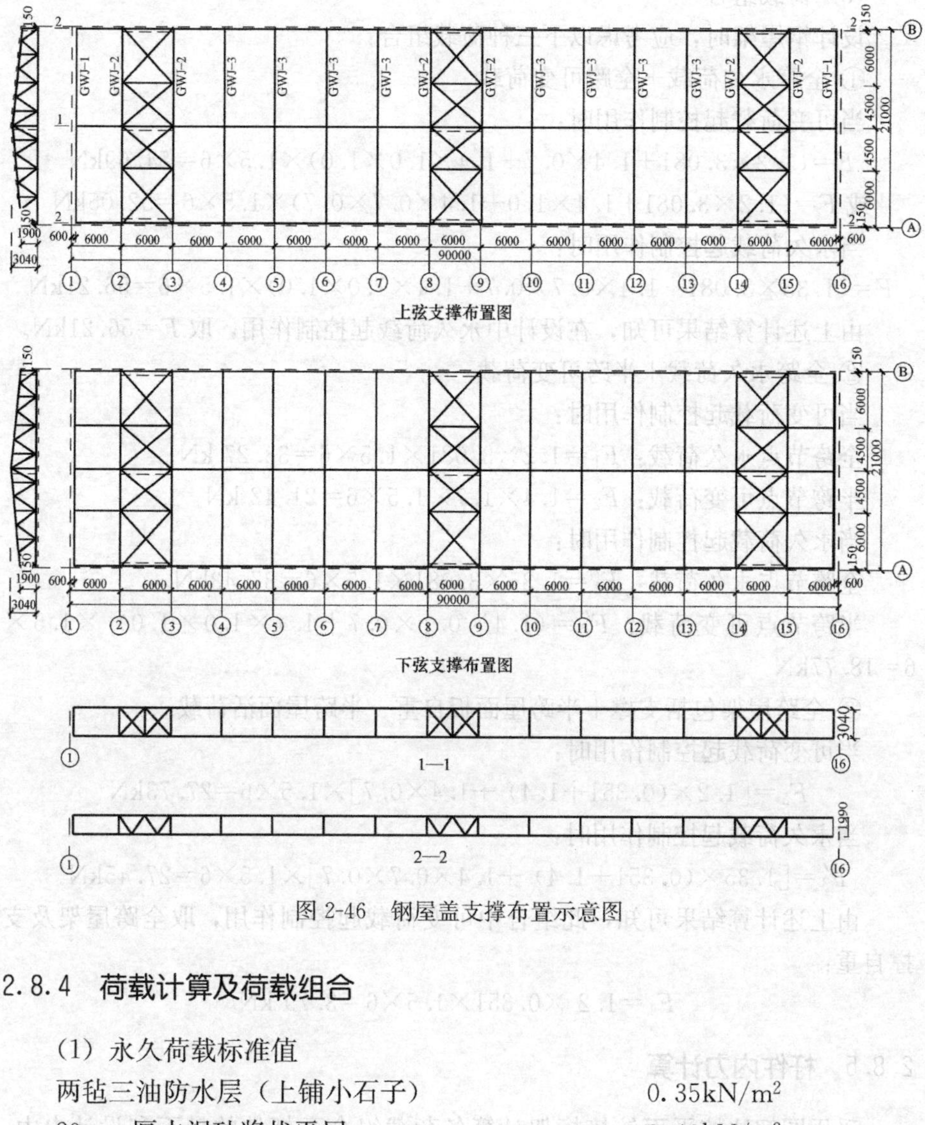

图 2-46 钢屋盖支撑布置示意图

2.8.4 荷载计算及荷载组合

(1) 永久荷载标准值

两毡三油防水层（上铺小石子）	0.35kN/m²
20mm 厚水泥砂浆找平层	0.40kN/m²
80mm 厚泡沫混凝土保温层	0.48kN/m²
预应力大型屋面板（包括灌缝）	1.40kN/m²
钢屋架自重（包括支撑）	$0.12+0.011\times21=0.351$kN/m²
吊挂管道	0.10 kN/m²

合计：3.081kN/m²

(2) 可变荷载标准值

施工活荷载标准值为 0.7kN/m²，雪荷载的基本雪压标准值为 $S_0=0.65$ kN/m²，施工活荷载与雪荷载不同时考虑，取两者的较大值。因此活荷载取 0.7kN/m²，积灰荷载 1.0kN/m²。其中，活荷载组合值系数取 0.7，积灰荷载组合值系数取1.0。

(3) 荷载组合

设计钢屋架时，应考虑以下三种荷载组合：

① 全跨永久荷载＋全跨可变荷载

当可变荷载起控制作用时：

$F=(1.2\times3.081+1.4\times0.7+1.4\times1.0\times1.0)\times1.5\times6=54.69\text{kN}$

或 $F=(1.2\times3.081+1.4\times1.0+1.4\times0.7\times0.7)\times1.5\times6=52.05\text{kN}$

当永久荷载起控制作用时：

$F=(1.35\times3.081+1.4\times0.7\times0.7+1.4\times1.0\times1.0)\times1.5\times6=56.21\text{kN}$

由上述计算结果可知，在设计中永久荷载起控制作用，取 $F=56.21\text{kN}$。

② 全跨永久荷载＋半跨可变荷载

当可变荷载起控制作用时：

全跨节点永久荷载：$F_1=1.2\times3.081\times1.5\times6=33.27\text{ kN}$

半跨节点可变荷载：$F_2=1.4\times1.7\times1.5\times6=21.42\text{ kN}$

当永久荷载起控制作用时：

全跨节点永久荷载：$F_1'=1.35\times3.081\times1.5\times6=37.43\text{kN}$

半跨节点可变荷载：$F_2'=(1.4\times0.7\times0.7+1.4\times1.0\times1.0)\times1.5\times6=18.77\text{kN}$

③ 全跨屋架包括支撑＋半跨屋面板自重＋半跨屋面活荷载

当可变荷载起控制作用时：

$F_3=[1.2\times(0.351+1.4)+1.4\times0.7]\times1.5\times6=27.73\text{kN}$

当永久荷载起控制作用时：

$F_3'=[1.35\times(0.351+1.4)+1.4\times0.7\times0.7]\times1.5\times6=27.45\text{kN}$

由上述计算结果可知，此组合中可变荷载起控制作用，取全跨屋架及支撑自重：

$$F_4=1.2\times0.351\times1.5\times6=3.79\text{ kN}$$

2.8.5 杆件内力计算

采用图解法按平面铰接桁架计算各荷载组合下杆件的最不利设计内力，计算结果见表2-11。

2.8.6 屋架杆件截面设计

腹杆最大内力 $N=-431.92\text{kN}$，查表2-7，支座节点板厚度选用12mm，中间节点板厚度取10mm。

1. 上弦杆

整个上弦采用等截面，按 FG、GH 杆件的最大内力设计值进行设计：

$$N=-684.64\text{kN}$$

计算长度 $l_{ox}=1057.5\text{mm}$，$l_{oy}=3000\text{mm}$（按大型屋面板与屋架上弦保证三点可靠焊接考虑，取两块屋面板的宽度）。

设 $\lambda=60$，采用双角钢截面为B类截面（因 $l_{oy}=2l_{ox}$，上弦截面宜采用两个不等肢角钢短肢相拼），查表得 $\varphi=0.807$，需要截面面积为：

$$A=\frac{N}{\varphi f}=\frac{684.64\times10^3}{0.807\times215}=3946\text{mm}^2$$

所需要的回转半径为：

$$i_x=\frac{l_{0x}}{\lambda}=\frac{1507.5}{60}=25.1\text{mm}$$

$$i_y=\frac{l_{0y}}{\lambda}=\frac{3000}{60}=50\text{mm}$$

根据需要的 A、i_x、i_y 查角钢规格表，选用 2∟125×80×12，截面特征为：$A=4670\text{mm}^2$，$i_x=22.4\text{mm}$，$i_y=61.6\text{mm}$，则

$$\lambda_x=\frac{l_{0x}}{i_x}=\frac{1507.5}{22.4}=67.3<[\lambda]=150$$

$$\lambda_y=\frac{l_{0y}}{i_y}=\frac{3000}{61.6}=48.7<[\lambda]=150$$

短肢相拼的角钢：$b_1/t=125/12=10.42<0.56l_{oy}/b_1=0.56\times3000/125=13.44$

$$\therefore\ \lambda_{yz}=\lambda_y=48.7$$

由 $\lambda=67.3$ 查表得 $\varphi=0.765$，则：

$$\sigma=\frac{N}{\varphi A}=\frac{684.64\times10^3}{0.765\times4670}=191.6\text{N/mm}^2<f=215\text{N/mm}^2$$

因此所选杆件满足要求。

2. 下弦杆

整个下弦采用同一截面，按最大内力所在的 eg 杆设计。

$$N_{max}=672.38\text{kN},\ l_{ox}=300\text{mm},\ l_{ox}=1035\text{mm}$$

所需截面面积为：

$$A=\frac{N}{f}=\frac{672.38\times10^3}{215}=3127\text{mm}^2$$

选用 2∟125×80×8（不等肢角钢短肢相并），$A=3198\text{mm}^2$，$i_x=22.8\text{cm}$，$i_y=60.7\text{mm}$

$$\lambda_x=\frac{l_{0x}}{i_x}=\frac{3000}{22.8}=131<[\lambda]=350$$

$$\lambda_y=\frac{l_{0y}}{i_y}=\frac{10350}{60.7}=170.5<[\lambda]=350$$

$$\sigma=\frac{N}{A}=\frac{672.38\times10^3}{3198}=210\text{N/mm}^2<f=215\text{N/mm}^2$$

故所选杆件满足要求。

3. 跨中竖杆 Hh

选用 2∟63×5 的等边角钢组成的十字形截面。计算长度 $l_o=0.9l=0.9\times3040=2736\text{mm}$，$A=1228\ \text{mm}^2$，$i_{xo}=24.5\text{mm}$。

$$\lambda_{max}=\frac{l_0}{i_{min}}=\frac{2736}{24.5}=111.7<[\lambda]=150$$

满足要求。

屋架各杆件的截面汇总见表2-12所示。

屋架杆件内力组合表 表 2-11

杆件		内力系数			杆件内力(kN)							杆件计算内力(kN)
		$P=1$			组合Ⅰ	组合Ⅱ				组合Ⅲ		
		全跨	左半跨	右半跨	全跨永久荷载+可变荷载	全跨永久荷载+半跨可变荷载				全跨屋架和支撑自重+半跨屋面板重+半跨活载		
		①	②	③	$F\times$①	$F_1\times$①+$F_2\times$②	$F_1\times$①+$F_2\times$③	$F'_1\times$①+$F'_2\times$②	$F'_1\times$①+$F'_2\times$③	$F_3\times$②+$F_4\times$③	$F_3\times$③+$F_4\times$②	
上弦杆	*AB*	0	0	0	0.00	0.00	0.00	0.00	0.00	0.00	0.00	0.00
	BC,*CD*	−7.472	−5.31	−2.162	−420.00	−362.33	−294.90	−379.35	−320.26	−155.44	−80.08	−420.00
	DE,*EF*	−11.262	−7.339	−3.923	−633.04	−531.89	−458.72	−559.29	−495.17	−218.38	−136.60	−633.04
	FG,*GH*	−12.18	−6.861	−5.319	−684.64	−552.19	−519.16	−584.68	−555.74	−210.41	−173.50	−684.64
下弦杆	*ac*	4.1	3.01	1.09	230.46	200.88	159.75	209.96	173.92	87.60	41.63	230.46
	ce	9.744	6.663	3.081	547.71	466.90	390.18	489.78	422.55	196.44	110.69	547.71
	eg	11.962	7.326	4.636	672.38	554.90	497.28	585.25	534.76	220.72	156.32	672.38
	gh	11.768	5.884	5.884	661.48	517.56	517.56	550.92	550.92	185.46	185.46	661.48
斜腹杆	*Ba*	−7.684	−5.641	−2.043	−431.92	−376.48	−299.41	−393.49	−325.96	−164.17	−78.03	−431.92
	Bc	5.808	3.96	1.848	326.47	278.06	232.82	291.72	252.08	116.81	66.25	326.47
	Dc	−4.409	−2.633	−1.776	−247.83	−203.09	−184.73	−214.45	−198.36	−79.74	−59.23	−247.83
	De	2.792	1.222	1.57	156.94	119.07	126.52	127.44	133.97	39.84	48.17	156.94
	Fe	−1.572	−0.047	−1.525	−88.36	−53.31	−84.97	−59.72	−87.46	−7.08	−42.47	−88.36
	Fg	0.328	−1.039	1.367	18.44	−11.34	40.19	−7.22	37.94	−23.63	33.97	40.19/−23.63
	Hg	0.713	1.913	−1.2	40.08	64.70	−1.98	62.59	4.16	48.50	−26.03	64.7/−26.03
竖腹杆	*Aa*	−0.5	−0.5	0	−28.11	−27.35	−16.64	−28.10	−18.72	−13.87	−1.90	−28.11
	Cc,*Ee*	−1	−1	0	−56.21	−54.69	−33.27	−56.20	−37.43	−27.73	−3.79	−56.21
	Gg	−1	−1	0	−56.21	−54.69	−33.27	−56.20	−37.43	−27.73	−3.79	−56.21
	Hh	0	0	0	0.00	0.00	0.00	0.00	0.00	0.00	0.00	0.00

屋架杆件截面选择表 **表 2-12**

杆件名称	编号	计算内力（kN）	几何长度（mm）	计算长度（mm）		截面规格	截面面积（cm^2）	回转半径（cm）		长细比		容许长细比	稳定系数	验算强度或稳定性 N/A_n 或 $N/(\varphi A)$（N/mm^2）	Z_o（mm）
				l_{ox}	l_{oy}			i_x	i_y	λ_x	λ_y/λ_{yz}	[λ]	φ_{min}		
上弦	FG、GH	−684.64	1507.5	1507.5	3000	2∟125×80×12	46.7	2.24	6.16	67.3	48.7	150	0.765	191.63	20.0(20)
下弦	*eg*	672.38	3000	3000	10350	2∟125×80×8	31.98	2.28	6.07	131	170.5	350	/	210.25	18.4(20)
斜腹杆	*Ba*	−433.92	2530	2530	2530	2∟100×80×10	34.34	3.12	3.53	81.1	76.7	150	0.680	184.97	31.2(30)
	Bc	326.47	2613	2090.4	2613	2∟70×6	16.32	2.15	3,26	97.22	80.2	350	/	200.04	19.5(20)
	Dc	−241.13	2864	2291.2	2864	2∟80×6	18.80	2.47	3.65	92.8	83.6	150	0.602	213	21.9(20)
	De	156.94	2864	2291.2	2864	2∟50×5	9.60	1.53	2.45	149.8	116.9	350	/	163.48	14.2(15)
	Fe	−88.36	3124	2499.2	3124	2∟63×5	12.28	1.94	2.96	129	109.3	150	0.392	183.56	17.4(15)
	Fg	40.19/ −23.63	3124	2499.2	3124	2∟63×5	12.28	1.94	2.96	129	106	150	0.392	49.1	17.4(15)
	Hg	64.70/ −26.03	3390	2712	3390	2∟63×5	12.28	1.94	2.96	140	115	150	0.345	61.4	17.4(15)
竖腹杆	Aa	−28.11	1990	1990	1990	2∟63×5	12.28	1.94	2.96	103	67.2	150	0.536	42.71	17.4(15)
	Cc	−56.21	2290	1832	2290	2∟63×5	12.28	1.94	2.96	94.4	77.4	150	0.588	77.85	17.4(15)
	Ee	−56.21	2590	2072	2590	2∟63×5	12.28	1.94	2.96	107	87.5	150	0.511	89.58	17.4(15)
	Gg	−56.21	2890	2312	2890	2∟63×5	12.28	1.94	2.96	119	97.6	150	0.442	103.56	17.4(15)
	Hh	0	3040	2736		2∟63×5	12.28	2.45		111.7		150	—	—	—

2.8.7 屋架节点设计

1. 腹杆与节点板间连接焊缝长度汇总见表2-13所示。

腹杆与节点板连接焊缝长度汇总表（mm） 表2-13

杆件名称	设计内力 (kN)	肢背焊缝		肢尖焊缝	
		焊脚尺寸 h_{f1}	焊缝长度 l_{w1}	焊脚尺寸 h_{f2}	焊缝长度 l_{w2}
Ba	−431.92	8	(170)180	6	125
Bc	326.47	6	(180)190	6	90
Dc	−247.83	6	140	5	80
De	156.94	6	95	5	(50)60
Fe	−88.36	(6)5	70	5	70
Fg	40.19	5	70	5	70
Hg	64.7	5	70	5	70
Aa	−28.11	5	70	5	70
Cc	−56.21	5	70	5	70
Ee	−56.21	5	70	5	70
Gg	−56.21	5	70	5	70
Hh	0	5	70	5	70

2. 主要节点设计

(1) 一般下弦节点"c"（图2-47）

下弦与节点板的连接焊缝承受节间的杆力差 $\Delta N=(547.71-230.46)=317.25\text{kN}$，取 $h_f=6\text{mm}$。节点板尺寸 305×380mm，则 $l_w=380-2h_f=380-12=368\text{mm}>60_f=360\text{mm}$，取 $l_w=360\text{mm}$。

肢背：$\tau_f=\dfrac{0.75\times317.25\times10^3}{2\times0.7\times6\times360}=78.68\ \text{N/mm}^2<f_f^w=160\ \text{N/mm}^2$

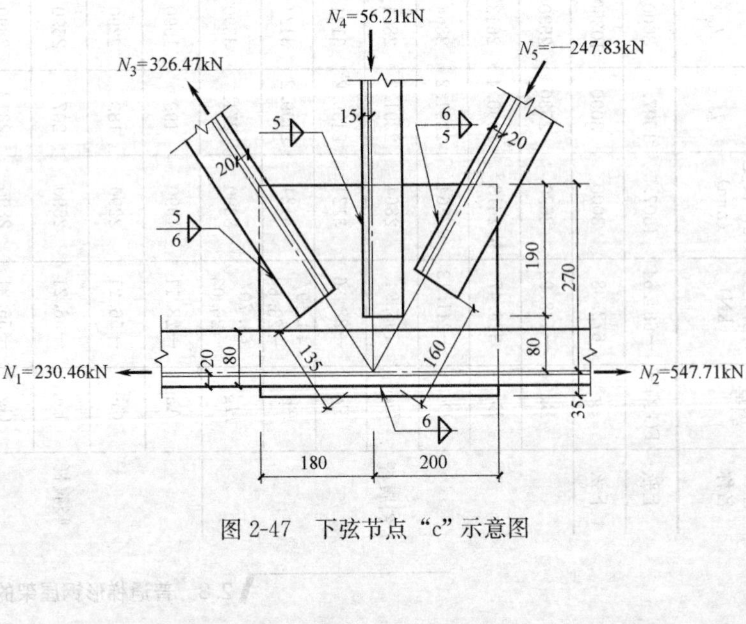

图2-47 下弦节点"c"示意图

肢尖：$\tau_f=\dfrac{0.25\times317.25\times10^3}{2\times0.7\times6\times360}=26.23\ \text{N/mm}^2<f_f^w=160\ \text{N/mm}^2$

焊缝强度满足要求。

(2) 屋脊拼接节点“H”（图 2-48）

上弦杆在跨中处都采用同规格角钢进行拼接，为使拼接角钢与弦杆之间能够密合，且便于施焊，须将拼接角的尖角削除（割棱），并截去竖肢的一部分宽度（切竖肢）。设焊缝 $h_f=6\text{mm}$，则所需焊缝计算长度为（一条焊缝）：

$$l_w=\frac{N}{4\times0.7h_f f_f^w}=\frac{684.64\times10^3}{4\times0.7\times6\times160}=255\text{mm}$$

拼接角钢总长度：$L=(2\times255+2\times12+30)=564\text{mm}$，取 600mm

竖肢须切去 $\Delta=(10+6+5)=21\text{mm}$，取 $\Delta=25\text{mm}$ 并按上弦坡度热弯。

上弦角钢肢背与节点板之间的槽焊缝仅承受节点荷载 $F=56.21\text{kN}$，取 $h_{f1}=0.5t=0.5\times10=5\text{mm}$，$l_{w1}=400-2h_{f1}=400-10=390\text{mm}$。

则肢背槽焊缝强度验算：$\tau_f=\dfrac{P}{2\times0.7h_{f1}l_{w1}}=\dfrac{56.21\times10^3}{2\times0.7\times5\times390}=20.59\text{N/mm}^2<f_f^w=160\text{N/mm}^2$

上弦角钢肢尖与节点板的连接焊缝强度按上弦内力的 15% 验算。设 $h_f=6\text{mm}$，节点板长度为 380mm，节点一侧焊缝的计算长度为 $l_w=190-12=178\text{mm}$。

$$\tau_f=\frac{0.15N}{2\times0.7h_f l_w}=\frac{0.15\times684.64\times10^3}{2\times0.7\times6\times178}=68.68\text{N/mm}^2$$

$$\sigma_f=\frac{M}{W_w}=\frac{6M}{2\times0.7h_f l_w^2}=\frac{6\times0.15\times684.64\times10^3\times60}{2\times0.7\times6\times178^2}=138.91\text{N/mm}^2$$

$$\sqrt{\left(\frac{\sigma_f}{1.22}\right)^2+\tau_f^2}=\sqrt{\left(\frac{138.91}{1.22}\right)^2+68.68^2}=132.97\text{N/mm}^2<f_f^w=160\text{N/mm}^2$$

焊缝强度满足要求。

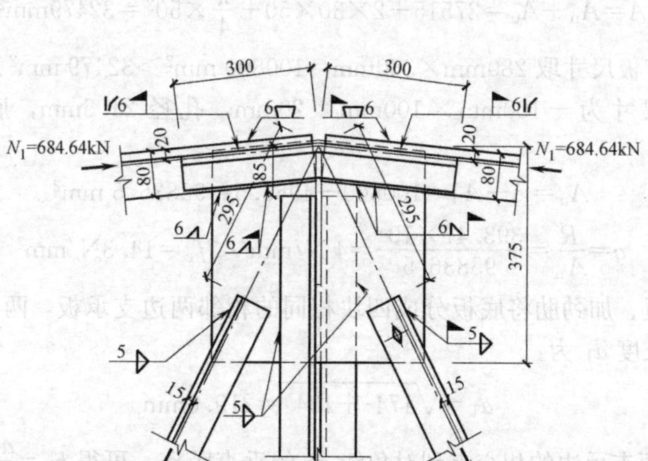

图 2-48　屋脊节点“H”示意图

因屋架的跨度较大，须将屋架分为两个运输单元，在屋脊节点和下弦跨中节点设置工地拼接，左半跨的上弦杆、斜腹杆和竖腹杆与节点板连接用工厂焊缝，而右半跨的上弦杆、斜腹杆与节点板连接用工地焊缝。

(3) 支座节点"a"(图 2-49)

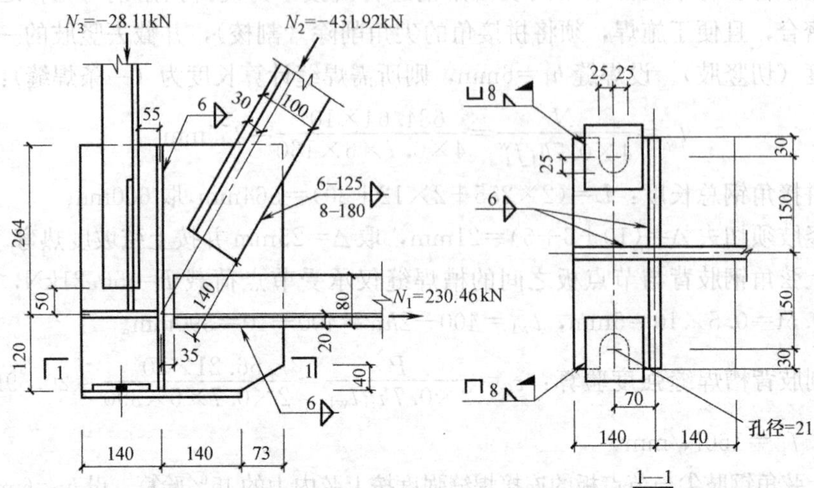

图 2-49　支座节点"a"示意图

为了便于施焊，下弦杆轴线至支座底板的距离取 120mm，在节点中心线上设置加劲肋，加劲肋的高度与节点板高度相等，厚度为 12mm。

1) 支座底板的计算

支座反力 $R=7F=7\times56.21=393.47\text{kN}$，C30 混凝土，$f_c=14.3\ \text{N/mm}^2$。

底板所需净截面面积：$A_n=\dfrac{R}{f_c}=\dfrac{393.47\times10^3}{14.3}=27515\ \text{mm}^2$

螺栓取 M20，孔径 21.5mm，则支座底板面积为：

$$A=A_n+A_0=27515+2\times30\times50+\frac{\pi}{4}\times50^2=32479\text{mm}^2$$

支座底板尺寸取 $280\text{mm}\times360\text{mm}=100800\ \text{mm}^2>32479\ \text{mm}^2$。

垫板尺寸为 $-100\text{mm}\times100\text{mm}\times20\text{mm}$，孔径 21.5mm，底板实际应力为：

$$A_n=A-A_o=100800-4963.5=95836.5\ \text{mm}^2$$

$$q=\frac{R}{A_n}=\frac{393.47\times10^3}{95836.5}=4\ \text{N/mm}^2<f_c=14.3\text{N/mm}^2$$

节点板、加劲肋将底板分成四块相同的相邻两边支承板，两支承边之间的对角线长度 a_1 为：

$$a_1=\sqrt{174^2+134^2}=219.6\text{mm}$$

b_1 为两支承边的相交点到对角线 a_1 的垂直距离，可得 $b_1=\dfrac{a_1}{2}=107\text{mm}$，$\beta$ 由 $b_1/a_1=0.483$ 查表得 $\beta=0.05362$。

每块板的最大弯矩 M 为：$M=\beta qa_1^2=0.05362\times4\times219.6^2=10627.6\text{N}\cdot\text{mm}$

底板厚度为 $t\geqslant\sqrt{\dfrac{6M}{f}}=\sqrt{\dfrac{6\times10627.6}{205}}=17.6\text{mm}$

根据构造要求，取底板厚度 $t=20\text{mm}$。底板尺寸为：360mm × 280mm×20mm。

2）加劲肋与节点板的连接焊缝计算

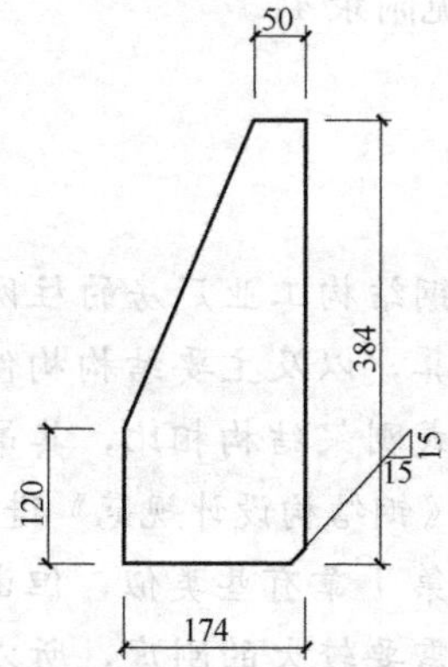

图 2-50 支座加劲肋

加劲肋（图 2-50）与节点板间的竖向焊缝计算与牛腿焊缝相似，可偏于安全的假定一个加劲肋承受屋架支座反力的 1/4，即，$V=\dfrac{R}{4}=\dfrac{393.47}{4}=98.37\text{kN}$，$M=V\cdot e=98.37\times94.5=9296\text{kN}\cdot\text{mm}$

加劲肋高度与节点板相同，取 $l=384\text{mm}$，厚度也与节点板相同，取 $t=12\text{mm}$，采用两侧面角焊缝与节点板相连，设 $h_f=6\text{mm}$，符合构造要求。焊缝计算长度 $l_w=384-2\times6-15=357\text{mm}$。

焊缝应力验算：

$$\tau_f=\frac{V}{2\times0.7h_fl_w}=\frac{98.37\times10^3}{2\times0.7\times6\times357}=32.8\text{N/mm}^2$$

$$\sigma_f=\frac{6M}{2\times0.7h_fl_w^2}=\frac{6\times9296\times10^3}{2\times0.7\times6\times357^2}=52.1\text{N/mm}^2$$

$$\sqrt{\tau_f^2+\left(\frac{\sigma_f}{\beta_f}\right)^2}=\sqrt{32.8^2+\left(\frac{52.1}{1.22}\right)^2}=53.85\text{N/mm}^2<f_f^w=160\text{N/mm}^2$$

焊缝强度满足要求。

3）节点板、加劲肋与底板的连接焊缝计算

节点板与底板的连接焊缝总长为 $\sum l_w=2\times(280-16)=528\text{mm}$，焊缝传递 $R/2=196.74\text{kN}$，取 $h_f=8\text{mm}$，焊缝强度按下式验算：

$$\sigma_f=\frac{R/2}{0.7h_f\sum l_w}=\frac{196.74\times10^3}{0.7\times8\times528}=66.54\ \text{N/mm}^2<\beta_ff_f^w=1.22\times160=195.2\ \text{N/mm}^2$$

焊缝强度满足要求。

加劲肋与底板的连接焊缝长度 $\sum l_w=2\times(174-16-15)=286\text{mm}$，其中

每块加劲肋各传递 $R/4=98.37\text{kN}$，设 $h_f=8\text{mm}$，则焊缝强度按下式验算：

$$\sigma_f=\frac{R/4}{0.7h_f\sum l_w}=\frac{98.37\times10^3}{0.7\times6\times318}=73.65\text{N/mm}^2<\beta_f f_f^w$$
$$=1.22\times160=195.2\text{N/mm}^2$$

焊缝强度满足要求。

钢屋架运送单元施工图见附录4。

小结及学习指导

本章主要讲述单层普通钢结构工业厂房的柱网、柱间支撑和屋盖的结构布置，结构的荷载和内力计算，以及主要结构构件（阶形柱、柱间支撑、屋架和吊车梁）的设计。与门式刚架结构相比，其吊车吨位较大，主要受力构件需要采用厚实截面，按照《钢结构设计规范》进行设计。

本章的结构布置内容和第1章有些类似，但由于工业生产的特点和吊车的工作级别较高，厂房结构需要较大的刚度，所以也有一些不同，学习时应注意加以区分和对比。厂房结构中所涉及的基本构件设计，在钢结构基本原理课程已经学过，本章不再赘述。在学习过程中，要理解和掌握柱网、柱间支撑和屋盖结构布置的作用和具体要求，理解结构的荷载作用和内力计算，掌握阶形柱、柱间支撑、屋架和吊车梁设计的基本原理。

1. 柱网布置需要考虑生产工艺、构件生产的标准化和模数化、温度区段、抽柱等要求，并尽量考虑整个厂房设计的结构优化和经济。

2. 柱间支撑包括上柱柱间支撑、下柱柱间支撑和系杆，其布置需要综合考虑厂房长度、抽柱和吊车情况等，形成可靠的纵向传力系统。

3. 厂房竖向布置包括屋架形式、吊车梁顶标高、柱牛腿顶标高和屋架底标高，以及吊车梁与柱、多层吊车同时出现时的尺寸协调。

4. 屋盖结构分为有檩屋盖和无檩屋盖。屋盖支撑一般由上弦横向水平支撑、下弦横向水平支撑、下弦纵向水平支撑、垂直支撑和系杆等组成。需重点掌握各类支撑的作用、设置要求等。

5. 厂房结构一般按横向框架和纵向框架分别进行内力分析。横向框架分析可以得到柱的截面设计控制内力，纵向框架分析得到柱间支撑的设计内力。二者计算得到的柱顶侧移值和吊车梁标高处的侧移值，用于验算厂房刚度。

6. 厂房阶形柱的强度、局部稳定和整体稳定等设计内容，都是分柱段按照压弯构件进行设计的。这种柱的上段一般采用实腹式截面或者格构式组合截面，其中段和下段柱一般采用格构式组合截面。各段柱的平面内外计算长度及其折减系数也需要分段进行计算。

7. 上柱柱间支撑可采用单片支撑或者双片支撑，下柱柱间支撑一般采用双片支撑。柱间支撑的每个单肢都需要根据其连接构造和受力情况，确定其计算长度，按照轴心受力构件进行设计。

8. 屋架按照外形分为三角形屋架、梯形屋架和平行弦屋架。屋架腹杆的主要形式有芬克式、单向斜杆式、再分式和人字形等。

9. 根据受力情况不同，屋架的杆件一般采用不同形式的双角钢组合截面。屋架杆件的内力由结构所受到的各种荷载，按照荷载组合进行结构整体分析得到。屋架弦杆和腹杆，按照其在屋架平面内外的端部约束和受力情况，确定其平面内外的计算长度，然后按照轴心受力构件设计。屋架节点板的厚度按照屋架杆件的受力大小选定。屋架节点板的形状和平面尺寸，根据杆件节点计算所需要的焊缝长度和构造要求确定，跨中节点还需要考虑屋架的现场拼接。

10. 吊车梁系统一般由吊车梁、制动结构和辅助桁架等组成，主要承受吊车竖向荷载和横向水平荷载，以及吊车梁系统的自重和检修荷载。吊车梁是承受动力荷载的双向受弯构件，除进行强度、局部稳定、整体稳定和刚度计算外，有些情况还需进行疲劳验算。吊车梁系统的构件类型多，连接构造复杂，节点计算内容多。

思考题与习题

2-1 柱网布置需要考虑哪些因素？

2-2 简述柱间支撑的组成、作用和设置要求。

2-3 简述屋盖支撑的作用、组成和布置原则。

2-4 什么是刚性系杆、柔性系杆？简述其在屋架中的设置原则。

2-5 阶形柱计算长度系数的折减系数考虑了哪些因素？

2-6 柱间支撑压杆的计算长度需要考虑哪些因素？

2-7 屋架设计中考虑了哪几种荷载组合？何谓半跨荷载？为何既要计算满跨荷载，又要计算半跨荷载？

2-8 屋架中各杆件平面内和平面外的计算长度应如何取值？

2-9 当采用双角钢截面形式时，梯形屋架的上弦杆、下弦杆、支座处斜腹杆、跨中竖杆、一般腹杆应采用什么截面形式？

2-10 简述填板的作用及构造要求。

2-11 屋架跨中拼接角钢设计时，满足哪些要求？

2-12 吊车梁系统由哪些构件组成？吊车梁设计时，需要考虑哪些荷载？这些荷载由哪些构件承担？

第3章 多层房屋钢结构

本章知识点

【知识点】 多层房屋钢结构的组成、形式和结构布置，荷载计算及效应组合，内力计算方法，楼盖设计，框架和支撑设计。

【重　点】 多层房屋钢结构的组成和结构布置，楼盖设计，框架和支撑设计。

【难　点】 组合楼盖设计、多层房屋钢结构的地震作用计算、支撑设计。

3.1 概述

从结构角度，多层和高层房屋建筑之间并没有严格的界线。根据房屋建筑的荷载特点及其力学行为，尤其是对地震荷载的反应，大致以 12 层（高度约 40m）为界，在设计方法和抗震构造措施上有一些区别。

在国外，多层钢结构的发展已有 100 多年的历史。新中国成立以来直至 20 世纪 80 年代，我国的多层钢结构主要用于厂房建筑。近年来，多层钢结构住宅和别墅的开发和建造也逐渐引起关注。总体上看，我国钢结构在全部建筑中的应用比例不足 1%，建筑用钢在钢材产量中的比值仅为 20%～30%，因此多层钢结构房屋具有十分广阔的应用前景。

3.1.1 工程实例

尽管我国多层钢结构房屋出现仅几十年，但是各地陆续建造了数百万平方米的多层钢结构民用房屋，取得了显著的成绩。比如：位于北京市复兴门内大街的中国工商银行总行营业办公楼（图 3-1a），总建筑面积 96000m^2，结构采用偏心支撑钢框架结构体系，以美国产 A572 宽翼缘 H 型钢为主，总用钢量 8500t。北京市亦庄青年公寓（图 3-1b），总建筑面积 120000m^2，主体结构为钢框架、钢框架-混凝土核心筒体系，梁柱截面为 H 型钢，楼盖采用压型钢板混凝土组合楼板，结构用钢量仅为 37kg/m^2。

3.1.2 结构特点

多层钢结构具有良好的力学性能和综合经济效益，其特点表现在：

(a) (b)

图 3-1 多层钢结构房屋应用实例

(a) 中国工商银行总行营业办公楼；(b) 北京亦庄青年公寓

1. 强度高，自重轻

由于钢材强度高，弹性模量大，构件断面尺寸相对较小，结构自重轻。使用钢结构作为承重骨架，可比混凝土结构减轻自重三分之一以上，从而可减少运输和吊装费用，降低基础的负载和造价。

2. 抗震性能好

钢材具有良好的弹塑性性能，其承重骨架及节点在地震作用下具有良好的延性。此外，钢结构自重轻，可显著减小结构的地震作用。一般情况下，地震作用可降低 40%以上。

3. 建造速度快，施工周期短

结构梁柱等构件一般在工厂制造，现场进行拼装，楼面还可与主体结构实现立体交叉施工，显著提高了施工速度。与混凝土结构相比，施工周期一般可缩短四分之一以上。

4. 工业化程度高，节能环保

与传统的混凝土结构和砌体结构相比，钢结构属于绿色建筑。钢结构房屋的墙体均采用新型轻质复合墙板和轻质砌块，符合建筑节能和环保的要求，可以达到节能 50%的目标，极大节约了我国人均相对短缺的资源。

5. 有效使用面积高

钢结构构件断面小，可减小结构本身在建筑面积上的占比。同时，也可在一定程度上降低结构层高。与同类钢筋混凝土结构相比，有效使用面积可增加 4%左右。

当然，多层钢结构的抗火性能要明显低于钢筋混凝土结构。无任何防火保护措施的钢构件，其耐火极限约为 20min 左右。因此，对于有防火要求的多层钢结构，必须采用专门的防火涂料进行保护，以达到所需的耐火极限要求。

3.1.3　结构组成

多层钢结构一般由柱、梁、楼盖、支撑、墙板和墙架组成。

图 3-2 为某施工中的多层钢框架，主体结构由框架柱、框架梁、楼面次梁、楼面板组成，其楼面采用了钢框架结构中最常使用的压型钢板-混凝土组合楼盖。

图 3-2　多层钢框架实例

3.1.4　应用范围

多层房屋钢结构布置灵活，适用范围广，可用于办公楼、住宅、公寓、别墅、商场等民用建筑，也可用于厂房、车库等工业建筑。

3.1.5　设计过程

3.1.5.1　设计所依据的主要规范、规程

《建筑结构荷载规范》GB 50009—2012

《钢结构设计规范》GB 50017—2003

《建筑抗震设计规范》GB 50011—2010

《高层民用钢结构技术规程》JGJ 99—98

《建筑抗震设防分类标准》GB 50223

《冷弯薄壁型钢结构技术规范》GB 50018—2002

《组合楼板设计与施工规范》CECS 273：2010

《钢结构工程施工质量验收规范》GB 50205—2001

3.1.5.2　一般设计步骤

多层房屋钢结构的设计主要分为以下几个步骤：

1. 确定结构体系，进行结构布置：根据结构的平面、高度、荷载等选择纯框架体系或框架-支撑体系，并进行框架结构布置、楼面布置、支撑布置。

2. 荷载计算：根据建筑功能、使用要求、墙面屋面做法、所在地区等因

素，确定永久荷载、活载、风载、地震作用、温度作用等。

3. 压型钢板组合楼盖计算：确定压型钢板形式，计算压型钢板组合板在施工阶段的强度和变形，组合板在使用阶段的抗弯、抗剪、粘结、局部抗冲切承载力和变形，以及裂缝和频率。

4. 内力计算及组合：计算上述荷载和作用下结构的内力，并按可能的工况进行内力组合。

5. 构件设计：按最不利内力计算梁、柱、支撑等构件，一般包含强度、整体稳定、局部稳定和刚度。

6. 节点设计：确定节点形式并验算节点承载力。一般包括梁柱节点、梁-梁拼接节点、柱-柱节点、柱脚节点等。

7. 变形验算：进行风荷载、地震作用下的结构变形验算。

8. 绘制结构施工图，编制计算书。

一般情况下，可采用上述设计步骤进行，实际设计中也可根据经验先设计主框架，后设计次要结构。

3.2 结构体系和结构布置

3.2.1 结构体系

多层房屋钢结构一般采用纯框架结构体系和框架-支撑结构体系。

3.2.1.1 纯框架结构体系

纯框架结构体系中，房屋的横向和纵向均采用框架作为承重和抵抗侧向力的主要构件（如图 3-3）。框架结构的优点是建筑平面布置灵活，可根据需要分隔成大小不一的房间。内部分隔采用轻质隔墙，外墙采用非承重墙体，立面设计灵活多变，并且可显著降低结构的重量。

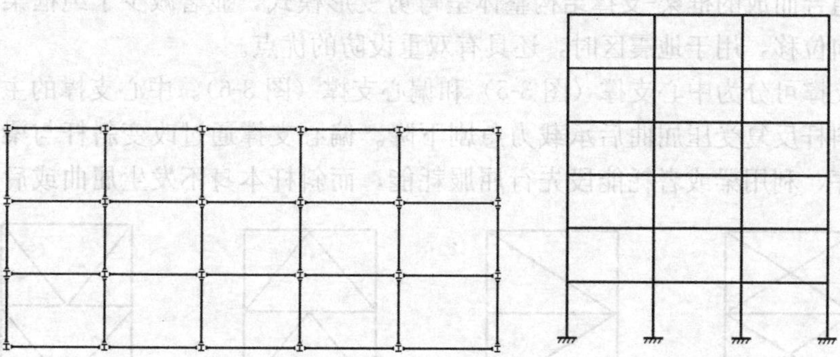

(a)　　(b)

图 3-3　纯钢框架结构示意图

（a）平面布置；（b）立面布置

框架结构刚度分布均匀，延性好，自振周期长，对地震作用不敏感，抗震性能好。

但框架结构抗侧刚度小，侧向位移大。框架结构的变形主要由梁柱的弯曲变形和柱的轴向变形组成，前者一般占据主导地位。框架层间变形下部大，上部小，整个结构呈现剪切变形特征。同时，由于梁柱节点域的剪切变形，进一步增大了框架的侧向位移。

由于水平变形较大，当竖向荷载作用于有明显侧移的框架结构时，构件内力和侧移会进一步增大，称为 P-Δ 效应，也称框架的二阶效应。P-Δ 效应主要取决于房屋层数、柱轴压比和杆件长细比，对框架的整体稳定有一定影响。

3.2.1.2　框架-支撑结构体系

框架-支撑体系中，由框架和支撑协同工作，且支撑承受大部分的侧向力（图 3-4）。

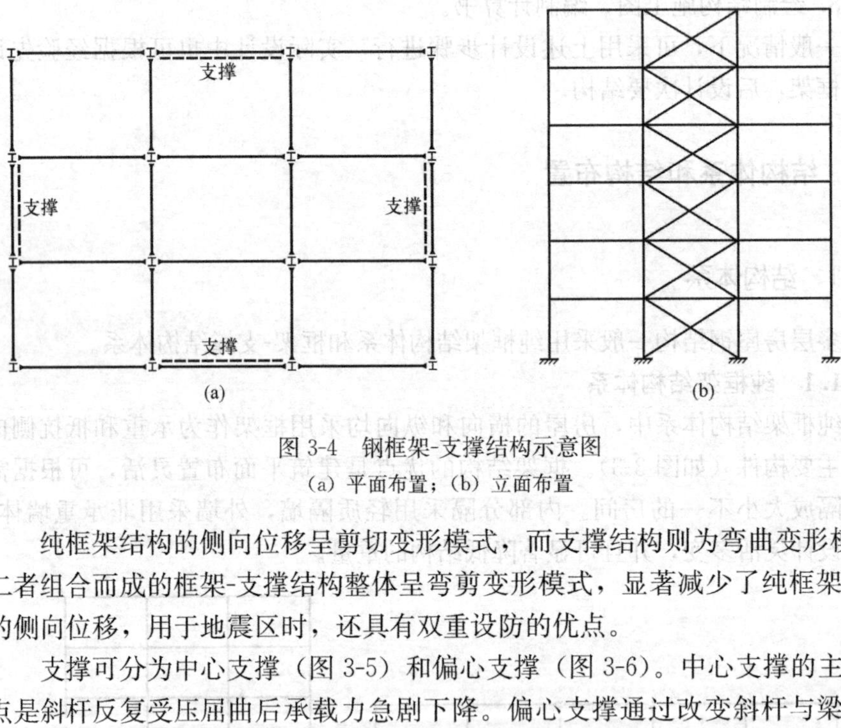

图 3-4　钢框架-支撑结构示意图

(a) 平面布置；(b) 立面布置

纯框架结构的侧向位移呈剪切变形模式，而支撑结构则为弯曲变形模式，二者组合而成的框架-支撑结构整体呈弯剪变形模式，显著减少了纯框架结构的侧向位移，用于地震区时，还具有双重设防的优点。

支撑可分为中心支撑（图 3-5）和偏心支撑（图 3-6）。中心支撑的主要缺点是斜杆反复受压屈曲后承载力急剧下降。偏心支撑通过改变斜杆与梁的屈曲顺序，利用梁或者耗能段先行屈服耗能，而斜杆本身不发生屈曲或后发生

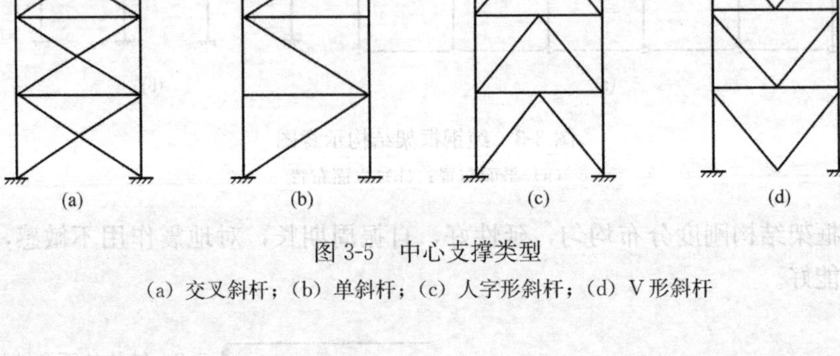

图 3-5　中心支撑类型

(a) 交叉斜杆；(b) 单斜杆；(c) 人字形斜杆；(d) V 形斜杆

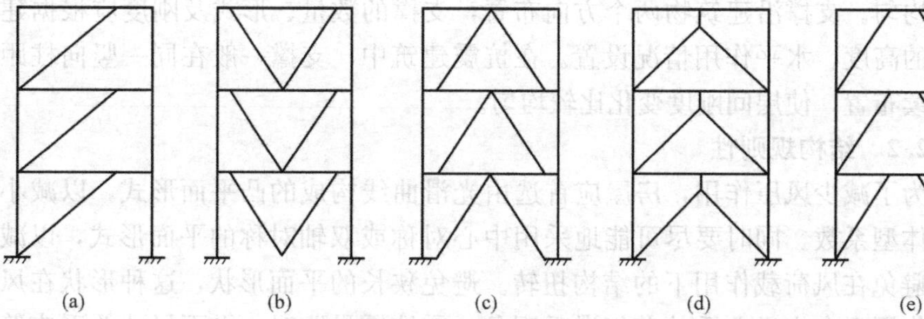

图 3-6　偏心支撑类型

（a）单斜杆；（b）V形；（c）人字形斜杆；（d）Y形；（e）门形

屈曲，结构既在弹性阶段呈现较好的刚度，又在非弹性阶段具有很好的延性和耗能能力，更适用于抗震结构。

3.2.1.3　多层房屋钢结构体系选择

非抗震设防的多层钢结构房屋通常不设双重抗侧力体系，而是单纯采用框架结构或支撑体系。采用框架体系时不一定把所有的梁都和柱刚性连接，只要侧向刚度足够，可只取一部分柱参与抗侧力工作（图 3-7a）。采用支撑体系时，也可在少数柱之间加设支撑（图 3-7b），此时梁和柱的连接都可做成铰接或柔性连接。

抗震设防的多层钢结构可以采用偏心支撑结构体系。设置偏心支撑的开间内，构件之间的相互连接均为刚接。不超过 12 层的钢结构宜采用中心支撑，有条件时也可采用偏心支撑。当中心支撑采用只能受拉的单斜杆体系时，应同时设置不同倾斜方向的两组单斜杆，且每组不同方向单斜杆的截面在水平方向的投影面积之差不得大于 10％。

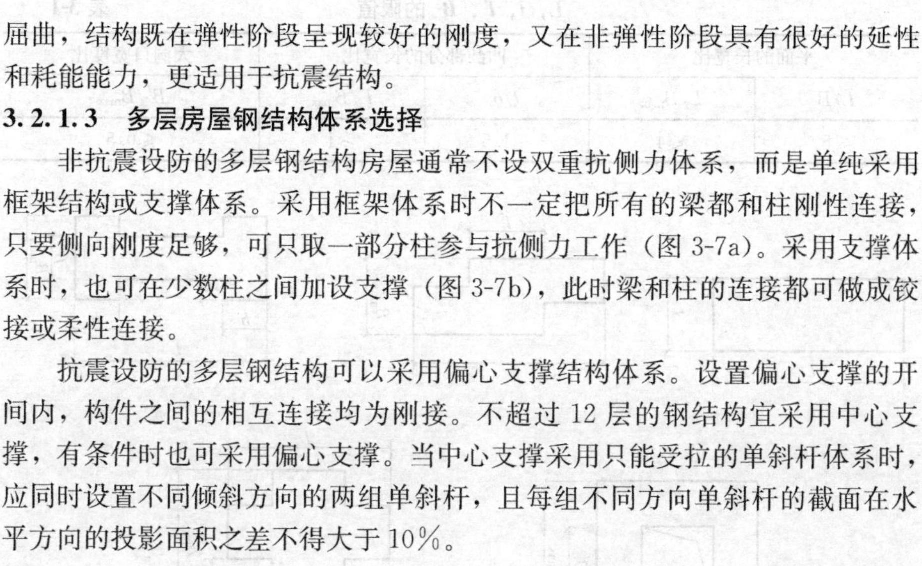

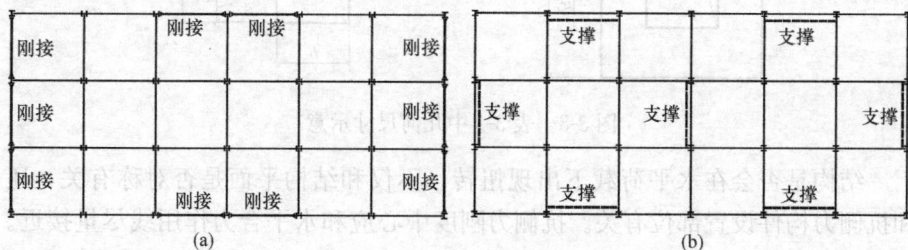

图 3-7　多层房屋的抗侧力结构

（a）部分框架柱抗侧力；（b）部分支撑抗侧力

3.2.2　结构布置

3.2.2.1　结构布置一般原则

框架钢梁和钢柱正交或非正交，框架沿横向和纵向布置，形成双向抗侧力结构，承受竖向荷载和任意方向的水平荷载作用。柱网及梁系布置合理，纵、横向刚度均匀，构件传力明确，类型统一，节点构造简单，便于施工。

柱-支撑体系刚度大，用钢量省，条件允许时应优先选用。支撑布置应合理、均匀。支撑沿建筑物两个方向布置，支撑的数量、形式及刚度应根据建筑物的高度、水平作用情况设置。在抗震建筑中，支撑一般在同一竖向柱距内连续布置，使层间刚度变化比较均匀。

3.2.2.2　结构规则性

为了减少风压作用，房屋应首选由光滑曲线构成的凸平面形式，以减小风载体型系数。同时要尽可能地采用中心对称或双轴对称的平面形式，以减小或避免在风荷载作用下的结构扭转。避免狭长的平面形状，这种形状在风荷载作用下会产生严重的剪切滞后现象。需抗震设防时，平面尺寸关系应符合表3-1的要求，表中相应尺寸的几何意义见图3-8。

L，l，l'，B' 的限值　　表3-1

平面的长宽比		凹凸部分的长宽比		大洞口宽度比
L/B	L/B_{max}	l/b	l'/B_{max}	B'/B_{max}
≤5	≤4	≤1.5	≥1	≤0.5

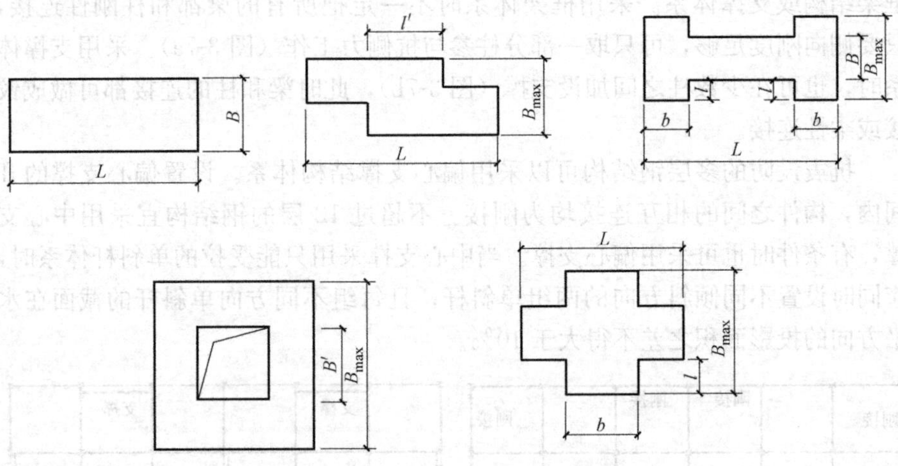

图3-8　表3-1中几何尺寸示意

结构是否会在水平荷载下出现扭转，不仅和结构平面是否对称有关，还和抗侧力构件设置部位有关。抗侧力刚度中心应和水平合力作用线尽量接近。偏心率是度量抗侧力构件布置状况的力学参量，可以由下式分别计算出任一楼层相应于 x 和 y 方向的偏心率 ε_x 和 ε_y：

$$\varepsilon_x = e_y / r_{ex}, \qquad \varepsilon_y = e_x / r_{ey} \tag{3-1}$$

$$r_{ex} = (K_T / \Sigma K_x)^{1/2}, \qquad r_{ey} = (K_T / \Sigma K_y)^{1/2} \tag{3-2}$$

$$K_T = \Sigma(K_x y^2) + \Sigma(K_y x^2) \tag{3-3}$$

式中　e_x、e_y——分别为 x 和 y 方向水平作用合力线到结构刚心的距离；

r_{ex}、r_{ey}——分别为 x 和 y 方向的抗扭弹性半径；

ΣK_x、ΣK_y——分别为所计算楼层各抗侧力构件在 x 和 y 方向的侧向刚度之和；

K_T——所计算楼层的扭转刚度；

x、y——以刚心为原点的抗侧力构件坐标。

当任一层的偏心率大于0.15时，称为平面不规则结构。此外，有下列情形也属于平面不规则结构：

(1) 结构平面形状有凹角，凹角的伸出部分在一个方向的尺度，超过该方向建筑总尺寸的25%；

(2) 楼面不连续或刚度突变，包括开洞面积超过该层总面积的50%；

(3) 抗水平力构件既不平行又不对称于侧力体系的两个互相垂直的主轴。

就结构竖向布置而言，除使结构各层的抗侧力刚度中心与水平合力中心接近重合外，各层的刚度中心应接近在同一竖直线上，建筑开间、进深尽量统一。

具有下列情形之一者，称为竖向布置不规则结构：

(1) 楼层刚度小于其相邻上层刚度的70%，且连续三层总的刚度降低超过50%；

(2) 相邻楼层质量之比超过1.5（建筑为轻屋盖时，顶层除外）；

(3) 立面收进尺寸的比例为$L_1/L<0.75$（L_1为收进的尺寸，L为对应方向的总尺寸）；

(4) 竖向抗侧力构件不连续；任一楼层抗侧力构件的总受剪承载力，小于其相邻上层的80%。

对于平面不规则结构和竖向布置不规则结构，应在计算和构造上作相应处理。

3.2.2.3　楼盖布置

在多层建筑中，楼盖结构除直接承受竖向荷载并将其传递给竖向构件外，还起横隔的作用。楼盖的布置方案和设计不仅影响到整个结构的性能，还可能影响到建筑的施工进程和经济效益。

楼板形式有现浇钢筋混凝土楼板、装配整体式楼板和压型钢板组合楼板等。其中，压型钢板组合楼板较常用，这种楼板是将压型钢板直接铺设于钢梁上翼缘，通过栓钉与钢梁连接，然后浇注混凝土而成。楼板宜采用压型钢板现浇钢筋混凝土组合楼板或钢筋混凝土楼板；不宜采用预制钢筋混凝土楼板；高度不大且无地震设防的建筑，可采用装配整体式楼板，如预应力薄板加混凝土现浇层或现浇钢筋混凝土楼板。楼板应与钢梁可靠连接，且在板上浇注整浇层；卫生间及开洞较多处可采用现浇钢筋混凝土楼板。

楼盖的结构方案选择除了要满足建筑设计要求、便于施工以及自重轻等一般性的原则外，还应满足以下要求：

(1) 楼盖必须有足够的整体刚度，以保证结构的空间整体刚度和空间协调工作；

(2) 楼板和梁系之间有可靠的连接，以传递水平剪力；

(3) 支撑框架之间楼盖的长宽比不宜大于3。

多层建筑的楼盖结构一般由楼板和梁系组成，梁系包含主梁和次梁。一般以框架梁为主梁，次梁以主梁为支承。主梁通常等跨、等间距设置，次梁可等间距布置或不等间距布置。钢梁的间距要与上覆楼板类型相协调，尽量取在楼板的经济跨度内。对于压型钢板组合楼板，其适用跨度范围为1.5～4.0m，而经济跨度范围为2.0～3.0m。

图3-9是典型的楼盖平面布置形式，其中图3-9（a）是横向框架加纵向支撑布置方案，多用于矩形平面的多层房屋结构；图3-9（b）系纵、横双向纯框架结构布置方案，多用于正方形平面的多层房屋结构。

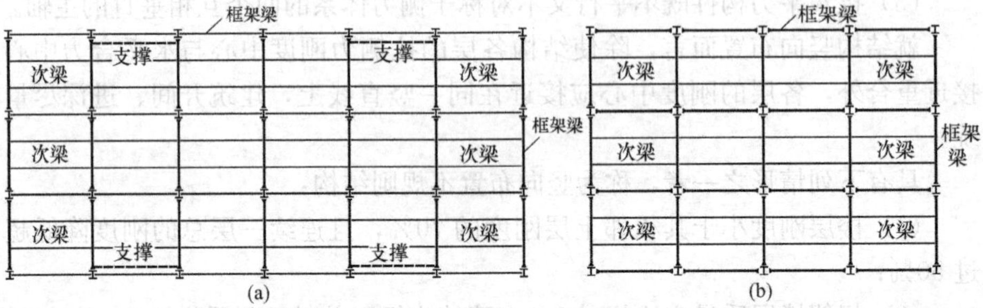

图3-9　楼盖平面布置
（a）横向框架布置方案；（b）双向框架布置方案

3.3　荷载作用及效应组合

多层钢结构的荷载和作用主要有：竖向荷载、风荷载和地震作用。

3.3.1　竖向荷载

多层钢结构的竖向荷载主要是永久荷载（结构自重等）及楼面和屋面活荷载。楼面及屋面活荷载、雪荷载标准值及其准永久值系数、楼面活荷载的折减系数按《建筑结构荷载规范》的有关条文规定取值。

当活荷载与永久荷载相比不大时，对楼面和屋面可不作最不利布置工况的选择，按各跨满载简化计算。当活荷载较大时（$\geqslant 4\text{kN/m}^2$），须将简化的框架梁跨中弯矩乘以1.1～1.2的提高系数，梁端弯矩乘以1.05～1.1的提高系数，用于考虑活荷载最不利布置的影响。

当施工中采用附墙塔、爬塔等对结构有影响的起重机械和设备时，在结构设计中还应进行施工阶段验算。

3.3.2　风荷载

作用在多层建筑任意高度处的风荷载标准值w_k应按式（3-4）计算：

$$w_k=\beta_z\mu_s\mu_z\omega_0 \tag{3-4}$$

式中　w_k——任意高度处风荷载标准值；

ω_0——基本风压，按《建筑结构荷载规范》取值；

μ_s——风压高度变化系数，按《建筑结构荷载规范》取值；

μ_z——风载体型系数，按《建筑结构荷载规范》取值；

β_z——顺风向高度 z 处的风振系数，按《建筑结构荷载规范》的有关规定计算。

当建筑顶部有小体型的突出部分（如伸出屋顶的电梯间等）时，设计应考虑鞭梢效应。可根据小体型作为独立体时的自振周期 T_u与主体建筑的基本自振周期为 T_1的值按下列规定处理：

（1）当 $T_u \leqslant T_1/3$ 时，可近似把地面到突出部分的顶部简化为一等截面结构计算风振系数；

（2）当 $T_u > T_1/3$ 时，应按梯形体型结构采用风振理论进行分析计算。

3.3.3 地震作用

3.3.3.1 计算原则

按照《建筑抗震设防分类标准》的规定，根据使用功能的重要性，将建筑划分为甲类、乙类、丙类和丁类四个抗震设防类别。重大建筑工程和地震时可能发生严重次生灾害的建筑为甲类建筑，地震时使用功能不能中断或须尽快恢复的建筑为乙类建筑，抗震属于次要性的建筑为丁类建筑，甲类、乙类和丁类建筑除外的一般建筑为丙类建筑。

根据“小震不坏，中震可修，大震不倒”的抗震设防目标，钢结构的抗震设计采用两阶段设计法。第一阶段为多遇地震作用下的弹性分析，验算构件的承载力、稳定及层间侧移；第二阶段为罕遇地震作用下的弹塑性分析，验算层间侧移和层间侧移延性比。

第一阶段多遇地震作用时的抗震计算应符合下列要求：

（1）通常情况下，应在结构的两个主轴方向分别计入水平地震作用，各方向的水平地震作用全部由该方向的抗侧力构件承担；

（2）当有斜交抗侧力构件时，宜分别计入各抗侧力构件方向的水平地震作用；

（3）对于质量和刚度明显不均匀、不对称的结构，应计入水平地震作用的扭转效应，即结构偏心引起的扭转效应。

3.3.3.2 设计反应谱

弹性反应谱理论仍是现阶段结构抗震设计的最基本理论，我国《建筑抗震设计规范》采用图 3-10 所示的设计反应谱曲线，α 是水平地震影响系数；α_{max}是水平地震影响系数最大值，T_g为场地特征周期，T 为结构自振周期，η_1

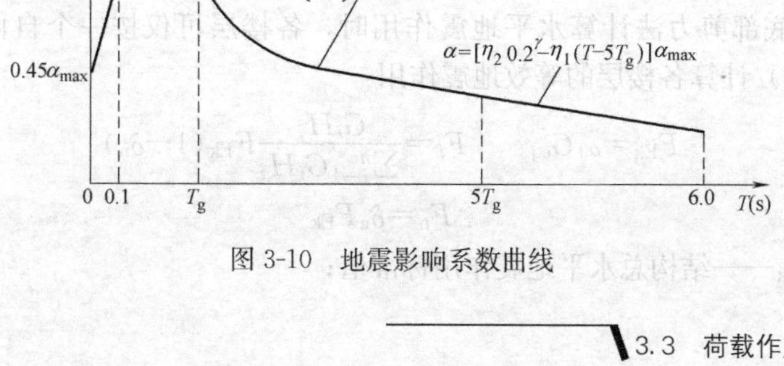

图 3-10 地震影响系数曲线

为直线下降段的下降斜率调整系数，η_2 为阻尼调整系数。

建筑结构的水平地震影响系数应根据地震烈度、场地类别、设计地震分组、结构自振周期和阻尼比确定。特征周期 T_g 和水平地震影响系数最大值 α_{max} 分别见表 3-2 和表 3-3。

场地特征周期 T_g（s）　表 3-2

设计地震分组	场地类别				
	$Ⅰ_0$	$Ⅰ_1$	Ⅱ	Ⅲ	Ⅳ
第一组	0.20	0.25	0.35	0.45	0.65
第二组	0.25	0.30	0.40	0.55	0.75
第三组	0.30	0.35	0.45	0.65	0.90

水平地震影响系数最大值　表 3-3

地震影响	6 度	7 度	8 度	9 度
多遇地震	0.04	0.08(0.12)	0.16(0.24)	0.32
罕遇地震	0.28	0.50(0.72)	0.90(1.20)	1.40

注：括号中数值分别用于设计基本地震加速度为 0.15g 和 0.30g 的地区。

按照《建筑抗震设防分类标准》的规定，在多遇地震下计算，多层钢结构的阻尼比可取 0.04，据此得出：$\gamma=0.9185$，$\eta_1=0.022$，$\eta_2=1.069$。在罕遇地震下弹塑性分析，多层钢结构的阻尼比可取 0.05，相应有：$\gamma=0.9$，$\eta_1=0.02$，$\eta_2=1.0$。因此，多层钢结构的水平地震影响系数 α 的计算公式为：

多遇地震：

$$\alpha(T)=\begin{cases}(0.45+6.19T)\alpha_{max} & 0\leqslant T\leqslant 0.1\\ 1.069\alpha_{max} & 0.1<T\leqslant T_g\\ 1.069\left(\dfrac{T_g}{T}\right)^{0.9185}\alpha_{max} & T_g<T\leqslant 5T_g\\ [0.244-0.022(T-5T_g)]\alpha_{max} & T>5T_g\end{cases}\tag{3-5}$$

罕遇地震：

$$\alpha(T)=\begin{cases}(0.45+5.5T)\alpha_{max} & 0\leqslant T\leqslant 0.1\\ \alpha_{max} & 0.1<T\leqslant T_g\\ \left(\dfrac{T_g}{T}\right)^{0.9}\alpha_{max} & T_g<T\leqslant 5T_g\\ [0.235-0.02(T-5T_g)]\alpha_{max} & T>5T_g\end{cases}\tag{3-6}$$

3.3.3.3　水平地震作用计算

第一阶段多遇地震作用下的地震效应采用弹性方法计算。由于多层钢结构高度一般小于 40m，当平面和竖向布置规则时，可采用底部剪力法，或振型分解反应谱法；竖向布置特别不规则的建筑及甲类和乙类建筑，宜采用时程分析法作补充计算。第二阶段罕遇地震作用下钢结构的地震效应应采用时程分析法计算。

1. 底部剪力法

采用底部剪力法计算水平地震作用时，各楼层可仅按一个自由度计算，按式（3-7）计算各楼层的等效地震作用：

$$F_{Ek}=\alpha_1 G_{eq}\qquad F_i=\frac{G_iH_i}{\sum_{j=1}^{n}G_iH_i}F_{Ek}(1-\delta_n)\tag{3-7}$$

$$\Delta F_n=\delta_n F_{Ek}\tag{3-8}$$

式中　F_{Ek}——结构总水平地震作用标准值；

α_1——相应于结构基本自振周期 T_1 的水平地震影响系数值；

G_{Eq}——结构的等效总重力荷载，取总重力荷载代表值的 85%；

G_i、G_j——分别为第 i、j 层重力荷载代表值；

H_i、H_j——分别为 i、j 层楼盖距底部固定端的高度；

F_i——第 i 层的水平地震作用标准值；

ΔF_n——顶部附加水平地震作用；

δ_n——顶部附加地震作用系数，对于多层钢结构房屋，可按表 3-4 采用。

顶部附加地震作用系数　　表 3-4

T_g(s)	$T_1>1.4T_g$	$T_1\leqslant 1.4T_g$
≤0.35	$0.08T_1+0.07$	
0.35～0.55	$0.08T_1+0.01$	0.0
>0.55	$0.08T_1-0.02$	

注：T_1 为结构基本自振周期。

在底部剪力法中，顶部突出物的地震作用可按所在高度作为一个质量，按其实际定量计算所得水平地震作用放大 3 倍设计该突出部分的结构。增大影响宜向下考虑 1～2 层，但不再往下传递。

在初步计算时，结构的基本自振周期可按下列经验公式估算：

$$T_1=0.1n \tag{3-9}$$

式中　n——建筑物层数（不包括地下部分及屋顶小塔楼）。

对于重量及刚度沿高度分布比较均匀的结构，基本自振周期也可用下列公式近似计算：

$$T_1=1.7\zeta_T\sqrt{u_n} \tag{3-10}$$

式中　u_n——结构顶层假想侧移（m），即假想将结构各层的重力荷载作为楼层的集中水平力，按弹性静力方法计算所得到的顶层侧移值。

ζ_T——考虑非结构构件的影响以及计算简图与实际情况的差别的修正系数，可取 0.9。

2. 振型分解反应谱法

对于体型比较简单，可不计扭转影响的结构，振型分解反应谱法可仅考虑平移作用下的地震效应组合，按下列方法计算：

(1) j 振型 i 层质点的水平地震作用标准值，可按下列公式计算：

$$F_{ji}=\alpha_j\gamma_j X_{ji}G_i \quad (i=1,2,\cdots,n;\ j=1,2,\cdots,m) \tag{3-11}$$

$$\gamma_j=\frac{\sum_{i=1}^{n}X_{ji}G_i}{\sum_{i=1}^{n}X_{ji}^2G_i} \tag{3-12}$$

(2) 水平地震作用效应（弯矩、剪力、轴向力和变形），当相邻振型的周期比小于 0.85 时，可按下式计算：

$$S_{Ek}=\sqrt{\sum S_j^2} \tag{3-13}$$

式中　α_j——相应于 j 振型计算周期 T_j 的地震影响系数，按式（3-5）、

式 (3-6)计算；

γ_j——j 振型的参与系数；

X_{ji}——j 振型 i 质点的水平相对位移；

S_{Ek}——水平地震作用标准值的效应；

S_j——j 振型水平地震作用标准值产生的效应，可只取前 2～3 个振型；当基本自振周期大于 1.5s 或房屋高宽比大于 5 时，振型数应适当增加。

突出屋面的小塔楼，应按每层一个质点进行地震作用计算和振型效应组合。当采用 3 个振型时，所得地震作用效应可以乘增大系数 1.5；当采用 6 个振型时，所得地震作用效应不再增大。

体型复杂或不能按平面结构假定进行计算时，宜采用空间协同工作或空间模型计算，考虑空间振型及其耦连作用，考虑结构各部分产生的转动惯量计算振型参与系数，并按完全二次方根法进行振型组合。

3. 时程分析法

(1) 地震波选取

采用时程分析法计算结构的地震反应时地震波的选择应符合下列要求：

应按场地类别和设计地震分组选用实际强震记录和人工模拟的加速度时程曲线，其中实际强震记录的数量不应少于总数的 2/3，多组时程曲线的平均地震影响系数曲线应与振型分解反应谱所采用的地震影响系数在统计意义上相符，其加速度时程的最大值可按表 3-5 取值。

当取三组加速度时程曲线输入时，计算结果宜取时程法的包络值和振型分解反应谱法的较大值；当取七组及七组以上的时程曲线时，计算结果可取时程法的平均值和振型分解反应谱法的较大值。

时程分析的时间步长不宜超过地震波卓越周期的 1/10，且不宜大于 0.02s。

时程分析所用地震加速度峰值 (cm/s^2)　　表 3-5

地震影响	6	7	8	9
多遇地震	18	35(55)	70(110)	140
罕遇地震	125	220(310)	400(510)	620

注：括号中数值分别用于设计基本地震加速度为 0.15g 和 0.30g 的地区。

(2) 计算模型

多层钢框架结构的计算模型可采用杆系模型、层模型（剪切型层模型、剪弯型层模型）或精细有限元模型。

采用杆系模型时，梁、柱的恢复力模型可采用二折线型，其滞回模型不考虑刚度退化，钢支撑和耗能梁段等构件的恢复力模型应按杆件特性确定。采用层模型时，层恢复力模型可近似用静力弹塑性方法计算，此时作用于结构的水平荷载沿结构高度的分布应与等效地震力沿高度的分布一致或接近，并应同时作用重力荷载。计算时材料的屈服强度和极限强度按标准值采用，层恢复力模型可简化为二折线或三折线模型，并尽量与计算所得的结果接近。对新型、特殊的杆件和结构，其恢复力模型宜通过试验确定。分析时，应计算二阶效应的影响。

3.3.4 荷载效应组合

当无地震作用时，按下式进行组合：

$$S=\gamma_G C_G G_k+\gamma_{Q1} C_{Q1} Q_{1k}+\gamma_{Q2} C_{Q2} Q_{2k}+\psi_W \gamma_W C_W W_k \tag{3-14}$$

当有地震作用时，按下式进行组合：

$$S=\gamma_G C_G G_E+\gamma_E C_E F_{Ek}+\gamma_{Ev} C_{Ev} F_{Evk}+\psi_W \gamma_W C_W W_k \tag{3-15}$$

式中 G_k、Q_{1k}、Q_{2k}——分别为永久荷载、楼面活荷载、雪荷载等竖向荷载标准值；

F_{Ek}、F_{Evk}、W_k——分别为水平地震作用、竖向地震作用和风荷载标准值；

G_E——考虑地震作用时的重力荷载代表值；

$C_G G_k$、$C_{Q1} Q_{1k}$、$C_{Q2} Q_{2k}$、$C_W w_k$——无地震组合荷载和作用产生的效应；

$C_G G_E$、$C_E F_{Ek}$、$C_{Ev} F_{Evk}$、$C_W w_k$——有地震组合荷载和作用产生的效应；

γ_G、γ_{Q1}、γ_{Q2}、γ_E、γ_{Ev}——分别为上述荷载和作用的分项系数，见表 3-6；

ψ_W——风荷载组合系数，无地震作用组合中取 1.0，有地震作用组合中取 0.2。

荷载或作用的分项系数 **表 3-6**

组合情况	重力荷载 γ_G	活荷载 γ_{Q1}、γ_{Q2}	水平地震作用 γ_E	竖向地震作用 γ_{Ev}	风荷载 γ_w	备注
考虑重力、楼面活荷载及风荷载	1.2	1.3～1.4	—	—	1.4	
考虑重力及水平地震作用	1.2	—	1.3	—	—	
考虑重力及竖向地震作用	1.2	—	—	1.3	—	用于 9 度设防及 8 度、9 度设防的大跨度和长悬臂结构
考虑重力、水平地震作用及竖向地震作用	1.2	—	1.3	0.5	—	

注：1. 在地震作用组合中，当重力荷载效应对构件承载力有利时，γ_G 宜取为 1.0；
2. 对楼面结构，当活荷载标准值不小于 $4kN/m^2$ 时，其分项系数取 1.3。

第一阶段抗震设计中的结构侧移验算，应与构件承载力验算组合相同，但各荷载或作用的分项系数应取 1.0。

第二阶段抗震设计采用时程分析法验算时，竖向荷载宜取重力荷载代表值。因考虑受罕遇地震作用，故不考虑风荷载，且荷载和作用的分项系数也都取 1.0。因为结构处于弹塑性阶段，叠加原理已不适用，故应先将考虑的荷载和作用都施加到结构模型上，再进行分析。

3.4　结构计算

3.4.1　一般规定

多层钢结构一般情况可采用平面抗侧力结构的空间协同计算模型。当结构布置规则、质量和刚度沿高度分布均匀且不计扭转效应时，可采用平面结构计算模型，可将所有框架合并为总框架，并将所有竖向支撑合并为总支撑，然后进行协同工作分析（图 3-11）。当结构布置不规则、体型复杂、无法划分成平面抗侧力单元时，应采用空间计算模型。

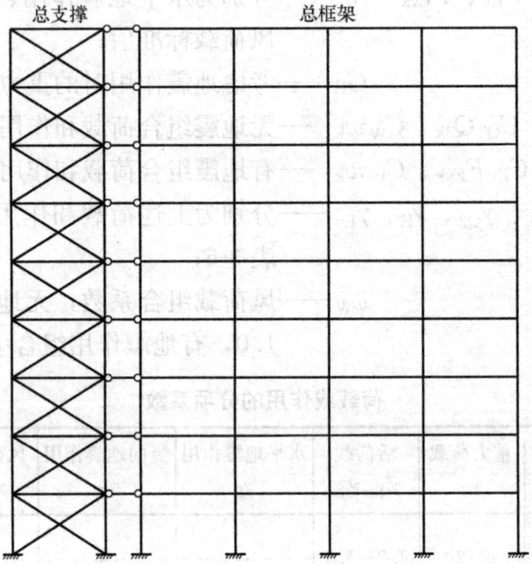

图 3-11　框架-支撑结构协同分析模型

多层钢结构通常采用压型钢板钢-混凝土组合楼盖或装配整体式楼盖，其在自身平面内的刚度是相当大的，当进行结构的作用效应计算时，可假定楼面在其自身平面内为绝对刚性。当然，设计中应采取保证楼面整体刚度的构造措施。对整体性较差、开孔面积大、有较长外伸段的楼面或相邻层刚度有突变的楼面，当不能保证楼面的整体刚度时，宜采用楼板平面内的实际刚度，或对按刚性楼面假定计算所得结果进行调整。

当进行结构弹性分析时，由于楼板和钢梁连接在一起，宜考虑现浇钢筋混凝土楼板与钢梁的共同工作，且在设计中应使楼板与钢梁间有可靠连接。在框架弹性分析时，压型钢板组合楼盖中梁的惯性矩对两侧有楼板的梁宜取 $1.5I_b$，对仅一侧有楼板的梁宜取 $1.2I_b$（I_b为钢梁截面惯性矩）。当进行结构弹塑性分析时，楼板可能严重开裂，可不考虑楼板与梁的共同工作。

柱间支撑两端的构造应为刚性连接，但可按两端铰接计算，其端部连接的刚度通过支撑构件的计算长度考虑。偏心支撑的耗能梁段在罕遇地震作用下将首先屈服，由于它的受力性能不同，应按单独单元计算。

梁的轴力很小，而且与楼板组成刚性楼盖，通常不考虑梁的轴向变形。中心支撑框架和不超过 12 层的多层钢结构，层间侧移计算时可不计入节点域剪切变形的影响。

3.4.2 荷载效应计算方法

竖向荷载作用下的内力可采用分层法或力矩分配法计算，也可采用矩阵位移法或有限元法进行计算。

风荷载和地震作用下的内力可采用反弯点法或 D 值法计算，也可采用矩阵位移法或有限元法进行计算。

具体计算过程可参见结构力学和有限元书籍。

3.4.3 结构变形限值

3.4.3.1 重力荷载作用下构件的允许挠度

为保证楼盖有较好的整体刚度和使用性能，要求在重力荷载作用下楼盖主梁和次梁的挠度不大于相应的允许值，主梁及次梁挠度不大于 $l/400$（l 为梁的跨度）。

3.4.3.2 风荷载作用下结构的侧移限值

风荷载作用下，按弹性方法计算得到的框架侧移限值应符合下列规定：

（1）结构顶端质心处的侧移 Δ 不超过建筑高度 H 的 1/500，即 $\Delta/H\leqslant 1/500$。

（2）楼层质心处的层间侧移 Δu，不宜超过楼层高度的 1/400，即 $\Delta u/h\leqslant 1/400$。

（3）结构平面端部构件的最大侧移，不得超过楼层质心侧移的 1.2 倍。

3.4.3.3 地震作用下结构的侧移限值

第一阶段多遇地震作用下结构的层间位移应满足下列要求：

（1）最大弹性层间位移 Δu_e，不宜超过楼层高度的 1/250，即 $\Delta u_e/h\leqslant 1/250$。

（2）结构平面端部构件的最大位移，不得超过楼层质心位移的 1.3 倍。

第二阶段罕遇地震作用下结构的位移应满足下列要求：

（1）结构薄弱层的弹塑性层间位移 Δu_p，不宜超过薄弱层高度 h 的 1/50，即 $\Delta u_p/h\leqslant 1/50$。

（2）纯框架结构、偏心支撑框架和中心支撑框架结构的层间位移延性比（罕遇地震下的最大层间侧移与其进入弹塑性时的层间位移比值）不得超过 3.5、3.0 和 2.5。结构在罕遇地震作用下应进行薄弱层弹塑性变形验算的建筑物，应符合《建筑抗震设计规范》5.5.2 条的规定。

3.5　组合楼盖设计

3.5.1　一般规定

3.5.1.1　组合板与梁的连接

组合楼板一般以板肋平行于主梁的方式布置于次梁上，如果不设次梁，则以板肋垂直于主梁的方式布置于主梁上（图 3-12）。搁置楼板的钢梁上翼缘通长设置抗剪连接件，以保证楼板和钢梁之间可靠地传递水平剪力，最常用的是栓钉连接件。

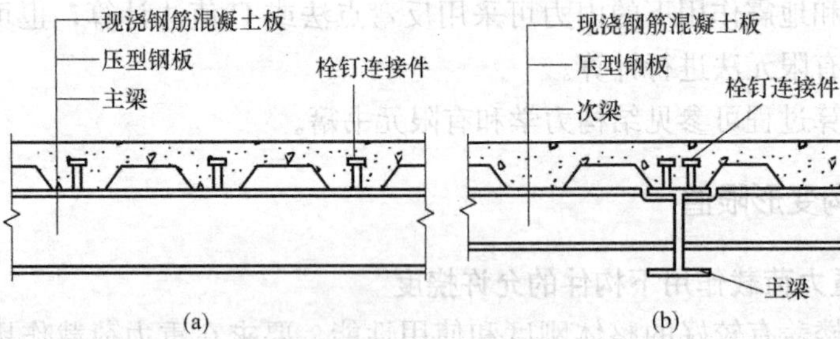

图 3-12　压型钢板组合楼盖

（a）板肋垂直于主梁；（b）板肋平行于主梁

3.5.1.2　压型钢板与混凝土的连接

为增加压型钢板与混凝土之间水平剪力，可采用闭口截面形式的压型钢板，利用其纵向波槽增加连接力（图 3-13a），或依靠压型钢板上的压痕、小洞或不闭合的孔眼（图 3-13b），或依靠在压型钢板上焊接的横向钢筋（图 3-13c），也可在压型钢板端部设置连接件（图 3-13d）。其中端部锚固件要求在任何情形下都应当设置。

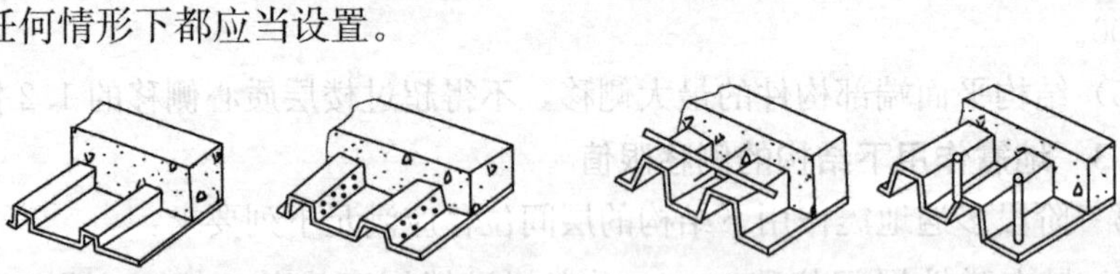

图 3-13　压型钢板与混凝土的连接

3.5.1.3　压型钢板支承长度

组合板中的压型钢板在钢梁上的支承长度，不应小于 50mm。在砌体上的支承长度不应小于 75mm。

组合板的总厚度不应小于 90mm，压型钢板顶面以上的混凝土厚度不应小于 50mm。此外，尚应符合楼板防火保护层厚度的规定。组合板用的压型钢板应采用镀锌钢板，其镀锌层厚度应满足在使用期间不致锈损的要求。用于组合板的压型钢板净厚度（不包括镀锌层或饰面层厚度）不应小于 0.75mm，仅作模板的压型钢板厚度不小于 0.5mm，浇注混凝土的波槽平均宽度不应小于

50mm。当在槽内设置栓钉连接件时，压型钢板总高度不应大于 80mm。

3.5.1.4 压型钢板配筋构造

组合板在下列情况之一时应配置钢筋：

(1) 为组合板提供储备承载力的附加抗拉钢筋；

(2) 在连续组合板或悬臂组合板的负弯矩区配置负弯矩抗拉钢筋；

(3) 在集中荷载区段和孔洞周围配置加强钢筋；

(4) 无防火涂料时须设置防火钢筋；

(5) 在压型钢板上翼缘焊接横向钢筋，应配置在剪跨区段内，其间距宜为 150～300mm。

连续组合梁或组合板在中间支座负弯矩区的上部纵向钢筋，应伸过梁的反弯点，并应留出锚固长度和弯钩。下部纵向钢筋在支座处应连续配置，不得中断。

当连续组合板按简支板设计时，抗裂钢筋的截面不应小于混凝土截面的 0.2%，抗裂钢筋从支承边缘算起的长度，不应小于跨度的 1/6，且应与不少于 5 支分布钢筋相交。抗裂钢筋最小直径应为 4mm，最大间距应为 150mm。顺肋方向抗裂钢筋的保护层厚度宜为 20mm。与抗裂钢筋垂直的分布钢筋直径，不应小于抗裂钢筋直径的 2/3，其间距不应大于抗裂钢筋间距的 1.5 倍。

组合板在集中荷载作用处，应设置横向钢筋，其截面面积不应小于压型钢板顶面以上混凝土板截面面积的 0.2%，其延伸宽度不应小于板的有效工作宽度（图 3-22）。

3.5.1.5 相关尺寸要求

钢梁的最小截面高度不宜小于组合梁截面高度的 1/4；混凝土板托高度不宜超过翼缘板厚度的 1.5 倍；托板的顶面宽度不宜小于钢梁上翼缘宽度与 1.5 倍板托高度之和。当组合梁为边梁时，其混凝土翼板的伸出净长度（钢梁翼缘外）不小于 50mm，梁中心线到板边的距离不小于 150mm。

组合梁抗剪连接件，必须与钢梁焊接，其设置应符合下列规定：

(1) 栓钉连接件钉头下表面或槽钢连接件（参见《钢结构设计规范》）上翼缘下表面宜高出翼板底部钢筋顶面 30mm；

(2) 连接件沿梁跨度方向的最大间距不应大于混凝土翼板厚度的 4 倍，且不大于 400mm；

(3) 连接件的外侧边缘与钢梁翼缘边缘之间的距离不应小于 20mm；

(4) 连接件的外侧边缘至混凝土翼板边缘之间的距离不应小于 100mm；

(5) 连接件顶面的混凝土保护层厚度不应小于 15mm。

采用栓钉连接件时，尚应符合下列规定：

(1) 当栓钉位置不正对钢梁腹板时，如钢梁上翼缘承受拉力，则栓钉直径不应大于钢梁上翼缘厚度的 1.5 倍；如钢梁上翼缘不承受拉力，则栓钉直径不应大于钢梁上翼缘厚度的 2.5 倍；

(2) 栓钉长度不应小于其杆径的 4 倍；

(3) 栓钉沿梁轴线方向的间距不应小于杆径的 6 倍；垂直于梁轴线方向

的间距不应小于杆径的4倍；

(4) 压型钢板作底模的组合梁，栓钉杆直径不宜大于19mm，混凝土凸肋宽度不应小于栓钉杆直径的2.5倍；栓钉高度h_d应符合$(h_e+30)\leqslant h_d\leqslant(h_e+75)$的要求（其中$h_e$是混凝土凸肋高度）。

3.5.1.6 连接件承载力计算

抗剪连接件的承载力不仅与其本身的材质及型号有关，且和混凝土的等级品种等有关。栓钉连接件的受剪承载力设计值为：

$$N_v^c=0.43A_{st}\sqrt{E_c f_c} \quad 且 \quad N_v^c\leqslant 0.7A_{st}\gamma f \tag{3-16}$$

式中 A_{st}——栓钉钉杆截面面积；

E_c——混凝土弹性模量；

f_c——混凝土轴心抗压强度设计值；

f——栓钉钢材的抗拉强度设计值；

γ——栓钉材料抗拉强度最小值与屈服强度之比，当栓钉材料性能等级为4.6时，取$f=215\text{N/mm}^2$，$\gamma=1.67$。

位于梁负弯矩区的栓钉，周围混凝土对其约束的程度不如受压区，按式(3-16)计算的栓钉受剪承载力设计值应予以折减：位于连续梁中间支座上负弯矩段时，取折减系数0.9；位于悬臂梁负弯矩段时，取折减系数0.8。

混凝土板和梁翼缘之间有压型钢板（非实体板中的栓钉），当压型钢板肋与钢梁平行时，应乘以折减系数：

$$\eta=0.6b(h_s-h_p)/h_p^2 \quad 且 \quad \eta\leqslant 1.0 \tag{3-17}$$

当压型钢板肋与钢梁垂直时，应乘以折减系数：

$$\eta=\frac{0.85}{\sqrt{n_0}}\times\frac{b(h_s-h_p)}{h_p^2} 且 \quad \eta\leqslant 10 \tag{3-18}$$

式中 b——混凝土凸肋（压型钢板波槽）的平均宽度，但当肋的上部宽度小于下部宽度时，取上部宽度；

h_p——压型钢板高度；

h_s——栓钉焊接后的高度，但不应大于$h_p+75\text{mm}$；

n_0——组合梁截面上一个肋板中配置的栓钉总数，当大于3时仍应取3。

3.5.2 组合梁设计

3.5.2.1 翼缘板的有效宽度

具有普通钢筋混凝土翼板的组合梁，其翼板的计算厚度应取混凝土板厚度h_0；带压型钢板的混凝土翼板的计算厚度，取压型钢板顶面以上混凝土厚度h_c。组合梁的混凝土翼板的有效宽度b_{ce}按《钢结构设计规范》计算如下：

$$b_{ce}=b_0+b_{c1}+b_{c2}$$

式中 b_0——无托板时取钢梁上翼缘宽度，有托板时取45°范围内托板上部宽度（图3-14）；

b_{c1}、b_{c2}——各取梁跨度l的1/6和翼缘板厚度h_c的6倍中的较小值；此外，b_{c1}尚不应超过混凝土翼板实际外伸长度s_1，b_{c2}不应超过净距s_0

的 1/2；对于中间梁，$b_{c1}=b_{c2}$。

b_0、b_{c1}、b_{c2}、s_1、s_0 参见图 3-14。

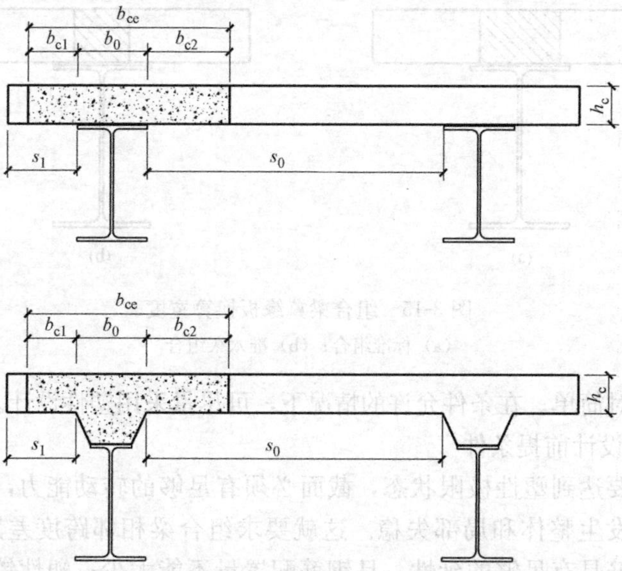

图 3-14　组合梁翼缘板计算宽度

3.5.2.2　组合梁的弹性设计

承受动载、须要考虑疲劳、不符合塑性设计条件的组合梁，以及组合梁的变形验算一般采用弹性设计方法。其基本思路是将混凝土板按照合力大小不变、合力作用点不变的原则，将混凝土受压翼板换算成为钢截面（改变混凝土板宽度，高度不变），构成单质的换算截面，如图 3-15。然后按照材料力学方法求解弯曲正应力、剪应力、组合应力，以及连接件受剪、混凝土板纵向受剪承载力。

受压混凝土翼板的换算宽度 b_{eq} 按下式计算：

荷载标准组合：　$b_{eq}=b_{ce}/\alpha_E$　(3-19)

荷载准永久组合（考虑混凝土徐变）：　$b_{eq}=b_{ce}/(2\alpha_E)$　(3-20)

式中　α_E——钢材弹性模量与混凝土弹性模量的比值。

对负弯矩区截面，可按照类似的方法，忽略混凝土的抗拉作用，考虑受拉区钢筋的抗拉作用，将受拉钢筋按照弹性模量比换算成对应的与钢梁同质的截面，进行计算。一般不用考虑徐变的影响。

按弹性方法计算时，可以采用叠加原理，并须注意施工过程对钢梁和混凝土板受力状态的影响。

3.5.2.3　组合梁的塑性设计

承受间接动载、不需要考虑疲劳、符合塑性设计条件的组合梁，可采用塑性设计方法。其基本思路是按照截面力和力矩的平衡条件，按照塑性力学方法计算组合梁的受弯、受剪以及连接件、混凝土板纵向受剪承载力。由于塑性设计方法不用考虑组合梁的施工过程，也不用考虑徐变等因素的影响，

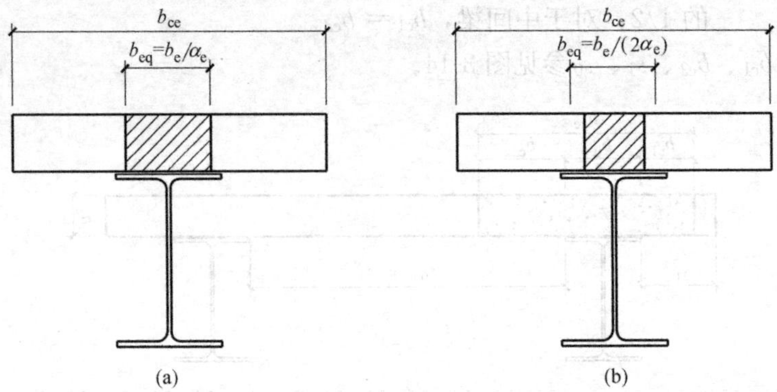

图 3-15　组合梁翼缘板换算宽度
（a）标准组合；（b）准永久组合

计算过程相对简单。在条件允许的情况下，可尽量采用塑性设计。

1. 塑性设计前提条件

组合梁要达到塑性极限状态，截面必须有足够的转动能力，而且在此之前钢梁不能发生整体和局部失稳。这就要求组合梁相邻跨度差别不能太大；负弯矩区钢筋具有足够的延性，且钢筋配置量不能太少；塑性铰区受压混凝土的高度不能太大；钢梁关于腹板平面对称，且须满足表 3-7 的宽厚比和高厚比要求。

2. 组合梁正截面受弯承载力验算

在建立组合梁的正截面抗弯承载力计算公式时，采用以下基本假定：

（1）纵向钢筋、钢梁及受压混凝土均达到强度设计值；

（2）正弯矩区忽略塑性中和轴受拉侧混凝土的作用，忽略受压钢筋的作用；

（3）负弯矩区忽略混凝土的作用，考虑受拉钢筋的作用；

（4）不考虑板托和压型钢板的作用。

钢梁翼缘及腹板的板件宽厚比　　　**表 3-7**

截面形式	翼　缘	腹　板
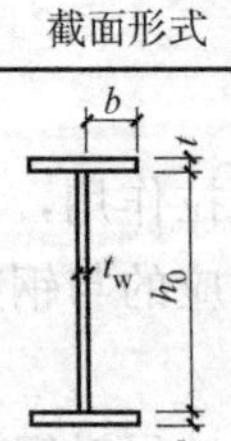	$\frac{b}{t}\leqslant 9\sqrt{235/f_y}$	当$\frac{A_s f_{sy}}{Af}<0.37$时， $\frac{h_0}{t_w}\leqslant\left(72-100\frac{A_s f_{sy}}{A_f}\right)\sqrt{235/f_y}$
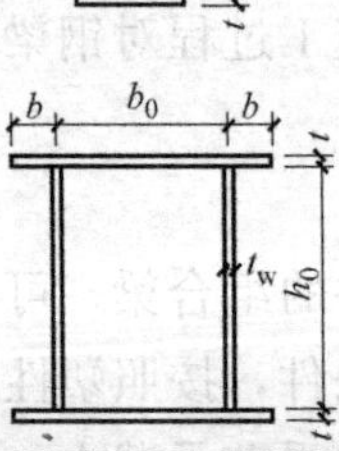	$\frac{b_0}{t}\leqslant 30\sqrt{235/f_y}$	当$\frac{A_s f_{sy}}{Af}\geqslant 0.37$时， $\frac{h_0}{t_w}\leqslant 35\sqrt{235/f_y}$

注：A_s——负弯矩截面中钢筋的截面面积；A——钢梁截面面积；f_{sy}——钢筋强度设计值；f_y——钢材屈服强度；f——塑性设计时钢梁钢材的强度设计值。

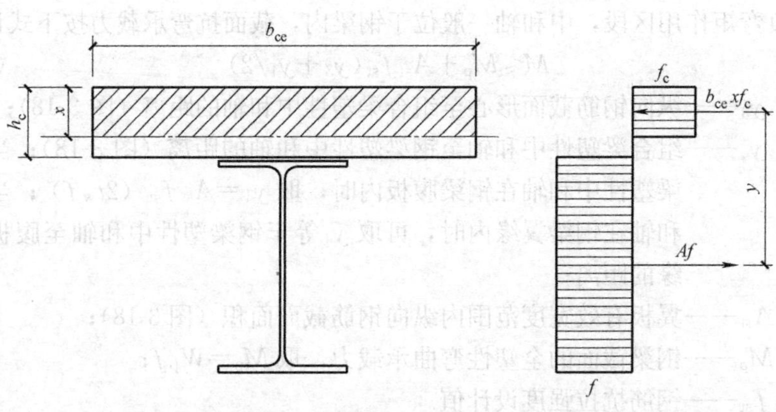

图 3-16　塑性中和轴在混凝土板内组合梁截面及应力图

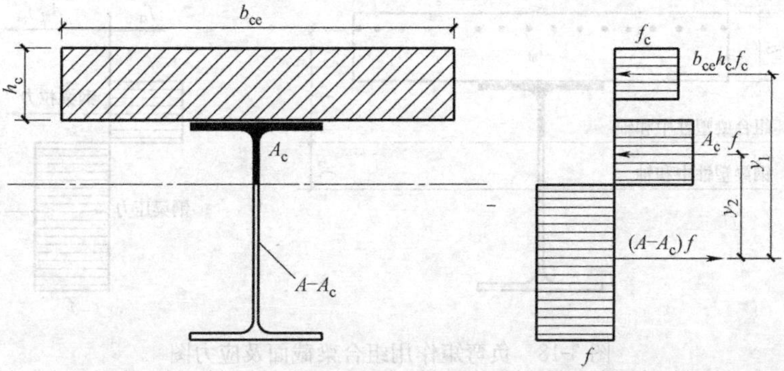

图 3-17　塑性中和轴在钢梁内组合梁截面及应力图

正弯矩作用下，根据塑性中和轴的位置可分为两种具体情况（图 3-16、图 3-17），当 $Af \leqslant b_{ce}h_cf_c$ 时，塑性中和轴在混凝土板内，否则塑性中和轴在钢梁截面内。

截面抗弯承载力按下式计算：

$$M \leqslant \begin{cases} b_{ce}xf_cy & (Af \leqslant f_ch_cb_{ce}) \\ b_{ce}h_cf_cy_1 + A_cfy_2 & (Af > f_ch_cb_{ce}) \end{cases} \tag{3-21}$$

式中　x——组合梁截面塑性中和轴至混凝土翼板顶面的距离（图 3-16），$x = Af/(b_{ce}f_{cm}/f)$；

y——钢梁截面应力合力至混凝土受压区应力合力之间的距离（图 3-16）；

y_1——钢梁受拉区截面形心至混凝土翼板受压区截面形心的距离（图 3-17）；

y_2——钢梁受拉区截面形心至钢梁受压区截面形心的距离（图 3-17）；

b_{ce}——混凝土翼板的有效宽度；

A——钢梁截面面积；

A_c——钢梁受压区截面面积（图 3-17），$A_c = 0.5(A - b_{ce}h_cf_c/f)$；

f——钢梁钢材的强度设计值。

f_c——混凝土抗压强度设计值。

负弯矩作用区段，中和轴一般位于钢梁内，截面抗弯承载力按下式计算：

$$M \leqslant M_p + A_{st} f_{st} (y_3 + y_4/2) \tag{3-22}$$

式中 y_3——纵向钢筋截面形心至组合梁塑性中和轴的距离（图3-18）；

y_4——组合梁塑性中和轴至钢梁塑性中和轴的距离（图3-18）；当组合梁塑性中和轴在钢梁腹板内时，取 $y_4 = A_{st} f_{st}/(2t_w f)$；当该中和轴在钢梁翼缘内时，可取 y_4 等于钢梁塑性中和轴至腹板上边缘的距离；

A_{st}——翼板有效宽度范围内纵向钢筋截面面积（图3-18）；

M_p——钢梁截面的全塑性弯曲承载力，取 $M_p = W_p f$；

f_{st}——钢筋抗拉强度设计值。

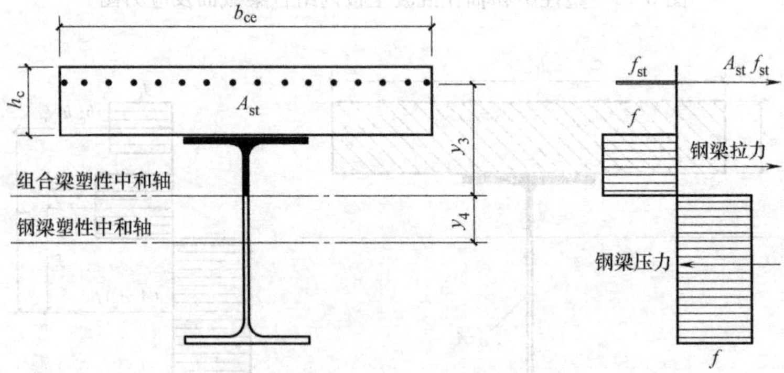

图3-18 负弯矩作用组合梁截面及应力图

3. 组合梁受剪承载力验算

可近似认为剪力全部由钢梁腹板承受，抗剪承载力按下式计算：

$$V \leqslant h_w t_w f_v \tag{3-23}$$

式中 h_w、t_w——钢梁腹板的高度和厚度；

f_v——塑性设计时钢梁钢材的抗剪强度设计值。

4. 组合梁栓钉连接件验算

沿组合梁跨长，以支座点、弯矩极值点、弯矩零点、集中荷载作用点、截面突变处等为界线，将梁划分为若干剪跨区段（图3-19），每个剪跨区内所应配置的栓钉连接件总数 n 依下式计算：

$$n = V/N_v^s \tag{3-24}$$

上式中，V 是剪跨区内混凝土与钢梁叠合面上的纵向剪力，其计算公式为：

正弯矩剪力区段（图3-19中剪力区段1、2和5）：

$$V = Af \quad \text{（塑性中和轴位于混凝土翼板内）} \tag{3-25}$$

$$V = b_{ce} h_c f_c \text{（塑性中和轴位于钢梁截面内）} \tag{3-26}$$

负弯矩剪力区段（图3-19中剪力区段3和4）：

$$V = A_{st} f_{st} \tag{3-27}$$

在各剪力区段，栓钉连接件一般均匀分布。当剪力区段内有较大集中力作用时（导致剪力图发生较大变化），可将 n 个栓钉连接件按各分剪力图的面积进行分配，然后再分段均匀布置（图3-20）。

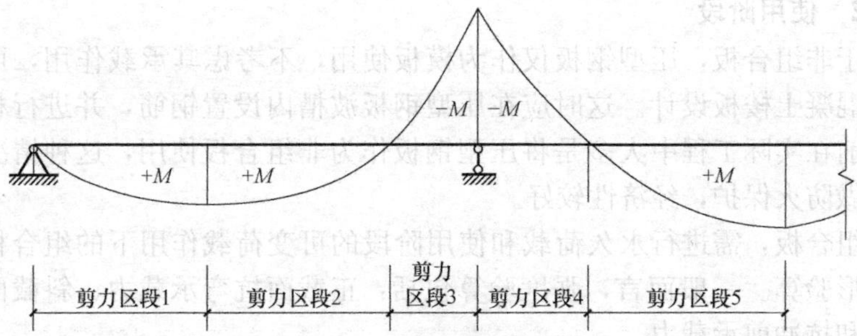

图 3-19　组合梁剪力区段

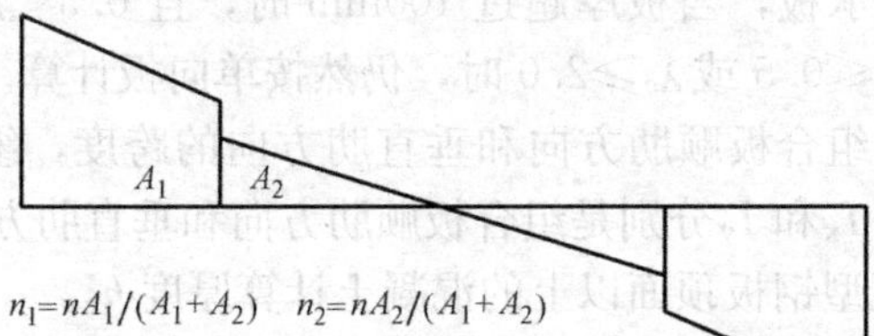

图 3-20　集中力作用时栓钉连接件的布置

当抗剪连接件的数量受构造等原因的影响不能满足式（3-24）要求，或者从经济性角度考虑，采用延性连接件且钢梁局部稳定满足塑性设计要求时，可采用部分抗剪连接设计方法，具体可参照《钢结构设计规范》的规定进行计算。

当混凝土板厚度较小时，混凝土板可能发生沿纵向的剪切破坏。即使混凝土板很厚，也可能发生围绕连接件的纵向受剪破坏可能。具体可参照组合结构设计相关规定。

3.5.3　压型钢板组合楼板设计

通常依据是否考虑压型钢板对组合楼板承载力的贡献，而将其分为组合板和非组合板。施工阶段设置支撑的情况下，组合板设计可按一个阶段考虑，即组合截面承受全部的荷载；施工阶段不设置支撑的情况下，组合板设计需按两个阶段考虑：施工阶段由压型钢板承受施工荷载；使用阶段由组合截面承受后续荷载。

3.5.3.1　施工阶段

应对压型钢板进行强度和变形验算。施工阶段的荷载包括永久荷载（压型钢板、钢筋和混凝土的自重）、可变荷载（施工荷载和附加荷载）。当有过量冲击、混凝土堆放、管线和泵的荷载时，应增加附加荷载。采用弹性方法验算。如果验算不满足要求，可增设临时支撑以减小板跨。

如果在施工荷载作用下压型钢板的跨中挠度（w_0）大于 20mm 时，确定混凝土自重时应考虑压型钢板的挠曲效应（坑凹效应），在全跨增加混凝土厚度 $0.7w_0$ 或增设临时支撑。

3.5.3.2　使用阶段

对于非组合板，压型钢板仅作为模板使用，不考虑其承载作用，可按常规钢筋混凝土楼板设计。这时应在压型钢板波槽内设置钢筋，并进行相应计算。目前在实际工程中大多是将压型钢板作为非组合板使用，这种情况一般不需要做防火保护，经济性较好。

对组合板，需进行永久荷载和使用阶段的可变荷载作用下的组合板的强度和变形验算。一般而言，强度验算包括：正截面抗弯承载力、斜截面抗剪承载力和抗冲剪承载力。

承载力验算时，如果压型钢板上混凝土板厚不超过 100mm 时，按单向板计算。对于四边支承板，当板厚超过 100mm 时，且 $0.5<\lambda_e<2.0$ 时，可按双向板计算；当 $\lambda_e \leqslant 0.5$ 或 $\lambda_e \geqslant 2.0$ 时，仍然按单向板计算。参数 $\lambda_e=\mu l_x/l_y$，其中 l_x 和 l_y 分别是组合板顺肋方向和垂直肋方向的跨度，组合板的异向性系数 $\mu=(I_x/I_y)^{1/4}$，I_x 和 I_y 分别是组合板顺肋方向和垂直肋方向的截面惯性矩，计算 I_y 时只考虑压型钢板顶面以上的混凝土计算厚度 h_c。

（1）组合板正截面抗弯承载力验算

根据截面不同，组合板的塑性中和轴可能位于混凝土板内或位于压型钢板内。从经济性出发，前者更为合适。

组合板抗弯承载力按式（3-28）计算（图 3-21）。考虑到起受拉钢筋作用的压型钢板没有混凝土保护层、中和轴附近材料强度发挥不充分等因素，式（3-28）中将压型钢板钢材的抗拉强度设计值和混凝土抗压强度设计值折减为设计值的 0.8 倍。

$$M \leqslant \begin{cases} 0.8 f_c x b y_p & (A_p f \leqslant f_c h_c b) \\ 0.8(f_c h_c b y_{p1} + A_{p2} f y_{p2}) & (A_p f > f_c h_c b) \end{cases} \tag{3-28}$$

式中　x——组合板受压区高度，$x=A_p f/(f_c b)$；当 $x>0.55h_0$ 时，取 $0.55h_0$，h_0 为组合板有效高度；

y_p——压型钢板截面应力合力至混凝土受压区截面应力合力的距离，$y_p=h_0-x/2$；

b——压型钢板的波距；

A_p——压型钢板波距内的截面面积；

f——压型钢板钢材的抗拉强度设计值；

f_c——混凝土轴心抗压强度设计值；

h_c——压型钢板顶面以上混凝土厚度；

A_{p2}——塑性中和轴以上的压型钢板波距内截面面积，$A_{p2}=0.5(A_p-f_c h_c \cdot b/f)$；

y_{p1}、y_{p2}——压型钢板受拉区截面应力合力分别至受压区混凝土板截面和压型钢板截面压应力合力的距离。

（2）组合板斜截面抗剪承载力验算

组合板一个波距内斜截面最大剪力设计值 V_{in} 应当满足：

$$V_{in} \leqslant 0.07 f_t b h_0 \tag{3-29}$$

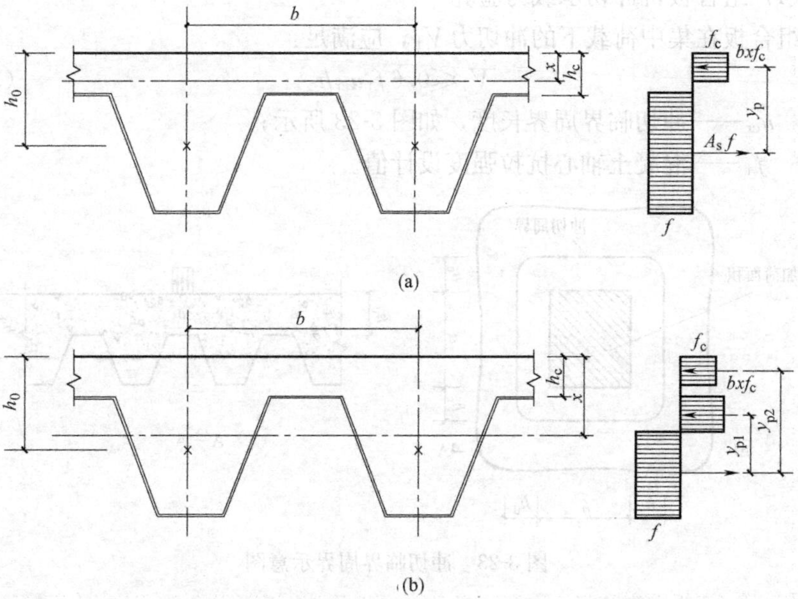

图 3-21　组合板横截面抗弯承载力计算简图

(a) 塑性中和轴在压型钢板顶面以上的混凝土截面内（$A_p f \leqslant f_c h_c b$）；

(b) 塑性中和轴在压型钢板截面内（$A_p f > f_c h_c b$）

(3) 局部荷载作用下组合板承载力验算

当组合板承受一定分布宽度的荷载时，亦可取有效工作宽度 b_{ef}（图 3-22）进行计算。有效工作宽度不得大于下列公式的计算值：

抗弯计算时：

简支板：
$$b_{ef}=b_{f1}+2l_p(1-l_p/l) \tag{3-30}$$

连续板：
$$b_{ef}=b_{f1}+[4l_p(1-l_p/l)]/3 \tag{3-31}$$

抗剪计算时：
$$b_{ef}=b_{f1}+l_p(1-l_p/l), b_{f1}=b_f+2(h_c+h_d) \tag{3-32}$$

式中　l——组合板跨度；

l_p——荷载作用点到组合板较近支座的距离；

b_{f1}——集中荷载在组合板中的分布宽度（图 3-22）；

b_f——荷载宽度（图 3-22）；

h_c——压型钢板顶面以上的混凝土计算厚度（图 3-22）；

h_d——地板饰面层厚度（图 3-22）。

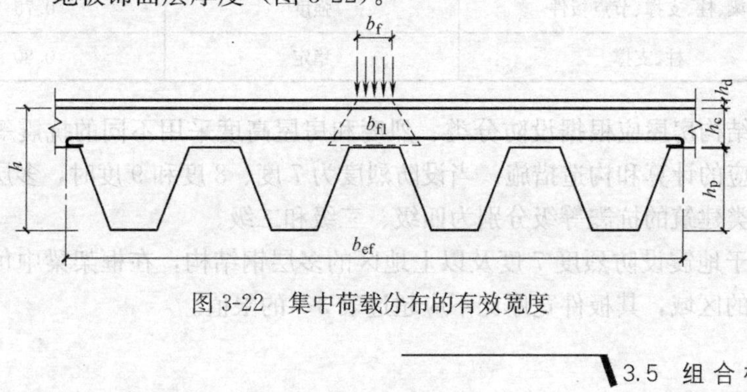

图 3-22　集中荷载分布的有效宽度

（4）组合板抗冲切承载力验算

组合板在集中荷载下的冲切力 V_1，应满足：

$$V_1 \leqslant 0.6 f_t u_{cr} h_c \quad (3\text{-}33)$$

式中 u_{cr}——冲切临界周界长度，如图 3-23 所示；

f_t——混凝土轴心抗拉强度设计值。

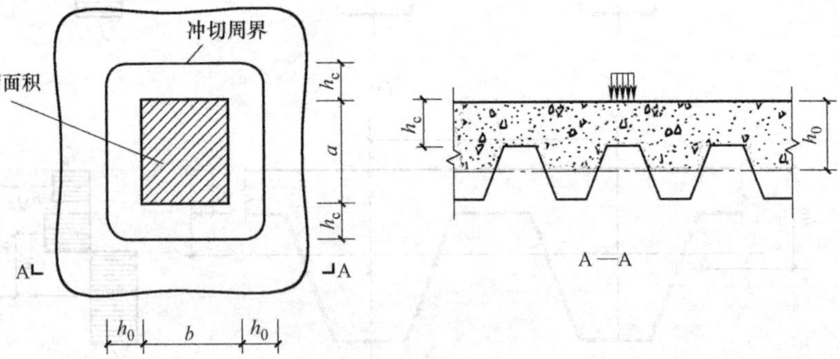

图 3-23 冲切临界周界示意图

3.6 框架构件设计

3.6.1 一般规定

框架梁、柱、支撑等构件，一般需要验算其强度、刚度、整体稳定和局部稳定性。

构件截面的抗震验算，应采用下列表达式：

$$S \leqslant R/\gamma_{RE} \quad (3\text{-}34)$$

式中 γ_{RE}——承载力抗震调整系数，按表 3-8 取值；

S——有地震作用效应参与组合时的结构构件内力组合的设计值；

R——构件承载力设计值。

承载力抗震调整系数 **表 3-8**

构件类别	受力状态	γ_{RE}
梁、柱、支撑、节点板件	强度	0.75
柱、支撑	稳定	0.80

钢结构房屋应根据设防分类、烈度和房屋高度采用不同的抗震等级，并符合相应的计算和构造措施。当设防烈度为 7 度、8 度和 9 度时，多层钢结构房屋丙类建筑的抗震等级分别为四级、三级和二级。

处于地震设防烈度 7 度及以上地区的多层钢结构，在框架梁中可能出现塑性铰的区域，其板件宽厚比不应超过表 3-9 的限值。

框架柱梁板件宽厚比限值　　表 3-9

构件类别	部位	一级	二级	三级	四级
柱	工形截面翼缘外伸部分	10	11	12	13
	工形截面腹板	43	45	48	52
	箱形截面壁板	33	36	38	40
梁	工形截面、箱形截面翼缘外伸部分	9	9	10	11
	箱形截面翼缘在两腹板之间部分	30	30	32	36
	工形截面和箱形截面腹板，$N_b/(Af)$为梁轴压比	$72-120N_b/(Af)\leqslant60$	$72-100N_b/(Af)\leqslant65$	$80-110N_b/(Af)\leqslant70$	$85-120N_b/(Af)\leqslant75$

注：表中所列数值适用于 $f_y=235\text{N/mm}^2$ 的 Q235 钢，对于其他牌号的钢材，表中所列数值应乘以 $(235/f_y)^{1/2}$。

3.6.2　框架梁设计

框架梁一般采用工字形截面或窄翼缘 H 型钢截面。

框架梁在罕遇地震下允许出现塑性铰，在多遇地震作用下应保证不破坏，一般不容许截面发展塑性。

框架梁的抗弯强度和抗剪强度按照《钢结构设计规范》进行。

框架梁的整体稳定通常通过梁上的刚性铺板或支撑体系加以保证。压型钢板组合板和现浇钢筋混凝土板刚度较大，可视为刚性铺板。单纯的压型钢板必须在平面内具有足够的抗剪刚度时才可视为刚性铺板。当梁上设有支撑体系，并符合《钢结构设计规范》规定的受压翼缘自由长度与宽度比值时，可不计算框架梁的整体稳定。

框架梁板件的局部稳定应满足《钢结构设计规范》和表 3-9 的要求。

3.6.3　框架柱设计

3.6.3.1　截面形式及尺寸

高层建筑中常用的柱截面形式有箱形、焊接工字形、H 型钢、圆管等。H 型钢具有截面经济合理、规格多、加工量少以及便于连接等优点，应用最广。焊接工字形截面的最大优点在于可灵活调整截面特性。焊接箱形截面的优点是两个主轴的刚度可以做到相等，缺点是加工量大。轧制型钢虽然比较经济，但采用厚度更大的焊接工字形截面，可显著改善结构效能。如果采用钢管混凝土组合柱，将大幅度提高柱的承载力，并提高其抗火性能。

框架柱一般都是压（拉）弯构件，在初步设计中，根据估算的柱设计轴力值 N，按 $1.2N$ 的轴心受压构件来初估柱截面尺寸。框架柱沿高度一般采用变截面形式，大致可按每 3～4 层作一次截面变化。尽量使用较薄的钢板，其厚度不宜超过 100mm。柱板件宽厚比不应大于表 3-9 的规定。

3.6.3.2　抗震设防时的特殊要求

多层框架柱的长细比，一级不大于 $60\sqrt{235/f_y}$，二级不大于 $80\sqrt{235/f_y}$，三级不大于 $100\sqrt{235/f_y}$，四级不大于 $120\sqrt{235/f_y}$。

为了满足强柱弱梁的设计要求，使塑性铰出现在梁端而不是柱端，抗震设防的柱在任一节点处，柱截面的塑性抵抗矩和梁截面的塑性抵抗矩宜满足下列要求：

$$\Sigma W_{pc}(f_{yc}-N/A_c)\geqslant\eta\Sigma W_{pb}f_{yb} \tag{3-35}$$

式中 W_{pc}、W_{pb}——分别为交汇于节点的柱和梁的塑性截面模量；

f_{yc}，f_{yb}——分别为柱和梁钢材的屈服强度；

N——按多遇地震作用组合得出的柱轴力；

A_c——柱的截面面积；

η——强柱系数，一级取1.15，二级取1.10，三级取1.05。

上式适用于等截面梁，对于端部翼缘变截面梁，应符合下式规定：

$$\Sigma W_{pc}(f_{yc}-N/A_c)\geqslant\Sigma(\eta W_{pb1}f_{yb}+V_{pb}s) \tag{3-36}$$

式中 V_{pb}——梁塑性铰剪力；

W_{pb1}——梁塑性铰所在平面的梁塑性截面模量；

s——梁塑性至柱面的距离，塑性铰可取梁端部变截面翼缘的最小处。

当柱所在楼层的受剪承载力比上一层高出25%，或柱轴压比（轴力设计值与柱全截面抗压强度设计值的比值）不超过0.4，或$N_2\leqslant\varphi A_c f$（$N_2$为2倍地震作用下的组合轴力设计值），以及与支撑斜杆相连的节点，可不按式(3-35)或式(3-36)验算。

3.6.3.3 框架柱计算长度

《钢结构设计规范》将框架分为无支撑的纯框架和有支撑框架，其中有支撑的框架根据抗侧移刚度的大小，分为强支撑框架和弱支撑框架。纯框架柱的计算长度应按本书附表3-2有侧移情形确定。对于满足规范GB 50017规定的强支撑框架，柱的计算长度应按本书附表3-1无侧移情形确定。其计算长度系数μ亦可分别按下列近似公式确定：

有侧移情形：

$$\mu=\sqrt{\frac{1.6+4(K_1+K_2)+7.5K_1K_2}{K_1+K_2+7.5K_1K_2}} \tag{3-37}$$

无侧移情形：

$$\mu=\frac{3+1.4(K_1+K_2)+0.64K_1K_2}{3+2(K_1+K_2)+1.28K_1K_2} \tag{3-38}$$

式中 K_1、K_2——分别为交于柱上下端的横梁线刚度之和与柱线刚度之和的比值。

计算重力和风力或多遇地震作用组合下的稳定性时，对于带支撑框架，如果层间位移不超过层高的1/250，柱的计算长度系数可取为$\mu=1.0$。对于无支撑纯框架，如果层间位移不超过层高的1/1000时，柱的计算长度系数亦可由式(3-38)确定。

3.6.4 支撑设计

3.6.4.1 中心支撑设计

中心支撑宜采用双轴对称截面。当采用单轴对称截面时（例如双角钢组合 T 形截面)，应采取防止绕对称轴屈曲的构造措施。结构抗震设防烈度为 7 度及以上时，不宜用双角钢组合 T 形截面。按 7 度及以上抗震设防的结构，当支撑为填板连接的双肢组合构件时，肢件在填板间的长细比不应大于构件最大长细比的 1/2，且不应大于 40。与支撑一起组成支撑系统的横梁、柱及其连接，应具有承受支撑传来内力的能力。与人字支撑、V 形支撑相交的横梁，在柱间的支撑连接处应保持连续。在计算人字形支撑体系中的横梁截面时，尚应满足在不考虑支撑的支点作用情况下按简支梁跨中承受竖向集中荷载时的承载力。按 8 度及以上抗震设防的结构，可采用带有消能装置的中心支撑体系。

研究表明，在反复拉压作用下，长细比大于 40 $\sqrt{235/f_y}$的支撑承载力降低显著。为此，对于抗震设防结构，支撑长细比应作更严格的要求。非抗震设防结构的中心支撑，当按只能受拉的杆件设计时，其长细比不应大于 300 $\sqrt{235/f_y}$；当按既能受拉又能受压的杆件设计时，其长细比不应大于 150 $\sqrt{235/f_y}$。抗震设防结构的支撑杆件长细比，按压杆设计时不应大于 120 $\sqrt{235/f_y}$，一、二、三级中心支撑不得采用拉杆设计，四级采用拉杆设计时，其长细比不应大于 180。

按 6 度抗震设防和非抗震设防时，支撑斜杆板件宽厚比可按现行国家标准《钢结构设计规范》GB 50017 的规定采用。抗震设防结构中的支撑构件板件宽厚比不应大于表 3-10 的限值。

中心支撑板件宽厚比限值 **表 3-10**

构件名称	一级	二级	三级	四级
翼缘外伸部分	8	9	10	13
工字形截面腹板	25	26	27	33
箱形截面腹板	18	20	25	30
圆管外径与壁厚比	38	40	40	42

注：表中所列数值适用于 Q235 钢，采用其他牌号钢材（除圆管外）应乘以 $\sqrt{235/f_y}$，圆管则乘以 $(235/f_y)$，f_y以 N/mm^2为单位。

在往复荷载作用下，人字形支撑和 V 形支撑的斜杆在受压屈曲后，使钢梁产生较大变形，并使体系的抗剪能力发生较大退化。考虑到这些因素，在多遇地震效应组合下，人字形支撑和 V 形支撑的斜杆内力应乘以 1.5 的增大系数。

支撑斜杆要在多遇地震作用效应组合下，按压杆验算：

$$N/(\varphi A_{br})\leqslant\eta f/\gamma_{RE} \tag{3-39}$$

式中 η——受循环荷载时的设计强度降低系数，$\eta=1/(1+0.35\lambda_n)$；

γ_{RE}——支撑承载力抗震调整系数，按 GB 50011—2010 取 0.8；

λ_n——支撑斜杆的正则化长细比，$\lambda_n=\lambda(f_y/E)^{1/2}/\pi$。

对于带有消能装置的中心支撑体系，支撑斜杆的承载力应为消能装置滑动或屈服时承载力的 1.5 倍。

3.6.4.2　偏心支撑设计

偏心支撑斜杆的长细比不应大于 $120\sqrt{235/f_y}$，板件宽厚比不应超过《钢结构设计规范》规定的轴心受压构件在弹性设计时的宽厚比限值。偏心支撑框架中的支撑斜杆，应至少一端与梁连接（不在柱节点处），以保证支撑斜杆与耗能梁段至少有一端连接。另一端可连接在梁与柱相交处，或在偏离另一支撑的连接点与梁连接，并在支撑与柱之间或在支撑与支撑之间形成耗能梁段（图3-6）。

耗能梁段的局部稳定要求严于一般框架梁，以利于塑性发展：

(1) 翼缘板自由外伸宽度 b_1 与其厚度 t_f 之比，应符合下式要求：

$$b_1/t_f \leqslant 8\sqrt{235/f_y} \tag{3-40}$$

(2) 腹板计算高度 h_0 与其厚度 t_w 之比，应符合下式要求：

$$h_0/t_w \leqslant \begin{cases} 90[1-1.65N_{lb}/A_{lb}f]\sqrt{235/f_y} & (N_{lb}/(A_{lb}f) \leqslant 0.14) \\ 33[2.3-N_{lb}/A_{lb}f]\sqrt{235/f_y} & (N_{lb}/(A_{lb}f) > 0.14) \end{cases} \tag{3-41}$$

式中　N_{lb}——耗能梁段的轴力设计值；

A_{lb}——耗能梁段的截面面积。

在设置偏心支撑的框架跨，当首层的弹性承载力为其余各层承载力的1.5倍及以上时，首层可采用中心支撑。钢框架顶层的地震力较小，满足强度要求的情况下一般不会屈曲，因此顶层可不设耗能梁段。

耗能梁段的塑性受剪承载力 V_p 和塑性受弯承载力 M_p，以及梁段承受轴向力时的全塑性受弯承载力 M_{pc}，应分别按下式计算：

$$V_p = 0.58 f_y h_0 t_w \tag{3-42}$$

$$M_p = W_p f_y \tag{3-43}$$

$$M_{pc} = W_p (f_y - \sigma_N) \tag{3-44}$$

式中　W_p——耗能梁段截面的塑性抵抗矩；

σ_N——轴力产生的梁段翼缘平均正应力。

依据耗能梁段的净长 a 分别计算如下：

$$\sigma_N = \begin{cases} V_p N_{lb}/(2b_f t_f V_{lb}) & (a < 2.2M_p/V_p) \\ N_{lb}/A_{lb} & (a \geqslant 2.2M_p/V_p) \end{cases} \tag{3-45}$$

式中　V_{lb}——耗能梁段的剪力设计值；

b_f、t_f——耗能梁段的翼缘宽度和厚度。

当 $\sigma_N < 0.15 f_y$ 时，取 $\sigma_N = 0$。

净长 $a \leqslant 1.6M_p/V_p$ 的耗能梁段为短梁段，其非弹性变形主要为剪切变形，属剪切屈服型；净长 $a > 1.6M_p/V_p$ 的耗能梁段为长梁段，其非弹性变形主要为弯曲变形，属弯曲屈服型。试验研究表明，剪切屈服型耗能梁段对偏心支撑框架抵抗大震特别有利，其弹性刚度与中心支撑框架接近，且其耗能能力和滞回性能优于弯曲屈服型。耗能梁段净长最好不超过 $1.3M_p/V_p$，不过梁段越短，塑性变形越大，有可能导致过早的塑性破坏。因此，目前耗能梁段一般设计成 $a \leqslant 1.6M_p/V_p$ 的剪切屈服型，当其与柱连接时，不应设计成弯曲屈服型。

耗能梁段的截面宜与同一跨内框架梁相同。耗能梁段腹板承担的剪力不宜超过其承载力的 80%，以使其在多遇地震下保持弹性。净长 $a<2.2M_p/V_p$ 时，耗能梁段腹板完全用来抗剪，轴力和弯矩只能由翼缘承担。净长 $a\geqslant 2.2M_p/V_p$ 时，腹板和翼缘共同抵抗轴力和弯矩。因此，在多遇地震作用效应组合下，耗能梁段的强度校核要求如下：

(1) 腹板强度

$$\frac{V_{lb}}{0.8\times 0.58h_0t_w}\leqslant\frac{0.9f}{\gamma_{RE}} \tag{3-46}$$

(2) 翼缘强度

$$\begin{cases}\left(\dfrac{M_{lb}}{h_{lb}}+\dfrac{N_{lb}}{2}\right)\dfrac{1}{b_ft_f}\leqslant\dfrac{f}{\gamma_{RE}} & (a<2.2M_p/V_p)\\[2ex] \dfrac{M_{lb}}{W}+\dfrac{N_{lb}}{A_{lb}}\leqslant\dfrac{f}{\gamma_{RE}} & (a\geqslant 2.2M_p/V_p)\end{cases} \tag{3-47}$$

式中 M_{lb}——耗能梁段的弯矩设计值；

W——耗能梁段的截面抵抗矩；

γ_{RE}——耗能梁段承载力抗震调整系数，按 GB 50011—2010 取 0.75。

为实现耗能梁段屈服、支撑不屈曲的设计意图，支撑的轴压设计抗力，至少应为耗能梁段达屈服强度时支撑轴力的 1.6 倍。具体设计时，支撑截面可适当取大一些。偏心支撑斜杆的承载力计算公式为：

$$\frac{N_{br}}{\varphi A_{br}}\leqslant\frac{f}{\gamma_{RE}} \tag{3-48}$$

$$N_{br}=\min\left(1.6\frac{V_p}{N_{lb}}N_{br,com},1.6\frac{M_{pc}}{M_{lb}}N_{br,com}\right) \tag{3-49}$$

式中 A_{br}——支撑截面面积；

φ——由支撑长细比确定的轴心受压构件稳定系数；

γ_{RE}——支撑承载力抗震调整系数，按 GB 50011 取 0.8；

N_{br}——支撑轴力设计值；

$N_{br,com}$——在跨间梁的竖向荷载和水平作用最不利组合下的支撑轴力。

强柱弱梁的设计原则同样适用于偏心支撑框架。考虑到梁钢材的屈服强度可能会提高，为了使塑性铰出现在梁内而不是柱中，可将柱的设计内力适当提高。计算柱的承载力时，其弯矩设计值 M_c 和轴力设计值 N_c 应按下列公式确定：

$$M_c=\min(2V_pM_{c,com}/V_{lb},2M_{pc}M_{c,com}/M_{lb}) \tag{3-50}$$

$$N_c=\min(2V_pN_{c,com}/V_{lb},2M_{pc}N_{c,com}/M_{lb}) \tag{3-51}$$

式中 $M_{c,com}$ 和 $N_{c,com}$——分别为竖向和水平作用最不利组合下的柱弯矩和轴力。当然，这样做并不能保证底层的柱脚不出现塑性铰，当水平位移足够大时，作为固定端的底层柱脚有可能屈服。

耗能梁段所用钢材的屈服强度不应大于 345MPa，以便获得良好的延性和耗能能力。除此之外，还必须采取一系列构造措施，以使耗能梁段在反复荷载下具有良好的滞回性能，具体可参照《建筑抗震设计规范》8.5 节。

3.7 框架节点设计

3.7.1 一般规定

节点设计包括：梁-柱节点、柱-柱节点、梁-梁节点、支撑节点和柱脚节点。多层钢结构的连接可采用焊接、高强度螺栓连接或栓焊混合连接。连接设计必须符合传力明确、构造简单、具有抗震延性、制作方便、安装可行、节省造价的要求。节点的构造应避免采用约束过大和易产生层状撕裂的连接形式。

非抗震设计时，节点多处于弹性受力状态，节点按弹性设计。抗震设计时，在多遇地震作用下，节点连接处于弹性受力状态，按弹性设计；同时须考虑罕遇地震下结构进入弹塑性阶段，节点连接的极限承载力要高于构件本身的承载力。

梁与柱的连接宜采用柱贯通型。

3.7.2 梁-柱节点设计

3.7.2.1 连接形式

梁柱连接有刚性连接、柔性连接和半刚性连接，多层钢结构梁与柱之间一般采用刚性连接。刚性连接主要有三种做法：完全焊接（图 3-24a）、完全栓接（图 3-24b）和栓焊混合（图 3-24c）。

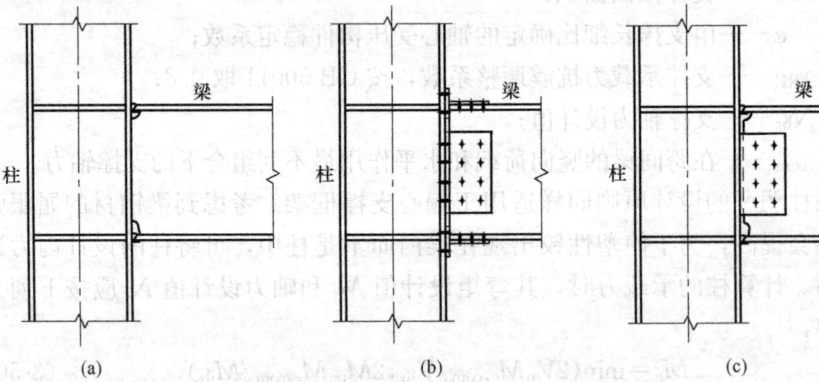

图 3-24　梁与柱的刚性连接

(a) 全焊连接；(b) 螺栓连接；(c) 栓焊连接

对完全焊接情形，梁翼缘与柱翼缘间应采用全熔透坡口焊缝，并按规定设置衬板，对于抗震等级一、二级情况，应检验 V 形切口的冲击韧性，其夏比冲击韧性在−20℃时不低于 27J。当框架梁端垂直于工字形柱腹板时，柱在梁翼缘对应位置应设置横向加劲肋，且加劲肋厚度不应小于梁翼缘厚度。梁与柱的现场连接中，梁翼缘与柱横向加劲肋用全熔透焊缝连接，并应避免连接处板件宽度的突变。

对完全栓接和栓焊混合情形，应采用高强度螺栓摩擦型连接。当梁翼缘提供的塑性截面模量小于梁全截面塑性截面模量的 70%时，梁腹板与柱的连接螺栓不得少于两列。当计算只需一列时，仍应布置两列，且此时螺栓总数不得小于计算值的 1.5 倍。翼缘与柱均应通过连接板用高强度螺栓摩擦型连接。

为防止地震作用下节点区出现断裂，可以采用下列改进方法：

① 把梁翼缘局部削弱，形成骨形连接（图 3-25a），使塑性铰从梁端外移。

② 在梁端部加腋或盖板加强，使塑性铰外移（图 3-25b、c），这种方式主要用于现有结构的加固。

③ 把梁的短段在工厂和柱焊接，以保证焊接质量，短段和梁的主段在工地拼接，可以全部用高强度螺栓连接，或焊、栓并用，也称树状柱节点（图 3-26）。

当工字形梁翼缘采用焊透的 T 形对接焊缝而腹板采用摩擦型连接高强度

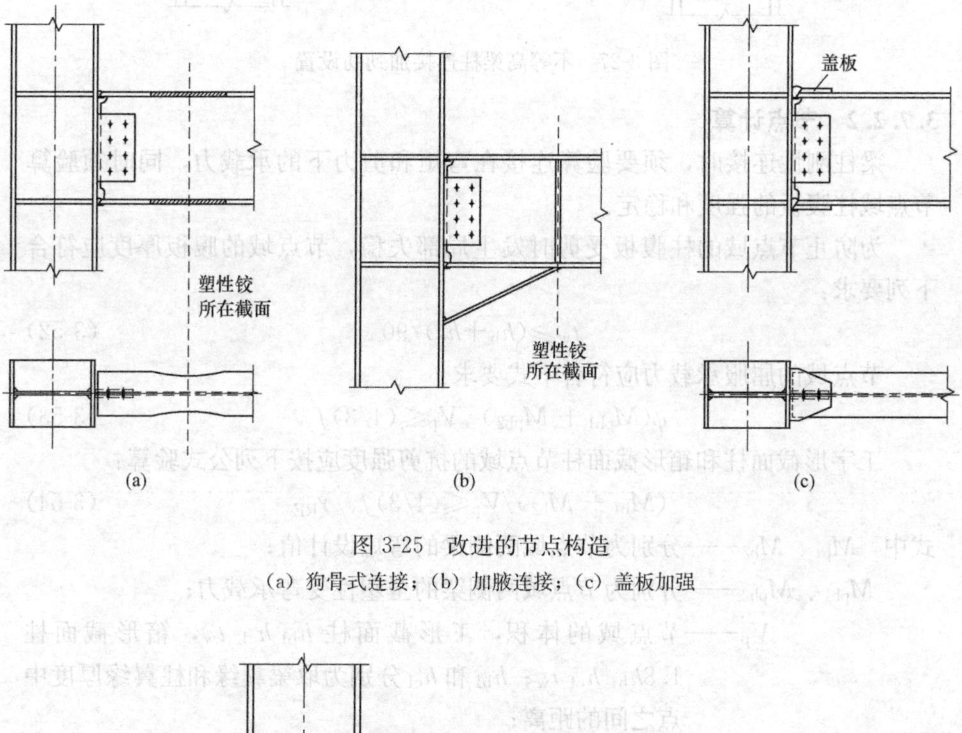

图 3-25 改进的节点构造

(a) 狗骨式连接；(b) 加腋连接；(c) 盖板加强

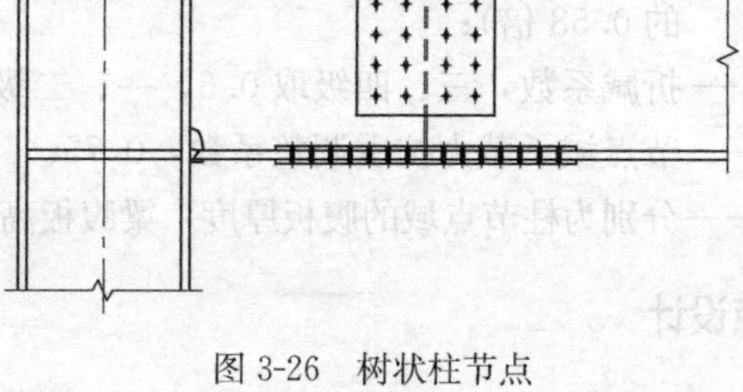

图 3-26 树状柱节点

螺栓与 H 型钢柱翼缘相连，腹板厚度满足《钢结构设计规范》7.4.1-1 和 7.4.1-2 的要求时，可不设加劲肋。否则需要在梁上下翼缘标高处设置的柱水平加劲肋和隔板，对于非抗震结构，其厚度不小于梁翼缘的一半；对于抗震结构，与梁翼缘等厚，并应符合板件宽厚比的限值。

不等高梁与柱刚性连接时，宜按图 3-27，在左右两侧梁翼缘高度处均设置加劲肋。

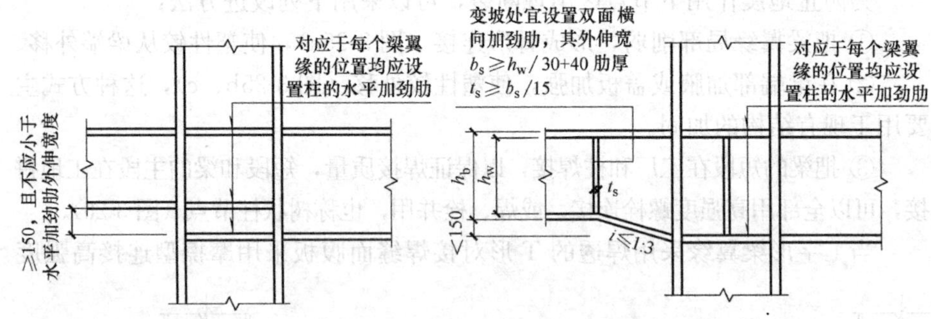

图 3-27　不等高梁柱连接加劲肋设置

3.7.2.2　节点计算

梁柱刚性连接时，须要验算连接在弯矩和剪力下的承载力，同时须验算节点域柱腹板的强度和稳定。

为防止节点域的柱腹板受剪时发生局部失稳，节点域的腹板厚度应符合下列要求：

$$t_w \geqslant (h_b + h_c)/90 \tag{3-52}$$

节点域的屈服承载力应符合下式要求：

$$\psi(M_{pb1} + M_{pb2})/V_p \leqslant (4/3) f_{yv} \tag{3-53}$$

工字形截面柱和箱形截面柱节点域的抗剪强度应按下列公式验算：

$$(M_{b1} + M_{b2})/V_p \leqslant (4/3) f_v/\gamma_{RE} \tag{3-54}$$

式中　M_{b1}、M_{b2}——分别为节点域两侧梁的弯矩设计值；

M_{pb1}、M_{pb2}——分别为节点域两侧梁的全塑性受弯承载力；

V_p——节点域的体积，工形截面柱 $h_{b1} h_{c1} t_w$，箱形截面柱 $1.8 h_{b1} h_{c1} t_w$；h_{b1} 和 h_{c1} 分别为取梁翼缘和柱翼缘厚度中点之间的距离；

f_v、f_{yv}——钢材抗剪强度设计值和钢材屈服抗剪强度（取屈服强度的 0.58 倍）；

ψ——折减系数，三、四级取 0.6，一、二级取 0.7；

γ_{RE}——节点域承载力抗震调整系数，0.75；

t_w、h_b、h_c——分别为柱节点域的腹板厚度，梁腹板高度和柱腹板高度。

3.7.3　柱-柱节点设计

钢框架宜采用工字形截面柱和箱形截面柱。钢骨混凝土框架部分宜采用工字形柱和十字形柱。

柱在工地接头处应设置安装耳板，耳板厚度应根据阵风和施工荷载确定，并不小于10mm。耳板宜仅设置在柱一个方向的两侧，或柱接头受弯应力最大处。

工字形柱在工地的接头，弯矩应由翼缘和腹板承受，剪力应由腹板承受，轴力应由翼缘和腹板分担。当采用全焊接接头时，上柱翼缘应开 V 形剖口，腹板应开 K 形剖口。翼缘接头也可采用高强度螺栓连接。

箱形柱在工地的接头应全部采用焊接，其剖口应采用图 3-28（a）所示的形式。下节箱形柱的上端应设置隔板，并应与柱口平齐，厚度不宜小于16mm。其边缘应与柱口截面一起刨平。在上节箱形柱安装单元的下部附近，尚应设置衬板，其厚度不小于 10mm。柱接头上下各 100mm 范围内，截面组装应采用剖口全熔透焊缝。非抗震设防情况下，当柱的弯矩不大且不产生拉力时，也可通过上下柱接触面直接传递 25％的压力和 25％的弯矩，此时柱的上下端需要刨平顶紧，并应与柱轴线垂直（图 3-28b）。

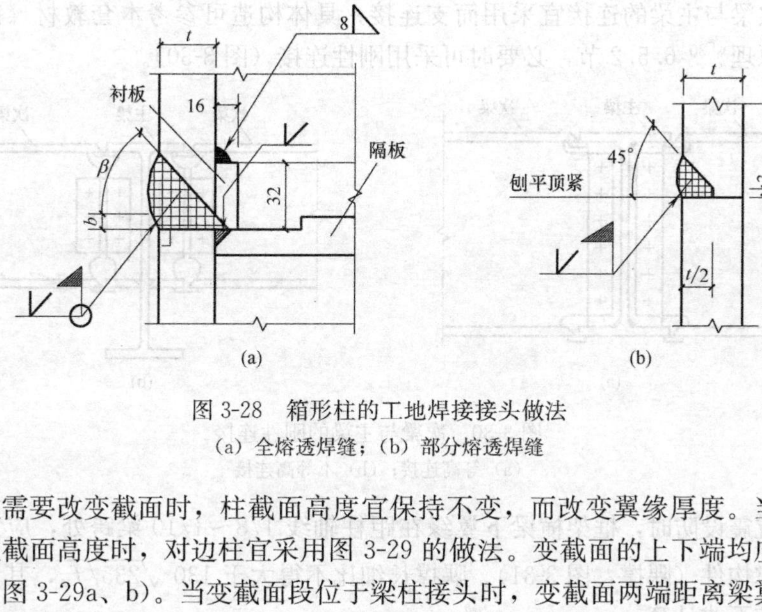

图 3-28　箱形柱的工地焊接接头做法

（a）全熔透焊缝；（b）部分熔透焊缝

柱需要改变截面时，柱截面高度宜保持不变，而改变翼缘厚度。当需要改变柱截面高度时，对边柱宜采用图 3-29 的做法。变截面的上下端均应设置隔板（图 3-29a、b）。当变截面段位于梁柱接头时，变截面两端距离梁翼缘不宜小于 150mm。

十字形柱与箱型柱相连处，在两种截面的过渡段中，十字形柱的腹板应伸入箱形柱内，其伸入长度不应小于钢柱截面高度加200mm。

3.7.4　梁-梁节点设计

梁在工地的接头主要用于柱带悬臂梁段与梁的连接，可采用如下形式：

（1）翼缘采用全熔透焊缝，腹板采用摩擦型高强度螺栓连接；

（2）翼缘和腹板均采用摩擦型高强度螺栓连接；

（3）翼缘和腹板采用全熔透焊缝连接。

非抗震设防时，梁的接头应按内力设计，此时腹板连接按承受全部剪力和分配的弯矩计算，翼缘连接按分配的弯矩计算。抗震设防时，梁的接头还

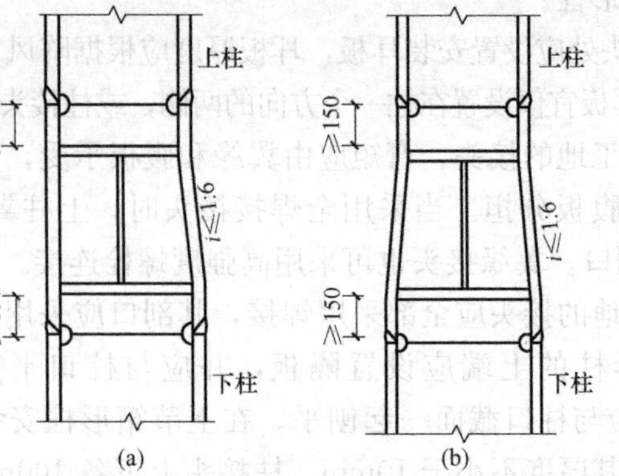

图 3-29　柱截面改变做法

须满足最大抗弯及最大受剪承载力要求。当接头处的内力较小时，接头承载力不应小于梁截面承载力的 50%。

次梁与主梁的连接宜采用简支连接，具体构造可参考本套教材《钢结构基本原理》[30] 6.5.2 节，必要时可采用刚性连接（图 3-30）。

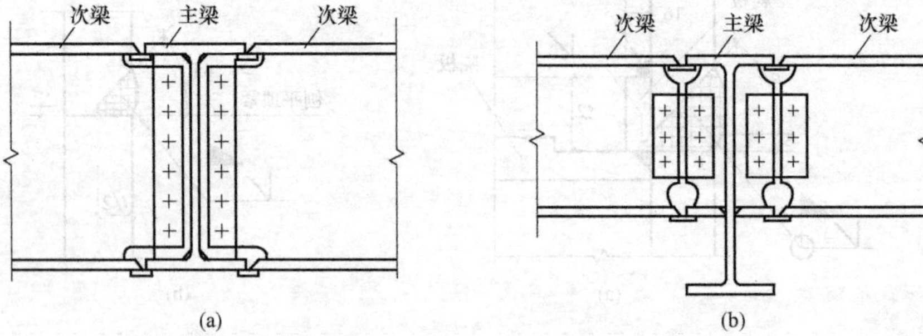

图 3-30　次梁与主梁的刚性连接

(a) 等高连接；(b) 不等高连接

抗震设防时，框架横梁下翼缘在距柱轴线 1/8～1/10 梁跨处，应设置侧向支撑构件（隅撑，图 3-31）。隅撑长细比不得大于 $130\sqrt{235/f_y}$，其设计轴压力按下式计算：

$$N=\frac{A_f f}{85\sin\alpha}\sqrt{235/f_y} \qquad (3\text{-}55)$$

式中　A_f——梁受压翼缘截面面积；

f——梁翼缘抗压强度设计值；

α——隅撑与梁轴线的夹角。

3.7.5　柱脚节点设计

钢框架柱脚宜采用埋入式或外包式柱脚，仅传递轴向力的铰接柱脚可采用外露式柱脚（图 3-32）。

3.7.5.1　埋入式柱脚

对于轻型工字形柱，埋入式柱脚的埋深不得小于钢柱截面高度的两倍；

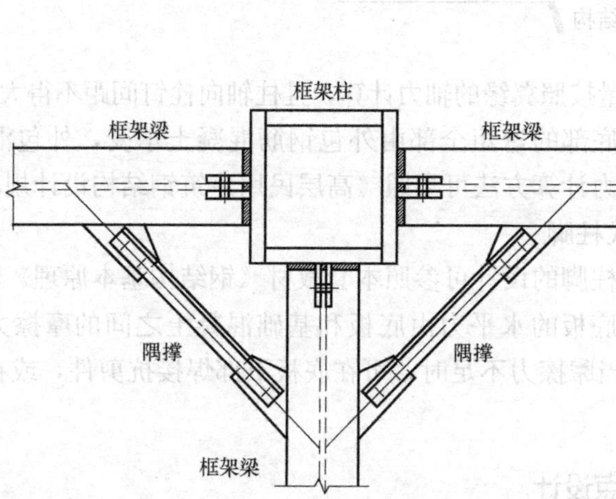

图 3-31 梁的隅撑设置

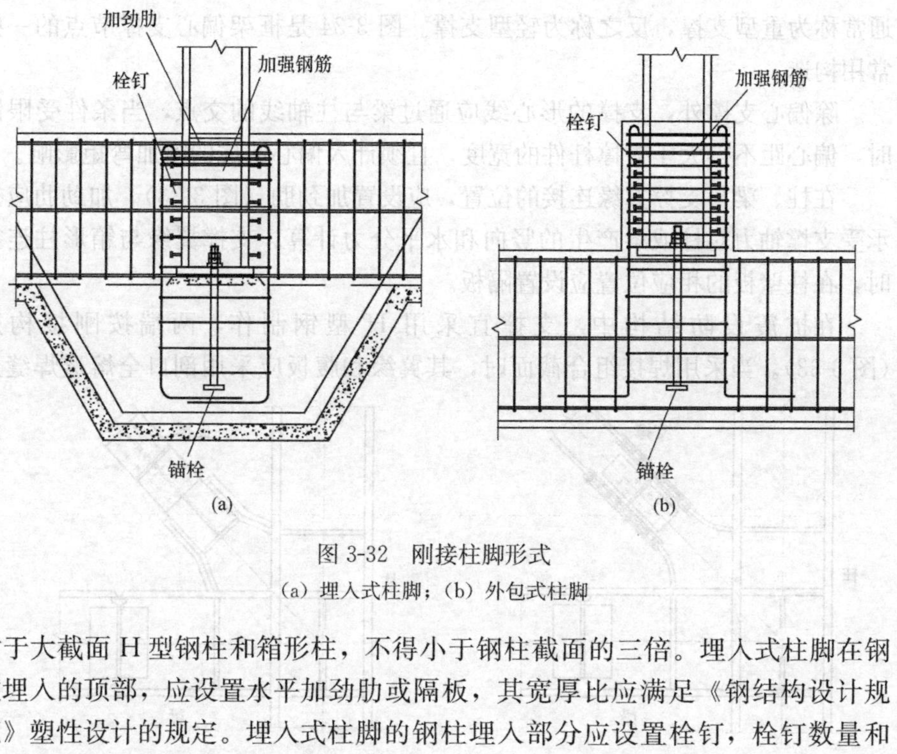

图 3-32 刚接柱脚形式

(a) 埋入式柱脚；(b) 外包式柱脚

对于大截面 H 型钢柱和箱形柱，不得小于钢柱截面的三倍。埋入式柱脚在钢柱埋入的顶部，应设置水平加劲肋或隔板，其宽厚比应满足《钢结构设计规范》塑性设计的规定。埋入式柱脚的钢柱埋入部分应设置栓钉，栓钉数量和布置可按照外包式柱脚的规定确定。

埋入式柱脚通过混凝土对钢柱的承压力传递弯矩，压力值须小于混凝土的轴心抗压强度设计值。压力值的计算方法可参照《高层民用建筑钢结构技术规程》。

埋入式柱脚钢柱翼缘保护层厚度对中间柱不得小于 180mm；对边柱和角柱不得小于 250mm。埋入式柱脚承压翼缘到基础端部的距离、钢柱周围的配筋要求也须符合相关规定。

埋入式柱脚的具体计算参见本章设计实例。

3.7.5.2 外包式柱脚

外包式柱脚的外包高度与埋入式柱脚的埋入深度要求相同。钢柱一侧翼缘上的圆头栓钉数量按照翼缘的轴力计算，且柱轴向栓钉间距不得大于200mm。

外包式柱脚底部的弯矩全部由外包钢筋混凝土承受，外包混凝土抗弯承载力和抗剪承载力计算方法可参照《高层民用建筑钢结构设计规程》。

3.7.5.3　外露式柱脚

外露式铰接柱脚的设计可参照本套教材《钢结构基本原理》5.6.2节。

外露式柱脚底板的水平力由底板和基础混凝土之间的摩擦力传递，摩擦系数可取0.4。当摩擦力不足时，可在底板下部焊接抗剪件，或在柱脚外部包裹混凝土。

3.7.6　支撑节点设计

图3-33是框架中心支撑节点的一些常用构造形式，其中带有双节点板的通常称为重型支撑，反之称为轻型支撑。图3-34是框架偏心支撑节点的一些常用构造。

除偏心支撑外，支撑的形心线应通过梁与柱轴线的交点，当条件受限制时，偏心距不得大于支撑杆件的宽度，且须计入偏心造成的附加弯矩影响。

在柱、梁与支撑翼缘连接的位置，应设置加劲肋（图3-33）。加劲肋应按承受支撑轴力对柱或梁产生的竖向和水平分力计算。支撑翼缘与箱形柱连接时，在柱壁板的相应位置应设置隔板。

在抗震设防结构中，支撑宜采用H型钢制作，两端按刚接构造（图3-33）。当采用焊接组合截面时，其翼缘和腹板应采用剖口全熔透焊缝连

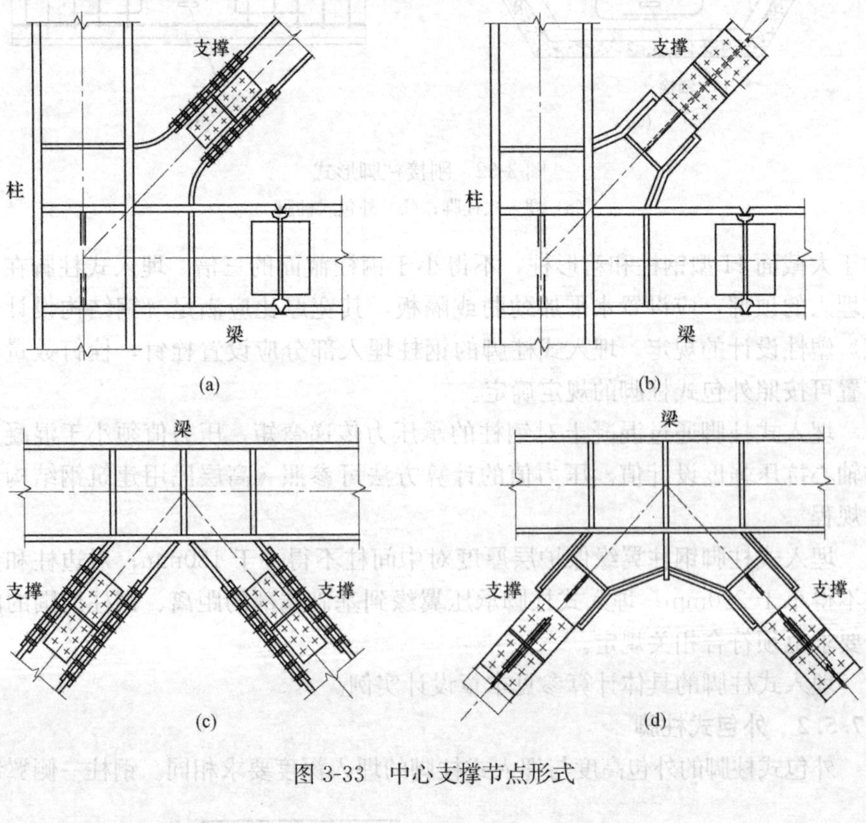

图3-33　中心支撑节点形式

接，以免在地震作用下焊缝出现断裂。与支撑相连接的柱通常加工成带悬臂梁段的形式，以避免梁柱节点处的工地焊缝。

偏心支撑与耗能梁段相交时，支撑轴线与梁轴线的交点不得位于耗能梁段外（图 3-34）。偏心支撑的剪切屈服型耗能梁段与柱翼缘连接时，梁翼缘与柱翼缘之间应采用剖口全熔透焊缝连接。梁腹板与柱之间可采用角焊缝，焊缝强度须满足强度要求。耗能梁段不宜与工字形柱腹板连接。耗能梁段腹板加劲肋的设置应符合有关要求。

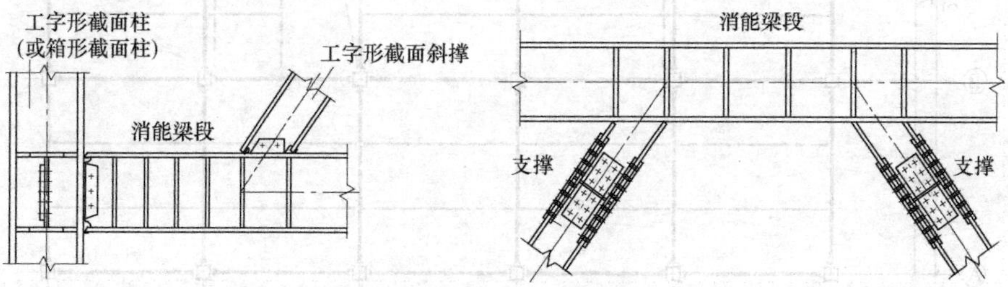

图 3-34　偏心支撑节点形式

当 H 形支撑腹板放置在框架平面外（图 3-33b）且采用支托式连接时，支撑的平面外计算长度可取轴线长度的 0.7 倍。当支撑腹板位于框架平面内时（图 3-33a），支撑的平面外计算长度可取轴线长度的 0.9 倍。

在抗震设防的结构中，支撑节点连接的最大承载力不得小于按屈服强度计算的支撑净截面强度的 1.2 倍。

3.8　设计实例

3.8.1　设计条件

北京某 9 层钢框架办公楼，首层层高 4.5m，标准层层高 3.6m，地面粗糙度类别为 C 类。抗震设防烈度为 8 度（0.2g），设计地震分组为第一组，场地类别Ⅱ类，基本风压 0.45kN/m^2，地基承载力 300kPa。采用框架-支撑结构体系，压型钢板-混凝土组合楼板，Q235-B 级钢材，C40 混凝土。采用箱形基础，埋入式柱脚，室内地坪到基础顶面距离 0.6m。

3.8.2　结构布置和计算简图

采用 6.0m×7.2m 的柱网，次梁间距 2.4m，结构平面布置如图 3-35 所示。

在 2 轴和 5 轴、BC 跨设置十字交叉中心支撑。

框架计算简图如图 3-36。

3.8.3　截面初选

1. 主梁截面

考虑到混凝土与钢梁间的组合作用，框架梁采用对称工字形截面：

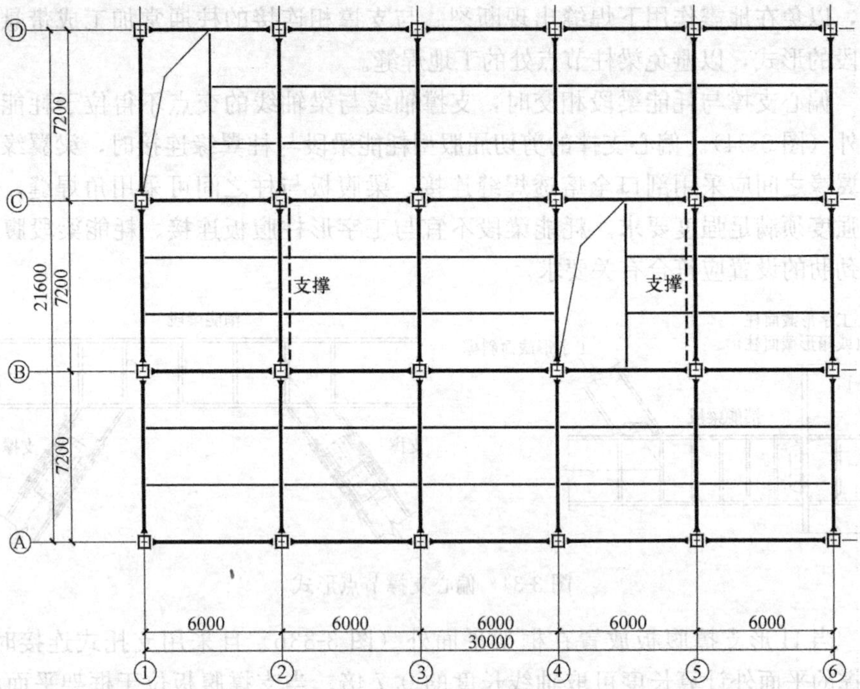

图 3-35　结构平面布置图

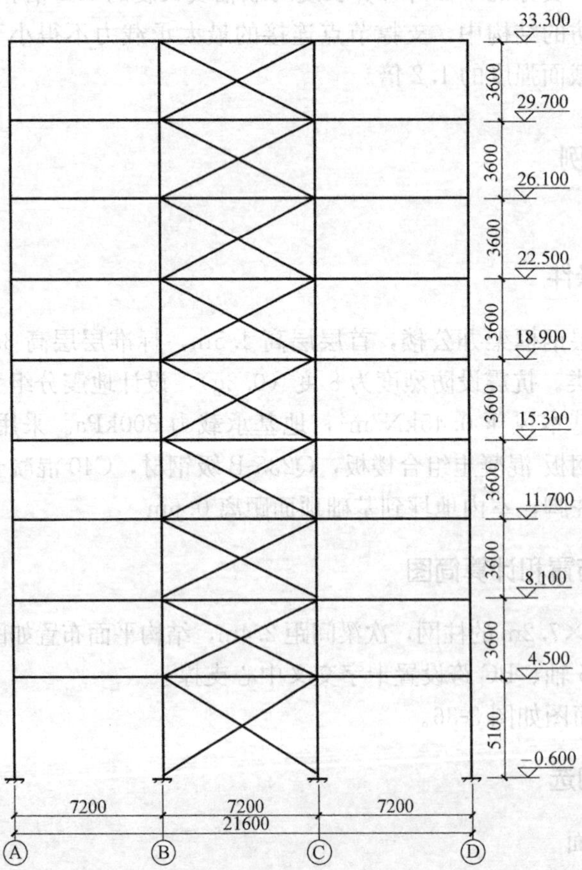

图 3-36　框架计算简图

主梁：$h_b=(1/15\sim1/12)l=0.48\sim0.60$m，故框架主梁选用：HN500×200×10×16

次梁：$h_b=(1/20\sim1/15)l=0.36\sim0.48$m，故框架次梁选用：HN400×200×8×13

2. 柱截面初选

框架柱采用箱形截面，沿高度改变截面一次：

1-5 层柱，箱形截面，□500×500×20；6-9 层柱，箱形截面，□500×500×16。

3. 支撑截面初选

支撑杆件采用方钢管截面，截面尺寸□250×250×14。

3.8.4 荷载汇集

1. 竖向荷载

楼面和屋面永久荷载及可变荷载分别见表 3-11 和表 3-12。

竖向永久荷载（kN/m²） **表 3-11**

位置	上人屋面	走廊、门厅、楼梯	办公室	卫生间	餐厅、厨房	机房、电梯	阳台	外墙	内墙	隔墙
永久荷载	5.57	3.87	3.76	3.96	3.96	3.87	3.87	2.69	1.88	0.82

楼（屋）面活荷载（kN/m²） **表 3-12**

位 置	上人屋面	屋面雪荷载	施工活荷载	走廊、门厅、楼梯	办公室	卫生间	餐厅、厨房	通风机房	电梯、机房	阳台
永久荷载	2.0	0.45	1.5	2.5	2.0	2.0	4.0	7.0	7.0	2.5

2. 地震作用计算

(1) 重力荷载代表值

集中于各楼层标高处的重力荷载代表值 G_i，为各楼层上的重力荷载代表值及上下各半层的墙、柱等的重量。计算 G_i 时，自重取标准值，各可变荷载应乘以相应的组合值系数。屋面上的可变荷载为雪荷载和活荷载的较大值。计算顶层重力荷载时还应记入女儿墙自重。

(2) 框架梁柱线刚度

考虑框架中现浇楼板对梁刚度的增大作用，在计算梁截面惯性矩时，取 $I_{边跨}=1.2I_0$，$I_{中跨}=1.5I_0$，I_0 为钢梁的惯性矩。

3. 水平风荷载

根据《建筑结构荷载规范》，北京地区的基本风压为 0.45kN/m²，地面粗糙度类别为 C 类，风荷载体型系数 $\mu_s=1.3$，风压高度变化系数、风振系数按《建筑结构荷载规范》计算。

3.8.5 内力分析

采用 PKPM 软件进行框架内力计算，图 3-37 为各工况的计算简图，图 3-38为各工况内力图。

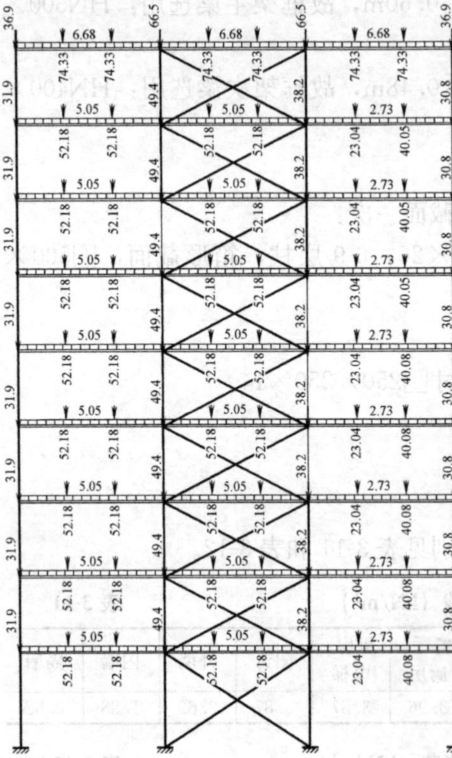

恒载图

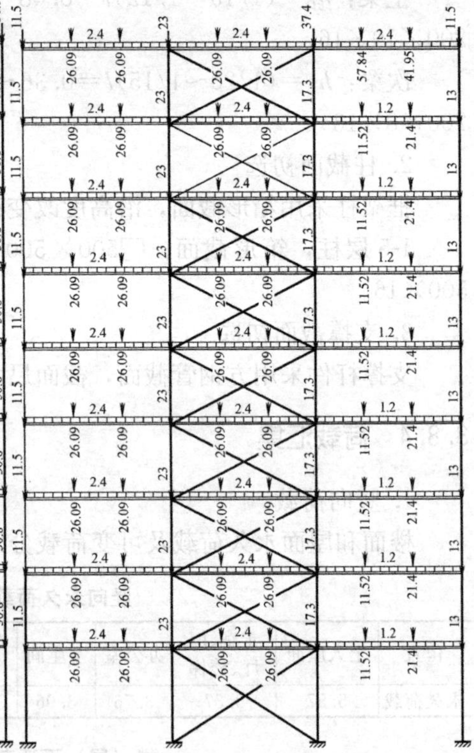

活载图

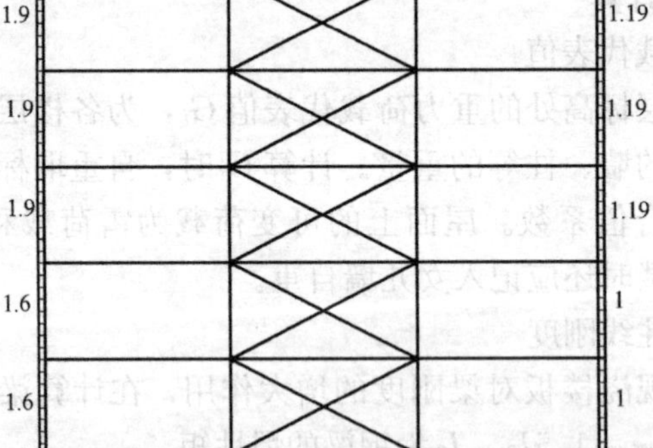

左风载工况图

图 3-37 各工况荷载简图

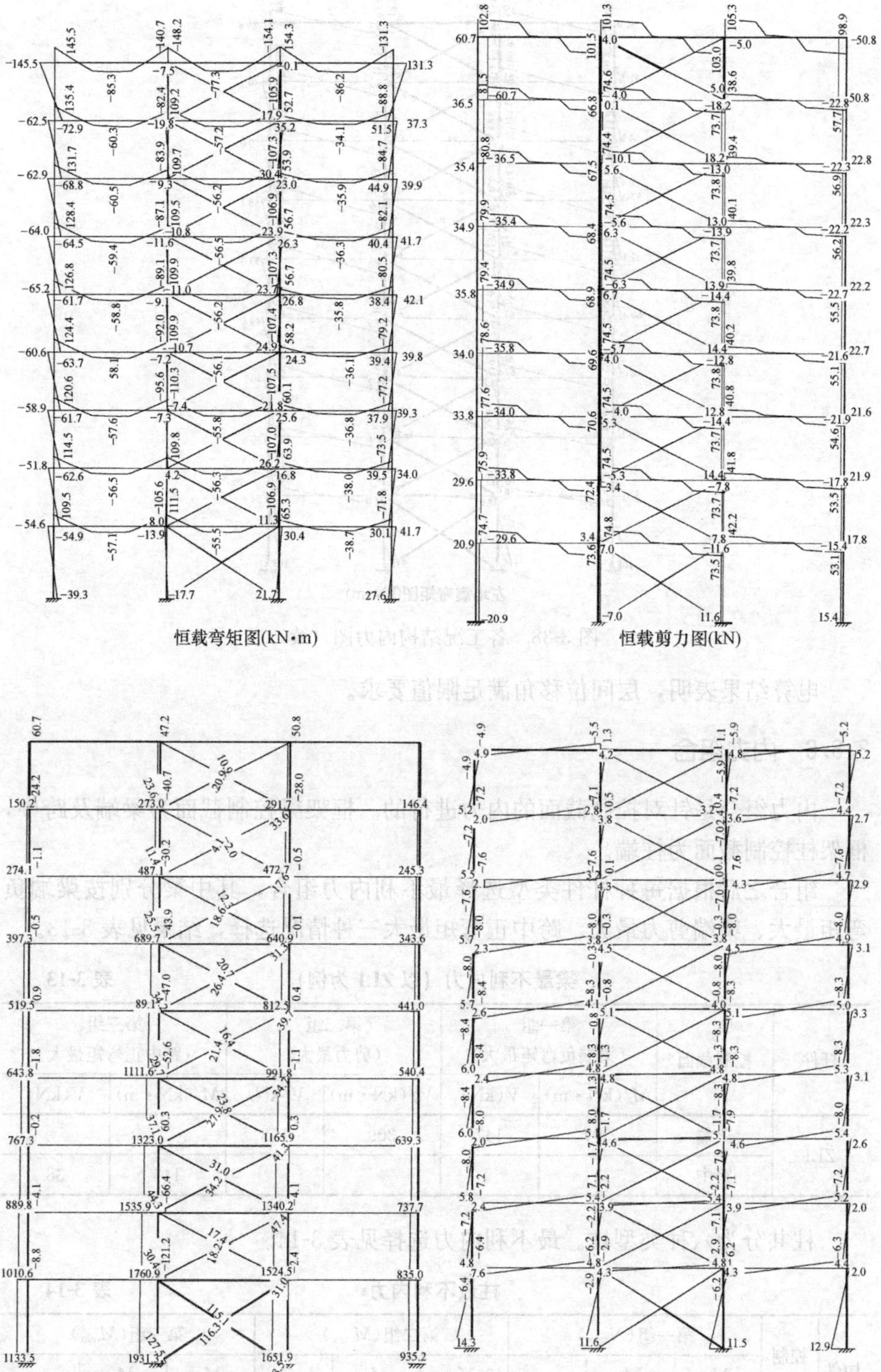

图 3-38　各工况结构内力图

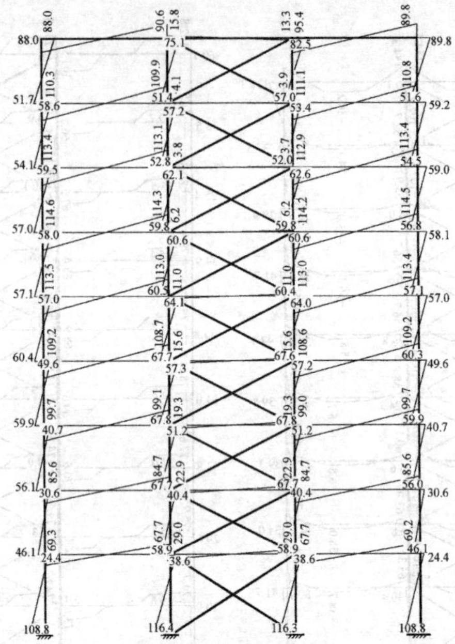

左地震弯矩图(kN·m)

图 3-38　各工况结构内力图（续）

电算结果表明，层间位移角满足限值要求。

3.8.6　内力组合

内力组合是针对控制截面的内力进行的。框架梁控制截面为梁端及跨中，框架柱控制截面为柱端。

组合之后根据每种杆件类型选择最不利内力组合，其中梁分别按梁端负弯矩最大、梁端剪力最大、跨中正弯矩最大三种情况选择，结果见表 3-13。

梁最不利内力（以 ZL1 为例）　　表 3-13

杆件	控制截面	第一组（梁端负弯矩最大）		第二组（剪力最大）		第三组（跨中正弯矩最大）	
		M/(kN·m)	V(kN)	M/(kN·m)	V(kN)	M/(kN·m)	V(kN)
ZL1	梁端	307	147	309	153		
	跨中					148	38

柱共分为六种类型柱。最不利内力选择见表 3-14。

柱最不利内力　　表 3-14

构件	控制截面	第一组(N_{max})			第二组(M_{max})			第三组(M_{min})		
		M_2 (kN·m)	M_3 (kN·m)	N(kN)	M_2 (kN·m)	M_3 (kN·m)	N(kN)	M_2 (kN·m)	M_3 (kN·m)	N(kN)
首层边柱	上	−57.8	−1.6	1850.4	−67.2	11.0	1315.6	−68.3	−1.6	1846.6
	下	78.4	−1.0		171.9	12.7		34.4	−1.0	

续表

构件	控制截面	第一组(N_{max})			第二组(M_{max})			第三组(M_{min})		
		M_2 (kN·m)	M_3 (kN·m)	N(kN)	M_2 (kN·m)	M_3 (kN·m)	N(kN)	M_2 (kN·m)	M_3 (kN·m)	N(kN)
首层中柱	上	−4.3	−2.2	−3117.1	44.2	−3.1	1577.8	0.3	61.4	2224.4
	下	−4.1	−0.3		158.5	4.8		7.1	−173	
6层边柱	上	−88.4	−4.9	−854.2	−87.9	13.3	−223.7	12.5	−9.9	−388.9
	下	−46.9	3.9		−50.4	−12.1		34.1	8.6	
6层中柱	上	−10.4	9.0	−1493.6	−3.3	116.2	−1212.9	−11.1	11.6	−393.2
	下	−12.4	−10.1		−9.2	−109		−9.9	10.5	
9层边柱	上	−230	−6.3	−243.1	−204	−7.1	−227.8	−222	11.2	−55.2
	下	−84.5	5.8		−78.0	6.3		−86.9	−5.2	
9层中柱	上	1.2	−11.2	−464.5	74.0	−1.9	−346.9	−5.0	139.4	−206.5
	下	−6.3	10.3		38.8	2.9		−7.7	−89.4	

支撑的最不利内力见表 3-15。

支撑的最不利内力 **表 3-15**

层数	$+N_{max}$(kN)	$-N_{max}$(kN)
1～5	579.2	−580.1
6～9	335.1	−335.8

3.8.7 构件设计

1. 梁截面验算

本设计中采用压型钢板现浇混凝土组合楼板，故跨中整体稳定性无须验算，局部稳定在截面初选时已经予以考虑，所以只须验算抗弯强度、抗剪强度、梁端整体稳定性以及负弯矩区裂缝宽度。

以 ZL1 为例进行验算：

(1) 截面特征

HM500×200×10×16

$A=114.2\text{cm}^2$，$I_x=47800\text{cm}^4$，$S_x=1048.18\text{cm}^3$

$W_x=1910\text{cm}^3$，$i_x=20.5\text{cm}$，钢材采用 Q235-B

(2) 控制内力

由内力组合表可知：最不利的内力组合为：$M=-307\text{kN}\cdot\text{m}$，$V=147\text{kN}$

(3) 强度验算

抗弯强度：$\dfrac{M_x}{\gamma_x w_{nx}}=\dfrac{307\times10^6}{1.05\times1910\times10^3}=153.1\text{N/mm}^2<f=310\text{N/mm}^2$，抗弯承载力满足要求。

抗剪刚度：$\tau=\dfrac{VS}{I_x t_w}=\dfrac{147\times10^3\times1048.18\times10^3}{47800\times10^4 10}=32.2\text{N/mm}^2<f_v=$

180N/mm²，抗剪承载力满足要求。

(4) 整体稳定验算

由于采用压型钢板混凝土楼板，可视为刚性钢板，此梁的整体稳定可不验算。

(5) 局部稳定验算

翼缘：$\frac{b}{t}=\frac{(200-10)/2}{16}=5.94<13\sqrt{\frac{235}{f_y}}=10.13$

腹板：$\frac{h_0}{t_w}=\frac{500-2\times16}{10}=46.8<80\sqrt{\frac{235}{f_y}}=66.03$，局部稳定满足要求。

(6) 挠度验算

根据电算结果，框架梁在荷载标准组合下的最大挠度为：

$V_t=3.26\leqslant[V_T]=\frac{L}{400}=18$，满足要求。

2. 柱截面验算

局部稳定在截面初步时已经予以考虑，故此处进行强度验算、刚度验算、平面内和平面外的稳定验算等内容。

电算结果表明，框架为强支撑结构，按无侧移框架计算柱的长度系数。

以底层边柱为例进行验算：

截面特征：

$A=384\text{cm}^2$，$I_x=147712\text{cm}^4$，$S_x=1048.18\text{cm}^3$

$W_x=W_y=5908.48\text{cm}^3$，$i_x=i_y=19.6\text{cm}$

(1) 计算长度系数确定

弯矩作用平面内梁柱线刚度比：

$K_1=\frac{i_b}{i_c}=0.2$，$K_2=10$，查表得 $u_1=0.711$

弯矩作用平面外梁柱线刚度比：

$K_1=\frac{i_b}{i_c}=0.073$，$K_2=10$

平面外计算长度：

$$\mu_2=\frac{0.74+0.34K_1}{1+0.643K_1}=\frac{0.74+0.34\times0.073}{1+0.643\times0.073}=0.731$$

(2) 强度验算

第一组最不利荷载组合：

$$\frac{N}{A}+\frac{M_2}{\gamma_x W_{nx}}+\frac{M_3}{\gamma_y W_{ny}}=57.76\text{N/mm}^2<f=205\text{N/mm}^2$$

第二组最不利荷载组合：

$$\frac{N}{A}+\frac{M_2}{\gamma_x W_{nx}}+\frac{M_3}{\gamma_y W_{ny}}=64.02\text{N/mm}^2<f=205\text{N/mm}^2$$

第三组最不利荷载组合：

$$\frac{N}{A}+\frac{M_2}{\gamma_x W_{nx}}+\frac{M_3}{\gamma_y W_{ny}}=59.34\text{N/mm}^2<f=205\text{N/mm}^2$$

强度验算满足要求。

(3) 刚度验算

计算长度：

$$\mu_x l = 0.711\times 4500 = 3199.5\text{mm}$$

$$\mu_y l = 0.731\times 4500 = 3287.8\text{mm}$$

长细比：

$$\lambda_x = \frac{\mu_x l}{i_x} = \frac{3199.5}{19.6\times 10} = 16.32 < [\lambda] = 120$$

$$\lambda_y = \frac{\mu_y l}{i_y} = \frac{3287.8}{19.6\times 10} = 16.77 < [\lambda] = 120$$

刚度验算满足要求。

(4) 双向压弯构件的整体稳定验算

长细比 $\lambda = 16.32$，查表得：$\varphi_x = 0.979$

$$N'_{Ex} = \frac{\pi^2 EA}{1.1\lambda_x^2} = 265186.8\text{kN}$$

$$N'_{Ey} = \frac{\pi^2 EA}{1.1\lambda_y^2} = 251145.9\text{kN}$$

第一组最不利荷载组合：

等效弯矩系数：

$$\beta_{mx} = \beta_{tx} = 0.65 + 0.35\frac{M_2}{M_1} = 0.654$$

$$\beta_{my} = \beta_{ty} = 0.65 + 0.35\frac{M_2}{M_1} = 0.659$$

对于箱形截面，截面影响系数 $\eta = 0.7$，$\varphi_b = \varphi_{bx} = \varphi_{by} = 1.0$

$$\frac{N}{\varphi_x A} + \frac{\beta_{mx} M_2}{\gamma_x W_{1x}\left(1 - \frac{0.8N}{N'_{Ex}}\right)} + \eta\frac{\beta_{ty} M_3}{\varphi_b W_y} = 53.63\text{N/mm}^2 < f = 205\text{N/mm}^2$$

$$\frac{N}{\varphi_y A} + \frac{\beta_{my} M_2}{\gamma_y W_{1y}\left(1 - \frac{0.8N}{N_{Ey}}\right)} + \eta\frac{\beta_{tx} M_3}{\varphi_b W_x} = 50.12\text{N/mm}^2 < f = 205\text{N/mm}^2$$

第二组最不利荷载组合：

等效弯矩系数：

$$\beta_{mx} = \beta_{tx} = 0.65 + 0.35\frac{M_2}{M_1} = 0.707$$

$$\beta_{my} = \beta_{ty} = 0.65 + 0.35\frac{M_2}{M_1} = 0.676$$

对于箱形截面，截面影响系数 $\eta = 0.7$，$\varphi_b = \varphi_{bx} = \varphi_{by} = 1.0$

$$\frac{N}{\varphi_x A} + \frac{\beta_{mx} M_2}{\gamma_x W_{1x}\left(1 - \frac{0.8N}{N'_{Ex}}\right)} + \eta\frac{\beta_{ty} M_3}{\varphi_b W_y} = 41.35\text{N/mm}^2 < f = 205\text{N/mm}^2$$

$$\frac{N}{\varphi_y A} + \frac{\beta_{my} M_2}{\gamma_y W_{1y}\left(1 - \frac{0.8N}{N'_{Ey}}\right)} + \eta\frac{\beta_{tx} M_3}{\varphi_b W_x} = 39.12\text{N/mm}^2 < f = 205\text{N/mm}^2$$

3. 十字交叉支撑截面验算

支撑杆件的计算长度：支撑平面内取端点中心到支撑交叉点间的距离，支撑平面外取 $l_0=l_d$。

根据《高层民用建筑钢结构技术规程》JGJ 99—98 中 6.4.4 条，对于十字交叉支撑应考虑柱在重力下的弹性压缩变形在斜杆中引起的附加压应力：

$$\Delta\sigma_{br}=\frac{\sigma_c}{\left(\frac{l_{br}}{h}\right)^2+\frac{h}{l_{br}}\frac{A_{br}}{A_c}+2\frac{b^3}{l_{br}h^2}\frac{A_{br}}{A_b}}$$

式中 σ_c——斜杆端部连接固定后，该楼层以上各层施加恒荷载和活荷载产生的柱轴压力；

l_{br}——支撑斜杆长度；

b、h——支撑跨梁的长度和楼层高度；

A_{br}、A_c、A_b——计算楼层的支撑斜杆、支撑跨的柱和梁的截面面积。

以首层十字交叉支撑为例进行验算：

支撑截面为□250×250×14×14

截面特性：$A=13216\text{mm}^2$，$i_x=i_y=9.65\text{cm}$

$$\sigma_c=0.8\sigma_{c柱}=0.8\times\frac{3117.01\times10^3}{38400}=64.9\text{N/mm}^2$$

σ_c 为斜杆端部连接固定后，该楼层以上各层施加恒荷载和活荷载产生的柱轴压力；为减少斜杆附加压应力，应尽可能在各楼层大部分永久荷载施加完毕后固定斜杆端部连接。可近似取 $\sigma_c=0.8\sigma_{c柱}$。

支撑斜杆长度 $l_{br}=8361\text{mm}$，横梁长 $b=7200\text{mm}$，支撑截面面积 $A_{br}=13216\text{mm}^2$，横梁面积 $A_b=11420\text{mm}^2$，柱子的面积 $A_c=38400\text{mm}^2$。

$$\Delta\sigma_{br}=\frac{\sigma_c}{\left(\frac{l_{br}}{h}\right)^2+\frac{hA_{br}}{l_{br}A_c}+2\frac{b^3A_{br}}{l_{br}h^2A_b}}$$

$$=\frac{64.9}{\left(\frac{8361}{4500}\right)^2+\frac{4500}{8361}\times\frac{13216}{38400}+2\frac{7200^3}{8361\times4500^2}\times\frac{13216}{11420}}$$

$$=7.4\text{N/mm}^2$$

$$N_2=\Delta\sigma_{cr}A_{cr}=97.9\text{kN}$$

杆件轴心压力组合设计值：

$$N=1.2\times N_2+N_{max}=1.2\times97.9+580.1=697.58\text{kN}$$

(1) 斜杆整体稳定验算

$N_{br}=1.3\times697.58=906.854\text{kN}$（1.3 为增大系数）

$$\lambda_x=\frac{l_x}{i_x}=\frac{8361}{96.5}=86.6<120\sqrt{\frac{235}{f_y}}$$

$$\lambda_y=\frac{l_y}{i_y}=\frac{4180.5}{96.5}=43.3<120\sqrt{\frac{235}{f_y}}$$

x 轴为 c 类截面，查表得 $\varphi_x=0.537$，y 轴为 c 类截面，查表得 $\varphi_y=0.818$。取 $\varphi=0.818$

$$\lambda_n=\frac{\lambda_y}{\pi}\sqrt{\frac{f}{E}}=0.53$$

$$\psi=\frac{1}{1+0.35\lambda_n}=\frac{1}{1+0.35\times0.53}=0.84$$

$$\frac{N}{\varphi A_{br}}=83.9\text{N/mm}^2<\psi\frac{f}{\gamma_{RE}}=0.84\times\frac{310}{0.8}=317\text{N/mm}^2$$

满足要求，其中抗震调整系数 $\gamma_{RE}=0.8$。

(2) 局部稳定验算

翼缘：$\frac{b'}{t_w}=\frac{(250-14)/2}{14}=8.4<9$

腹板：$\frac{h_0}{t}=\frac{250-14\times2}{14}=15.9<21$

满足要求。

4. 强柱弱梁验算

强柱弱梁应满足：

$$\sum W_{pc}\left(f_{yc}-\frac{N}{A_c}\right)\geqslant\eta\sum W_{pb}f_{yb}$$

式中 W_{pc}、W_{pb}——交汇于节点的柱和梁的塑性截面模量；

f_{yc}、f_{yb}——柱和梁的钢材屈服强度；

N——地震组合的柱轴力；

A_c——框架柱的截面面积；

η——强柱系数，一级取 1.15，二级取 1.10，三级取 1.05。

以 9 层边柱与边梁为例：

$$W_{pc1}=691600\text{mm}^3,\ W_{pb1}=1471090\text{mm}^3,\ W_{pb2}=1819560\text{mm}^3$$

$$A_c=38400\text{mm}^2,\ N=2719.7\text{kN}$$

$$f_{yc}=f_{yb}=235\text{N/mm}^2$$

三级抗震 $\eta=1.05$

$$\sum W_{pc}\left(f_{yc}-\frac{N}{A_c}\right)=6916000\times2\times\left(235-\frac{2719.7\times10^3}{38400}\right)=1135\text{kN}\cdot\text{m}$$

$$\geqslant\eta\sum W_{pb}f_{yb}=1.1\times(1471090\times2+1819560)\times235=1030.9\text{kN}\cdot\text{m}$$

满足强柱弱梁要求。

5. 框架变形验算

风荷载作用下结构的层间位移最大值 5.6mm，地震荷载作用下结构的层间位移最大值 3.4mm，满足要求。

3.8.8 节点设计

1. 次梁与主梁的连接节点

次梁截面为 HN 型钢，端部剪力设计值 V=69.9kN，考虑到连接处有一定的约束作用，并非理想铰接，通常将次梁反力值增加 20%～30%进行连接计算。所以取 $V=1.25\times69.9=87.4\text{kN}$

采用高强摩擦型螺栓连接：

4M20，10.9级，孔径22mm，$d_0=22\text{mm}$，$2d_0=44\text{mm}$。

焊接用角焊缝，E43焊条，手工焊。

（1）每个螺栓直接受剪力：

$$N_v=\frac{v}{n}=43.7\text{kN}$$

（2）偏心作用产生弯矩：

$$M_e=Ve=87.4\times 60=5.2\text{kN}\cdot\text{m}$$

弯矩作用下受力最大的一个高强螺栓所受的力为：

$$N_{vh}=\frac{M_e y_{max}}{\sum y_i^2}=23.2\text{kN}$$

（3）螺栓承受的最大剪力：

$$N_{max}=\sqrt{N_v^2+N_{vh}^2}=60.3\text{kN}$$

（4）单个高强摩擦型螺栓抗剪承载力设计值为：

$$N_v^b=0.9n_f\mu P$$

喷砂处理表面，$\mu=0.5$，查表得$P=155\text{kN}$。

所以：

$$N_v^b=0.9\times 1\times 0.5\times 155=69.8\text{kN}>N_{max}=60.3\text{kN}$$

（5）主梁加劲肋与主梁的连接采用角焊缝，在验算时，仅考虑与次梁腹板连接的部分有效。

加劲肋板厚$t_s\geqslant b_s/15=100/15=6.7\text{mm}$，取$t_s=8\text{mm}$。

构造要求$h_f\leqslant t_{min}-1=8-1=7\text{mm}$（角焊缝在其边缘）

$h_f\geqslant 1.5\sqrt{t_{max}}=1.5\sqrt{10}=4.7\text{mm}$，取$h_f=6\text{mm}$。

$l_w=500-2\times 16-2\times 50-2h_f=356\text{mm}$。

构造要求$l_w\geqslant 8h_f$且$\geqslant 40\text{mm}$，$l_w\leqslant 60h_f=60\times 6=360\text{mm}$，取$l_w=356\text{mm}$。

$$\tau_f=\frac{V}{2\times 0.7h_f l_w}=29.2\text{N/mm}^2$$

$$\sigma_f=\frac{M}{W}=\frac{6M}{2\times 0.7h_f l_w^2}=25.1\text{N/mm}^2$$

$$\sqrt{\left(\frac{\sigma_f}{1.22}\right)+\tau_f^2}=35.7\text{N/mm}^2<f_f^w=160\text{N/mm}^2$$

连接满足要求。

2. 主梁与柱的连接节点

采用内隔板式连接，内隔板通过对接焊缝（全焊透）与柱壁钢板连接，钢梁通过焊缝与柱连接（对接焊缝，全焊透，二级以上质量检测）。梁、柱钢材用Q345，连接板材用Q345，E43焊条，手工焊。

（1）内隔板的设计

内隔板宽厚比限值为40，所以$t_g\geqslant\frac{370}{40}=9.25\text{mm}$。

钢梁翼缘板厚16mm，取内隔板厚度为$t_j=16\text{mm}$，内隔板与柱壁用全焊透的对接焊缝，工厂焊，二级以上质量检测。

(2) 梁和柱的连接设计

梁翼缘和腹板均采用全焊透的对接焊缝，并使用引弧板，二级以上质量检测，则可保证与母材等强，不需验算，节点详图见图纸。

(3) 节点域验算

以 ZL1 与 1 层边柱为例：

节点域的抗剪强度验算：

$$V_{p}=1.8h_{b}h_{c}t_{w}=1.8\times(500-32)\times(500-40)\times20=7750080\text{mm}^{3}$$

$$\frac{(M_{b1}+M_{b2})}{V_{p}}=\frac{(166+130)\times10^{6}}{7750080}=38.19\text{N/mm}^{2}<\frac{4}{3}\frac{f_{yv}}{\gamma_{RE}}=486.2\text{N/mm}^{2}$$

节点域的稳定验算：

$$t_{w}=200\text{mm}\geqslant\frac{h_{b}+h_{c}}{90}=\frac{468+460}{90}=10.3\text{mm}$$

(4) 主梁的拼接节点

翼缘采用全熔透对接焊缝。由于拼接点弯矩较小，认为全部由翼缘承受，腹板仅承受全部剪力。腹板的连接采用高强摩擦型螺栓双剪形式，10.9 级，采用等强连接，节点详图见图纸。

以中间主梁为例：

$$V_{u}=147\times1.25=183.75\text{kN}$$

选用 4M16，8.8 级，喷砂处理表面，$\mu=0.5$，$P=80\text{kN}$，得：

$$N_{v}^{b}=0.9n_{f}\mu P=0.9\times2\times0.5\times80=72\text{kN}$$

$$4N_{v}^{b}=4\times72=288\text{kN}>V_{u}=183.75$$

(5) 主梁下翼缘隅撑设计

隅撑的最大轴向压力设计值为：

$$N=\frac{A_{f}f}{85\sin\alpha}\sqrt{\frac{f_{y}}{235}}=18.9\text{kN}$$

式中 A_{f}——梁受压翼缘的截面面积；

f——梁翼缘抗压强度设计值；

α——隅撑与梁轴线的夹角，取 45 度。

取 L56×36×5 的不等边角钢连接：

$i_{x}=1.77\text{cm}$，$i_{y}=1.008\text{cm}$，$A=4.415\text{cm}^{2}$，$i_{u}=0.78\text{cm}$。

长度：$l=800\times\sqrt{2}=1131\text{mm}$。

长细比：$\lambda_{max}=\frac{l}{i_{u}}=\frac{1131}{7.8}=145<150$，满足要求。

查表得 $\varphi=0.326$（b 类截面）

对于单面连接的但角钢轴心受压构件，考虑强度折减系数 γ 后可不考虑弯扭效应的影响。长边相连的不等边角钢取 $\gamma=0.70$。

$$\sigma=\frac{N}{\varphi A}=\frac{18.9\times10^{3}}{0.326\times441.5}=131.3\frac{\text{N/mm}^{2}}{\text{mm}^{2}}<\gamma f=0.7\times215=151\text{N/mm}^{2}$$

满足要求。

由于轴力较小，所以角焊缝全部按构造要求取，$h_{f}=5\text{mm}$，$l_{w}=40\text{mm}$，

则 2×0.7×5×40×160＝44800N＝44.8kN＞10.3kN。

节点构造见图 3-39。

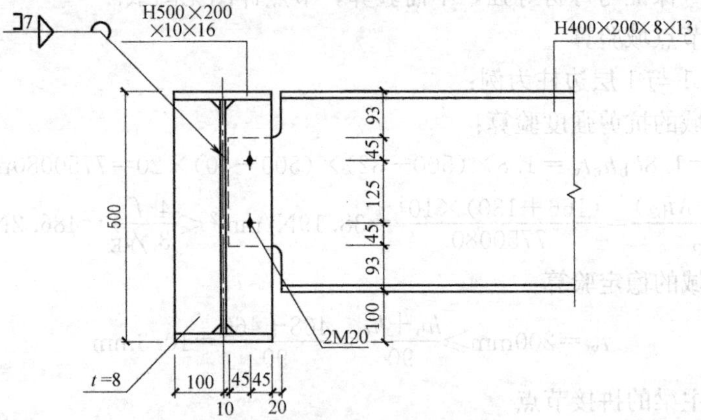

图 3-39　次梁与主梁节点示意图

(6) 柱拼接节点

柱拼接节点构造可参见图 3-29。

(7) 柱脚节点

采用埋入式柱脚，通过混凝土对钢柱的承压力传递弯矩。以边柱柱脚为例。

1) 栓钉设计

栓钉构造及承载力：

构造要求：栓钉水平及竖向中心距不大于 200mm，且栓钉至钢柱边缘的距离不大于 100mm，栓钉直径不得小于 16mm。

$$n=N_f/N_s^v \tag{3-56}$$

$$N_f=\frac{M}{h_c-t_f} \tag{3-57}$$

式中　N_f——钢柱一侧抗剪栓钉传递的翼缘轴力；

M——柱脚顶部钢柱弯矩设计值；

h_c——钢柱截面高度；

t_f——钢柱翼缘厚度；

N_s^v——一个圆柱头栓钉的抗剪承载力设计值。

栓钉直径为 19mm，其抗剪设计值：

$$N_s^v=0.43A_s\sqrt{E_c f_c}\leqslant 0.7A_s\gamma f$$

式中　A_s——栓钉杆截面面积；

f——栓钉抗拉强度设计值；

γ——栓钉抗拉强度最小值与屈服强度之比；

E_c——混凝土弹性模量。

$$0.43A_s\sqrt{E_c f_c}=92.29\text{kN}$$

$$0.7A_s\gamma_f=0.7\times\frac{3.14\times19^2}{4}\times470\times10^{-3}=93.28\text{kN}$$

所以，$N_v^s=93.28\text{kN}$

边柱栓钉设计：

$$N_f=\frac{M}{h_c-t_f}=\frac{171.95\times10^3}{500-20}=358.2\text{kN}$$

$$n=N_f/N_v^s=\frac{358.2}{92.29}=3.88$$

为满足构造要求，取栓钉水平中心距 200mm，竖向中心距 150mm，每侧 16 个栓钉，与中柱相同。

2）杯口配筋设计

杯口配筋要求：

外包式柱脚底部的弯矩全部由外包钢筋混凝土承受，应按下列要求设置主筋和箍筋：

$$A_s=M/(d_0 f_{sy}) \tag{3-58}$$

式中 M——作用于钢柱脚底部的弯矩，$M=M_0+Vd$；

M_0——柱脚的设计弯矩；

V——柱脚的设计剪力；

d——钢脚埋深；

d_0——受拉侧与受压侧纵向主筋合力点间的距离；

f_{sy}——钢筋抗拉强度设计值。

主筋的最小含钢率为 0.2%，其配筋不宜小于 4ϕ22（HRB335 级），并在上端设弯钩。主筋的锚固长度不应小于 35d（d 为钢筋直径），当主筋的中心距大于 200mm 时，应设置 ϕ16（HPB300 级）的架立筋。

边柱杯口配筋设计：

$$M=M_0+Vd=171.95+47\times1.5=242.45\text{kN}\cdot\text{m}$$

$$d_0=1600-(100+15)\times2=1370\text{mm}$$

$$A_s=\frac{M}{(d_0 f_{sy})}=\frac{242.45\times10^6}{1370\times300}=589.9\text{mm}^2$$

取 4ϕ22（HRB335 级），$A_s=1520\text{mm}^2$

$$\rho=\frac{1520}{500\times1600}=0.28\%>0.2\%\text{，满足要求。}$$

主筋一侧配 4ϕ22（HRB335 级），其间插入 3ϕ16（HPB300 级）的架立筋。箍筋按构造要求配置。

3）柱侧混凝土承载力验算

柱侧面混凝土承载力应满足：

$$\sigma=\left(\frac{2h_0}{d}+1\right)\left[1+\sqrt{1+\frac{1}{(2h_0/d+1)^2}}\right]\frac{V}{b_f d}\leqslant f_c$$

式中 V——柱脚剪力；

h_0——柱反弯点到柱脚底板的距离；

d——柱脚埋深；

b_f——钢柱翼缘宽度。

边柱柱脚混凝土受剪验算：

$$V=47\text{kN}$$

$$\sigma=\left(\frac{2h_0}{d}+1\right)\left[1+\sqrt{\frac{1}{(2h_0/d+1)^2}}\right]\frac{V}{f_f d}$$

$$=\left(\frac{2\times3000}{1500}+1\right)\times\left[1+\sqrt{\frac{1}{(2\times3000/1500+1)^2}}\right]\times\frac{47000}{500\times1500}$$

$$=0.376\text{N/mm}^2<f_c=19.1\text{N/mm}^2$$

4）柱脚底板设计

① 确定底板尺寸

$$A\geqslant\frac{N}{f_c}=\frac{1850.4}{19.1}=9.68\times10^4\text{mm}^2$$

选用 $B\times D=650\text{mm}\times650\text{mm}=4.225\times10^5\text{mm}^2$

$$\sigma_{max}=\frac{N}{BD}+\frac{6M}{BD^2}=\frac{1850.4\times10^3}{4.225\times10^5}+\frac{6\times68.3\times10^6}{650\times650^2}=5.87\text{N/mm}^2$$

混凝土承压满足要求。

② 确定底板厚度

底板反力 $q=\frac{N}{A}=\frac{1850.4\times10^3}{4.225\times10^5}=4.38\text{N/mm}^2$

底板最大弯矩 $M=\alpha qa^2=0.048\times4.38\times460^2=44486.78\text{N}\cdot\text{mm}^2$

底板厚度 $t\geqslant\sqrt{\frac{6M}{f}}=\sqrt{\frac{6\times44486.78}{205}}=36.1\text{mm}$

取 $t=40\text{mm}$。

③ 柱身与底板焊缝连接

取周边焊缝 $\sum l_w=4\times500=2000\text{mm}$

需要焊脚尺寸 $h_f=\frac{N}{0.7\sum l_w\beta_f f_f^w}=\frac{1850412}{0.7\times2000\times1.22\times160}=6.8\text{mm}$

$h_{fmin}=1.5\sqrt{t_{max}}=1.5\sqrt{40}=9.5\text{mm}$

$h_{fmax}=1.2t_{min}=1.2\times20=24\text{mm}$

取 $h_f=20\text{mm}$。

5）构造措施

在箱基顶面标高处，钢柱外部设置外环板，外延 200mm，正方形，板厚 20mm，与柱对接等强焊接，在箱基顶面标高下 200mm 处柱内设隔板，厚 20mm。

承台杯口与钢柱间浇注的混凝土采用微膨胀细石混凝土，强度等级 C40。在浇注微膨胀细石混凝土的过程中，钢柱用垫块垫高 50mm，用 4 个直径为 25 的锚栓使钢柱保持固定。

柱脚节点详图见附录 5。

小结及学习指导

钢框架结构是多层房屋钢结构最常用的形式之一。本章主要介绍钢框架结构的组成、形式和结构布置，钢框架荷载和效应计算，内力分析，荷载效应组合，组合楼盖设计，框架梁、柱及节点设计，支撑设计。

在学习这些内容时，可结合工程实例，认识多层钢结构体系、组成及结构布置，重点掌握钢框架结构的荷载计算、内力计算及组合，掌握楼盖设计方法，熟练进行梁、柱、支撑等构件和框架主要节点的设计计算。

1. 钢框架结构主要由框架柱、框架梁、支撑等构件组成，可分为纯框架体系和框架-支撑体系。纯框架体系横向和纵向均采用框架作为承重和抵抗侧向力的主要构件。框架-支撑体系由框架和支撑协同工作，支撑承受大部分的侧向力。

2. 支撑可分为中心支撑和偏心支撑。中心支撑传力直接、抗侧刚度大，但斜杆反复受压屈曲后承载力会急剧下降。偏心支撑通过改变斜杆与梁的屈曲顺序，利用耗能梁段先行屈服耗能，而斜杆本身不发生屈曲或后屈曲，结构既在弹性阶段呈现较好的刚度，又在非弹性阶段具有很好的延性和耗能能力，更适用于抗震结构。

3. 框架沿横向和纵向布置，形成双向抗侧力结构。框架应纵、横向刚度均匀，构件传力明确、类型统一，节点构造简单。支撑布置应均匀、对称，数量、形式及刚度应根据建筑物的高度、水平作用等情况确定。在抗震建筑中，支撑一般在同一竖向柱距内连续布置。

4. 楼盖结构一般由楼板和梁系组成，梁系包含主梁和次梁。楼板宜采用压型钢板现浇钢筋混凝土组合楼板或钢筋混凝土楼板，不宜采用预制钢筋混凝土楼板，高度不大且无抗震设防的建筑，可采用装配整体式楼板。楼板和梁系之间应有可靠的连接，以传递水平剪力。楼盖必须有足够的整体刚度，以保证结构的空间协调工作。

5. 钢框架结构的荷载和作用主要有永久荷载、活荷载、雪荷载、积灰荷载、风荷载和地震作用。钢框架结构的效应组合分为无地震作用组合和有地震作用组合。多层钢结构高度一般不超过 40m，当平面和竖向布置规则时，地震作用计算可采用底部剪力法或振型分解反应谱法。竖向布置特别不规则的建筑及甲类和乙类建筑，宜采用时程分析法作补充计算。罕遇地震作用下钢结构的地震效应计算应采用时程分析法。

6. 钢框架结构的抗震设计采用两阶段设计法。第一阶段为多遇地震作用下的弹性分析，验算构件的承载力、稳定及层间位移；第二阶段为罕遇地震作用下的弹塑性分析，验算层间位移。

7. 钢框架结构可采用平面抗侧力结构的空间协同计算模型。当结构布置规则、质量和刚度沿高度分布均匀、不计扭转效应时，可采用平面计算模型。当结构布置不规则、体型复杂、无法划分成平面抗侧力单元时，应采用空间计算模型。

8. 在楼盖刚度足够的情况下，可假定楼面在其自身平面内为绝对刚性。对整体性较差、开孔面积大、有较长外伸段的楼面或相邻层刚度有突变的楼面，当不能保证楼面的整体刚度时，宜采用楼板平面内的实际刚度，或对按刚性楼面假定计算所得结果进行调整。当进行结构弹塑性分析时，楼板可能严重开裂，一般不考虑楼板与梁的共同工作。

9. 压型钢板钢-混凝土组合楼板的设计包括施工阶段验算和正常使用阶段计算。施工阶段应验算压型钢板的强度、稳定和变形。正常使用阶段应计算组合板的抗弯强度、抗剪强度、局部抗冲切、界面粘结，以及组合板的变形、频率等。

10. 钢-混凝土组合梁的设计包括施工阶段验算和正常使用阶段计算。施工阶段应验算钢梁的强度、稳定和变形。正常使用阶段应计算组合梁的抗弯强度、抗剪强度、混凝土板纵向抗剪强度、连接件强度，以及组合梁的变形等。

11. 抗震设防时，钢框架应做到强柱弱梁，使塑性铰出现在梁端而不是柱端。框架梁与柱的板件宽厚比、框架柱的长细比应满足更严格的要求。框架柱的计算长度应根据纯框架、弱支撑框架和强支撑框架三种情况分别进行计算。

12. 框架节点设计包括梁-柱节点、柱-柱节点、梁-梁节点、支撑节点和柱脚节点。节点一般按弹性设计，罕遇地震下节点连接的极限承载力要高于构件本身的承载力。

13. 梁柱连接有刚性连接、柔性连接和半刚性连接，多层钢结构梁与柱之间一般采用刚性连接。刚性连接有焊接、螺栓连接和栓焊混合连接三种做法。梁柱刚性连接时，需要验算连接在弯矩和剪力下的承载力，同时需验算节点域处柱腹板的强度和稳定。

14. 钢框架柱脚常采用埋入式或外包式柱脚。埋入式柱脚的埋深、水平加劲肋或隔板设置及宽厚比、柱脚钢柱翼缘保护层厚度、承压翼缘到基础端部的距离、钢柱周围的配筋要求需满足相关规定。外包式柱脚底部的弯矩全部由外包钢筋混凝土承受，需计算其抗弯承载力和抗剪承载力。

思考题与习题

3-1　简述多层建筑钢结构的结构体系、特点和适用范围。

3-2　框架-支撑体系中，竖向支撑应怎么布置？

3-3　简述中心支撑和偏心支撑的区别和受力特点。

3-4　框架抗震设计时如何实现强柱弱梁？

3-5　多层建筑钢结构的楼盖形式有几种？简述楼盖组成。

3-6　竖向荷载和水平荷载作用下框架内力可采用什么方法计算？

3-7　简述地震作用的主要计算方法。

3-8 如何增加压型钢板与混凝土之间的粘结力？

3-9 简述组合梁塑性设计的主要内容。

3-10 简述框架梁柱节点连接的主要形式。

3-11 简述框架柱脚节点的主要形式。

第4章 大跨屋盖结构

本章知识点

【知识点】大跨钢屋盖结构的种类，设计的一般步骤，网架、网壳及管桁架的结构形式和结构布置，钢屋盖结构设计的荷载及其效应组合，网架、网壳和管桁架结构的内力计算要点，网壳结构的稳定性分析，网架、网壳及管桁架杆件设计，焊接空心球节点、螺栓球节点及相贯节点的设计。

【重　点】网架、网壳及管桁架结构的组成和结构布置，屋盖设计中的荷载计算和荷载效应组合，节点及杆件设计。

【难　点】焊接空心球节点、螺栓球节点组成及设计，相贯节点的破坏模式及设计，网壳结构的稳定性分析。

4.1 概述

随着社会的进步，人们对公共活动空间的要求不断增加，促进了大跨度屋盖结构的快速发展。20 世纪出现水泥和钢铁等材料后，建造的桁架、拱、刚架等平面结构可跨越 50～70m 的跨度。随着新型建筑材料的使用，为了覆盖更大的空间，工程中出现了网架、网壳等空间结构形式，既能够满足建筑平面、空间和造型的要求，又能够跨越足够的跨度。由于大跨屋盖结构能满足公共建筑的使用要求，又能适应工业建筑的生产和技术发展，且其结构自重轻、布置灵活，目前应用越来越广泛。

4.1.1 工程实例

某体育中心体育馆下部结构采用钢筋混凝土框架结构体系，屋盖采用管桁架结构。整个结构的平面形状为圆形，总建筑面积 19795m^2。体育馆建筑高度 35.5m，地上 3 层。体育馆屋盖跨度为 102.5m。屋盖由径向管桁架和环向管桁架构成。径向管桁架共 16 榀、高度 4m，大球处采用倒三角形管桁架，小球处采用平面管桁架。环向管桁架：大球处由外向内共 3 环环向桁架，高度 4m，第 1 环为立体管桁架，第 2 环为三角形管桁架，第 3 环为大小球之间的转换管桁架；小球处有 3 环环向管桁架，高度 4m，为平面管桁架。管桁架的周边支座为三向固定支座。图 4-1 为该工程主体结构的施工安装过程。

吊装第一榀径向桁架

吊装转换桁架

安装转换桁架

主体结构安装完毕

檩条安装完毕

整个建筑安装完毕

图 4-1　体育馆主体结构安装

4.1.2　大跨屋盖结构的种类

按照大跨度屋盖结构的受力特点和组成材料不同，分为刚性结构体系、柔性结构体系和杂交结构体系三大类。刚性结构体系是指由刚性构件组成的大跨度屋盖结构体系，包括：薄壳结构、折板结构、平板网架结构、网壳结构、管桁架结构等。柔性结构体系由柔性构件通过施加预应力而形成具有一定刚度的屋盖结构体系，包括：悬索结构、充气膜结构、张拉整体结构等。杂交结构体系是将不同类型结构进行组合从而形成一种新的屋盖结构体系，包括：斜拉结构、索膜结构、张弦梁结构等。

薄壳结构和折板结构一般采用混凝土结构，近些年来应用不多。

网架结构是按一定规律布置的杆件通过节点连接而形成的平板型或微曲面型空间网格结构，主要承受整体弯曲内力。网架结构空间受力，整体刚度大、抗震性能好。杆件可以采用钢、铝、木、塑料等多种材料制作。网架结构用料经济、工厂预制、现场安装、施工方便。

网壳结构是按一定规律布置的杆件通过节点连接而形成的空间曲面网格结构，可采用单层及双层两种形式。不同曲面的网壳可提供各种新颖的建筑造型，网壳结构主要承受压力。单层网壳的稳定问题比较突出，杆件和节点的几何偏差、曲面偏离等初始缺陷对网壳内力、整体稳定影响较大。

管桁架结构是由主管（弦杆）和支管（腹杆）组成，主管与支管之间直接相贯焊接连接，构造简洁。管桁架结构既可采用平面结构形式（平面桁架或立体桁架结构形式），也可采用空间结构形式。

悬索结构（图 4-2）是由一系列高强度钢索按一定规律组成的一种张力结构。悬索结构通过钢索承受拉力，能充分利用钢材强度，因而悬索结构自重轻，用料经济，可以较容易跨越很大跨度。悬索屋盖为柔性结构体系，设计时应注意采取有效措施保证屋盖结构在风、地震作用下具有足够的刚度和稳定性。

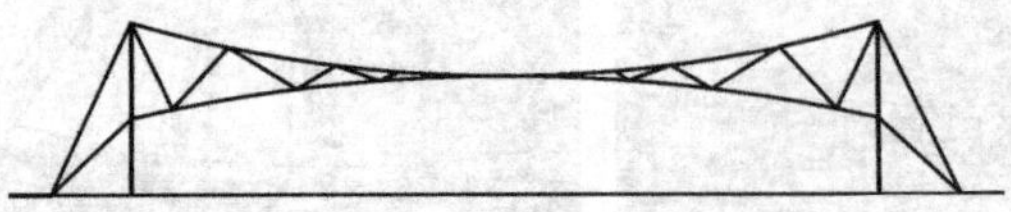

(a)

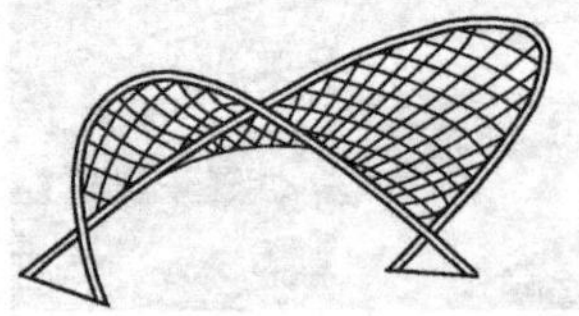

(b)

图 4-2　悬索结构
(a) 平行布置预应力双层索系；(b) 预应力鞍形索网

充气膜结构是由柔性膜作为主要承重材料，通过充气方式使柔性膜产生预应力而张紧形成刚度，具有质量轻、安装快、造价低及便于拆卸等优点。充气膜结构可分为气承式（图 4-3a）和气囊式（图 4-3b）。气承式结构是直接用单层薄膜作为屋面和外墙，将周边锚固在圈梁或地梁上，充气后形成圆筒状、球状或其他形状的建筑物。为减小薄膜拉力、增大结构跨度，气承式结构薄膜上面可设置钢索网。气囊式结构是将空气充入由薄膜制成的气囊，形成柱、梁、拱、板、壳等基本构件，再将这些构件连接组合而成建筑物。气囊中的气压为室外气压的 2～7 倍，是一种高压体系。

(a)

(b)

图 4-3　充气膜结构
(a) 气承式结构；(b) 气囊式结构

张拉整体结构是由相互独立的压杆和连续受拉索构成的新型空间结构体系，目前应用于工程的张拉整体结构为索穹顶结构（图 4-4）。索穹顶结构由径向索、环向索、斜拉索和少数的受压杆件组成，整个结构通过径向索和斜拉索锚固在周边的受压环向梁上。这种结构除了少数压杆外，其余构件均为拉索，可以充分发挥钢索的高强性能，结构造价经济，可以跨越非常大的跨度。

斜拉结构（图 4-5）是斜拉桥技术及预应力技术综合应用形成的一种杂交组合空间结构形式，由柔性拉索与其他结构体系合理组合构成，可适用于各种跨度。目前工程应用有斜拉网架、斜拉网壳、斜拉桁架等。

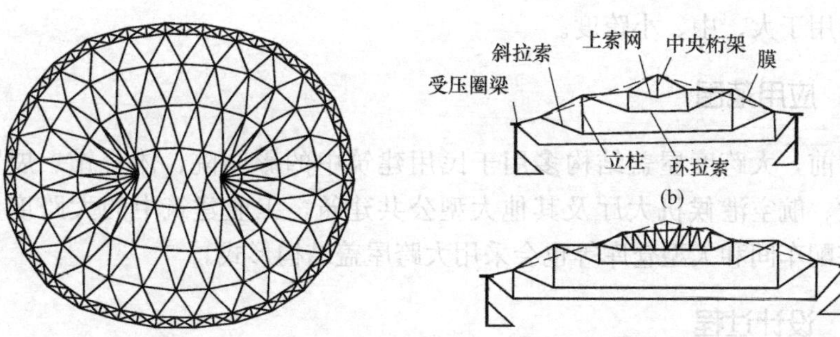

(a) (b) (c)

图 4-4 索穹顶结构

（a）平面；（b）横截面；（c）纵截面

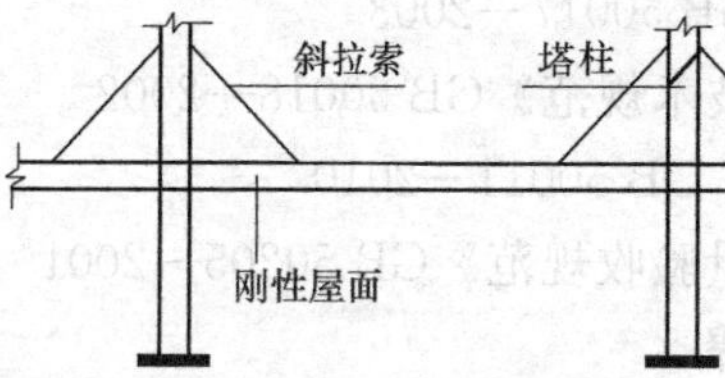

图 4-5 斜拉结构

索膜结构一般采用钢索、索网或索杆和膜共同组合而形成的杂交空间结构，其中钢索、索网或索杆承受整个结构的荷载，膜张紧在钢索、索网或索杆上，形成屋面。索膜结构可以充分发挥材料的性能，整个结构自重非常轻(图 4-6)。

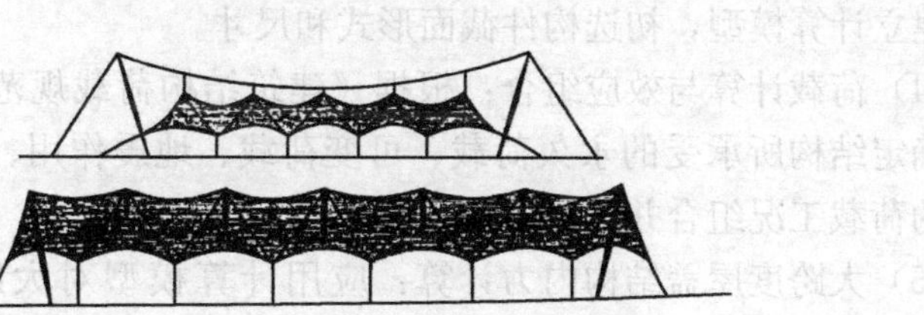

图 4-6 索膜结构

张弦梁结构是由刚性上弦（图 4-7 中 1)、柔性拉索（图 4-7 中 2）以及撑杆（图 4-7 中 3）组合形成的杂交空间结构体系。张弦梁结构体系简单、受力明确、结构形式多样、充分发挥了刚柔两种材料的优势，并且制造、运输、施工简捷方便。

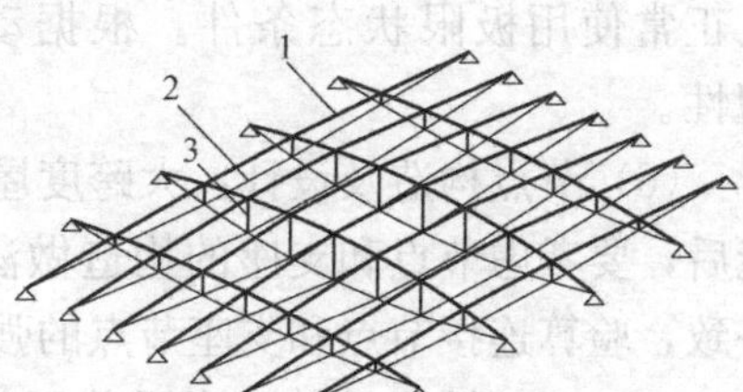

图 4-7 张弦梁结构

一般情况下屋盖结构划分为大、中、小跨度，大跨度为 60m 以上，小跨度为 30m 以下，中等跨度为 30～60m 之间。屋盖结构种类繁多，限于篇幅，本章主要讲述网架、网壳及管桁架结构，适用于大、中、小跨度。

4.1.3　应用范围

目前，大跨度屋盖结构多用于民用建筑中的影剧院、体育馆、展览馆、大会堂、航空港候机大厅及其他大型公共建筑，工业建筑中的大跨度厂房、飞机装配车间和大型仓库等也会采用大跨屋盖结构形式。

4.1.4　设计过程

4.1.4.1　设计所依据主要的规范、规程

《建筑结构荷载规范》GB 50009—2012
《空间网格结构技术规程》JGJ 7—2010
《钢结构设计规范》GB 50017—2003
《冷弯薄壁型钢结构技术规范》GB 50018—2002
《建筑抗震设计规范》GB 50011—2010
《钢结构工程施工质量验收规范》GB 50205—2001

4.1.4.2　设计的一般步骤

屋盖结构的一般设计过程如下：

(1) 工程概况：深入了解工程的地质条件、结构的跨度、屋盖的下部结构、气候条件等，这些因素是大跨度屋盖选型的依据。

(2) 结构选型与布置：根据工程特点，确定大跨度屋盖的结构形式、结构平面布置、杆件布置、支座位置以及约束形式等内容。

(3) 建立计算模型：结构形式以及结构布置确定后，选用合适的分析软件，建立计算模型，初选构件截面形式和尺寸。

(4) 荷载计算与效应组合：根据《建筑结构荷载规范》及相关的设计资料，确定结构所承受的永久荷载、可变荷载、地震作用、温度作用，并确定可能的荷载工况组合并施加于计算模型上。

(5) 大跨度屋盖结构内力计算：应用计算模型对大跨度结构进行静力和动力性能分析。根据内力分析结果对构件的强度、刚度及稳定性进行校核，满足承载能力极限状态条件。校核结构在标准组合下的最大位移，满足正常使用极限状态条件。根据动力性能分析结果，验证结构布置的合理性。

(6) 节点构造及设计：大跨度屋盖结构整体性能和构件强度满足力学性能后，要考虑节点和支座的构造做法，使节点构造做法与理论分析模型尽量一致，验算连接节点和支座节点的强度及板件的稳定性是否满足要求。

(7) 下部结构设计：当屋盖下部采用混凝土结构时，可参考混凝土结构及基础设计的相关资料。

(8) 建立屋盖与下部结构的整体分析模型，校核钢屋盖及下部结构的安全性。

(9) 绘制施工图，编制计算书。

4.2 网架结构

4.2.1 网架的结构形式

平板网架结构一般采用双层网架（图 4-8a），由上弦、下弦和腹杆组成，是最常用的网架形式。当网架跨度较大时，可采用三层网架结构（图 4-8b），以增加网架刚度，减小弦杆内力、网格尺寸及腹杆长度。

按照网架杆件的布置规律以及网格组成形式，网架结构分为三个大类：交叉桁架体系、四角锥体系和三角锥体系。

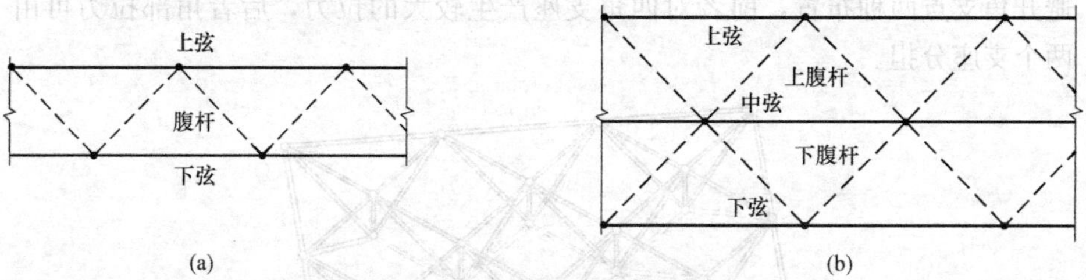

图 4-8 双层及三层网架

4.2.1.1 交叉桁架体系网架

交叉桁架体系网架是由两向或三向交叉桁架构成的体系，此类网架上下弦杆长度相等，且与腹杆位于同一垂直平面内，在平面桁架的节点连接处共用一根竖杆。两个方向的平面桁架宜布置成在永久荷载作用下竖杆受压、斜杆受拉，斜腹杆与弦杆夹角宜在 40°～60°之间。交叉桁架体系网架共有 5 种形式。

1. 两向正交正放网架

两向正交正放网架（图 4-9）由相互垂直的平面桁架组成。两个方向平面桁架相交的角度为 90°，称为正交；两个方向的桁架垂直或平行于边界，称正放。这种网架节点构造简单，应用于矩形平面建筑中比较方便。两个方向网格数宜布置成偶数，如为奇数，桁架中部节间应做成交叉腹杆。由于弦杆组

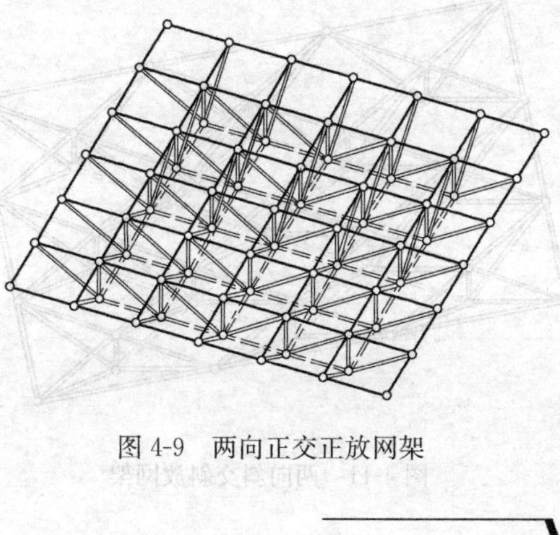

图 4-9 两向正交正放网架

成的网格为四边形，且平行于边界，腹杆又在弦杆平面内，属几何可变体系。宜在支承的上弦或下弦平面内沿周边设置斜杆，以传递水平荷载。两向正交正放网架的受力性能类似于两向交叉梁，在网架的周边适当悬挑，可取得更好的经济效果。

2. 两向正交斜放网架

两向正交斜放网架（图 4-10）中两个方向的平面桁架正交，与两向正交正放网架完全相同，只是在网架放置时旋转并与建筑平面边界呈 45°夹角。各榀平面桁架跨度不等，靠近角部的桁架跨度小，对与之垂直的长桁架起支承作用，减小了长桁架的跨中弯矩，长桁架两端要产生负弯矩和支座拉力，当有可靠边界时，为几何不变体系。周边支承时，可采用长桁架通过角支点和避开角支点两种布置，前者对四角支座产生较大的拉力，后者角部拉力可由两个支座分担。

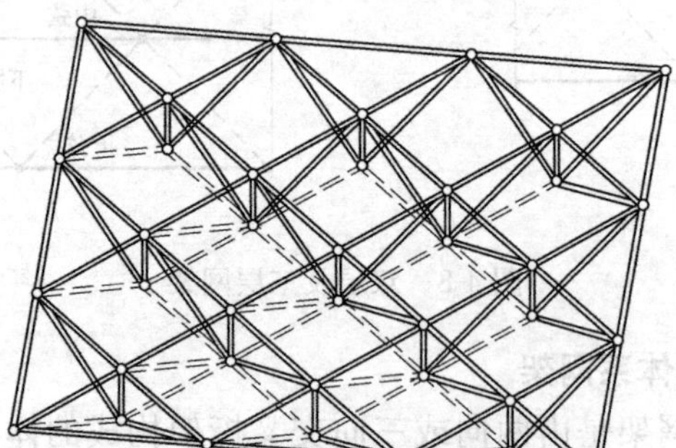

图 4-10　两向正交斜放网架

3. 两向斜交斜放网架

两向斜交斜放网架（图 4-11）同样是由两个方向的桁架交叉组成，但是两个方向的平面桁架交角不再是 90°，同时弦杆与建筑边界斜交。这种形式的网架适用于两个方向网格尺寸不同而弦杆长度相等的情况，可用于梯形或扇形建筑平面，由于两向桁架斜交，节点构造复杂，结构整体受力性能不合理，只有在建筑有特殊需求时，才会考虑选用这种形式的网架。

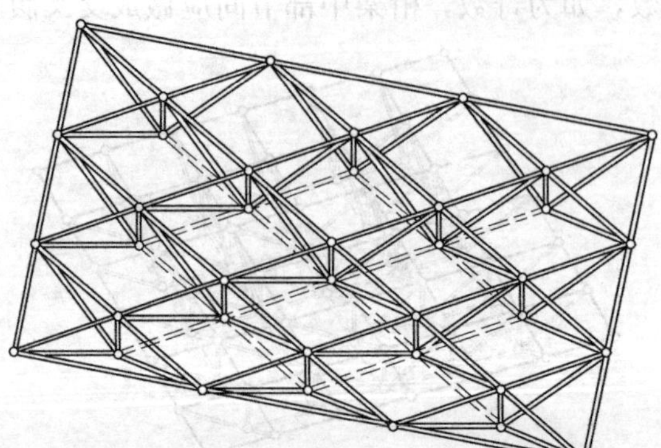

图 4-11　两向斜交斜放网架

4. 三向交叉网架

三向交叉网架（图 4-12）是由三个方向平面桁架按 60°角相互交叉而成，其上下弦平面内的网格均为几何不变的三角形。网架的空间刚度大，受力性能好，内力分布也较均匀，但汇交于一个节点的杆件数量多，最多可达 13 根。节点构造复杂，宜采用钢管杆件及焊接空心球节点。三向网架适用于跨度大于 60m 的多边形及圆形平面建筑。

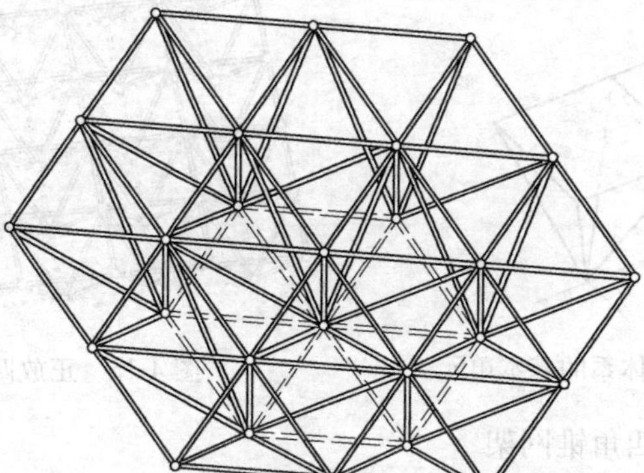

图 4-12　三向交叉网架

5. 单向折线形网架

单向折线形网架（图 4-13）由一组相互倾斜相交成 V 字形的单向桁架组成，呈单向受力状态，比平面桁架刚度大，不需要布置支撑体系。为了增加结构的整体刚度，需要在周边增设部分上下弦杆，使周边网格形成四角锥网架，如图 4-13 所示。单向折线形网架适用于建筑平面较狭长的屋盖结构。

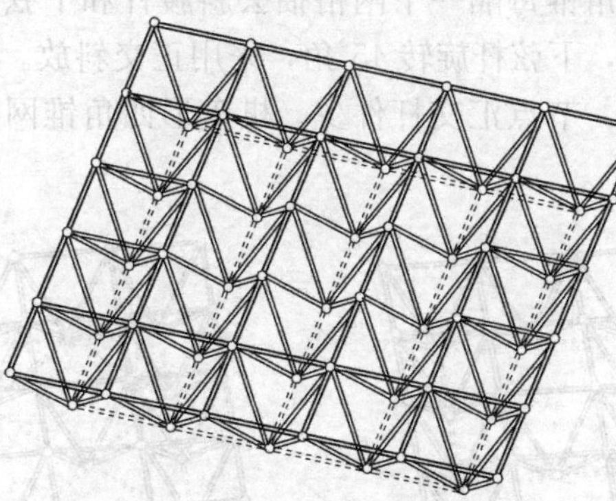

图 4-13　单向折线形网架

4.2.1.2　四角锥体系网架

组成四角锥体系网架的基本单元是倒置的四角锥（图 4-14），这类体系网架上下弦平面均为方形（或接近正方形的矩形）网格，上下弦相互错开半格，下弦网格连接节点均在上弦网格形心的投影线上，与上弦网格的四个节点用斜腹杆相连，形成四角锥体系网架。通过弦杆和腹杆有规律的变化，得到以下 5 种形式的四角锥网架。

1. 正放四角锥网架

正放四角锥网架（图4-15）的上下弦杆均与边界平行或垂直，网架中部上下弦节点各连接8根杆件，构造统一。这种网架结构受力均匀，空间刚度较其他形式的四角锥网架大，在实际工程中应用比较广泛，适用于屋面荷载较大，平面形状为矩形的屋盖结构。

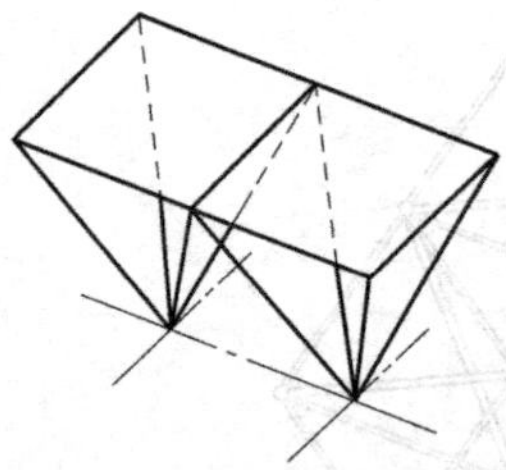
图4-14 四角锥体系的基本单元

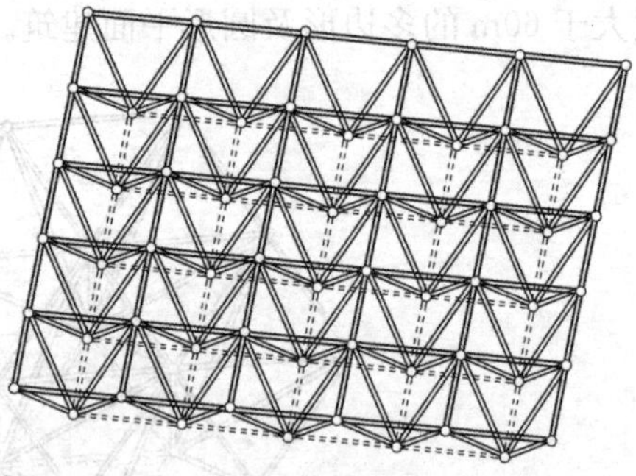
图4-15 正放四角锥网架

2. 正放抽空四角锥网架

正放抽空四角锥网架（图4-16）是在正放四角锥网架的基础上，保持周边四角锥不变，将中间四角锥每隔一个网格抽去斜腹杆和下弦，使下弦网格的宽度等于上弦网格的二倍，网架杆件数量相对正放四角锥网架减少，但网架的刚度减弱。正放抽空四角锥网架适用于屋面荷载较小，平面形状为矩形的屋盖结构。

3. 棋盘形四角锥网架

棋盘形四角锥网架（图4-17）是在正放四角锥网架基础上，保持周边四角锥不变，将中间四角锥每隔一个网格抽去斜腹杆和下弦杆，同时上弦杆保持不变仍为正交正放，下弦杆旋转45°角，采用正交斜放。这种网架上弦短杆受压，下弦长杆受拉，节点汇交杆件少。棋盘形四角锥网架适用小跨度周边支承屋盖。

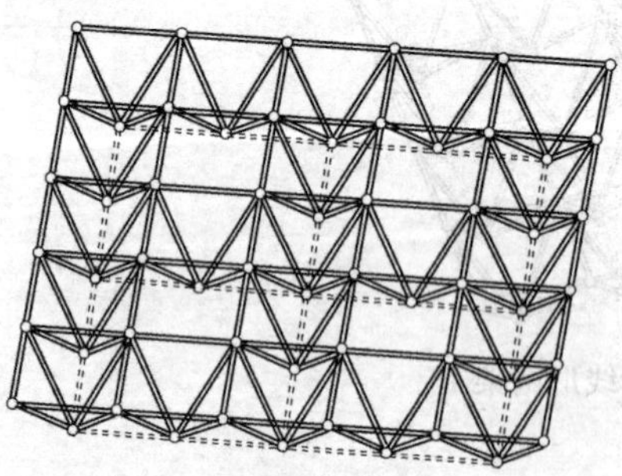
图4-16 正放抽空四角锥网架

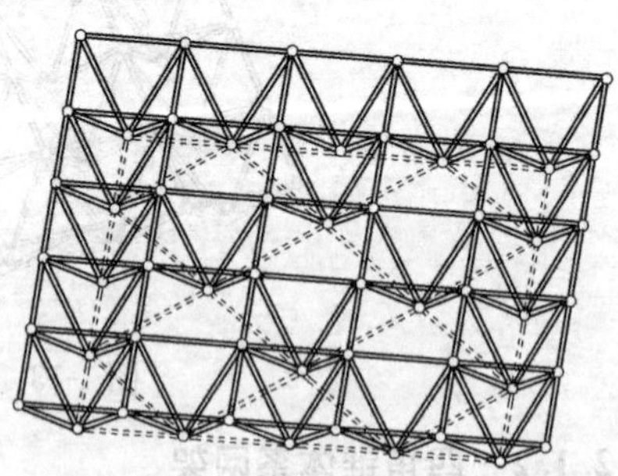
图4-17 棋盘形四角锥网架

4. 斜放四角锥网架

斜放四角锥网架（图4-18）是将正放四角锥上弦杆相对于边界转动45°角放置得到，网架的上弦网格呈正交斜放，下弦网格为正交正放，下弦节点连接8根杆，上弦节点只连6根杆。在竖向荷载作用下，网架的上弦杆受压，下弦杆受拉，这种网架的上弦杆短而下弦杆长，受力合理，用钢量较少。斜放四角锥网架适用于中小跨度周边支承，或周边支承与点支承相结合的矩形平面屋盖结构。

5. 星形四角锥网架

星形四角锥网架（图 4-19）的组成单元由两个倒置的三角形桁架正交形成，在交点处共用一根竖杆，其形状似星体。将组成的单元组装，形成星形四角锥网架。其上弦杆正交斜放，下弦杆正交正放，腹杆与上弦杆在同一垂直平面内。星形网架上弦杆比下弦杆短，受力合理。竖杆受压，内力等于节点荷载。星形四角锥网架的刚度稍差，适用于中小跨度周边支承情况。

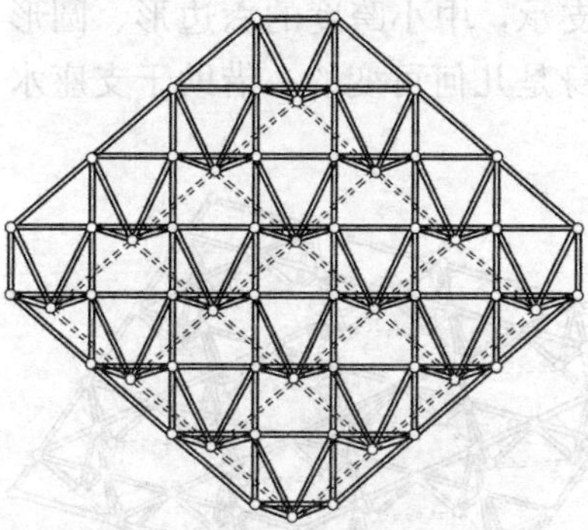

图 4-18　斜放四角锥网架

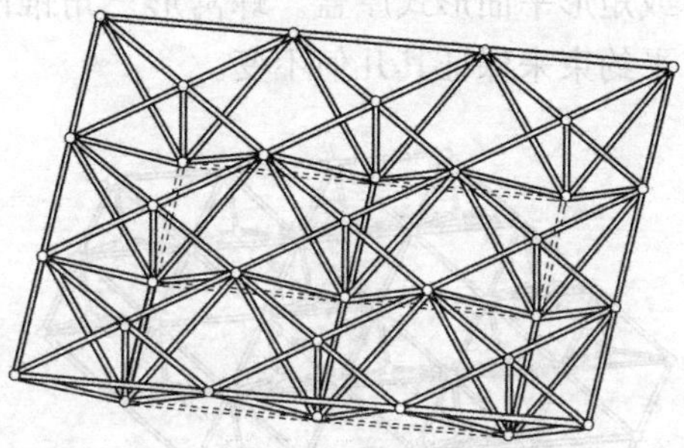

图 4-19　星形四角锥网架

4.2.1.3　三角锥体系网架

倒置三角锥体组成了三角锥体系网架的基本单元（图 4-20）。锥底为等边三角形，三条锥底边为网架上弦杆，棱边为网架的腹杆，将锥顶连接起来形成网架下弦。三角锥网架主要有以下 3 种形式。

1. 三角锥网架

三角锥网架（图 4-21）上下弦平面均为正三角形网格，倒置锥顶的投影位于锥底三角形的中心，每个上下弦节点共 9 根杆件相连。这种网架的杆件受力均匀，屋盖整体性好，抗扭刚度大，三角锥网架适用于建筑平面为三角形、六边形或圆形的大中跨度建筑。

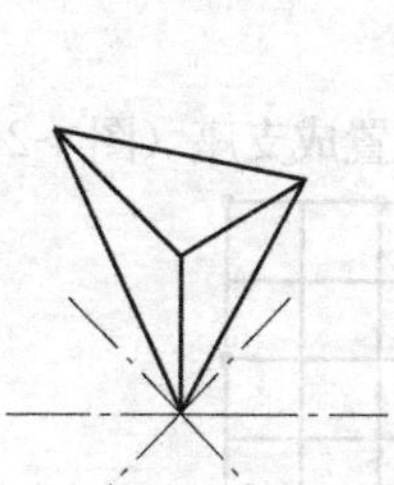

图 4-20　三角锥体系的基本单元

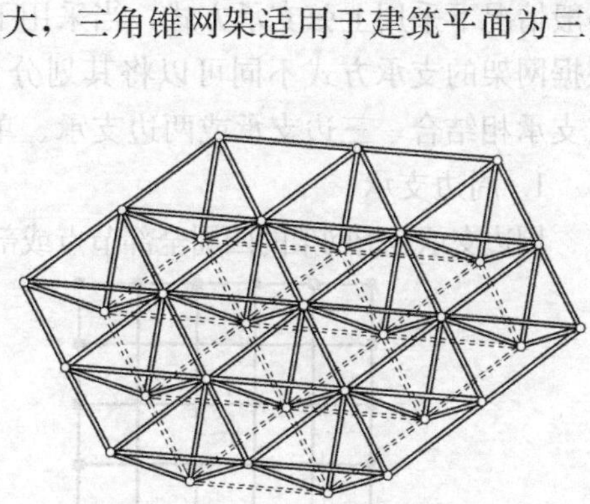

图 4-21　三角锥网架

2. 抽空三角锥网架

抽空三角锥网架是在三角锥网架的基础上保持上弦网格不变，按一定规律抽去部分腹杆和下弦杆形成。可采用图 4-22 中所示的抽杆规律，网架周边一圈的网格不抽杆，内部从第二圈开始沿三个方向每间隔一个网格抽掉腹杆和下弦杆，网架的上弦为三角形，下弦为三角形或六边形，则下弦网格成为多边形的组合。抽空三角锥网架刚度比三角锥网架刚度小，适用于屋面荷载较小，建筑平面为三角形、六边形或圆形的屋盖结构。

3. 蜂窝形三角锥网架

蜂窝形三角锥网架如图 4-23 所示，是将各倒置的三角锥体的角与角相连，使上弦网格形成三角形和六边形，下弦网格形成六边形。其图形与蜜蜂的蜂巢相似而称为蜂窝形三角锥网架，这种网架的腹杆与下弦杆位于同一竖向平面内，节点、杆件数量都较少，适用于周边支承，中小跨度的六边形、圆形或矩形平面形式屋盖。蜂窝形三角锥网架本身是几何可变的，借助于支座水平约束来保证其几何不变。

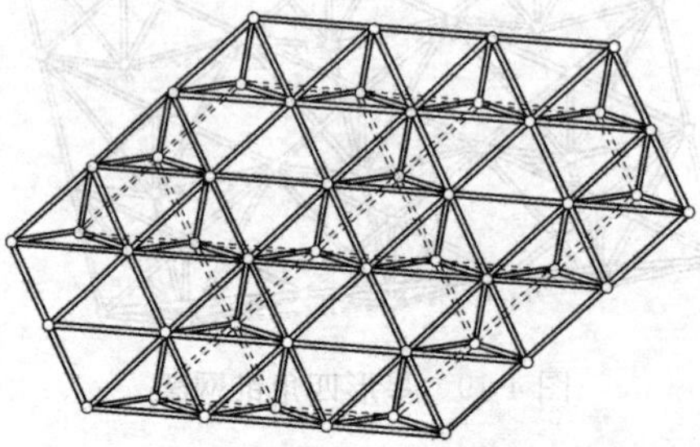

图 4-22　抽空三角锥网架

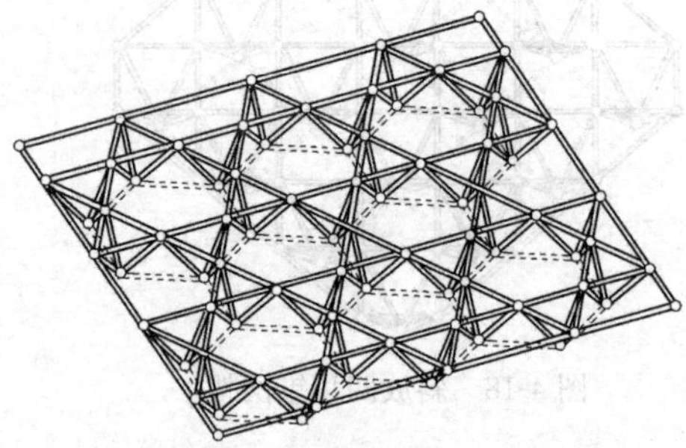

图 4-23　蜂窝三角锥网架

4.2.2　网架结构的支承与选型

4.2.2.1　网架结构的支承

网架结构一般放置在柱、梁或桁架等下部结构上，其支承方式要满足下部结构的建筑平面布置和使用功能的要求。网架可采用上弦或下弦支承方式，一般情况下采用上弦支承方式，当采用下弦支承时，应在支座边形成边桁架。根据网架的支承方式不同可以将其划分为周边支承、多点支承、周边支承与点支承相结合、三边支承或两边支承、单边支承等情况。

1. 周边支承

周边支承是指网架的四周全部节点或部分边界节点设置成支座（图 4-24a、b），

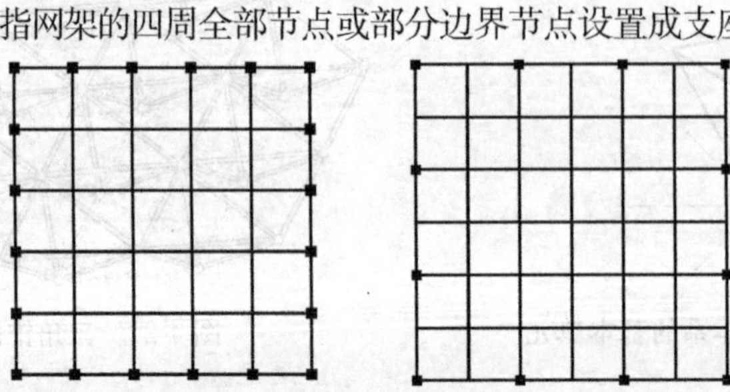

(a)　(b)

图 4-24　周边支承

支座可支承在柱顶、梁或者桁架上，网架受力类似于四边支承板。周边支承是最常用的支承方式，受力均匀，空间刚度大。

2. 多点支承

多点支承（图 4-25）是指整个网架支承在多个支承点上，支承点一般对称布置，为减小跨中正弯矩及挠度，设计时网架尽可能带有悬挑网格，对于单跨点支承网架的悬挑长度取跨度的 1/3，对于多跨点支承网架的悬挑长度取跨度的 1/4。为减小冲剪作用，避免支座处网架杆件截面过大，点支承网架与柱子相连宜设柱帽。柱帽可设置于下弦平面之下（图 4-26a），也可设置于上弦平面之上（图 4-26b）。还可以将柱帽布置在网架内（图 4-26c），这种点支承方式，承载力较低，适用于中小跨度网架。

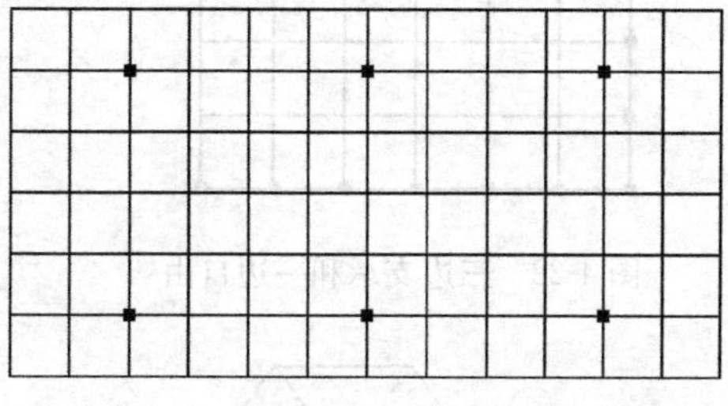

图 4-25 多点支承

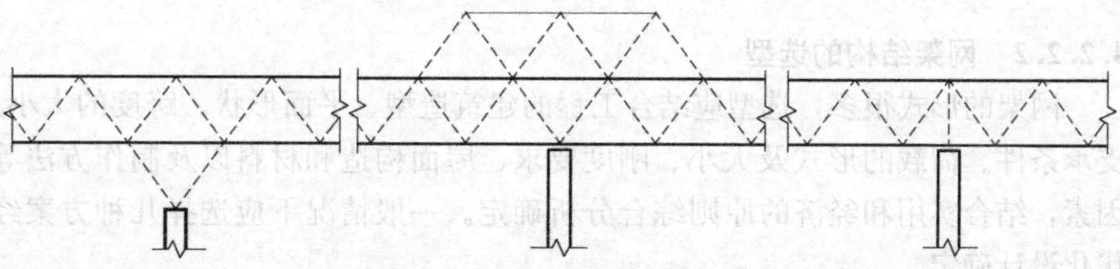

图 4-26 柱帽形式

3. 周边支承与点支承相结合

平面尺寸很大的建筑物可采用周边支承与点支承相结合的方式（图 4-27），即在网架周边设置支承的基础上，在内部增设中间支承点，用于减小网架杆件内力及网架的挠度。

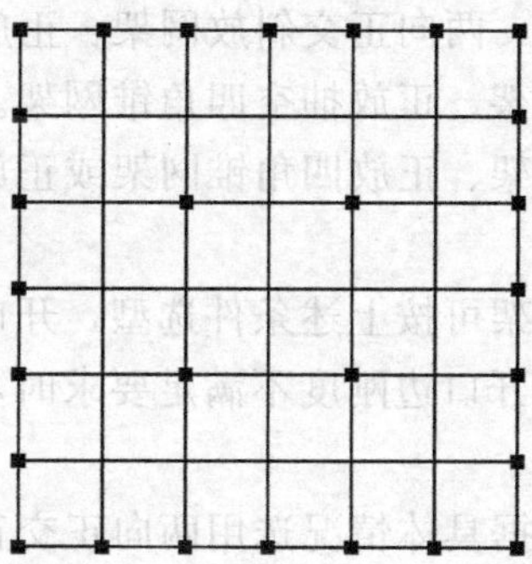

图 4-27 周边支承与点支承结合

4. 三边支承或两边支承

在飞机库、影剧院及建筑扩建等工程中常常采用这种支承方式，在网架的一边或两边不设柱子，网架设计成三边支承一边自由（图 4-28）或两边支承两边自由的形式（图 4-29）。这种网架自由边的刚度较小，一般采用两种处理方法：①将整个网架的高度较周边支承时的高度适当加高，开口边杆件截面适当加大，使网架的整体刚度得到改善；②在网架开口边局部增加网格层数形成三层网架（图 4-30），增强开孔边的刚度。

5. 单边支承

在悬挑结构中常采用单边支承的网架，在网架根部的上下弦平面均应设置支座，网架受力与悬挑板相似（图 4-31）。

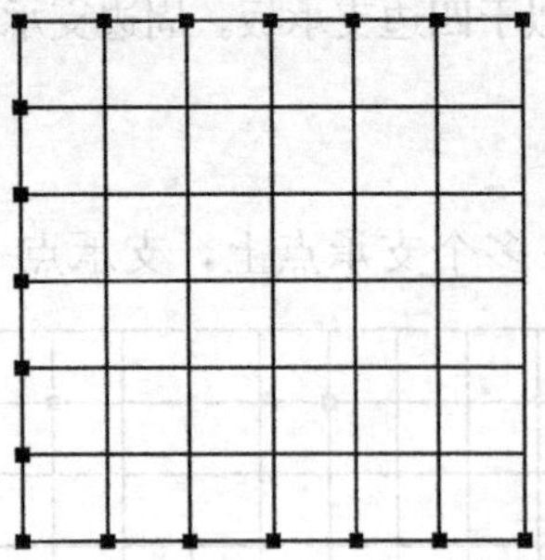

图 4-28　三边支承和一边自由

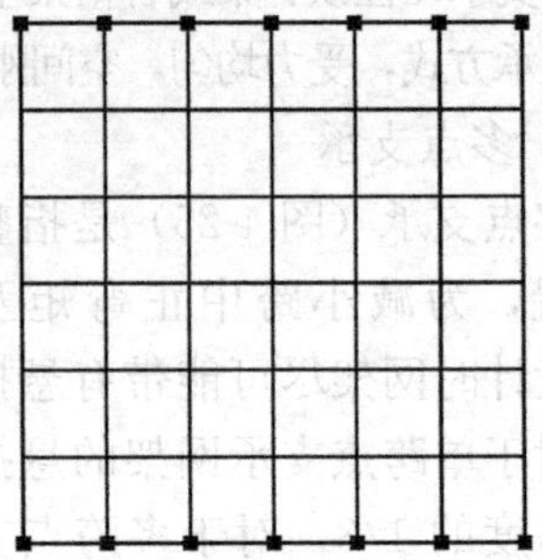

图 4-29　两边支承和两边自由

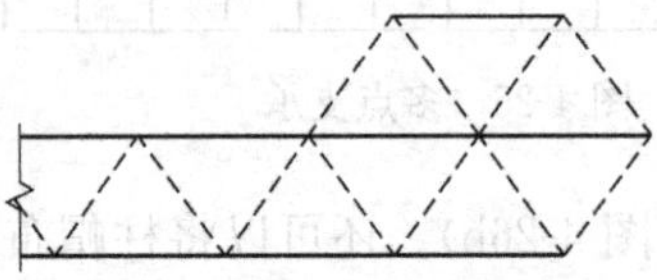

图 4-30　局部三层网架

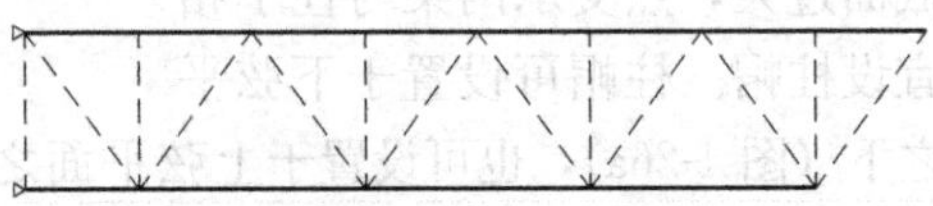

图 4-31　单边支承

4.2.2.2　网架结构的选型

网架的形式很多，选型应结合工程的建筑造型、平面形状、跨度的大小、支承条件、荷载的形式及大小、刚度要求、屋面构造和材料以及制作方法等因素，结合实用和经济的原则综合分析确定。一般情况下应选择几种方案经优化设计确定。

1. 网架形式的选用

平面形状为矩形的周边支承网架，当其边长比（长边 L_1 与短边 L_2 之比）小于或等于 1.5 时，宜选用两向正交正放网架、两向正交斜放网架、正放四角锥网架、斜放四角锥网架、棋盘形四角锥网架、正放抽空四角锥网架。当其边长比大于 1.5 时，宜选用两向正交正放网架、正放四角锥网架或正放抽空四角锥网架。

平面形状为矩形、三边支承一边开口的网架可按上述条件选型，开口边必须具有足够的刚度并形成完整的边桁架，当开口边刚度不满足要求时，可采用增加网架高度或层数等办法加强。

平面形状为矩形、多点支承的网架，可根据具体情况选用两向正交正放网架、正放四角锥网架、正放抽空四角锥网架。对多点支承和周边支承相结合的多跨网架还可选用两向正交斜放网架或斜放四角锥网架。

平面形状为圆形、正六边形及接近正六边形且为周边支承网架，可选用三向网架，三角锥网架或抽空三角锥网架。对中小跨度也可选用蜂窝形三角锥网架。

2. 网架高度及网格尺寸

网架的高度与网格尺寸应根据跨度大小、荷载条件、柱网尺寸、支承条件、网格形式以及构造要求和建筑功能等因素确定。平面形状为圆形、正方形或接近正方形时，网架高度可取小些，狭长平面时，单向作用明显，网架应选高些。点支承网架比周边支承的网架高度要高。网架高度要满足穿行设备和管道的要求。

网架的高跨比可取 1/10～1/18。网架的短向跨度的网格数不宜小于 5。确定网格尺寸时宜使相邻杆件间的夹角大于 45°，且不宜小于 30°，夹角过小，节点构造困难。网架上直接铺设钢筋混凝土板时，网格尺寸不宜过大，否则安装困难，一般不超过 3m。当屋面采用有檩体系时，檩条跨度一般不超过 6m。

表 4-1 列出了周边支承的 7 种类型网架上弦网格数与跨高比，可供设计参考。

网架上弦网格数和跨高比　　表 4-1

网架形式	钢筋混凝土屋面体系		钢檩条屋面体系	
	网格数	跨高比	网格数	跨高比
两向正交正放网架，正放四角锥网架，正放抽空四角锥网架	$(2\sim4)+0.2L_2$	10～14	$(6\sim8)+0.07L_2$	$(13\sim17)-0.03L_2$
两向正交斜放网架，棋盘形四角锥网架，斜放四角锥网架，星形四角锥网架	$(6\sim8)+0.08L_2$			

注：1. L_2为网架短向跨度，单位为米；
2. 当跨度在 18m 以下时，网格数可适当减少。

3. 网架屋面排水

网架屋面一般采用 3 种方法找坡排水：（1）网架结构起拱（图 4-32a）；（2）网架变高度，上弦杆形成坡度，下弦杆仍平行于地面（图 4-32b）；（3）在上弦节点上加设不同高度的小立柱（图 4-32c），当小立柱较高时，应保证小立柱自身的稳定性并布置支撑。

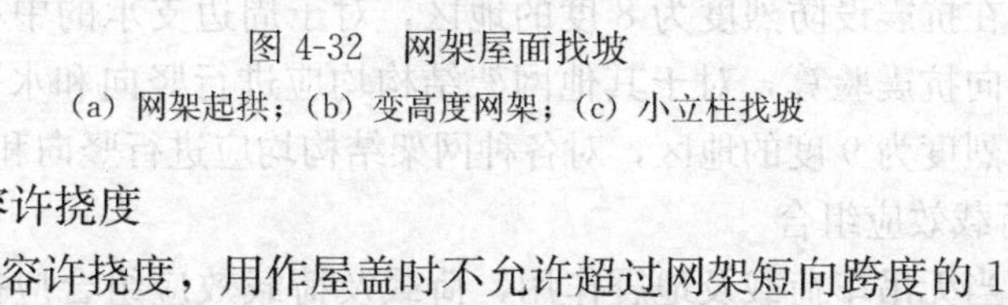

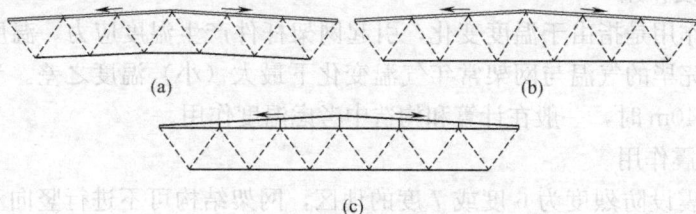

图 4-32　网架屋面找坡
（a）网架起拱；（b）变高度网架；（c）小立柱找坡

4. 网架的容许挠度

网架结构的容许挠度，用作屋盖时不允许超过网架短向跨度的 1/250，用作楼面时不允许超过网架短向跨度的 1/300，悬挑结构不允许超过悬挑跨度的 1/125。网架可采用起拱的方式减小正常使用阶段的挠度，起拱度可取不大于网架短向跨度的 1/300。仅改善外观要求时，最大挠度可取恒荷载与活荷载标准值作用下挠度减去起拱值。

4.2.3　荷载作用及效应组合

作用于网架结构上的荷载和作用主要有：永久荷载、可变荷载、温度作用和地震作用。

1. 永久荷载

作用于网架上的永久荷载有：(1) 网架结构的自重，主要是网架的杆件和节点自重，当网架结构屋面采用轻型屋面时，网架结构自重占总荷载比例较多；(2) 屋面（或楼面）材料重量，根据选用的材料，按《建筑结构荷载规范》计算；(3) 悬挂材料的重量，包括吊顶、马道以及设备管道的重量。

网架自重荷载标准值可按下式估算：

$$g_{ok}=\sqrt{q_w}\cdot L_2/150 \tag{4-1}$$

式中 g_{ok}——网架自重荷载标准值（kN/m^2）；

q_w——除网架自重以外的屋面荷载（或楼面荷载）的标准值（kN/m^2）；

L_2——网架的短向跨度（m）。

2. 可变荷载

作用于网架上的可变荷载有：(1) 屋面（或楼面）活荷载。(2) 雪荷载（雪荷载不应与屋面活荷载同时组合）。(3) 风荷载，对于周边支承且支座节点在上弦的网架，风荷载由四周墙面承担，可不计算风荷载。其他支承情况，应按《建筑结构荷载规范》取值计算，大型或复杂的网架结构形式，应通过风洞试验确定。由于网架刚度较大，自振周期较小，计算风载时可不考虑风振的影响。(4) 积灰荷载，工业厂房采用网架时，应该根据厂房性质考虑积灰荷载，积灰荷载应与雪荷载或屋面活荷载较大值同时考虑。(5) 吊车荷载（工业建筑有吊车时考虑）。

3. 温度作用

温度作用是指由于温度变化，引起网架杆件产生温度应力。温度变化是网架安装完毕的气温与网架常年气温变化下最大（小）温度之差。当网架的跨度大于 40m 时，一般在计算和构造中考虑温度作用。

4. 地震作用

在抗震设防烈度为 6 度或 7 度的地区，网架结构可不进行竖向和水平抗震验算；在抗震设防烈度为 8 度的地区，对于周边支承的中小跨度网架结构应进行竖向抗震验算，对于其他网架结构均应进行竖向和水平抗震验算；在抗震设防烈度为 9 度的地区，对各种网架结构均应进行竖向和水平抗震验算。

5. 荷载效应组合

(1) 当无吊车荷载及地震作用，荷载及荷载效应组合应按国家标准《建筑结构荷载规范》的规定进行计算。(2) 对于抗震设计的网架，荷载及荷载效应组合应按国家标准《建筑抗震设计规范》计算。

4.2.4　网架结构的几何不变性及内力分析方法

4.2.4.1　网架结构的几何不变性

网架为一空间铰接杆系结构，在对其进行内力分析之前，首先要分析网架结构的几何不变性，保证结构不出现几何可变。网架几何不变性要满足必要条件和充分条件。

网架结构几何不变的必要条件是指网架结构要具有必要的约束量：

$$W=3J-m-r\leqslant 0 \tag{4-2}$$

式中 J——网架的节点数；

m——网架的杆件数；

r——支座约束链杆数，$r\geqslant 6$。

当 $W>0$，网架为几何可变体系；

当 $W=0$，网架无多余杆件，如杆件布置合理，为静定结构；

当 $W<0$，网架有多余杆件，如杆件布置合理，为超静定结构。

网架结构几何不变的充分条件可通过对结构的总刚度矩阵进行检查来判断。满足下列条件之一者，该网架结构为几何可变体系：

(1) 引入边界条件后，总刚度矩阵 $[K]$ 中对角线上出现零元素，则与之对应的节点为几何可变；

(2) 引入边界条件后，总刚矩阵行列式 $|K|=0$，该矩阵奇异，结构为几何可变。

4.2.4.2 网架结构内力分析方法

网架结构是空间汇交的杆系结构，内力计算时，杆件之间的连接节点可假定为铰接，忽略节点刚度的影响，杆件只承受轴向力，不计次应力对杆件内力的影响。当杆件上作用有节间荷载时，应同时考虑弯矩的影响。网架结构的内力和位移可按弹性阶段进行计算，在荷载作用下，网架的挠度远小于网架的高度，可不考虑几何非线性的影响。

目前网架内力的计算主要采用空间杆单元有限元方法进行分析，这种方法也称作空间桁架位移法，计算精度高，适用于各种类型、各种支承条件的网架计算，静力荷载、地震作用、温度应力等工况均可计算，也能考虑网架与下部支承结构共同工作。这种方法还可对网架结构进行全过程跟踪分析、稳定分析、极限强度分析及优化设计。

4.2.5 网架杆件设计

1. 网架杆件材料和截面形式

网架杆件通常采用 Q235 或 Q345 钢材。网架杆件的管材宜采用高频焊接管或无缝钢管，当有条件时可采用薄壁管型截面。这些管材截面具有回转半径大，截面特性无方向性，稳定承载力高等优点，钢管端部封闭后，内部不易锈蚀。管材采用高频焊管或无缝钢管，适用于采用球形节点连接。

2. 网架杆件的计算长度

网架杆件的计算长度 l_0 应可按表 4-2 采用，表中 l 为杆件几何长度（节点中心间距）。

3. 网架杆件的容许长细比

网架杆件的长细比由下式计算：

$$\lambda=l_0/i_{\min} \tag{4-3}$$

网架杆件计算长度 l_0　　表 4-2

杆件	节点形式		
	螺栓球	焊接空心球	板节点
弦杆及支座腹杆	$1.0l$	$0.9l$	$1.0l$
腹杆	$1.0l$	$0.8l$	$0.8l$

对于受压杆件长细比不宜超过 180，对于受拉杆件，长细比一般不宜超过 300，支座附近的杆件和直接承受动力荷载的杆件不宜超过 250。

4. 网架杆件截面尺寸选择

网架结构的最小截面尺寸应该根据结构的跨度与网格大小按计算确定，圆钢管不宜小于 $\phi48\times3$，普通角钢不宜小于 $\llcorner50\times3$。对于大、中跨度的网架结构，钢管截面不宜小于 $\phi60\times3.5$。

空间网架结构杆件分布要求保证刚度连续性，受力方向相邻的弦杆截面的面积之比不宜超过 1.8 倍，多点支承的网架结构其反弯点处的上、下弦杆宜按构造要求加大截面。工程实践表明，小截面的低应力拉杆经常出现弯曲变形，主要原因是此类杆件受到制作、安装以及活荷载分布的影响，拉力杆转化为压杆导致杆件弯曲，对于低应力、小截面受拉杆件的长细比宜按受压构件控制。

网架杆件主要受轴力作用，截面强度及稳定计算应满足《钢结构设计规范》的有关要求。

在选择杆件截面时，一般采用以下原则：每一个网架结构所选截面不宜过多，以方便加工和安装，小跨度的网架以 3～5 种为宜，中、大跨度网架不宜超过 10 种截面规格；在杆件截面相同的条件下，选择壁厚较薄的截面杆件，获得较大的回转半径，有利于压杆稳定；宜选用市场常用规格钢管，选择截面适当留有余地，以考虑板件截面负公差的影响。

4.2.6　节点设计

在受力过程中网架结构的节点起到重要作用，汇交于一个节点上的杆件至少有 6 根，多者则达到 13 根，节点设计存在一定的难度。网架的节点数量多，用钢量约占整个网架用钢量的 20%～25%。合理设计节点，对网架结构性能、制造安装、用钢量和工程造价都有相当大的影响。网架常用的节点形式主要有焊接空心球节点和螺栓球节点。

网架的节点应构造简单、制作简便、安装方便、用钢量小、牢固可靠、传力明确，保证杆件汇交于一点，不产生附加弯矩。支座节点的受力状态应符合设计计算假定。

4.2.6.1　焊接空心球节点

焊接空心球节点（图 4-33）在我国应用较早，由两块钢板经热压成两个半球，然后相焊而成。当空心球外径大于 300mm，且杆件内力较大需要提高承载能力时，可在球内设加肋板。当空心球外径大于或等于 500mm 时，应在球内设加肋板。肋板厚度不应小于球壁厚度，并与两个半球焊牢，内力最大的杆件应位于肋板平面内。空心球的钢材宜采用 Q235 钢及 Q345 钢。

空心球构造简单，外形美观、具有万向性，球面与管件连接时，只须将钢管沿正截面切断，使管与球按等间隙焊接，即可达到圆管与球节点自然对中。其缺点是整个球体由等厚钢板制成，与钢管的交接处存在应力集中，使球体受力不均匀。汇交于一点的杆件较多，在焊接时工件不能翻身，钢管与球体之间的焊缝存在俯、侧、仰焊均有的全位置焊接，焊接要求较高。

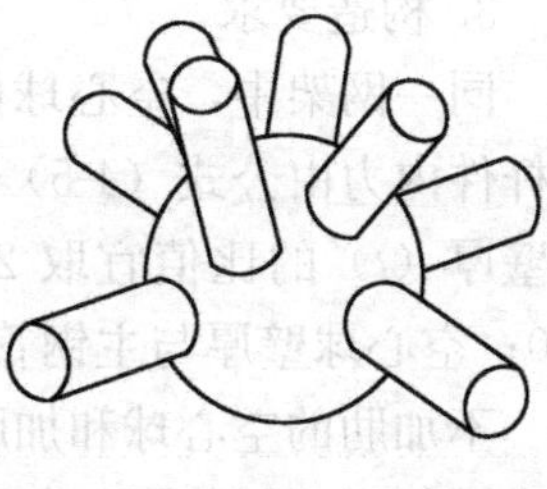

图 4-33　焊接空心球节点

1. 球体的直径

空心球外径 D 可根据连接构造要求确定。为便于施焊，要求球面上相邻两杆件之间的净距 a 不宜小于 10mm（图 4-34）。根据此条件，可以初选空心球外径 D：

$$D=(d_1+2a+d_2)/\theta \tag{4-4}$$

式中　θ——汇交于球节点任意两相邻钢管杆件间的夹角（rad）；

d_1、d_2——组成 θ 角的两钢管外径（mm）；

a——球面上相邻两杆件之间的净距（mm）。

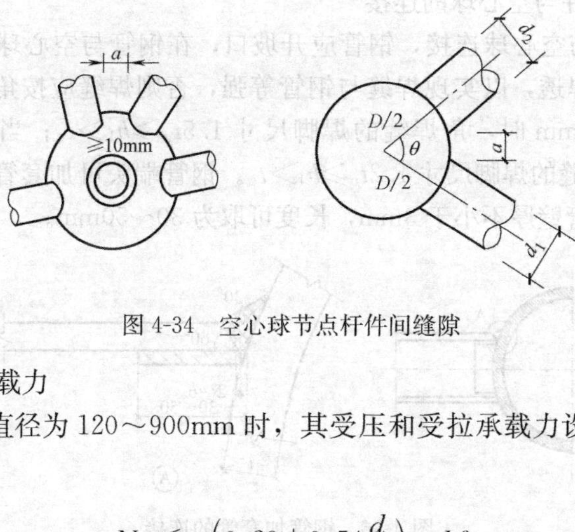

图 4-34　空心球节点杆件间缝隙

2. 球体承载力

当空心球直径为 120～900mm 时，其受压和受拉承载力设计值可按下式计算：

$$N_R \leqslant \eta_0\left(0.29+0.54\frac{d}{D}\right)\pi t d f \tag{4-5}$$

式中　N_R——受压和受拉空心球的承载力设计值（N）；

D——空心球外径（mm）；

t——空心球壁厚（mm）；

d——与空心球相连主钢管杆件外径（mm）；

f——钢材的抗拉强度设计值（N/mm²）；

η_0——大直径空心球节点承载力调整系数，当空心球直径≤500mm 时，$\eta_0=1.0$，当空心球直径>500mm 时，$\eta_0=0.9$。

3. 构造要求

同一网架中，空心球的规格不宜过多，以方便施工。空心球的壁厚应根据杆件内力由公式（4-5）计算确定，但不宜小于4mm。空心球外径（D）与其壁厚（t）的比值宜取25～45。空心球外径与主钢管外径之比宜取2.4～3.0；空心球壁厚与主钢管的壁厚之比宜取1.5～2.0。

不加肋的空心球和加肋空心球的成型对接焊接，应分别满足图4-35中的要求。加肋空心球的肋板可用平台或凸台，采用凸台时，其高度不得大于1mm。

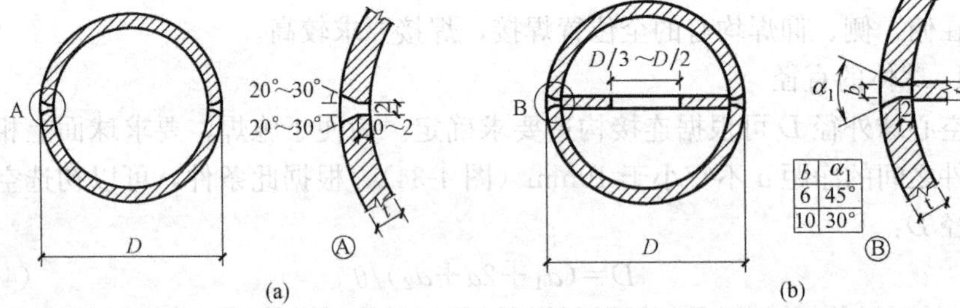

b	α1
6	45°
10	30°

图4-35 焊接空心球节点

（a）无肋空心球；（b）加肋空心球

4. 钢管杆件与空心球的连接

钢管杆件与空心球连接，钢管应开坡口，在钢管与空心球之间留有一定的缝隙并予以焊透，以实现焊缝与钢管等强，否则焊缝应按角焊缝计算。当钢管壁厚 $t_c \leqslant 4$mm 时，角焊缝的焊脚尺寸 $1.5t_c \geqslant h_f > t_c$；当钢管壁厚 $t_c >$ 4mm时，角焊缝的焊脚尺寸 $1.2t_c \geqslant h_f > t_c$。钢管端头可加套管与空心球焊接（图4-36）。套管壁厚不小于3mm，长度可取为30～50mm。

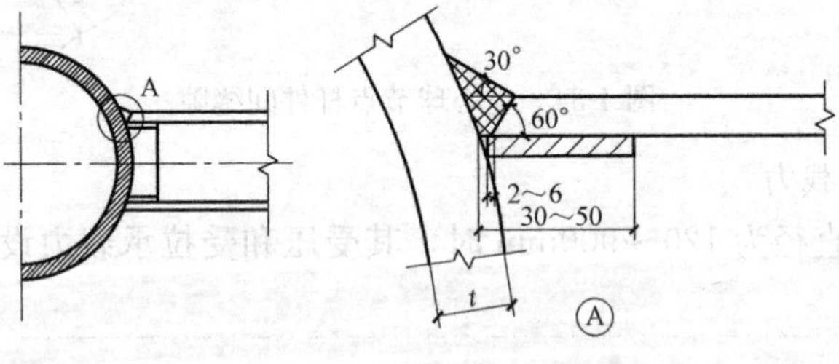

图4-36 钢管加套管的连接

当空心球直径过大且连接杆件较多时，为了减少空心球的直径，允许部分腹杆与腹杆或腹杆与弦杆相汇交，但应符合下列构造要求：所有汇交杆件的轴线必须通过球中心线；汇交两杆中，截面积大的杆件必须全截面焊接在球上（当两杆截面相等时，取受拉杆件），另一杆坡口焊在相汇交的杆上，但应保证有3/4截面焊在球上，并按图4-37设置加劲板；受力较大的杆件，可按图4-38增设支托。

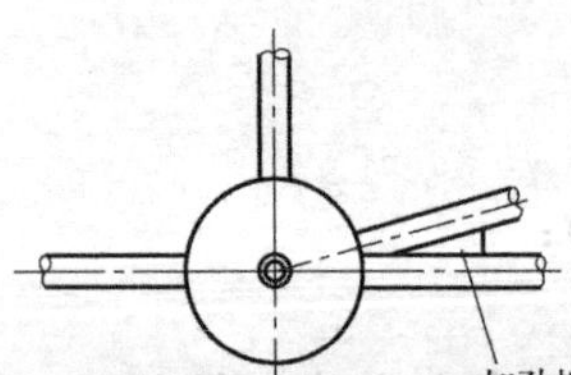

图4-37 汇交杆件连接

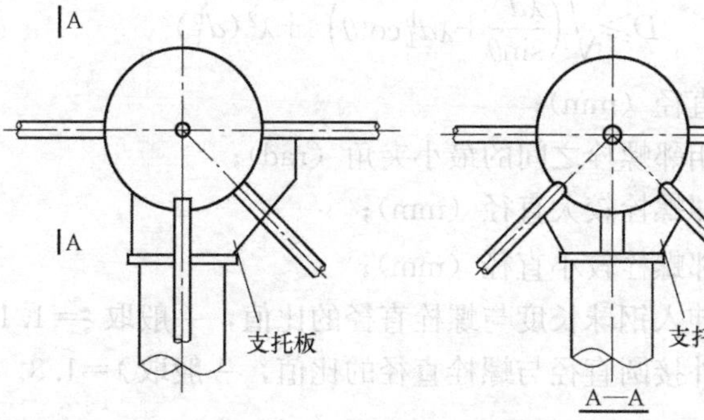

图 4-38　汇交杆件连接增设支托

4.2.6.2　螺栓球节点

螺栓球节点由钢球、高强度螺栓、套筒、紧固螺钉、锥头或封板等零件组成（图 4-39），适用于钢管杆件连接。

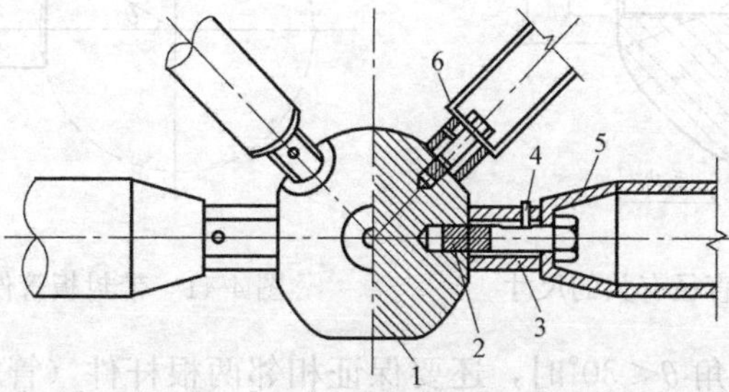

图 4-39　螺栓球连接节点

1-钢球；2-高强度螺栓；3-套筒；4-紧固螺钉；5-锥头；6-封板

螺栓球节点安装过程如下：先将置有高强螺栓的锥头或封板焊在钢管杆件的两端，在高强螺栓的螺杆上套有长形六角套筒，以紧固螺钉将螺栓与套筒连在一起。安装时拧动套筒，通过销钉或紧固螺钉带动螺栓转动，将高强螺栓旋入球体，拧紧为止。

当网架承受荷载后，对于拉杆，钢球与杆件之间的内力通过螺栓传递，此时套筒不受力。对于压杆，内力通过套筒传递，螺栓不受力。这种节点的优点是制作精度由工厂保证，现场装配快，施工周期短，拼装费用低。缺点是组成节点的零件较多，制造成本高，螺栓上开槽对其受力不利，安装是否拧紧不易检查。安装时要注意对接合处的密封防腐处理。

1. 钢球的尺寸

钢球直径 D 大小取决于相邻杆件的夹角、螺栓的直径和螺栓伸入球体的长度等因素（图 4-40），满足球体内螺栓不相碰的最小钢球直径 D 按式（4-6）计算，应用式（4-7）核算套筒接触面是否满足要求，选取其中较大值。

$$D \geqslant \sqrt{\left(\frac{d_s^b}{\sin\theta}+d_1^b\cot\theta+2\xi d_1^b\right)^2+\lambda^2(d_1^b)^2} \tag{4-6}$$

$$D \geqslant \sqrt{\left(\frac{\lambda d_s^b}{\sin\theta}+\lambda d_1^b \cot\theta\right)^2+\lambda^2 (d_1^b)^2} \tag{4-7}$$

式中　D——钢球直径（mm）；

θ——两个相邻螺栓之间的最小夹角（rad）；

d_1^b——两相邻螺栓较大直径（mm）；

d_s^b——两相邻螺栓较小直径（mm）；

ξ——螺栓伸入钢球长度与螺栓直径的比值，一般取 $\xi=1.1$；

λ——套筒外接圆直径与螺栓直径的比值，一般取 $\lambda=1.8$。

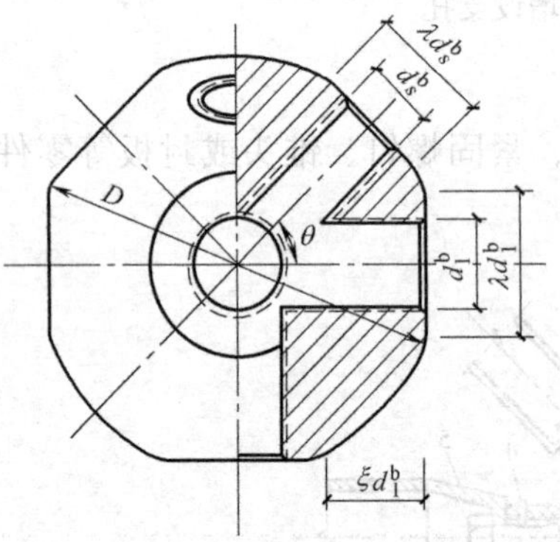

图 4-40　螺栓球与直径有关的尺寸

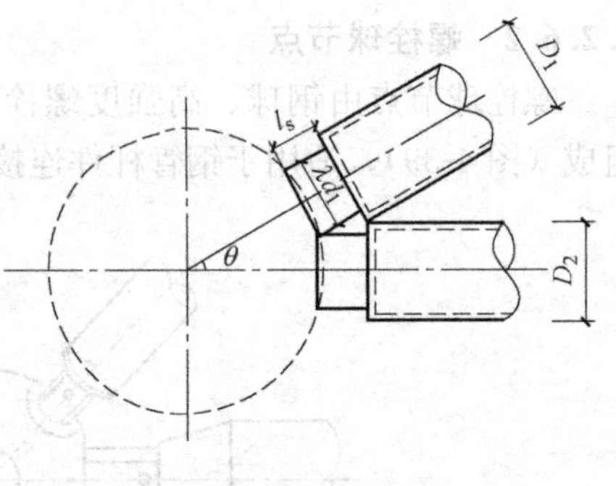

图 4-41　带封板管件的几何关系

当相邻两杆夹角 $\theta<30°$时，还要保证相邻两根杆件（管端为封板）不相碰，由图 4-41 中的几何关系，可导出钢球直径 D 还须满足下式要求：

$$D \geqslant \sqrt{\left(\frac{D_2}{\sin\theta}+D_1 \cot\theta\right)^2+D_1^2}-\sqrt{4l_s^2+(D_1-\lambda d_1)^2} \tag{4-8}$$

式中　D_1、D_2——分别为相邻两根杆件的外径，$D_1>D_2$；

θ——相邻两根杆件的夹角；

d_1——相应于 D_1 杆件所配螺栓直径；

λ——套筒外接圆直径与螺栓直径之比；

l_s——套筒长度。

2. 高强度螺栓承载力

高强度螺栓的性能等级应按规格分别选用。对于 M12～M36 的高强度螺栓，其强度等级应按 10.9 级选用；对于 M39～M64×4 的高强度螺栓，其强度等级应按 9.8 级选用。高强度螺栓在制作过程中要经过热处理，热处理的方式是先淬火，再高温回火。当螺栓直径较大时，芯部会存在不能淬透的现象，从稳妥、可靠、安全出发，将其性能等级定为 9.8 级。螺栓的形式和尺寸应符合现行国家标准《钢网架螺栓球节点用高强螺栓》的要求。选用高强度螺栓的直径应由杆件内力确定，高强度螺栓的受拉承载力设计值按下式计算：

$$N_t^b=A_{eff} \cdot f_t^b \tag{4-9}$$

式中　f_t^b——高强度螺栓经热处理后的抗拉强度设计值；对于 10.9 级，取

430N/mm²，对于 9.8 级取为 385N/mm²；

A_{eff}——螺栓的有效截面面积，由表 4-3 查取；当螺栓上钻有键槽或钻孔时，A_{eff}应取螺纹处或键槽、钻孔处二者中的较小值。

常用高强度螺栓在螺纹处的有效截面积 A_{eff} 和承载力设计值 N_t^b　　表 4-3

螺纹规格 d(mm)	M12	M14	M16	M20	M22	M24	M27	M30	M33
螺距 p(mm)	1.75	2	2	2.5	2.5	3	3	3.5	3.5
A_{eff}(mm²)	84	115	157	245	303	353	459	561	694
N_t^b(kN)	36.1	49.5	67.5	105.3	130.5	151.4	197.5	241.5	298.4
螺纹规格 d(mm)	M36	M39	M42	M45	M48	M52	M56×4	M60×4	M64×4
螺距 p(mm)	4	4	4.5	4.5	5	5	4	4	4
A_{eff}(mm²)	817	976	1120	1310	1470	1760	2144	2485	2851
N_t^b(kN)	351.3	375.6	431.5	502.8	567.1	676.7	825.4	956.6	1097.6

注：1. M12～M36 的性能等级为 10.9 级；M39～M64 的性能等级为 9.8 级；

2. 螺栓在螺纹处的有效截面面积 $A_{eff}=\pi(d-0.9382P)^2/4$。

螺栓杆长度 l_b 由构造确定，其值为：

$$l_b=\xi d+l_s+h \tag{4-10}$$

式中　ξ——螺栓伸入钢球的长度与螺栓直径之比，一般 $\xi=1.1$；

d——螺栓直径（mm）；

l_s——套筒长度（mm）；

h——锥头底板厚度或封板厚度（mm）。

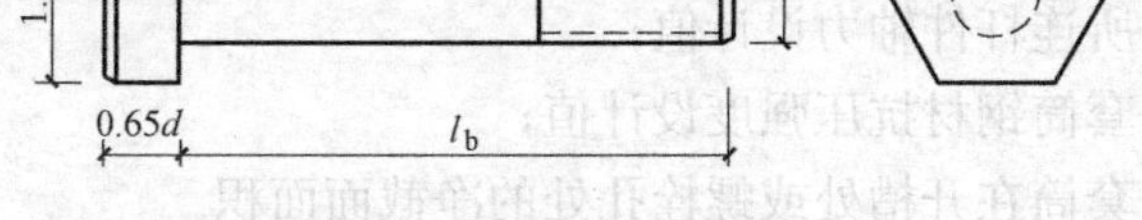

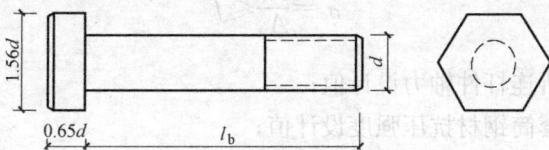

图 4-42　高强螺栓几何尺寸

受压杆件的连接螺栓直径，可按其内力设计值的绝对值求得螺栓直径计算后，按表 4-3 的直径系列减少 1～3 个级差。

3. 套筒（即六角形无纹螺母）

套筒可按现行国家标准《钢网架螺栓球节点用高强螺栓》的规定与高强螺栓配套采用，对于受压杆件的套筒应根据其传递的最大压力值验算其抗压承载力和端部有效截面的局部承压力。

对于开设滑槽的套筒应验算套筒端部到滑槽端部的距离，应使该处的有效截面的抗剪力不低于紧固螺钉的抗剪力，且不小于 1.5 倍滑槽宽度，套筒端部要保持平整，内孔径可比螺栓直径大 1mm。套筒长度按下式计算：

$$l_s=m+B+n \tag{4-11}$$

式中　B——滑槽长度（mm），$B=\xi d-K$；

ξd——螺栓伸入钢球的长度（mm），一般 $\xi=1.1$；

d——螺栓直径（mm）；

m——滑槽端部紧固螺钉中心到套筒端部的距离（mm）；

n——滑槽顶部紧固螺钉中心到套筒顶部的距离（mm）；

K——螺栓露出套筒的长度（mm），预留 4～5mm，但不应少于 2 个丝扣。

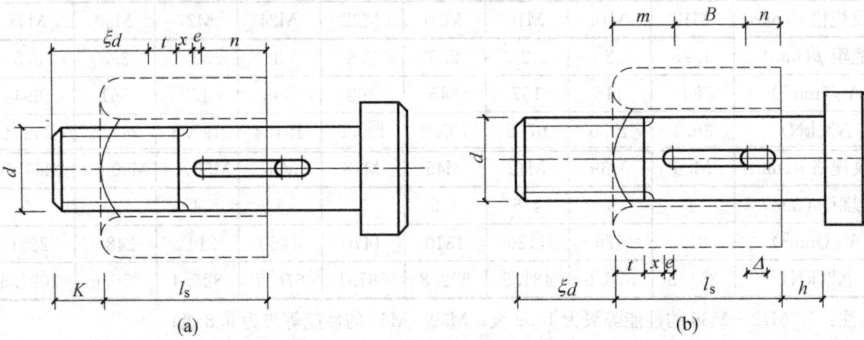

图 4-43　套筒的长度及螺栓长度

(a) 拧入前；(b) 拧入后

t-螺纹根部到滑槽附加余量，取 2 个丝扣；x-螺纹收尾长度；

e-紧固螺钉半径；Δ-滑槽预留量，一般取 4mm

套筒应进行承压验算，可采用下式计算：

$$\sigma_c = \frac{N_c}{A_n} \leqslant f \tag{4-12}$$

式中　N_c——所连杆件轴力设计值；

f——套筒钢材抗压强度设计值；

A_n——套筒在开槽处或螺栓孔处的净截面面积。

紧固螺钉宜采用高强度钢材，其直径可取螺栓直径的 0.16～0.18 倍，且不宜小于 3mm。紧固螺钉规格可采用 M5～M10。

4. 锥头和封板

杆件端部应采用锥头或封板连接，当杆件管径较大时宜采用锥头连接。管径较小时可采用封板连接。连接焊缝以及锥头的任何截面应与连接钢管等强，焊缝根部间隙 b 可根据连接钢管壁厚取 2～5mm（图 4-44）。封板厚度应

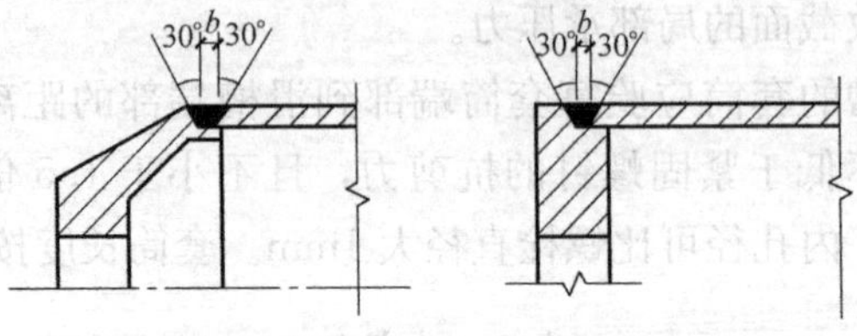

图 4-44　杆件端部连接焊缝

(a) 锥头与钢管连接；(b) 封板与钢管连接

按实际受力大小计算决定，封板及锥头底板厚度不应小于表 4-4 中的数值。锥头底板外径宜较套筒外接圆直径大 1～2mm，锥头底板内平台直径比螺栓直径大 2mm。锥头倾角应小于 40°。

封板及锥头底板厚度　　表 4-4

高强螺栓规格	封板/锥头底厚 (mm)	高强螺栓规格	封板/锥头底厚 (mm)
M12、M14	12	M36～M42	30
M16	14	M45～M52	35
M20～M24	16	M56×4～M60×4	40
M27～M33	20	M64×4	45

4.2.6.3　支座节点

网架支座节点的构造应传力简捷、受力明确、安全可靠，并符合计算假定。支座节点必须具有足够的强度和刚度，在荷载作用下不应先于杆件和其他节点破坏，也不得产生不可忽略的变形。根据网架结构的主要受力特点，可分别选用压力支座节点、拉力支座节点、可滑移与转动的弹性支座节点以及橡胶板式支座节点。

1. 压力支座节点

(1) 平板压力支座（图 4-45）。这种节点构造简单，加工方便。平板压力支座角位移受到约束，适用于较小跨度网架，是否允许线位移，取决于底板上开孔的形状和尺寸。

(2) 单面弧形压力支座（图 4-46）。弧形板采用铸钢或圆钢剖开而成，采用双锚栓时（图 4-46a），锚栓放置在弧形板中心线上，支座压力较大，也可采用 4 根带弹簧的锚栓（图 4-46b），这种支座单方向的角位移未受约束，适用于要求沿单方向转动的大、中跨度的网架结构。

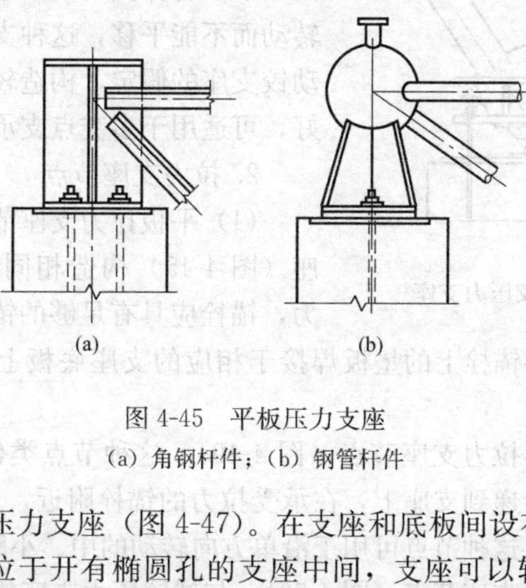

图 4-45　平板压力支座

(a) 角钢杆件；(b) 钢管杆件

(3) 双面弧形压力支座（图 4-47）。在支座和底板间设有弧形块，上下面都是柱面，弧形块位于开有椭圆孔的支座中间，支座可以转动和平移，这种支座构造复杂，造价较高，适用于温度应力变化较大且下部支承结构刚度较大的大跨度网架。

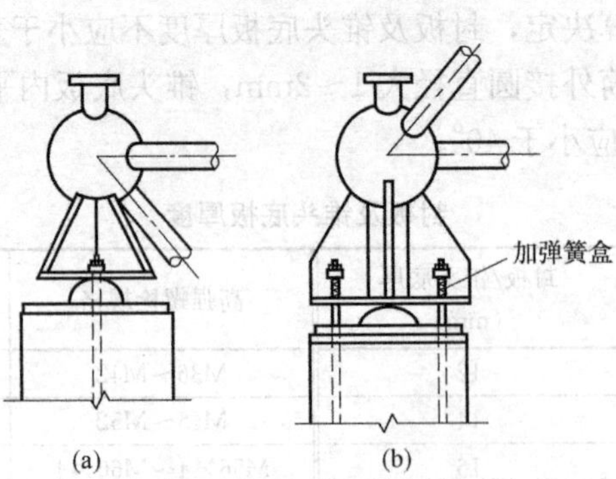

图 4-46　单面弧形压力支座

（a）二个螺栓连接；（b）四个螺栓连接

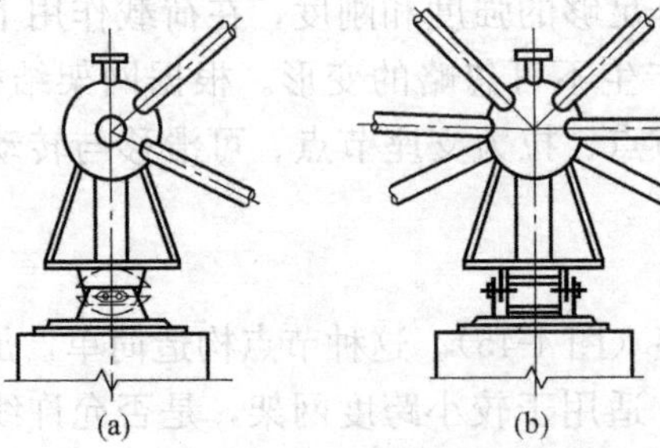

图 4-47　双面弧形压力支座

（a）侧视图；（b）正视图

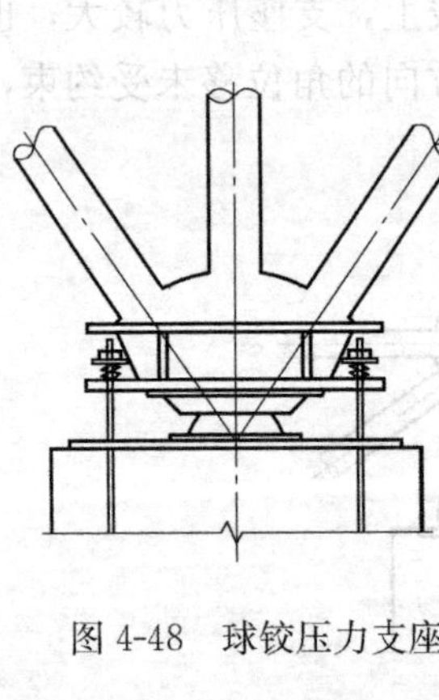

图 4-48　球铰压力支座

（4）球铰压力支座节点（图 4-48）。一半圆实心球位于带有球形凹槽的底板下，再由四根带有弹簧的锚栓连接牢固，节点只能转动而不能平移，这种支座节点比较符合不动铰支座的假定，构造较为复杂，抗震性能好，可适用于多支点支承的大跨度网架。

2. 拉力支座节点

（1）平板拉力支座节点。与平板压力支座（图 4-45）构造相同，此时锚栓承受拉力，锚栓应具有足够的锚固长度，且锚栓应设置双螺母，并将锚栓上的垫板焊接于相应的支座底板上，可用于较小跨度网架。

（2）单面弧形拉力支座节点（图 4-49）。这种节点类似于压力支座节点，为更好地将拉力传递到支座上，在承受拉力的锚栓附近，节点板应设加劲肋，以增强节点刚度。这种节点可用于沿单方向转动的中、小跨度网架结构。

（3）球铰拉力支座节点（图 4-50）。与球铰压力支座构造一样，构造较为复杂，抗震性能好，可用于多点支承的大跨度网架结构。

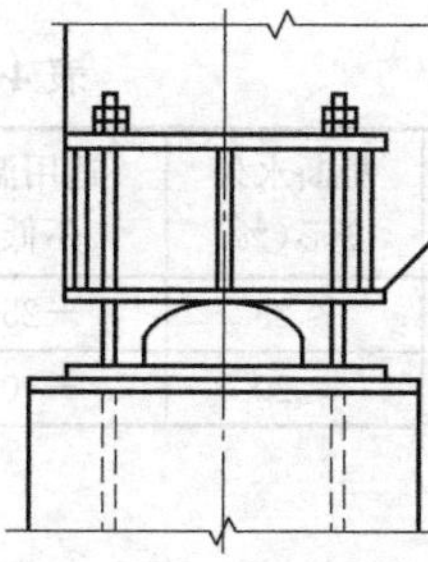

图 4-49 单面弧形拉力支座

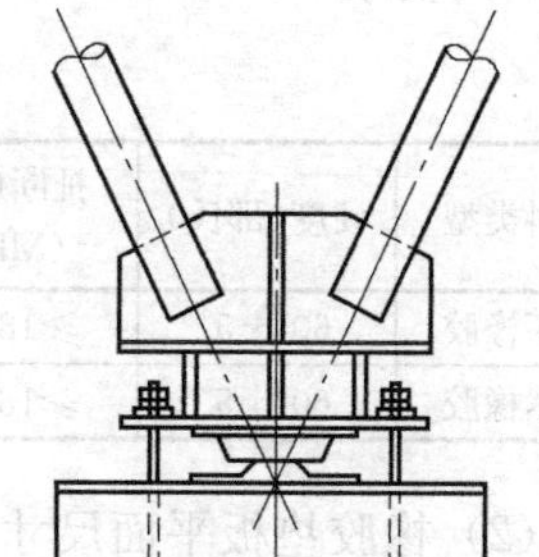

图 4-50 球铰拉力支座节点

3. 可滑动支座节点

为了释放网架结构的温度应力，可在支座底板与下部结构支承之间设置不锈钢或聚四氟乙烯垫板（图 4-51 中 1 所示），支座底板开设椭圆形长孔（图 4-51 中 2 所示），构成可滑动支座节点（图 4-51）。可用于中、小跨度的网架结构。

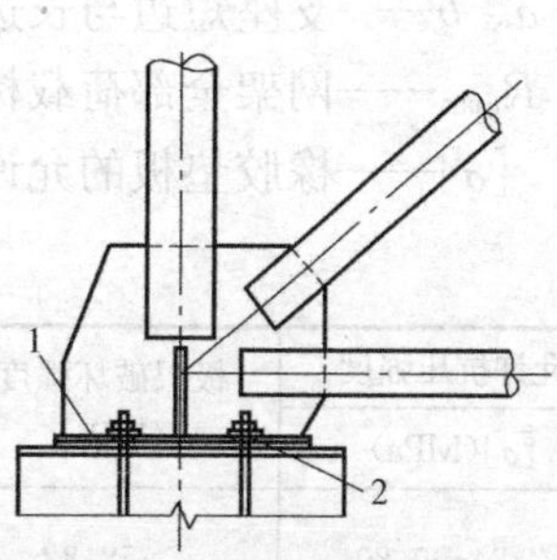

图 4-51 可滑动支座节点

4. 橡胶板式支座节点

橡胶板式支座节点（图 4-52）是在支座底板与支承面顶板或过渡板间加设橡胶垫板而实现的一种支座节点，通过橡胶垫板的压缩和剪切变形，支座既可绕两个方向转动又可沿切线和法线方向平移。如果在一个方向加以限制，支座单向可侧移，否则两向可侧移。橡胶板式支座由多层橡胶及夹层钢板组成，这种节点构造简单，安装方便，易于工厂化生产，可用于支座反力较大、有抗震要求、温度影响、水平位移较大与转动要求的大、中跨度网架结构。橡胶板式支座节点的设计应该考虑以下各项要求。

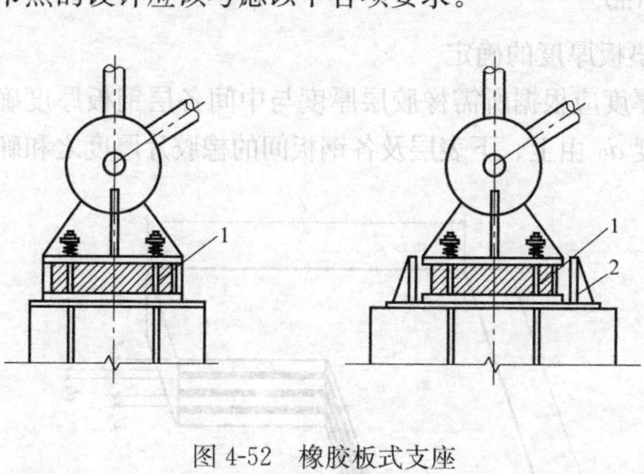

图 4-52 橡胶板式支座

1-橡胶垫板；2-限位件

（1）橡胶垫的材料

橡胶垫板由氯丁橡胶或天然橡胶制成，胶料和制成板的性能应符合表 4-5～

表 4-7 的要求。

胶料的物理性能　　**表 4-5**

胶料类型	硬度(邵氏)	扯断应力(MPa)	伸长率(%)	300%定伸强度(MPa)	扯断永久变形(%)	适用温度不低于
氯丁橡胶	60°±5°	≥18.63	≥4.50	≥7.84	≤25	−25℃
天然橡胶	60°±5°	≥18.63	≥5.00	≥8.82	≤20	−40℃

(2) 橡胶垫板平面尺寸的确定

可根据承压条件按下式计算橡胶垫板的平面尺寸：

$$A \geqslant \frac{R_{\max}}{[\sigma]} \tag{4-13}$$

式中　A——垫板承压面积，$A=a\times b$（如橡胶垫板开有螺孔，则应减去开孔面积）；

a、b——支座短边与长边的边长；

$R_{\max}$——网架全部荷载标准值作用下引起的支座反力；

$[\sigma]$——橡胶垫板的允许抗压强度，按表 4-6 采用。

橡胶垫板的力学性能　　**表 4-6**

允许抗压强度 $[\sigma]$(MPa)	极限破坏强度(MPa)	抗压弹性模量 E(MPa)	抗剪弹性模量 G(MPa)	摩擦系数 μ
7.84～9.80	>58.82	由形状系数 β 按表 4-7 查得	0.98～1.47	(与钢)0.2 (与混凝土)0.3

E—β 关系　　**表 4-7**

β	4	5	6	7	8	9	10	11	12	13	14	15	16	17	18	19	20
E(MPa)	196	265	333	412	490	579	657	745	843	932	1040	1157	1285	1422	1559	1706	1863

注：支座形状系数 $\beta=ab/[2(a+b)d_i]$；a、b——分别为支座短边及长边长度（m）；d_i——中间橡胶层厚度（m）。

(3) 橡胶垫板厚度的确定

橡胶垫板厚度应根据所需橡胶层厚度与中间各层钢板厚度确定（图 4-53）。其中橡胶层厚度 d_0 由上、下表层及各钢板间的橡胶片厚度之和确定。

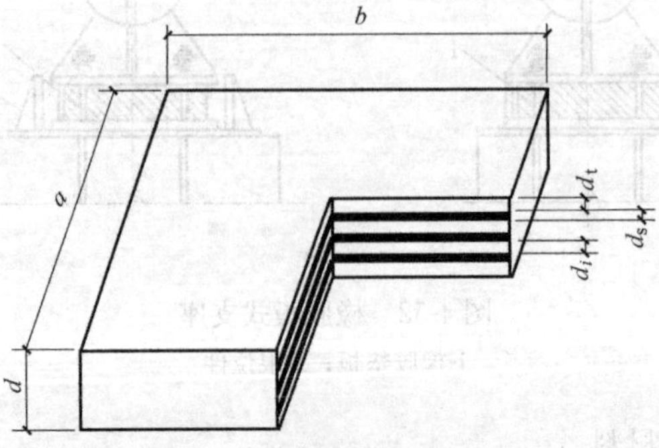

图 4-53　橡胶垫板构造

橡胶层的厚度可按式（4-14）计算：

$$d_0=2d_t+nd_i \tag{4-14}$$

式中 d_0——橡胶层厚度；

d_t、d_i——分别为上（下）表层及中间各层橡胶片厚度；

n——中间橡胶片的层数。

根据橡胶层剪切变形条件，橡胶层厚度应同时满足下式要求：

$$0.2a\geqslant d_0\geqslant 1.43u \tag{4-15}$$

式中 u——由于温度变化等原因在网架支座处引起的水平位移。

上下表层橡胶片厚度宜采用 2.5mm，中间橡胶片常用厚度宜取 5、8、11mm，钢板厚度宜取 2～3mm。

橡胶层总厚度确定后，加上各层橡胶片之间钢板的厚度之和，即可得到橡胶垫板的总厚度。

（4）橡胶垫板压缩变形的验算

橡胶垫板的弹性模量较低，必须控制其压缩变形不能过大。支座节点的转动是通过橡胶垫板产生不均匀压缩变形实现的，为防止支座转动引起橡胶垫板与支座底板部分脱开而形成局部承压，橡胶垫板的压缩变形也不能过小，根据上述两方面的要求，橡胶垫板的平均压缩变形应满足下列条件：

$$0.05d_0\geqslant w_m\geqslant\frac{1}{2}\theta_{max}a \tag{4-16}$$

式中 θ_{max}——结构在支座处的最大转角（rad）。

平均压缩变形 w_m 可按下式计算：

$$w_m=\frac{\sigma_m d_0}{E} \tag{4-17}$$

式中 σ_m——平均压应力，$\sigma_m=\frac{R_{max}}{A}$。

（5）橡胶垫板的抗滑移验算

橡胶垫板因水平变位产生的水平力依靠接触面上的摩擦力平衡，故使橡胶支座不滑移的条件为：

$$\mu R_g\geqslant GAu/d_0 \tag{4-18}$$

式中 u、d_0——定义如公式（4-14）和式（4-15）；

μ——橡胶垫板与钢板或混凝土间的摩擦系数，按表 4-6 采用；

R_g——乘以荷载分项系数 0.9 的永久荷载标准值引起的支座反力；

G——橡胶垫板的抗剪弹性模量，按表 4-6 采用。

（6）橡胶垫板的弹性刚度计算

1）分析计算时应把橡胶垫板看作为一个弹性元件，其竖向刚度 K_{z0} 和两个水平方向的侧向刚度 K_{n0} 和 K_{s0} 可分别取为：

$$K_{z0}=\frac{EA}{d_0},K_{n0}=K_{s0}=\frac{GA}{d_0} \tag{4-19}$$

2）当橡胶垫板搁置在网架支承结构上，应计算橡胶垫板与支承结构的组合刚度。如支承结构为独立柱时，悬臂独立柱的竖向刚度 K_{zH} 和两个水平方

向的侧向刚度 K_{nH}、K_{sH} 应分别为：

$$K_{zH}=\frac{E_H A_H}{H},K_{nH}=\frac{3E_H I_{nH}}{H^3},K_{sH}=\frac{3E_H I_{sH}}{H^3} \quad (4\text{-}20)$$

式中 E_H——支承柱的弹性模量；

I_{nH}、I_{sH}——支承柱截面两个方向的惯性矩；

H——支承柱的高度。

橡胶垫板与支承结构的组合刚度，可根据串联弹性元件的原理，分别求得相应的组合竖向与侧向刚度 K_z、K_n、K_s，即：

$$K_z=\frac{K_{z0}K_{zH}}{K_{z0}+K_{zH}},K_n=\frac{K_{n0}K_{nH}}{K_{n0}+K_{nH}},K_s=\frac{K_{s0}K_{sH}}{K_{s0}+K_{sH}} \quad (4\text{-}21)$$

（7）橡胶垫板的构造要求

对气温不低于－25℃地区，可采用氯丁橡胶垫板。对气温不低于－30℃地区，可采用耐寒氯丁橡胶垫板。对气温不低于－40℃地区，可采用天然橡胶垫板。橡胶垫板的长边应与网架支座切线方向平行放置。橡胶垫板与支柱或基座的钢板或混凝土间可采用502胶等胶结剂粘结固定。

橡胶垫板上的螺孔直径应大于螺栓直径10～20mm，并应与支座可能产生的水平位移相适应。橡胶垫板外宜设限位装置，防止发生超限位移。设计时宜考虑长期使用后因橡胶老化而须更换的条件。在橡胶垫板四周可涂以防止老化的酚醛树脂，并粘结泡沫塑料。橡胶垫板在安装使用过程中应避免与油脂等油类物质以及其他对橡胶有害的物质接触。

5. 支座节点的构造要求

（1）支座竖向支承板中心线应与竖向反力作用线一致，并与支座节点连接的杆件汇交于节点中心；

（2）支座球节点底部至支座底板间的距离（图4-54）应满足支座斜腹杆与柱或边梁不相碰的要求；

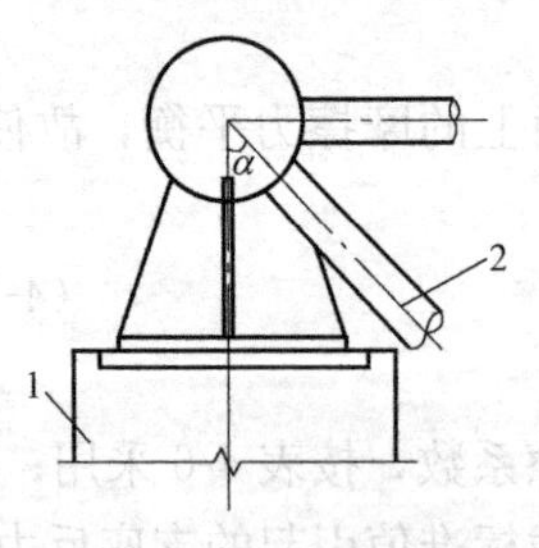

图4-54 支座球节点底部与底板间的构造高度
（1-柱；2-支座斜腹杆）

（3）支座竖向支承板应保证其自由边不发生侧向屈曲，其厚度不宜小于10mm；对于拉力支座节点，支座竖向支承板的最小截面面积及连接焊缝应满足强度要求；

（4）支座节点底板的净面积应满足支承结构材料的局部受压要求，其厚度应满足底板在支座竖向反力作用下的抗弯要求，且不宜小于12mm；

（5）支座节点底板的锚栓孔径应比锚栓直径大10mm以上，并应考虑适应支座节点水平位移的要求；

（6）支座节点锚栓按构造要求设置时，其直径可取20～25mm，数量可取2～4个；受拉支座的锚栓应经计算确定，锚固长度不应小于25倍锚栓直径，并应设置双螺母；

（7）当支座底板与基础面摩擦力小于支座底部的水平反力时应设置抗剪键

(图 4-55)，不得利用锚栓传递剪力；

(8) 支座节点竖向支承板与螺栓球节点焊接时，应将螺栓球球体预热至150～200℃，以小直径焊条分层、对称施焊，并应保温缓慢冷却；

(9) 为了方便压力支座节点的施工，压力支座节点中可增设与埋头螺栓相连的过渡钢板，并应与支座预埋钢板焊接（图 4-56)。

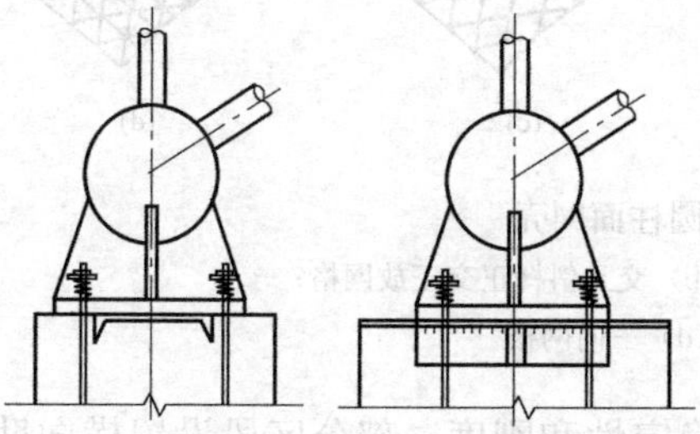

图 4-55　支座节点抗剪键

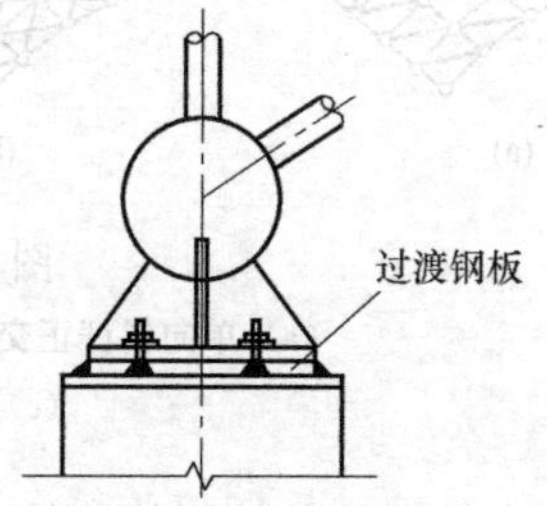

图 4-56　采用过渡板的压力支座节点

4.3　网壳结构

网壳结构是将杆件沿某个曲面有规律地布置组成的空间结构体系，其受力特点与薄壳结构类似，在荷载作用下网壳杆件主要承受轴向力。网壳结构刚度好、自重轻，可以覆盖比较大的跨度。网壳结构造型新颖，在大跨度结构中得到了广泛应用。

4.3.1　网壳的结构形式

网壳结构曲面外形可采用球面、圆柱面、双曲抛物面、椭圆抛物面等曲面形式，也可采用各种组合的曲面形式。网壳结构按层数划分，分为单层网壳和双层网壳。单层网壳比较省钢，但对缺陷比较敏感，设计单层网壳时要考虑结构的整体稳定性。

4.3.1.1　单层网壳结构

1. 单层圆柱面网壳

外形为圆柱面的单层网壳结构，主要采用以下 4 种形式：

单向斜杆正交正放型柱面网壳（图 4-57a)。首先沿曲线划分等弧长，通过曲线等分点作平行纵向直线。再将直线等分，作平行于曲线的横线，形成方格，对每个方格加斜杆。

交叉斜杆正交正放型柱面网壳（图 4-57b)。在方格内设置交叉斜杆，以提高网壳的刚度。交叉斜杆型与单斜杆型相比，后者杆件数量少，杆件连接易处理，但刚度差，适用于跨度及荷载均较小的屋面。

联方网格型柱面网壳（图 4-57c)。其杆件组成菱形网格，杆件夹角在30°～50°之间。这种形式的网壳结构杆件数量少，杆件长度统一，节点上只连接四根杆件，节点构造简单、刚度较差。

三向网格型柱面网壳（图 4-57d）。三向网格可以理解为联方网格上加纵向杆件，使菱形变为三角形。这种网壳的刚度好，杆件品种较少，是一种经济合理的形式。

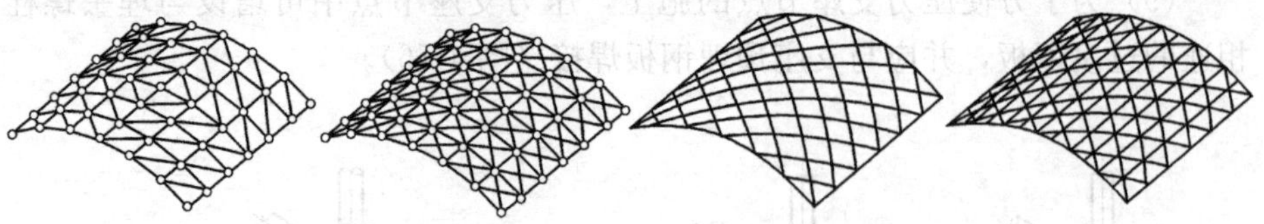

图 4-57　单层圆柱面网壳
(a) 单向斜杆正交正放网格；(b) 交叉斜杆正交正放网格；
(c) 联方网格；(d) 三向网格

有时为了提高单层柱面网壳的整体稳定性和刚度，部分区段设置横向肋，变为局部双层网壳。

单层圆柱面网壳的支承分为四边支承、两纵边支承和两端边支承。

对于沿两纵向边支承或四边支承的圆柱面网壳，壳体的矢高可取跨度 L（宽度 B）的 1/2～1/5。

对于两端边支承的圆柱面网壳，其宽度 B 与跨度 L 之比（图 4-58）宜小于 1.0，壳体的矢高可取宽度 B 的 1/3～1/6。

对于两端边支承的单层圆柱面网壳，其跨度 L 不宜大于 35m；沿两纵向边支承的单层圆柱面网壳，其跨度（此时为宽度 B）不宜大于 30m。

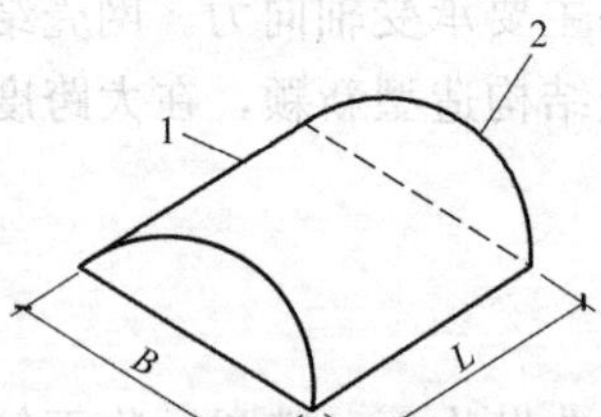

图 4-58　圆柱面网壳跨度 L 和宽度 B 示意
1-纵向边；2-端边

2. 单层球面网壳

外形为球面的单层网壳结构，主要采用以下 6 种形式：

肋环型球面网壳（图 4-59a）。由径肋和环杆组成，径肋汇交于球顶，球顶节点构造复杂。环杆如能与檩条共同工作，可降低网壳整体用钢量。肋环型球面网壳的大部分网壳呈梯形，每个节点只汇交四根杆件，节点构造简单，整体刚度差，主要适用于中、小跨度的结构。

肋环斜杆型球面网壳（图 4-59b、c、d），也称施威德勒型。这种网壳是在肋环型球面网壳的网格中设置斜杆而形成，可提高网壳结构的整体刚度和承受非对称荷载的能力。根据斜杆的布置不同有：单斜杆、交叉斜杆和无环杆的交叉斜杆等形式，网格为三角形（其中无环杆的交叉斜杆式的网格为三角形和不规则菱形，图 4-59d），刚度好，适用于大、中跨度的网壳结构。

三向网格型球面网壳（图 4-59e）。这种网壳的网格在水平投影上或球面投影上呈正三角形，其受力性能好，外形美观，适用于中、小跨度的结构。

扇形三向网格型球面网壳（图 4-59f），又称凯威特型。这种网壳结构是

由 n（n=6、8、12…）根径肋把球面分为 n 个对称扇形曲面，每个扇形面内，再由环杆和斜杆组成大小较均匀的三角形网格。根据径向的肋数也简称这种网壳为 K_n 型，图 4-59（f）分别为 K_8、K_6 型。扇形三向网格型球面网壳内力分布均匀，适用于大、中跨度的结构。

葵花形三向网格型球面网壳（图 4-59g 左）。由人字斜杆组成菱形网格，两斜杆之间夹角为 30°～50°，并在环向加设杆件，使网格成为三角形，增加网壳结构的刚度和稳定性，适用于大、中跨度的结构。图 4-59（g）右侧图为还未设环向杆件的葵花形网格，是二向网格。

短程线型球面网壳（图 4-59h）。在 20 面体上划分网格，每一面体为正三角形（扇形），在其中再细分为三角形网格。这种网壳杆件长短均匀，形成杆件长度品种最少，具有受力均匀、刚度好的优点，适用于矢高较大或超半球的网壳。

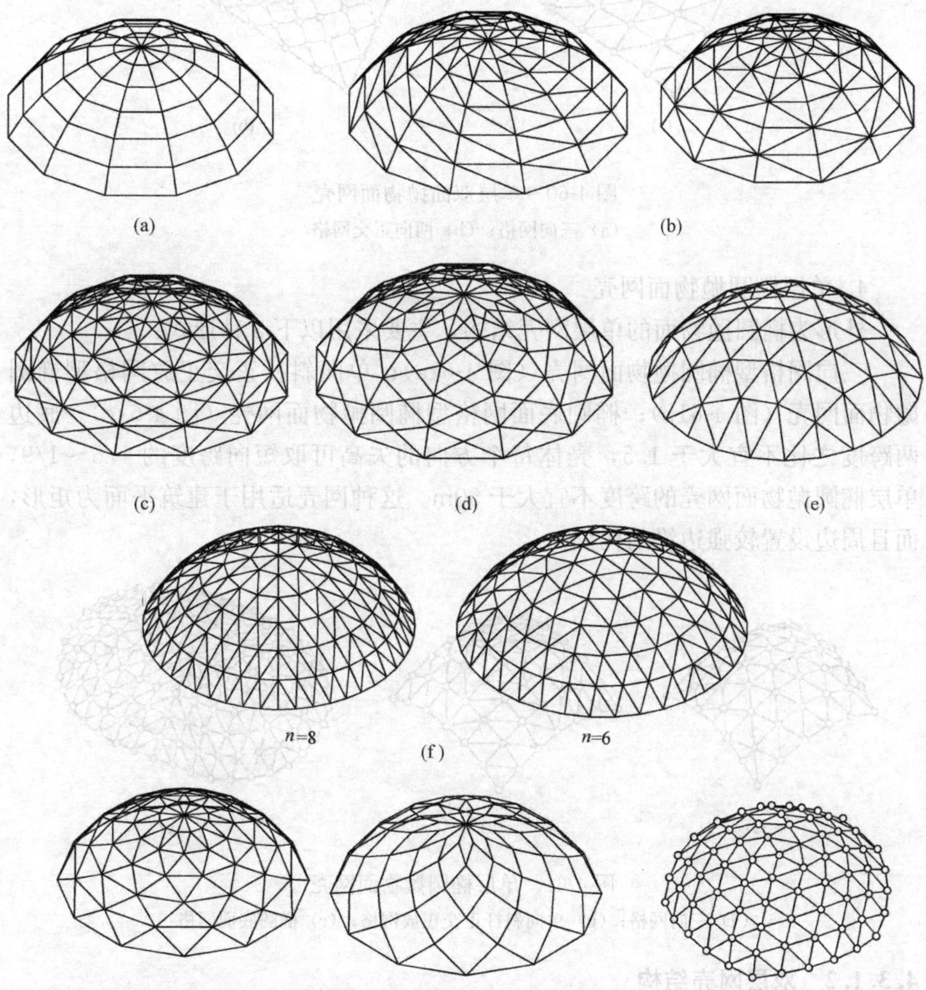

图 4-59　单层球面网壳

(a) 环肋型球面网壳；(b) 单斜杆肋环斜杆型；(c) 交叉斜杆肋环斜杆型；(d) 无环杆交叉斜杆肋环斜杆型；(e) 三向网格；(f) 扇形三向网格；(g) 葵花形三向网格；(h) 短程线型

单层球面网壳的矢跨比不宜小于1/7，跨度（平面直径）不宜大于80m。

3. 单层双曲抛物面网壳

外形为双曲抛物面的单层网壳结构，主要采用以下2种形式：

三向网格型双曲抛物面网壳（图4-60a），其中两个方向杆件沿直纹布置；两向正交网格型双曲抛物面网壳（图4-60b），杆件沿主曲率方向布置，局部区域可加设斜杆，四周边应设边梁。底面两对角线长度之比不宜大于2，单块双曲抛物面壳体的矢高可取跨度的1/2～1/4（跨度为两个对角支承点之间的距离），四块组合双曲抛物面壳体每个方向的矢高可取相应跨度的1/4～1/8，跨度不宜大于60m。这种网壳适用于建筑平面为矩形的结构。

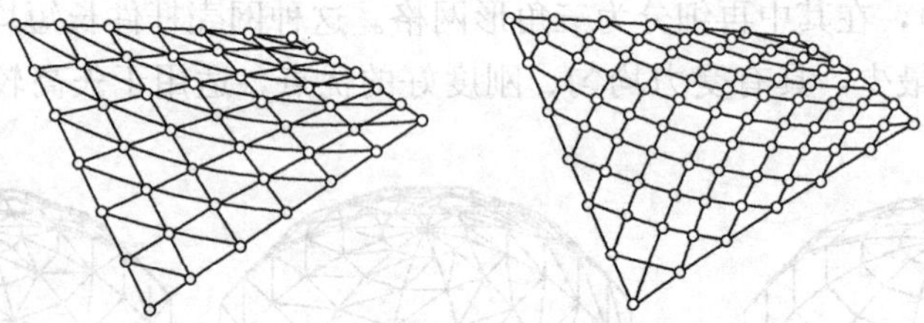

(a)　(b)

图4-60　单层双曲抛物面网壳

(a) 三向网格；(b) 两向正交网格

4. 单层椭圆抛物面网壳

外形为椭圆抛物面的单层网壳结构，主要采用以下3种形式：

三向网格型椭圆抛物面网壳（图4-61a）；单向斜杆正交正放网格型椭圆抛物面网壳（图4-61b）；椭圆底面网格型椭圆抛物面网壳（图4-61c）。底边两跨度之比不宜大于1.5，壳体每个方向的矢高可取短向跨度的1/6～1/9，单层椭圆抛物面网壳的跨度不宜大于50m。这种网壳适用于建筑平面为矩形，而且周边设置较强边缘的构件。

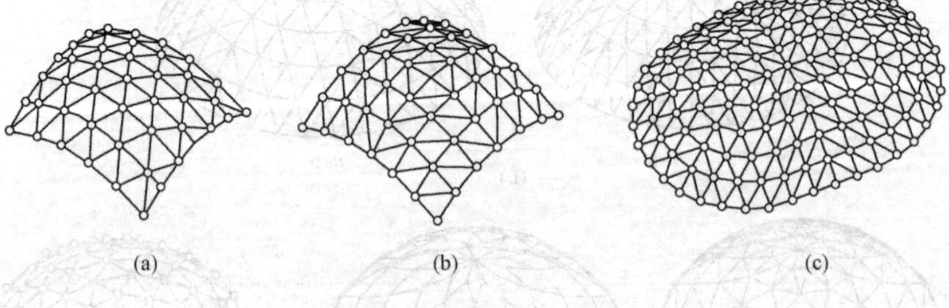

(a)　(b)　(c)

图4-61　单层椭圆抛物面网壳

(a) 三向网格；(b) 单向斜杆正交正放网格；(c) 椭圆底面网格

4.3.1.2　双层网壳结构

1. 双层圆柱面网壳

双层圆柱面网壳与网架结构有很多相似之处，将网架结构平面改为圆柱面即为双层圆柱面网壳。

(1) 交叉桁架体系

单层柱面网壳形式都可以成为交叉桁架体系的双层柱面网壳，只要将单层柱面网壳中每个杆件，用平面桁架代替，即可形成双层柱面网壳。

(2) 四角锥体系

正放四角锥柱面网壳（图 4-62）由正放四角锥体，按一定规律组合而成，杆件品种少，节点构造简单，刚度大，是目前常用形式之一。抽空正放四角锥柱面网壳（图 4-63）是在正放四角锥网壳的基础上适当抽掉一些四角锥单元的腹杆和下层杆形成，适用于中小跨度、屋面荷载较轻的结构。斜置正放四角锥柱面网壳（图 4-64），由斜放四角锥体，按一定规律组合而成，节点构造简单，结构刚度大。

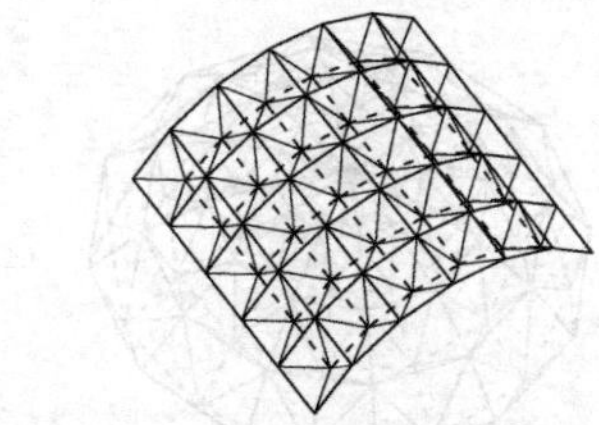

图 4-62　正放四角锥柱面网壳

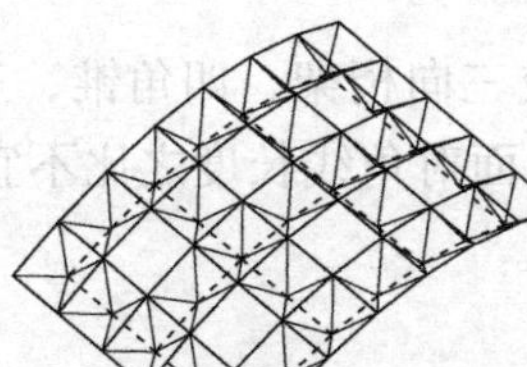

图 4-63　抽空正放四角锥柱面网壳

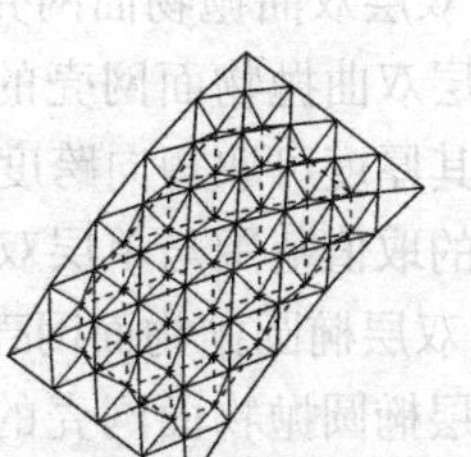

图 4-64　斜置正放四角锥柱面网壳

(3) 三角锥体系

三角锥体系网壳有三角锥柱面网壳（图 4-65）和抽空三角锥柱面网壳（图 4-66）。

双层圆柱面网壳的厚度可取宽度 B 的 1/20～1/50，矢跨比及宽度和跨度的取值范围与单层圆柱面网壳相同。

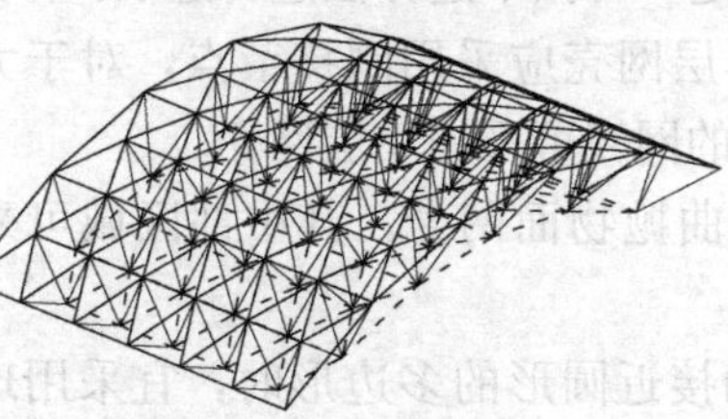

图 4-65　三角锥柱面网壳

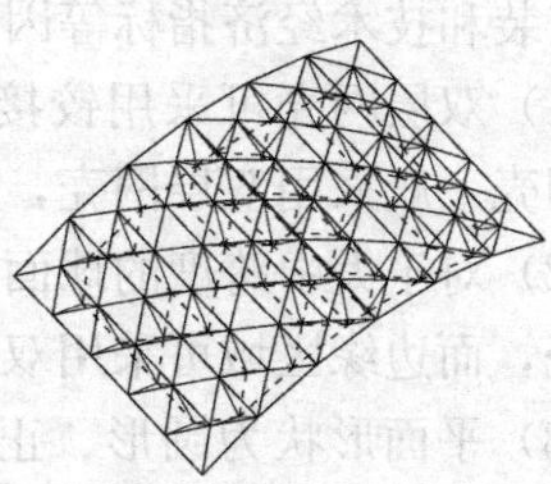

图 4-66　抽空三角锥柱面网壳

2. 双层球面网壳

双层球面网壳的网格可采用交叉桁架体系或角锥体系，主要形式有：

(1) 交叉桁架系

单层球面网壳网格划分形式均适用于交叉桁架系双层球面网壳，只要将单层网壳中每个杆件，用平面网片代替，即可形成双层球面网壳，网片竖杆共用，方向通过球心。

(2) 角锥体系

角锥体系双层球面网壳可采用肋环型四角锥球面网壳（图4-67）、联方型四角锥球面网壳（图4-68）、联方型三角锥球面网壳以及平板型组合式球面网壳。双层球面网壳的厚度可取跨度（平面直径）的1/30～1/60，矢跨比可取1/7～1/3。

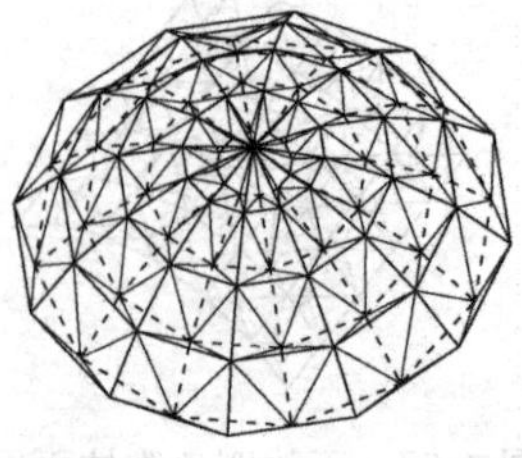

图4-67　肋环型四角锥球面网壳

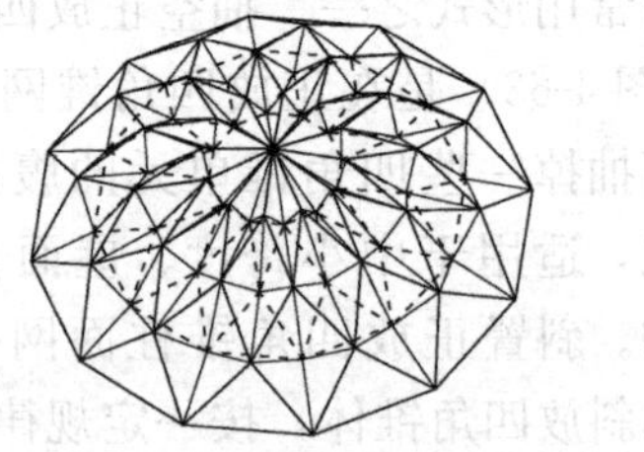

图4-68　联方型四角锥球面网壳

3. 双层双曲抛物面网壳

双层双曲抛物面网壳的网格可采用两向或三向桁架、四角锥、三角锥的形式，其厚度可取短向跨度的1/20～1/50，底面对角线长度之比不宜大于2，矢跨比的取值范围与单层双曲抛物面网壳相同。

4. 双层椭圆抛物面网壳

双层椭圆抛物面网壳的网格可采用三向桁架和三角锥的形式，其厚度可取短向跨度的1/20～1/50，矢跨比的取值范围与单层椭圆抛物面网壳相同。

除了上述网壳形式外，还有很多组合形式的网壳结构，根据建筑要求确定，这里不再赘述。

4.3.2　网壳结构选型及容许挠度

1. 网壳结构选型

网壳结构的选型主要考虑跨度大小、刚度要求、平面形状、支承条件、制作安装和技术经济指标等因素综合决定，可按下述方法进行选取。

(1) 双层网壳可采用铰接节点，单层网壳应采用刚接节点，对于大中跨度的网壳一般采用双层网壳，中小跨度的网壳可采用单层网壳。

(2) 对于大中跨度的球面网壳和双曲抛物面网壳，其中部区域可采用单层网壳，而边缘区域可采用双层网壳。

(3) 平面形状为圆形、正六边形和接近圆形的多边形时，宜采用球面网壳；平面形状为正方形和矩形时，宜采用圆柱面网壳、双曲抛物面网壳、单块和四块组合型扭网壳。

(4) 根据国内外实践经验，网壳结构的网格尺寸取值：当跨度小于50m时，取1.5～3.0m；当跨度为50～100m时，取2.5～3.5m；当跨度大于100m时，取3.0～4.5m。网壳结构按短向跨度的网格数一般不宜小于6。

(5) 当网壳结构具有较大的水平反力时，在网壳的边界应设置边缘构件来承受水平反力。边缘构件应该具有足够的刚度，并作为网壳整体的组成部分进行协调分析计算。

(6) 小跨度球面网壳的网格布置可采用肋环型，大中跨度球面网壳宜采用能形成三角形网格的各种网格类型。为了不使球面网壳的顶部构件太密集造成应力集中和安装困难，宜采用三向网格型、扇形三向网格型以及短程线型网壳；也可采用中部为扇形三向网格型、外围为葵花形三向网格型组合形式的网壳。

(7) 小跨度圆柱面网壳的网格布置可采用联方格型，大中跨度圆柱面网壳采用能形成三角形网格的各种网格类型。双曲抛物面网壳和扭网壳的网格选型可参照圆柱面网壳的网格选型。

2. 网壳结构容许挠度

单层网壳结构的最大位移计算值不应超过短向跨度的 1/400；双层网壳结构的最大位移计算值不应超过短向跨度的 1/250；单层悬挑网壳的最大位移计算值不应超过悬挑长度的 1/200；双层悬挑网壳的最大位移计算值不应超过悬挑长度的 1/125。

4.3.3 网壳结构内力计算要点

4.3.3.1 网壳结构计算的一般原则

与网架结构设计一样，在设计网壳结构之前先确定网壳的结构形式，之后进行结构分析和验算。网壳结构验算一般包括强度、变形和稳定性三个方面的内容，强度和稳定性的计算属于承载力极限状态设计内容，变形验算属于正常使用极限状态的要求。对于单层和厚度较小的网壳，其承载力一般由稳定承载力控制。网壳结构计算的一般原则如下：

(1) 网壳结构的荷载与网架结构相同，主要有永久荷载和可变荷载以及根据具体情况计算地震作用、温度作用、支座沉降及施工安装荷载等。

(2) 对于单个球面网壳和圆柱面网壳的风荷载体型系数，可按现行国家标准《建筑结构荷载规范》取值。对于多个连接的球面网壳和圆柱面网壳，以及各种复杂形体的网壳结构，当跨度较大时，应通过风洞试验或专门研究确定风荷载体型系数。对于基本周期大于 0.25s 的网壳结构，宜进行风振计算。

(3) 网壳结构是高次超静定结构并与下部结构共同工作，对温度变化比较敏感，当网壳的跨度较大、支座位移变形能力比较小的情况下，设计中应考虑的温度应力作用，一般有两种情况：①整个网壳有等温度变化；②双层网壳上下层有温度差 Δt。网壳的温度应力计算可采用有限单元法。同时，支座沉降对结构内力的分布影响也不能忽视。

(4) 同网架结构相比而言，网壳结构对水平地震作用更为重视。在抗震设防烈度为 7 度的地区，当网壳结构的矢跨比大于或等于 1/5 时，应进行水平抗震验算；当矢跨比小于 1/5 时，应进行竖向和水平抗震验算；在抗震设防烈度为 8 度或 9 度的地区，对各种网壳结构应进行竖向和水平抗震验算。

（5）对网壳结构进行地震效应计算时可采用振型分解反应谱法，按此法分析宜至少取前25～30个振型进行网壳地震效应计算；对于体型复杂或重要的大跨度网壳结构，应采用时程分析法进行补充计算。采用时程分析法时，应按建筑场地类别和设计地震分组选用不少于2组的实际强震记录和1组人工模拟的加速度时程曲线。

（6）在抗震分析时，应考虑支承体系对网壳结构受力的影响。此时宜将网壳结构与支承体系共同考虑，按整体分析模型进行计算。亦可把支承体系简化为网壳结构的弹性支座，按弹性支承模型进行计算。对于周边落地的网壳结构，阻尼比可取为0.02，对于设有混凝土结构支承体系的空间网壳结构，阻尼比可取0.03。

4.3.3.2 网壳结构计算

1. 网壳结构的内力分析方法

与网架结构一样，网壳结构分析的主要目的是计算结构在各种荷载工况和边界条件约束下的变形和构件的内力，为杆件、节点设计和结构变形提供设计依据。根据网壳结构的受力特点和节点构造，网壳结构内力计算模型一般分为两种：空间杆单元模型和空间梁单元模型。

对于双层或多层网壳，节点既可采用螺栓球节点也可采用焊接球节点，不论哪一种节点形式，只要荷载作用在节点上，那么杆件主要承受轴向力，节点刚度引起的杆件弯矩比较小。对于双层网壳通常采用空间杆单元模型，分析方法采用与网架结构相同的空间桁架位移法。单层网壳的杆件承受弯矩与轴力相比一般不能忽略，构件之间的连接节点主要采用焊接空心球节点的刚性连接，计算分析时采用空间梁单元模型。求解网壳结构内力和变形时，其分析模型可以采用常规小变形、小应变、材料线弹性的计算假定。

2. 网壳结构的稳定性分析

稳定性分析是网壳结构尤其是单层网壳结构设计的关键问题。对于整体稳定分析，必须考虑几何非线性的影响。考虑与不考虑几何非线性的区别在于前者（几何非线性）考虑网壳变形对网壳内力的影响，网壳的平衡方程建立在变形以后的位形上，后者（线性）的平衡方程则始终建立在初始状态。《空间网格结构技术规程》中针对以钢构件组成的单层或双层网壳的稳定性计算有明确的规定和技术要求。

单层网壳以及厚度小于跨度1/50的双层网壳均应进行稳定性计算。球面网壳的全过程分析可按满跨均布荷载进行，圆柱面网壳和椭圆抛物面网壳宜补充考虑半跨活荷载分布。进行网壳全过程分析时应考虑初始曲面形状安装偏差的影响，可采用结构最低阶屈曲模态为初始缺陷分布，其缺陷最大计算值可按网壳跨度的1/300取值。

网壳的稳定性可按考虑几何非线性的有限元分析方法（荷载-位移全过程分析）进行计算，分析中可假定材料保持为弹性，也可以考虑材料的弹塑性。对于大型和形状复杂的网壳结构宜采用考虑材料弹塑性的全过程分析方法。

全过程分析采用的迭代方程为：

$$\boldsymbol{K}_{\mathrm{t}}\Delta\boldsymbol{U}^{(i)}=\boldsymbol{F}_{\mathrm{t}+\Delta\mathrm{t}}-\boldsymbol{N}_{\mathrm{t}+\Delta\mathrm{t}}^{(i-1)} \tag{4-22}$$

式中 $\boldsymbol{K}_{\mathrm{t}}$——$t$ 时刻结构的切线刚度矩阵；

$\Delta\boldsymbol{U}^{(i)}$——当前位移的迭代增量；

$\boldsymbol{F}_{\mathrm{t}+\Delta\mathrm{t}}$——$t+\Delta t$ 时刻外部所施加的节点荷载向量；

$\boldsymbol{N}_{\mathrm{t}+\Delta\mathrm{t}}^{(i-1)}$——$t+\Delta t$ 时刻相应的杆件节点内力向量。

进行网壳结构全过程分析求得的第一个临界点处的荷载值，可作为网壳的极限承载力。将极限承载力除以安全系数 K 后，即为网壳稳定性确定的容许承载力（荷载取标准值）。当按弹塑性全过程分析时，安全系数 K 可取 2.0。当按弹性全过程分析且为单层球面网壳、柱面网壳和椭圆抛物面网壳时，安全系数可取为 4.2。

当单层球面网壳跨度小于 50m，单层圆柱面网壳拱向跨度小于 25m，单层椭圆抛物面网壳跨度小于 30m，或对网壳稳定性进行初步计算时，其容许承载力标准值 $[q_{\mathrm{ks}}]$（$\mathrm{kN/m^2}$）可按《空间网格结构技术规程》附录 E 进行计算。这些稳定性实用计算公式由大规模参数分析求得。分析过程中结合不同类型的网壳结构，在其基本参数（几何参数、构造参数、荷载参数等）的常规变化范围内，应用弹性几何非线性有限元分析方法进行大规模实际尺寸网壳的全过程分析，取第一临界点荷载作为极限承载力，稳定安全系数 K 取 4.2。对计算所得的结果进行统计分析和归纳，用拟合方法提出了网壳结构稳定性的实用计算公式。

4.3.4 杆件设计

网壳的杆件宜采用管材，一般为无缝钢管或高频焊管，也可采用普通型钢和薄壁型钢。网壳杆件的截面应按《钢结构设计规范》计算确定。

网壳杆件的计算长度和容许长细比可按表 4-8～表 4-10 采用。表中 l 为节间几何长度。

单层网壳杆件计算长度　　表 4-8

节点形式	壳体曲面内	壳体曲面外
焊接空心球节点	$0.9l$	$1.6l$
毂节点	l	$1.6l$
相贯节点	$0.9l$	$1.6l$

双层网壳杆件计算长度　　表 4-9

节点形式	弦杆	腹杆	
		支座腹杆	其他腹杆
螺栓球节点	$1.0l$	$1.0l$	$1.0l$
焊接空心球节点	$1.0l$	$1.0l$	$0.9l$
板节点	$1.0l$	$1.0l$	$0.9l$

网壳杆件容许长细比　　表 4-10

网壳类别	杆件形式	拉杆	压杆	受压与压弯杆件	受拉与拉弯杆件
双层网壳	一般杆件	300	180	—	—
	支座附件杆件	250			
	直接承受动力荷载杆件	250			
单层网壳	一般杆件	—	—	150	250

4.3.5　节点设计

4.3.5.1　杆件之间连接节点

网壳杆件之间的连接节点主要有螺栓球节点、焊接空心球节点、嵌入式毂节点等，其中前两种形式的节点应用比较广泛。双层网壳杆件采用圆钢管时可采用螺栓球节点或焊接空心球节点连接，节点设计与网架结构相同，具体设计参见 4.2.6 节。

单层网壳结构应采用焊接空心球节点，空心球的外径与壁厚之比宜取20～35，空心球承受压弯或拉弯的承载力设计值 N_m（N）可按式（4-23）计算：

$$N_m = \eta_m N_R \tag{4-23}$$

式中　N_R——空心球受压和受拉承载力设计值（N），按式（4-5）确定；

η_m——考虑空心球受压弯或拉弯作用的影响系数，按图 4-69 确定。

图中偏心系数 c 按下式计算：

$$c = \frac{2M}{Nd} \tag{4-24}$$

式中　M——杆件作用于空心球节点弯矩（N・mm）；

N——杆件作用于空心球节点的轴力（N）；

d——杆件的外径（mm）。

4.3.5.2　支座节点

网壳结构支座节点应采用传力可靠、连接简单的构造形式，并应符合计算假定。网壳结构的支座节点可根据计算假定选用 4.2 节中的各种支座形式，对于中、小跨度的网壳结构也可以选择刚接支座节点（图 4-70），这种支座可以承受轴向力、弯矩与剪力。支座节点竖向支承板厚度应大于焊接空心球节点壁厚 2mm，球体置入深度应大于 2/3 球径。

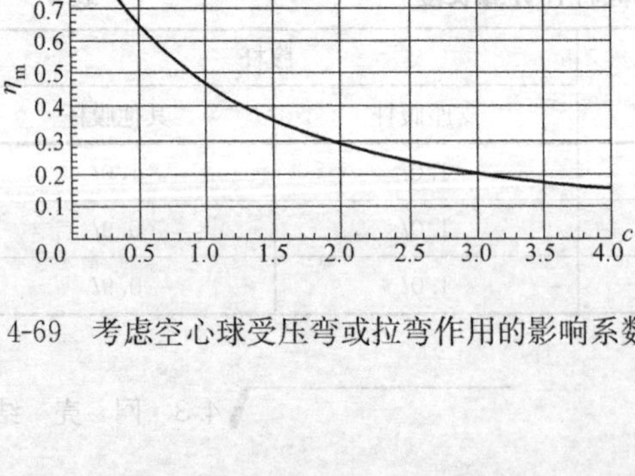

图 4-69　考虑空心球受压弯或拉弯作用的影响系数 η_m

图 4-70　刚接支座节点

4.4 管桁架结构

管桁架结构体系由平面或空间桁架组成，构件为圆管或矩形管，杆件与杆件之间的连接节点直接焊接，称为相贯节点或管节点。在相贯节点处，在同一轴线上的主管（弦管）贯通，其余杆件（支管或腹杆）直接焊接在贯通主管（弦杆）的外表面上，非贯通杆件在节点部位可能有一定间隙（间隙型节点），也可能部分重叠（搭接型节点）。与网架和网壳结构相比，管桁架结构的节点形式简单，在节点处主管连通，整个屋盖外形优美流畅。管桁结构以桁架为基础，结构形式可以采用与钢桁架相同的形式，管桁架结构应用于公共建筑较多，其外形要与其用途相结合。

4.4.1 管桁架的结构形式

1. 按构件的截面形式划分

根据连接构件的截面形式，管桁架结构可以划分为圆钢管管桁架结构、矩形钢管管桁架结构和矩形截面主管与圆形支管管桁架结构。

圆钢管管桁架结构的主管和支管均为圆管，圆管相交的节点相贯线为空间的马鞍型曲线，设计、加工、放样比较复杂。钢管相贯线自动切割机的发明和使用，促进了圆管桁架结构的发展应用，是目前国内应用最为广泛的一种。

矩形钢管管桁架结构的主管和支管均为方钢管或矩形管，方钢管和矩形钢管为闭口截面，抗压和抗扭性能好，用其直接焊接组成的方管桁架，节点形式简单、外形美观，在国外得到广泛的应用，近年国内也开始使用。

矩形截面主管与圆形支管直接相贯焊接构成的管桁架形式新颖，能充分利用圆形截面管做轴心受力构件，矩形截面管做压弯或拉弯构件。矩形管与圆管相交的节点相贯线均为圆或椭圆曲线，比圆管相贯的空间曲线易于设计与加工。

2. 按管桁架的外形划分

根据管桁架的外形可以将管桁架分为曲线形管桁架（图 4-71）与直线形管桁架（图 4-72）。常用的曲线形管桁架有鱼腹形（图 4-71a）和平行弦形（图 4-71b）。

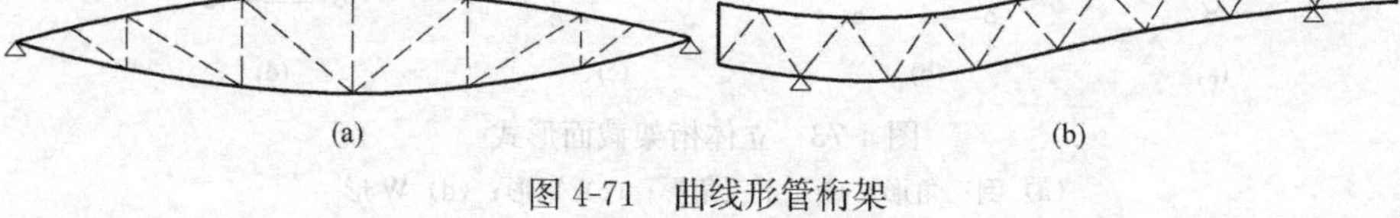

(a)　　(b)

图 4-71　曲线形管桁架

(a) 鱼腹形；(b) 平行弦形

直线形桁架多用于一般的平板形屋架。然而随着社会对美学要求的不断提高，为了满足空间造型的多样性，管桁结构多做成各种曲线形状，丰富了结构的立体效果。在设计曲线形管桁结构时，有时为了降低加工成本，杆件仍然加工成直杆，由折线近似代替曲线。如果要求较高，则可以采用弯管机将钢管弯成曲管，这样建筑效果会更好。

3. 按桁架截面外形划分

根据受力特性和杆件布置，管桁架结构可分为平面管桁架结构和立体管桁架结构。

平面管桁架结构的上弦、下弦和腹杆都在同一平面内，结构平面外刚度较差，须要通过设置侧向支撑确保结构的面外稳定。平面管桁架结构的腹杆常采用人字形（图4-72a）和单向斜腹杆（图4-72b）两种形式，人字形腹杆桁架腹杆下料长度统一，节点数少，可节约材料与加工工时。如果弦杆上所有的加载点都需要支承（例如为降低无支承长度），可采用增加竖杆的修正人字形腹杆桁架，而不采用单向斜腹杆桁架。人字形腹杆桁架较容易采用有间隙的相贯节点。

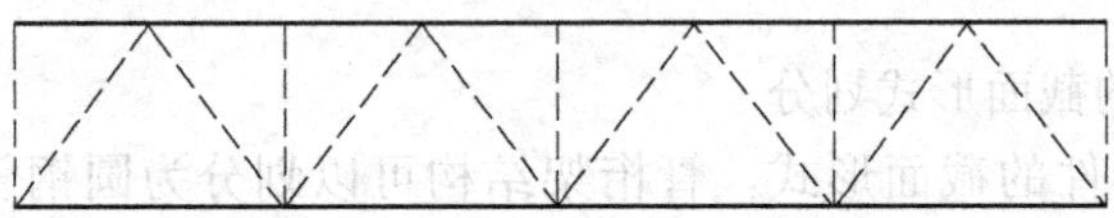

(a)

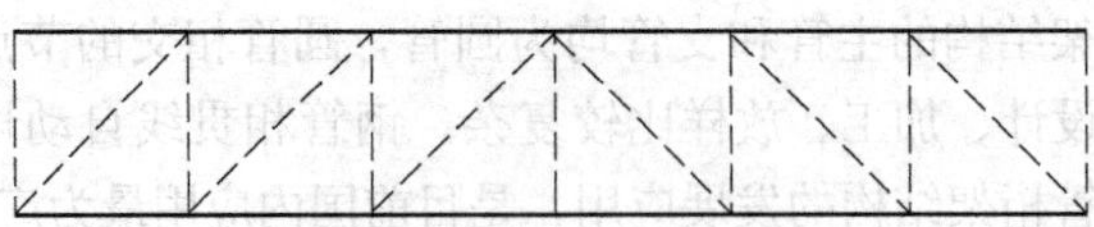

(b)

图4-72 直线形管桁架

(a) 人字形腹杆桁架；(b) 单向斜腹杆桁架

立体管桁架结构通常采用三角形、矩形等截面形式（图4-73），与平面管桁结构相比，立体管桁架结构提高了侧向稳定性和扭转刚度，可以减少侧向支撑构件，对于小跨度结构可以不布置侧向支撑。其中三角形截面可采用正三角形和倒三角形两种形式。倒三角形截面由两根上弦和一根下弦组成，通常上弦是受压，下弦受拉，受力合理，同时还可以减小檩条的跨度。如果支座节点设在上弦处，可以构成上弦侧向刚度较大的屋架。正三角截面桁架只有一根上弦，檩条与上弦的连接比较简单。

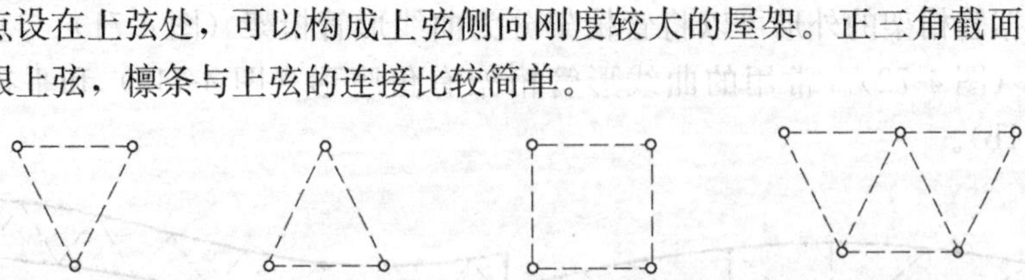

(a) (b) (c) (d)

图4-73 立体桁架截面形式

(a) 倒三角形；(b) 正三角形；(c) 矩形；(d) W形

另外，除了上述以桁架为基础的管桁架外，双层网架和单层、双层网壳结构如方便采用相贯节点连接，也可以采用管桁架的结构形式，这样构成的管桁架的结构为空间受力，结构的整体性及刚度均较以桁架为基础的管桁架好，其受力特点与网架或网壳一样，仅节点连接方式不同。

4.4.2 管桁架结构选型

与网架、网壳结构一样，管桁架结构的选型也主要考虑结构跨度大小、刚度要求、平面形状、支承条件、制作安装和技术经济指标等因素。

(1) 平面桁架的高度可取跨度的 1/10～1/15。立体桁架的高度可取跨度的 1/12～1/16。立体拱桁架的拱架厚度可取跨度的 1/20～1/30，矢高可取跨度的 1/3～1/6。

(2) 曲线形立体桁架和立体拱架在竖向荷载作用下支座水平位移较大，下部结构除了可靠传递竖向反力外，还应保证抵抗水平位移的约束条件。当立体拱架跨度较大时应进行立体拱架平面内的整体稳定验算。

(3) 立体桁架支承于下弦节点时，桁架整体应有可靠的防侧倾体系，对于平面桁架、立体桁架和立体拱架应设置平面外的稳定支撑体系。

(4) 采用网架或网壳结构形式的管桁架结构可按网架或网壳结构进行结构选型。

4.4.3 管桁架结构分析模型

管桁架的荷载及荷载效应组合与网架和网壳结构一样，此处不再赘述。对管桁架结构进行内力分析时，根据杆端弯矩情况以及节点的刚度大小不同可以采用以下 3 种分析模型。

(1) 假设所有的杆件均为铰接的模型

分析管桁架结构时，当杆件的节间长度与截面高度（或直径）之比不小于 12（主管）和 24（支管）时，杆件的端部约束弯矩不大，可以忽略杆端弯矩的影响，假定节点为铰接。铰接模型的前提是要尽量保证各个杆件的中心线在节点处交于一点，或者偏心（图 4-74）满足式（4-25）要求，可以忽略偏心引起弯矩的影响，但受压主管必须考虑此偏心弯矩 $M=\Delta Ne$（ΔN 为节点两侧主管轴力之差值）的影响。

$$-0.55\leqslant e/d(\text{或 } e/h)\leqslant 0.25 \tag{4-25}$$

式中 e——偏心距，符号如图 4-74 所示 e 为正，偏心如在轴线之上则 e 为负；

d——圆主管外径；

h——连接平面内的矩形主管截面高度。

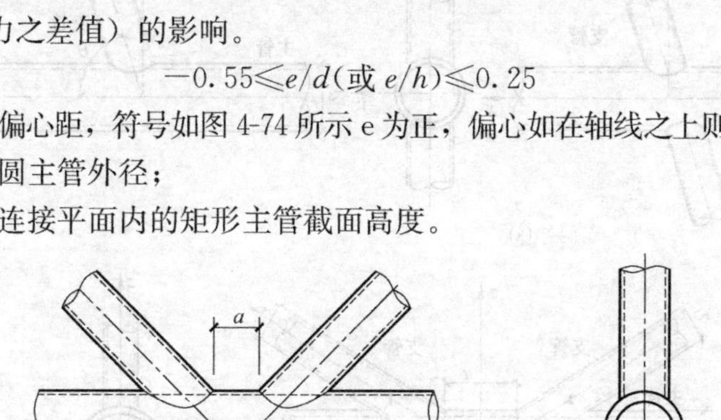

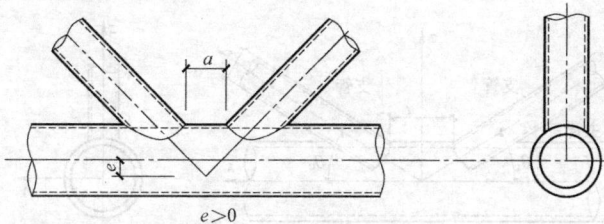

图 4-74 节点偏心

(2) 假定所有的杆件均为刚接，杆件采用梁单元。这种模型能够考虑节点的刚度、偏心以及杆件上横向荷载产生的弯矩。

(3) 假设主管为刚接的梁单元，支管与主管之间为铰接，支管只承受轴力。此模型中主管为连续杆件，在分析中可以计入弯矩，整个桁架的弯矩分布可以通过此模型分析得到。

4.4.4　杆件设计

(1) 平面桁架主管（弦杆）、支管（腹杆）计算长度的取值见第 2 章钢屋架设计部分。采用相贯节点时，立体桁架的弦杆及支座腹杆的计算长度取节间的几何长度，腹杆计算长度取节间长度的 0.9 倍。杆件的容许长细比的取值与网架结构相同。

(2) 为了防止钢管构件的局部屈曲，圆钢管的外径与壁厚之比一般要求不超过 100 $(235/f_y)$，矩形管的最大外缘尺寸与壁厚之比不超过 40 $(235/f_y)^{1/2}$。原则上既可采用热加工管材，亦可采用冷成型管材，但其材料的屈服强度不应超过 Q345 钢，屈强比不超过 0.8，而且壁厚一般控制小于 25mm。

(3) 管桁架结构杆件应按《钢结构设计规范》计算确定截面。

4.4.5　节点设计

主管的外部尺寸不应小于支管的外部尺寸，主管的壁厚不应小于支管的壁厚，在支管与主管的连接处不得将支管插入主管内。主管与支管或两支管轴线间的夹角不宜小于 30°。支管端部宜使用自动切管机切割，支管壁厚小于 6mm 时可不切坡口。

4.4.5.1　圆管相贯节点

1. 圆管相贯节点形式

根据主管与支管的相关关系，圆钢管相贯节点可以分为以下几种形式：

(1) 平面 X 形节点，由两个支管交叉直接焊接在主管上（图 4-75a）。

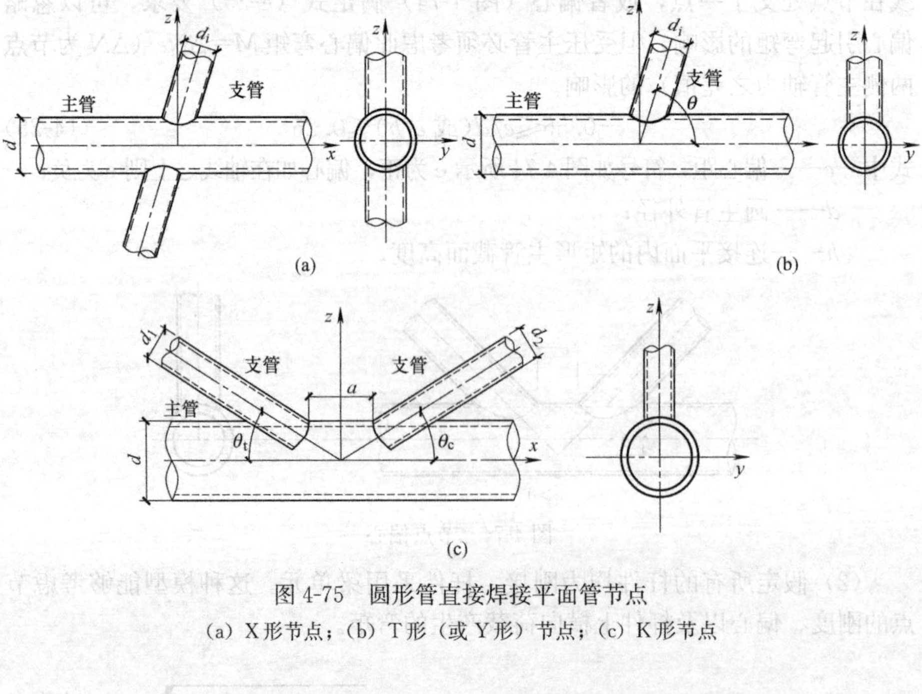

图 4-75　圆形管直接焊接平面管节点

(a) X 形节点；(b) T 形（或 Y 形）节点；(c) K 形节点

（2）平面T形（或Y形）节点，支管直接焊接在主管上，支管可能受拉也可能受压（图 4-75b）。

（3）平面K形节点，两根支管呈θ夹角焊接在主管的同一侧（图 4-75c）。

（4）空间 TT 形节点，由两个平面 T 形组成，两个支管的夹角为ϕ（图 4-76a）。

（5）空间 KK 形节点，由两个平面 K 形组成，两个支管的夹角为ϕ（图 4-76b）。

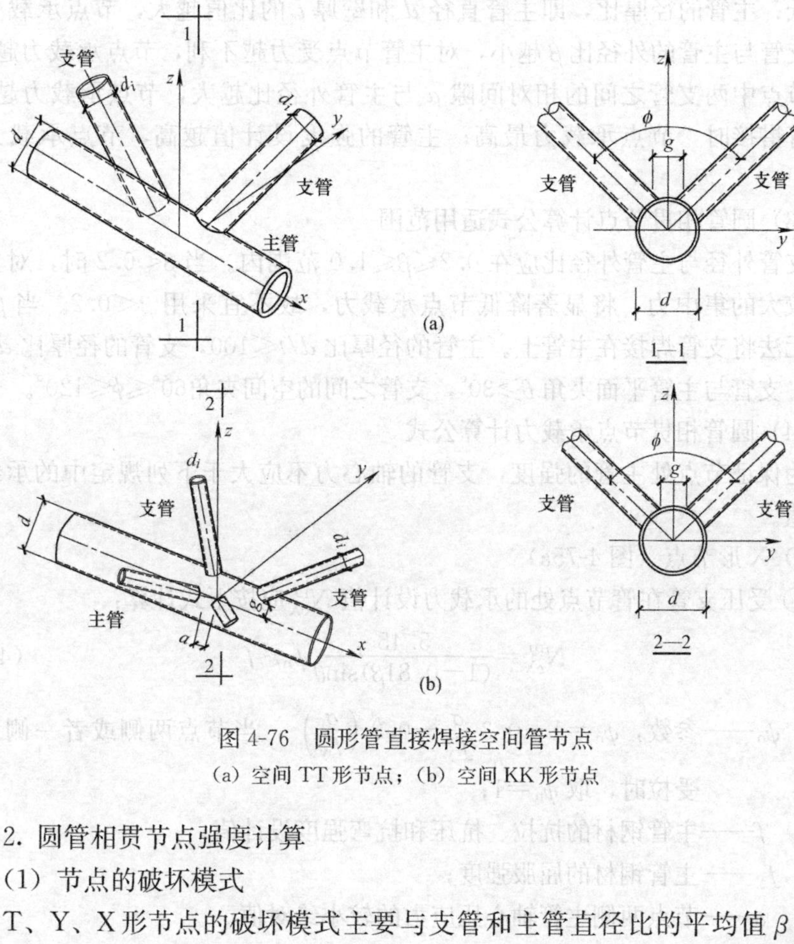

图 4-76　圆形管直接焊接空间管节点

（a）空间 TT 形节点；（b）空间 KK 形节点

2. 圆管相贯节点强度计算

（1）节点的破坏模式

T、Y、X形节点的破坏模式主要与支管和主管直径比的平均值β有关，其中$\beta=d_1/d$或$(d_1+d_2)/d$（式中d_1、d_2为支管的直径，d为主管直径），K形节点的破坏模式取决于连接是间隙节点还是搭接节点，圆管相贯节点破坏模式有以下 7 种：

①主管塑性变形过大而压溃或拉裂，当β值（$0.42<\beta<0.9$）较大时，T、Y、X形和K形间隙节点经常发生这样的破坏形式；②主管冲切破坏，在T、Y、X形和K形间隙节点中，当$d_i \leqslant d-2t$，且d/t较小时，在支管轴力作用下，可能发生；③当β较大且主管受压时，往往发生主管管壁局部屈曲；④主管被剪切破坏，主要发生在β较大的K形间隙节点的间隙之间；⑤在支管拉力作用下，当主管管壁较厚时（一般为$t>25$mm）产生层间状撕裂；

⑥支管破坏，包括支管屈服、局部屈曲；⑦连接处焊缝破坏。

对于以静载为主的圆管节点，其代表性的破坏模式为：主管屈服、冲切破坏和K形间隙节点的主管剪切破坏3种形式，并由此得出各破坏准则及极限承载力的计算表达式。

(2) 影响节点承载力的因素

主管壁厚越厚，节点承载力也越高，且呈平方关系，提高节点承载力效果较好；主管与支管夹角越大，主管承受垂直于轴线方向力越大，节点承载力越低；主管的径厚比，即主管直径 d 和壁厚 t 的比值越大，节点承载力越低；支管与主管的外径比 β 越小，对主管节点受力越不利，节点承载力越低；K形节点中两支管之间的相对间隙 a 与主管外径比越大，节点承载力越低，两支管搭接时，节点承载力最高；主管的强度设计值越高，节点承载力也越高。

(3) 圆管相贯节点计算公式适用范围

支管外径与主管外径比应在 $0.2\leqslant\beta\leqslant1.0$ 范围内。当 $\beta<0.2$ 时，对主管产生较大的集中力，将显著降低节点承载力，故不宜采用 $\beta<0.2$。当 $\beta>1$ 时，无法将支管焊接在主管上。主管的径厚比 $d/t\leqslant100$，支管的径厚比 $d_1/t_1\leqslant60$。支管与主管平面夹角 $\theta\geqslant30°$，支管之间的空间夹角 $60°\leqslant\phi\leqslant120°$。

(4) 圆管相贯节点承载力计算公式

为保证节点处主管的强度，支管的轴心力不应大于下列规定中的承载力设计值。

1) X形节点（图4-75a）

① 受压支管在管节点处的承载力设计值 N_{cX}^{pj} 应按下式计算：

$$N_{cX}^{pj}=\frac{5.45}{(1-0.81\beta)\sin\theta}\psi_n t^2 f \tag{4-26}$$

式中　ψ_n——参数，$\psi_n=1-0.3\frac{\sigma}{f_y}-0.3\left(\frac{\sigma}{f_y}\right)^2$，当节点两侧或者一侧主管受拉时，取 $\psi_n=1$；

f——主管钢材的抗拉、抗压和抗弯强度设计值；

f_y——主管钢材的屈服强度；

σ——节点两侧主管轴心压应力的较小绝对值。

② 受拉支管在管节点处的承载力设计值 N_{tX}^{pj} 应按下式计算：

$$N_{tX}^{pj}=0.78\left(\frac{d}{t}\right)^{0.2}N_{cX}^{pj} \tag{4-27}$$

2) T形（或Y形）节点（图4-75b）

① 受压支管在管节点处的承载力设计值 N_{cT}^{pj} 应按下式计算：

$$N_{cT}^{pj}=\frac{11.51}{\sin\theta}\left(\frac{d}{t}\right)^{0.2}\psi_n\psi_d t^2 f \tag{4-28}$$

式中　ψ_d——参数，当 $\beta\leqslant0.7$ 时，$\psi_d=0.069+0.93\beta$；当 $\beta>0.7$，$\psi_d=2\beta-0.68$。

② 受拉支管在管节点处的承载力设计值 N_{tT}^{pj} 应按下式计算：

当 $\beta \leqslant 0.6$ 时：

$$N_{\mathrm{tT}}^{\mathrm{p}j}=1.4N_{\mathrm{cT}}^{\mathrm{p}j} \tag{4-29}$$

当 $\beta > 0.6$ 时：

$$N_{\mathrm{tT}}^{\mathrm{p}j}=(2-\beta)\ N_{\mathrm{cT}}^{\mathrm{p}j} \tag{4-30}$$

3）K 形节点（图 4-75c）

① 受压支管在管节点处的承载力设计值 $N_{\mathrm{cK}}^{\mathrm{p}j}$ 应按下式计算：

$$N_{\mathrm{cK}}^{\mathrm{p}j}=\frac{11.51}{\sin\theta_{\mathrm{c}}}\left(\frac{d}{t}\right)^{0.2}\psi_{\mathrm{n}}\psi_{\mathrm{d}}\psi_{\mathrm{a}}t^2 f \tag{4-31}$$

式中 θ_{c}——受压支管轴线与主管轴线的夹角；

ψ_{a}——参数。

$$\psi_{\mathrm{a}}=1+\left(\frac{2.19}{1+7.5\dfrac{a}{d}}\right)\left(1-\frac{20.1}{6.6+\dfrac{d}{t}}\right)(1-0.77\beta) \tag{4-32}$$

式中 a——两支管之间的间隙，当 $a<0$ 时，取 $a=0$。

② 受拉支管在管节点处的承载力设计值 $N_{\mathrm{tK}}^{\mathrm{p}j}$ 应按下式计算：

$$N_{\mathrm{tK}}^{\mathrm{p}j}=\frac{\sin\theta_{\mathrm{c}}}{\sin\theta_{\mathrm{t}}}N_{\mathrm{cK}}^{\mathrm{p}j} \tag{4-33}$$

式中 θ_{t}——受拉支管轴线与主管轴线的夹角。

4）TT 形节点（图 4-76a）

① 受压支管在管节点处的承载力设计值 $N_{\mathrm{cTT}}^{\mathrm{p}j}$ 应按下式计算：

$$N_{\mathrm{cTT}}^{\mathrm{p}j}=\psi_{\mathrm{g}}N_{\mathrm{cT}}^{\mathrm{p}j} \tag{4-34}$$

式中 $\psi_{\mathrm{g}}=1.28-0.64\dfrac{g}{d}\leqslant 1.1$，$g$ 为两支管的横向间隙。TT 形节点的承载力为平面 T 形节点乘以系数而取得。

② 受拉支管在管节点处的承载力设计值 $N_{\mathrm{tTT}}^{\mathrm{p}j}$ 应按下式计算：

$$N_{\mathrm{tTT}}^{\mathrm{p}j}=N_{\mathrm{cTT}}^{\mathrm{p}j} \tag{4-35}$$

5）KK 形节点（图 4-76b）

KK 形节点是空间桁架体系的节点，其承载能力为平面节点承载力乘以折减系数。

① 受压支管在节点处的承载力设计值 $N_{\mathrm{cKK}}^{\mathrm{P}j}$：

$$N_{\mathrm{cKK}}^{\mathrm{P}j}=0.9N_{\mathrm{cK}}^{\mathrm{P}j} \tag{4-36}$$

② 受拉支管在节点处的承载力设计值 $N_{\mathrm{tKK}}^{\mathrm{P}j}$：

$$N_{\mathrm{tKK}}^{\mathrm{P}j}=0.9N_{\mathrm{tK}}^{\mathrm{P}j} \tag{4-37}$$

4.4.5.2 矩形管相贯节点

1. 矩形管相贯节点形式

由矩形管构件组成的结构体系一般都是平面桁架体系，其主要节点形式有：

（1）T、Y 形节点（图 4-77a）。

（2）X 形节点（图 4-77b）。

（3）有间隙的 K、N 形节点（图 4-77c）。

（4）搭接的K、N形节点（图4-77d）。

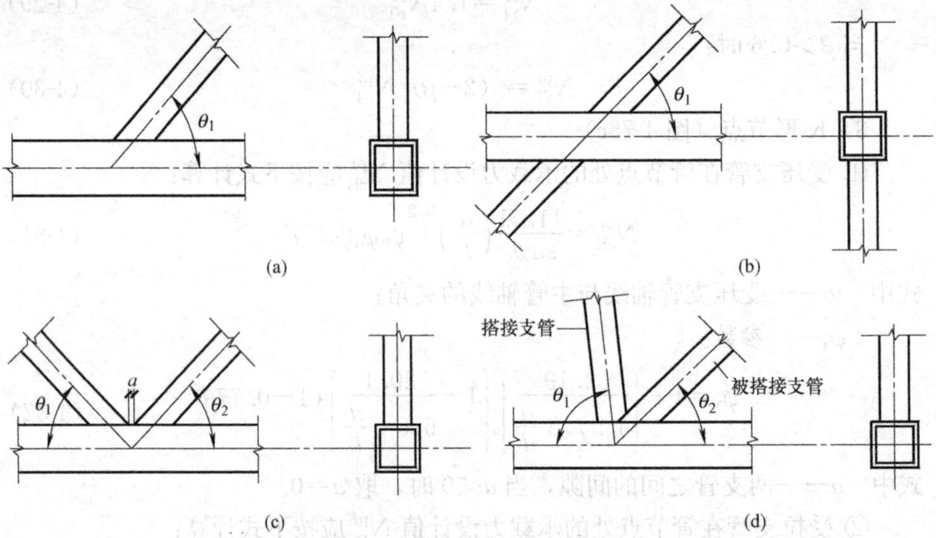

图4-77　矩形管直接焊接平面管节点

(a) T、Y形节点；(b) X形节点；(c) 有间隙的K、N形节点；(d) 搭接的K、N形节点

2. 矩形管相贯节点强度计算

（1）节点破坏模式

矩形管相贯节点有7种破坏模式：①主管平壁形成塑性铰；②主管平壁冲切破坏；③主管侧壁剪切破坏；④主管侧壁受拉屈服；⑤主管侧壁受压局部失稳；⑥主管平壁局部失稳；⑦有间隙的K、N形节点中，主管在间隙处剪切破坏或丧失轴向承载力。除了上述7中破坏模式以外，主管和支管连接焊缝过弱也可能发生破坏。

为了保证直接焊接钢管结构的安全正常工作，不仅结构中的杆件不允许破坏，而且节点也同样不允许破坏。因此钢管结构中的主管和支管，作为普通的轴心受力构件或压（拉）弯构件（存在节间荷载时），不仅要满足这些构件的承载力要求，而且支管的轴向内力设计值还不应超过节点承载力设计值。节点的承载力与破坏模式紧密相关，而$\beta=b_i/b$则是反映节点破坏模式的重要参数。b_i为第i个支管的截面宽度，b为主管的截面宽度。对于K、N形节点，β定义为：

$$\beta=\frac{b_1+b_2+h_1+h_2}{4b} \tag{4-38}$$

其中，h_i是第i个矩形支管的截面高度。通常以下标1代表受压支管，下标2代表受拉支管。

（2）矩形管相贯节点计算公式适用范围

矩形管相贯节点承载力计算公式适用范围如表4-11所示。

（3）节点承载力计算公式

1）矩形支管的T、Y和X形节点（图4-77a、b）

矩形管节点几何参数的适用范围　　表 4-11

管截面形式		节点形式	节点几何参数，$i=1$ 或 2，表示支管；j 表示被搭接的支管					
			b_i/b、h_i/b（或 d_i/b）	b_i/t_i、h_i/t_i（或 d_i/t_i）受压	受拉	h_i/b_i	b/t、h/t	a 或 O_v b_i/b_j、t_i/t_j
主管为矩形管	支管为矩形管	T、Y、X 形	$\geqslant 0.25$	$\leqslant 37(235/f_{yi})^{1/2}$ $\leqslant 35$	$\leqslant 35$	$0.5\leqslant h_i/b_i\leqslant 2$	$\leqslant 35$	
		有间隙的 K 形和 N 形	$\geqslant 0.1+0.01b/t$ $\geqslant 0.35$					$0.5(1-\beta)\leqslant a/b\leqslant 1.5(1-\beta)$* $a\geqslant t_1+t_2$
		搭接 K 形和 N 形	$\geqslant 0.25$	$\leqslant 33(235/f_{yi})^{1/2}$			$\leqslant 40$	$25\%\leqslant O_v\leqslant 100\%$ $t_i/t_j\leqslant 1.0$ $0.75\geqslant b_i/b_j\leqslant 1.0$
	支管为圆管		$0.4\leqslant d_i/b\leqslant 0.8$	$\leqslant 44(235/f_{yi})^{1/2}$	$\leqslant 50$	用 d_i 取 b_i 代之后，仍应满足上述相应条件		

注：1. 表中标示 * 处当 $a/b>1.5(1-\beta)$，则按 T 形或 Y 形节点计算；
2. b_i—第 i 个矩形支管的截面宽度；h_i—第 i 个矩形支管的截面高度；t_i—第 i 个支管的壁厚；d_i—第 i 个圆支管的外径；b、h、t—分别为矩形主管的截面宽度、高度和壁厚；a—支管间的间隙，见图 4-77c；O_v—搭接率，见《钢结构设计规范》第 10.2.3 条；f_{yi}—第 i 个支管钢材的屈服强度。

支管在节点处的承载力设计值 N_i^{pj} 依参数 β 的取值不同而采用不同的计算公式。

① 当 $\beta\leqslant 0.85$ 时，主管的连接面因受弯出现多条屈服线而达到承载能力极限状态。

$$N_i^{pj}=1.8\left(\frac{h_i}{bc\sin\theta_i}+2\right)\frac{t^2 f}{c\sin\theta_i}\psi_n, c=\sqrt{1-\beta} \tag{4-39}$$

式中　ψ_n——反映主管轴力影响的参数，主管受压时，$\psi_n=1.0-0.25\sigma/(\beta f)$；主管受拉时，$\psi_n=1.0$；

σ——节点两侧主管较大轴向压应力（绝对值），当节点有一侧主管受拉时，则取另一侧主管的轴向压应力（绝对值）。

② 当 $\beta=1.0$ 时，主管侧壁在局部拉（压）力作用下失效导致承载能力极限状态。

当为受拉屈服或受压屈曲时：

$$N_i^{pj}=2.0\left(\frac{h_i}{\sin\theta_i}+5t\right)\frac{tf_k}{\sin\theta_i}\psi_n \tag{4-40}$$

当为 X 形节点，$\theta_i<90°$ 且 $h\geqslant h_i/\cos\theta_i$ 时，存在主管受剪屈服的可能性，尚应接下式验算：

$$N_i^{pj}=\frac{2htf_v}{\sin\theta_i} \tag{4-41}$$

式中　f_k——主管强度设计值，支管受拉时，$f_k=f$；支管受压时，对 T 和 Y 形节点，$f_k=0.8\varphi f$，对 X 形节点，$f_k=0.65\sin\theta_i\varphi f$；

φ——按长细比 $\lambda=1.73(h/t-2)/(\sin\theta_i)^{0.5}$ 确定的轴压构件的稳定系数；

f_v——主管钢材的抗剪强度设计值。

③ 当$0.85<\beta<1.0$时，支管在节点的承载力的设计值应按式（4-39）计算，并与式（4-40）或式（4-41）所得的值，根据β进行线性插值，此外还不应超过下列二式的计算值：

$$N_i^{pj}=2.0(h_i-2t_i+b_e)t_i f_i \tag{4-42}$$

当$0.85\leqslant\beta\leqslant 1-2t/b$时，主管连接面冲剪强度由下式计算：

$$N_i^{pj}=2.0\left(\frac{h_i}{\sin\theta_i}+b_{ep}\right)\frac{tf_v}{\sin\theta_i} \tag{4-43}$$

式中　b_e——有效宽度，$b_e=10f_y t^2 b_i/(f_{yi}t_i b)\leqslant b_i$；

b_{ep}——有效宽度，$b_{ep}=10tb_i/b\leqslant b_i$；

h_i、t_i、f_i——分别为支管的截面高度、壁厚以及抗拉（抗压和抗弯）的强度设计值。

2）矩形支管有间隙的K形和N形节点（图4-77c）

对于有间隙的K、N形节点，支管间隙a不应小于两支管壁厚之和。

① 节点处任一支管的承载力设计值N_i^{pj}应取下列各式的较小值，分别对应于不同的失效模式：

主管连接面受弯屈服：

$$N_i^{pj}=1.42\times\frac{b_1+b_2+h_1+h_2}{b\sin\theta_i}\left(\frac{b}{t}\right)^{0.5}t^2 f\psi_n \tag{4-44}$$

主管受剪屈服：

$$N_i^{pj}=\frac{A_v f_v}{\sin\theta_i} \tag{4-45}$$

支管受拉（压）屈服：

$$N_i^{pj}=2.0\left(h_i-2t_i+\frac{b_i+b_e}{2}\right)t_i f_i \tag{4-46}$$

当$\beta\leqslant 1-2t/b$时，应考虑冲剪破坏的可能性：

$$N_i^{pj}=2.0\left(\frac{h_i}{\sin\theta_i}+\frac{b_i+b_{ep}}{2}\right)\frac{tf_v}{\sin\theta_i} \tag{4-47}$$

$$\alpha=\sqrt{\frac{3t^2}{3t^2+4a^2}} \tag{4-48}$$

式中　A_v——弦杆的受剪面积：$A_v=(2h+\alpha b)t$；

α——参数。

② 节点间隙处的弦杆轴心受力承载力设计值：

$$N^{pj}=(A-\alpha_v A_v)f \tag{4-49}$$

$$\alpha_v=1-\left[1-\left(\frac{V}{V_p}\right)^2\right]^{0.5} \tag{4-50}$$

式中　α_v——考虑剪力对弦杆轴向承载力的影响系数；

V——节点间隙处弦杆所受的剪力，可按任一支管的竖向分力计算；

$V_p=A_v f_v$。

3）支管为矩形的搭接的K形和N形节点（图4-77d）

对于搭接的K、N形节点，当两支管的壁厚不同时，薄壁管应搭接在厚壁管之上；而两支管的钢材强度不同时，低强度管应搭接在高强度管之上。搭接率 $O_v = q/p \times 100\%$，两支管在主管表面的搭接长度与搭接管在该表面宽度之比（图 4-78），应控制在如下范围：$25\% \leqslant O_v \leqslant 100\%$。

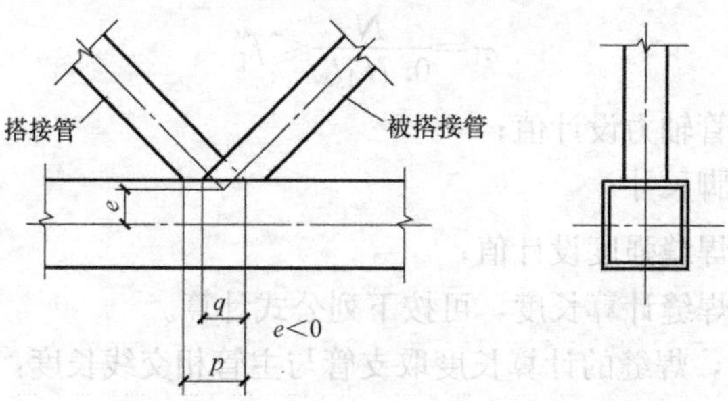

图 4-78　搭接节点

① 当 $25\% \leqslant O_v < 50\%$ 时：

$$N_i^{pj} = 2.0\left[(h_i - 2t_i)\frac{O_v}{0.5} + \frac{b_e + b_{ej}}{2}\right]t_i f_i \tag{4-51}$$

② 当 $50\% \leqslant O_v < 80\%$ 时：

$$N_i^{pj} = 2.0\left(h_i - 2t_i + \frac{b_e + b_{ej}}{2}\right)t_i f_i \tag{4-52}$$

③ 当 $80\% \leqslant O_v < 100\%$ 时：

$$N_i^{pj} = 2.0\left(h_i - 2t_i + \frac{b_i + b_{ej}}{2}\right)t_i f_i \tag{4-53}$$

$$b_{ej} = \frac{10}{b_j/t_j} \cdot \frac{t_j f_{yj}}{t_i f_{yi}} b_i \leqslant b_i \tag{4-54}$$

式中　b_{ej}——被搭接支管的有效宽度；

b_j、h_j、t_j、f_{yj}——分别为被搭接支管的截面宽度、高度、壁厚和屈服强度；

b_i、h_i、t_i、f_{yi}——分别为搭接支管的截面宽度、高度、壁厚和屈服强度。

被搭接支管的承载力应满足下列要求：

$$\frac{N_j^{pj}}{A_j f_{yj}} \leqslant \frac{N_i^{pj}}{A_i f_{yi}} \tag{4-55}$$

3. 支管为圆管的各种形式节点

支管为圆管，主管为矩形管时，各种类型节点承载力可按矩形管计算公式进行，但公式中应以 d_i 取代 b_i 和 h_i，并将各式右侧乘以系数 $\frac{\pi}{4}$，同时 $A_v = 2ht$。

4.4.5.3　相贯节点的焊缝计算

支管与主管的连接焊缝，应沿全周连续焊接并平滑过渡。焊缝形式可沿全周采用角焊缝，或部分采用对接焊缝、部分采用角焊缝，其中支管管壁与主管管壁之间的夹角大于或等于120°的区域宜采用对接焊缝或带坡口的角焊缝，角焊缝的焊脚尺寸不宜大于支管壁厚的2倍。

在节点处，支管沿周边与主管焊接，焊缝承载力应大于或等于节点的承载力。

支管与主管的连接可沿全周采用角焊缝或部分采用对接焊缝、部分采用角焊缝。由于坡口角度、焊根间隙都变化，对接焊缝的焊根又不能清渣及补焊，考虑到这些因素及方便计算，连接焊缝可视为全周角焊缝按式（4-56）计算，取 $\beta_f=1$。角焊缝的计算厚度沿支管周长变化，当支管轴心受力时，平均厚度可取 $0.7h_f$。

$$\sigma_f=\frac{N}{0.7h_f l_w}\leqslant f_f^w \tag{4-56}$$

式中　N——支管轴力设计值；

h_f——焊脚尺寸；

f_f^w——角焊缝强度设计值；

l_w——角焊缝计算长度，可按下列公式计算。

圆管结构中，焊缝的计算长度取支管与主管相交线长度：

当 $d_i/d\leqslant 0.65$ 时：

$$l_w=(3.25d_i-0.025d)\left(\frac{0.534}{\sin\theta_i}+0.466\right) \tag{4-57}$$

当 $d_i/d>0.65$ 时：

$$l_w=(3.81d_i-0.389d)\left(\frac{0.534}{\sin\theta_i}+0.466\right) \tag{4-58}$$

式中　d、d_i——分别为主管和支管外径；

θ_i——支管轴线与主管轴线的夹角。

矩形管结构中，焊缝的计算长度按下列规定计算：

对于有间隙的 K 形和 N 形节点（图 4-77c）：

当 $\theta_i\geqslant 60°$时：

$$l_w=\frac{2h_i}{\sin\theta_i}+b_i \tag{4-59}$$

当 $\theta_i\leqslant 50°$时：

$$l_w=\frac{2h_i}{\sin\theta_i}+2b_i \tag{4-60}$$

当$50°<\theta_i<60°$时，l_w 按插值法确定。

对于 T、Y 和 X 形节点（图 4-77a、b）：

$$l_w=\frac{2h_i}{\sin\theta_i} \tag{4-61}$$

式中　h_i、b_i——分别为支管的截面高度和宽度。

当支管为圆管、主管为矩形管时，焊缝计算长度取支管与主管的相交线长度减去 d_i。

4.5　管桁架工程实例

4.5.1　工程概述

本工程为苏州某大学篮球馆，位于苏州国际教育园区北区。建筑平面形状为矩形，长度及宽度方向均为79.2m，建筑投影面积为6272.6m²。屋盖采用管桁架结构，下部为混凝土框架结构体系，混凝土框架结构周边柱网为8.8m，内部无柱空间为61.6×70.4m。屋面采用压型钢板保温屋面，檩条为冷弯薄壁C形卷边檩条。篮球训练馆屋盖管桁架采用相贯节点连接，坐落于下部混凝土结构顶部，支座为铰接支座，采用预埋锚栓与下部混凝土柱顶连接，并设置抗剪键。

4.5.2 设计依据

4.5.2.1 本工程结构设计所采用的主要标准

《工程结构可靠度设计统一标准》GB 50153—2008

《建筑工程抗震设防分类标准》GB 50223—2008

《建筑结构荷载规范》GB 50009—2012

《钢结构设计规范》GB 50017—2003

《空间网格结构技术规程》JGJ 7—2010

《冷弯薄壁型钢结构技术规范》GB 50018—2002

《混凝土结构设计规范》GB 50010—2010

《建筑抗震设计规范》GB 50011—2010

《高层建筑混凝土结构技术规程》JGJ 3—2010

《建筑地基基础设计规范》GB 50007—2011

4.5.2.2 建设方提出的符合有关法规、标准与结构有关的书面要求

业主提供的相关文件、建筑施工图、地勘资料（包括自然条件）及下部混凝土结构施工图。

4.5.3 荷载及荷载组合

4.5.3.1 荷载工况

（1）钢屋盖管桁架及支撑结构自重：由程序自动计算得到，考虑1.1增大系数。

（2）附加恒荷载：屋面、檩条、天沟及防水等为0.8kN/m²。悬挂荷载根据马道的平面布置确定，考虑其不确定性，乘以1.2的放大系数。

（3）活载及雪荷载：屋面活荷载0.5kN/m²，基本雪压0.45kN/m²，取二者较大值0.5kN/m²。

（4）风荷载：按荷载规范取值，基本风压为0.5kN/m²（钢结构按100年重现期），地面粗糙度为B类。风压高度系数μ_z：1.29（最高处离地面22.22m）；风载体型系数为0.8（上吸），悬挑部分为1.3（上吸），0.5（下压）；风振系数β_z为1.65。

（5）温度作用：苏州年平均气温为15.7℃。最热月7月份，平均气温28.2℃；最冷月1月份，平均气温3.0℃，气温的平均年较差为25.2℃。结构合拢温度为15℃，钢结构温度作用考虑±20℃温差。

（6）地震作用分析及取值：抗震设防烈度为6度，设计基本地震加速度

值为0.05g，设计地震分组是第一组，多遇地震水平地震影响系数最大值α_{max}为0.04（用于钢结构构件截面设计）。建筑抗震设防类别为丙类。场地类别为Ⅲ类，其特征周期T_g为0.45s。

4.5.3.2 荷载组合

1. 荷载效应设计值

(1) 1.2恒+1.4活

(2) 1.35恒+1.4×0.7活

(3) 1.2恒+1.4活+1.4×0.6风

(4) 1.2恒+1.4×0.7活+1.4风

(5) 1.2恒+1.4×0.7活+1.4升温

(6) 1.2恒+1.4×0.7活+1.4降温

(7) 1.2恒+1.4活+1.4×0.6升温

(8) 1.2恒+1.4活+1.4×0.6降温

(9) 1.2恒+1.4×0.7活+1.4×0.6风+1.4升温

(10) 1.2恒+1.4×0.7活+1.4×0.6风+1.4降温

(11) 1.2恒+1.4×0.7活+1.4风+1.4×0.6降温

(12) 1.2恒+1.4×0.7活+1.4风+1.4×0.6降温

(13) 1.2恒+1.4活+1.4×0.6风+1.4×0.6升温

(14) 1.2恒+1.4活+1.4×0.6风+1.4×0.6降温

(15) 1.0恒+1.4风+1.4×0.6升温

(16) 1.0恒+1.4风+1.4×0.6降温

(17) 1.0恒+1.4×0.6风+1.4升温

(18) 1.0恒+1.4×0.6风+1.4降温

(19) 1.2重力荷载代表值+1.3水平地震作用

2. 荷载效应标准组合值

(1) 1.0恒+1.0活

(2) 1.0恒+1.0活+0.6风

(3) 1.0恒+0.7活+1.0风

(4) 1.0恒+0.7活+1.0升温

(5) 1.0恒+1.4×0.7活+1.0降温

(6) 1.0恒+1.0活+0.6升温

(7) 1.0恒+1.0活+0.6降温

(8) 1.0恒+0.7活+0.6风+1.0升温

(9) 1.0恒+0.7活+0.6风+1.0降温

(10) 1.0恒+0.7活+1.0风+0.6降温

(11) 1.0恒+0.7活+1.0风+0.6降温

(12) 1.0恒+1.0活+0.6风+0.6升温

(13) 1.0恒+1.0活+0.6风+0.6降温

(14) 1.0恒+1.0风+0.6升温

（15）1.0 恒＋1.0 风＋0.6 降温

（16）1.0 恒＋0.6 风＋1.0 升温

（17）1.0 恒＋0.6 风＋1.0 降温

（18）1.0 重力荷载代表值＋1.0 水平地震作用

4.5.4 结构布置及计算模型

篮球馆屋面钢结构采用双向正交的钢管桁架作为主要受力构件，双向钢管桁架均为节点相贯焊接平面结构形式，为增加屋盖整体稳定及抗扭性能，设置了屋盖水平支撑系统。主受力平面钢管桁架最大跨度为 61.6m，高度 3.6m。次受力方向平面钢管桁架最大跨度为 70.4m，其端部悬挑 10.7m，悬挑根部最大高度 3.6m，端部约为 1.6m。次受力方向桁架呈拱形，屋盖最高点为22.2m，主桁架两端圆弧造型采用 H 型钢。为了准确模拟屋盖边界条件，模型中建立了下部混凝土结构，结构整体计算模型见图 4-79。

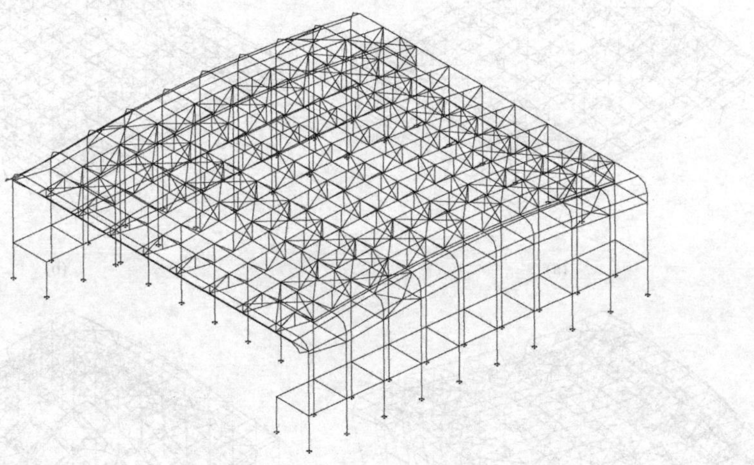

图 4-79 结构整体计算模型

4.5.5 材料选择

1. 钢材

屋盖主承重结构采用 Q345B 级钢材。

2. 焊接材料

手工焊采用 E50 型焊条，焊条型号选择与主体金属强度相适应，手工焊接焊条符合现行国家标准《低合金钢焊条》的规定。自动焊接或半自动焊接采用的焊丝和焊剂选择与主体金属强度相适应，焊丝符合现行国家标准《熔化用焊丝》的规定。

3. 连接螺栓

普通螺栓符合现行国家标准《六角头螺栓—A 和 B 级》和《六角头螺栓—C 级》；锚栓采用 Q345B 级钢制作。

高强度螺栓符合现行国家标准《钢结构用高强度大六角头螺栓、大六角螺母、垫圈技术条件》或《钢结构用扭剪型高强螺栓连接副》的规定；

螺栓连接的强度设计值、高强螺栓的设计预应力值以及高强螺栓连接的钢材摩擦面抗滑移系数值，符合现行国家标准《钢结构设计规范》的规定。

4.5.6　动力特性

对篮球馆整体模型进行模态分析，得到结构前120阶频率，由模态分析的结果来看，结构的基本周期为0.89s，结构第1阶振型为X向水平振动（图4-80a）、第2阶振型为Y向水平振动（图4-80b）、第3阶振型为扭转振动（图4-80c），第4阶振型为竖向振动（图4-80d），结构整体性能良好。计算振型达到160阶振型后，结构在X、Y两个方向的质量参与系数分别为95.19%、92.61%，能够满足抗震规范要求质量参与系数达到90%以上。

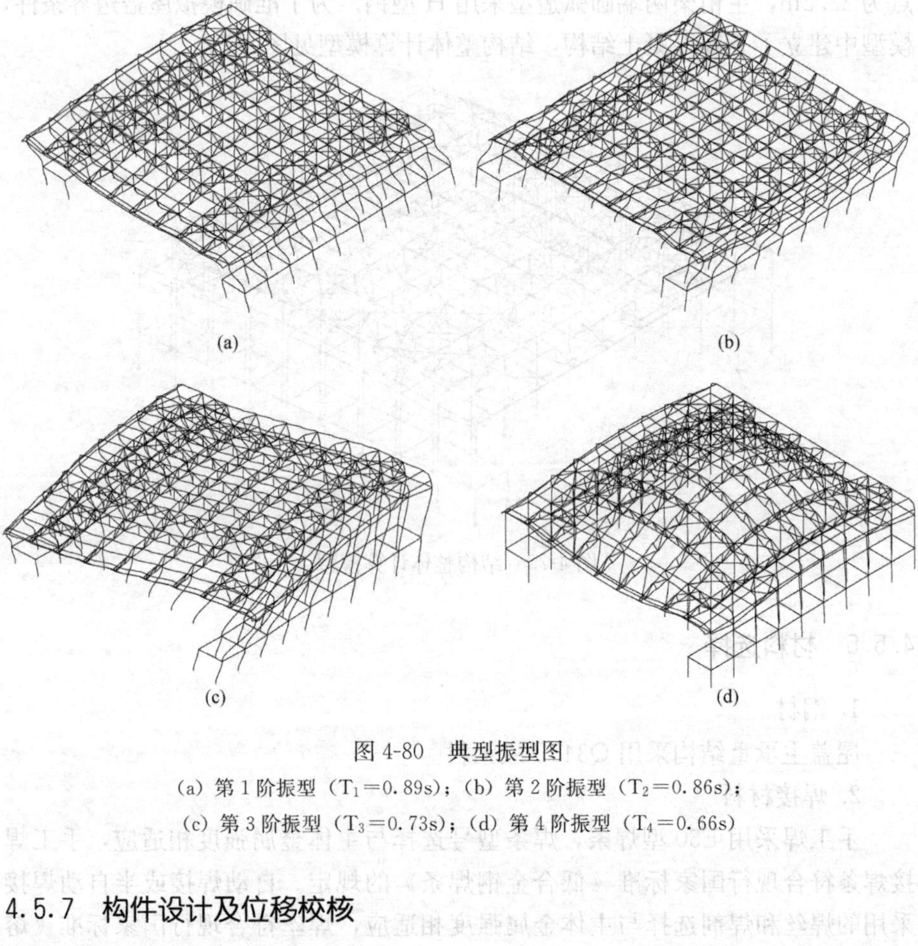

图4-80　典型振型图

(a) 第1阶振型（T_1=0.89s）；(b) 第2阶振型（T_2=0.86s）；

(c) 第3阶振型（T_3=0.73s）；(d) 第4阶振型（T_4=0.66s）

4.5.7　构件设计及位移校核

1. 构件及节点设计

采用相应设计软件对结构进行设计，设计中主要受力构件的控制应力比为0.90，受压构件容许长细比取180，受拉构件容许长细比取300或250，杆件的几何长度为杆件节点间的中心长度。钢管桁架节点采用相贯节点，对每个节点进行验算，验算中挑选每类节点最不利工况，按照《钢结构设计规范》

第 10.3 节的要求进行。下面分别以其中 1 个主管和 1 个 T 形节点为例验算杆件和节点的承载能力。

(1) 主管强度和稳定性验算

选取验算的主管为上弦杆，根据计算结果，在荷载组合工况"1.2 恒＋1.4 活＋1.4×0.6 升温"时荷载效应组合最不利值，其轴力为－2750kN，弯矩为 36.39kN·m。选用的主管截面为 ϕ351×16。

① 主管的截面特征

$$A=\pi(R^2-r^2)=\pi(175.5^2-159.5^2)=16838.94\text{mm}^2$$

$$I=\pi D^4(1-\alpha^4)/64=\pi\times351^4\times\left[1-\left(\frac{319}{351}\right)^4\right]/64=2.368\times10^8\text{mm}^4$$

$$i=\sqrt{\frac{I}{A}}=\sqrt{\frac{2.37\times10^8}{16838.94}}=118.64\text{mm}$$

$$W=\pi(D^4-d^4)/32D=\pi\times(351^4-319^4)/(32\times351)=1.35\times10^6\text{mm}^3$$

② 强度验算

$$\sigma=\frac{N}{A}+\frac{M}{\gamma W}=\frac{2.75\times10^6}{16838.94}+\frac{36.39\times10^6}{1.15\times1.35\times10^6}=186.83\text{N/mm}^2<f=310\text{N/mm}^2$$

强度满足要求。

③ 稳定性验算

主管在桁架平面内，外计算长度：$l_{ox}=l_{oy}=l=8800$mm。

长细比：

$$\lambda=\frac{l}{i}=\frac{8800}{118.64}=74.17<[\lambda]=180$$

热轧圆管为 a 类截面，钢材为 Q345B 级钢材，按 $\lambda\sqrt{\frac{345}{235}}=89.9$ 查表得：$\varphi=0.712$。

截面塑性发展系数 $\gamma=1.15$。

$$N'_{Ex}=\frac{\pi^2EA}{1.1\lambda^2}=\frac{\pi^2\times2.06\times10^5\times16838.94}{1.1\times(74.17)^2}=5.66\times10^6\text{N}$$

由于主管无横向弯矩作用，因此 $\beta_m=0.65+0.35\frac{M_2}{M_1}=0.65+0.35\times\frac{16.051}{36.393}=0.804$。

把以上数据带入压弯构件弯矩作用平面内稳定性验算公式可得：

$$\frac{N}{\varphi_x A}+\frac{\beta_m M_x}{\gamma_x W\left(1-0.8\frac{N}{N'_{EX}}\right)}=\frac{2.75\times10^6}{0.712\times16838.94}+\frac{0.804\times36.39\times10^6}{1.15\times1.35\times10^6\times\left(1-0.8\times\frac{2.75\times10^6}{5.66\times10^6}\right)}$$

$$=259.9\text{N/mm}^2<f=310\text{N/mm}^2$$

根据平面外稳定性计算公式可知，平面外稳定应力较平面内稳定应力小，故稳定承载力满足要求。

(2) 节点验算

选取其中 1 个 T 形节点作为验算节点，其中主管截面 $\phi351\times16$，支管截面采用 $\phi133\times6$。设计软件计算结果为节点两侧主管轴力的较小值是 2751.29kN，支管轴力设计最大值为 86.874kN。

① 节点构造要求

支管与主管夹角为 90°大于 30°，满足要求；

角焊缝高度 $h_f=6$mm 小于 2 倍的支管壁厚，满足要求；

支管壁厚 d_i小于主管壁厚 d，满足要求；

$\beta=\frac{d_i}{d}=\frac{133}{351}=0.38$，在 0.2 到 1 之间，满足要求；

支管外径与壁厚之比$\frac{d_i}{t_i}=\frac{133}{6}=22.17<60$，满足要求；

主管外径与壁厚之比$\frac{d}{t}=\frac{351}{16}=21.94<100$，满足要求。

② 节点强度计算

$$\sigma=\frac{N}{A}=\frac{2751.29\times10^3}{16838.94}=163.39\text{N/mm}^2$$

$$\psi_n=1-0.3\frac{\sigma}{f_y}-0.3\left(\frac{\sigma}{f_y}\right)^2=1-0.3\times\frac{163.39}{345}-0.3\times\left(\frac{163.39}{345}\right)^2=0.7906$$

$$\beta=\frac{d_i}{d}=\frac{133}{351}=0.38<0.7$$

$$\psi_d=0.069+0.93\beta=0.069+0.93\times0.38=0.4224$$

将以上数据代入公式 (4-28) 可得：

$$N_{cT}^{pj}=\frac{11.51}{\sin\theta}\left(\frac{d}{t}\right)^{0.2}\psi_n\psi_d t^2 f=\frac{11.51}{\sin90^\circ}\times\left(\frac{351}{16}\right)^{0.2}$$
$$\times0.7906\times0.4224\times16^2\times310=565712\text{N}$$

节点的承载力设计值大于支管的轴力 86874N，满足设计要求。

2. 挠度校核

在标准荷载作用下，设计软件计算的跨中挠度为 $\Delta u_{max}=138.2$mm，悬挑部分的挠度为 $\Delta u_{max}=49.3$mm。

(1) 跨中挠度核算

$$\frac{\Delta u_{max}}{l}=\frac{138.2}{61600}=\frac{1}{445}<\left[\frac{\Delta u}{l}\right]=\frac{1}{250}$$

(2) 悬挑挠度核算

$$\frac{\Delta u_{max}}{l}=\frac{49.3}{10700}=\frac{1}{217}<\left[\frac{\Delta u}{l}\right]=\frac{1}{125}$$

挠度满足要求。

4.5.8 屋盖钢结构施工图

屋盖钢结构施工图中主要给出了支座锚栓布置图（图 4-81）、屋盖结构布置图（图 4-82）、主桁架结构布置图（图 4-83）、次桁架结构布置图（图4-84）、支撑节点详图（图 4-85）、支座节点详图（图 4-86），杆件材料表见表 4-12。

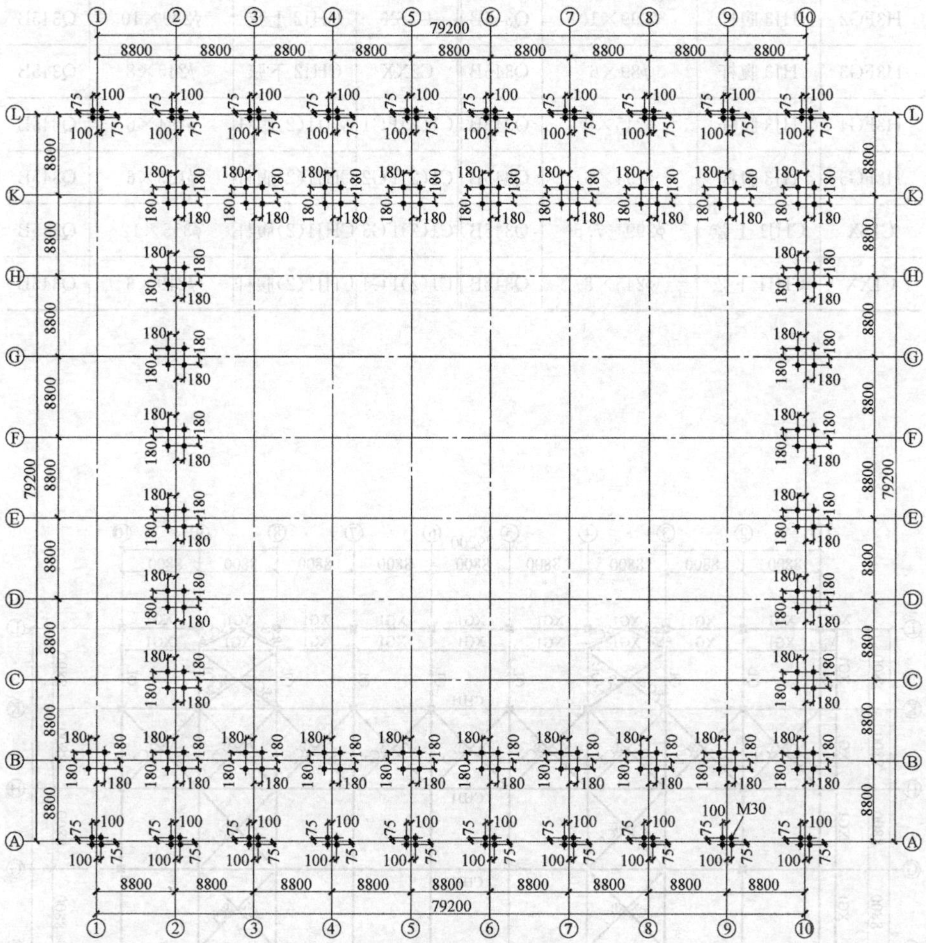

图 4-81　支座锚栓布置图

屋盖杆件材料表　　　　**表 4-12**

构件编号	构件名称	构件规格	材性	构件编号	构件名称	构件规格	材性
SC1	上弦水平支撑	ϕ273×8	Q345B	H2SX	HJ2 上弦	ϕ245×8	Q345B
SC2	上弦水平支撑	ϕ245×6.5	Q345B	H2XX	HJ2 下弦	ϕ245×8	Q345B
SC2a	上弦水平支撑	ϕ194×6	Q345B	H2FG1	HJ2 腹杆	ϕ351×12	Q345B
XG1	系杆	ϕ194×6	Q345B	H2FG2	HJ2 腹杆	ϕ194×6	Q345B
QL	曲梁	H350×250×8×12	Q345B	H2FG3	HJ2 腹杆	ϕ89×6	Q345B
H1SX	HJ1 上弦	ϕ180×6	Q345B	H3SX	HJ3 上弦	ϕ351×16	Q345B
H1XX	HJ1 下弦	ϕ180×6	Q345B	H3XX	HJ3 下弦	ϕ351×12	Q345B
SG	HJ1 腹杆	ϕ133×6	Q345B	H3FG1	HJ3 腹杆	ϕ133×6	Q345B

续表

构件编号	构件名称	构件规格	材性	构件编号	构件名称	构件规格	材性
H3FG2	HJ3 腹杆	ϕ299×10	Q345B	C2SX	CHJ2 上弦	ϕ299×10	Q345B
H3FG3	HJ3 腹杆	ϕ89×6	Q345B	C2XX	CHJ2 下弦	ϕ245×8	Q345B
H3FG4	HJ3 腹杆	ϕ245×8	Q345B	C1(2)FG1	CHJ1(2)腹杆	ϕ194×6	Q345B
H3FG5	HJ3 腹杆	ϕ194×6	Q345B	C1(2)FG2	CHJ1(2)腹杆	ϕ133×6	Q345B
C1SX	CHJ1 上弦	ϕ299×7.5	Q345B	C1(2)FG3	CHJ1(2)腹杆	ϕ315×12	Q345B
C1XX	CHJ1 下弦	ϕ245×8	Q345B	C1(2)FG4	CHJ1(2)腹杆	ϕ219×6	Q345B

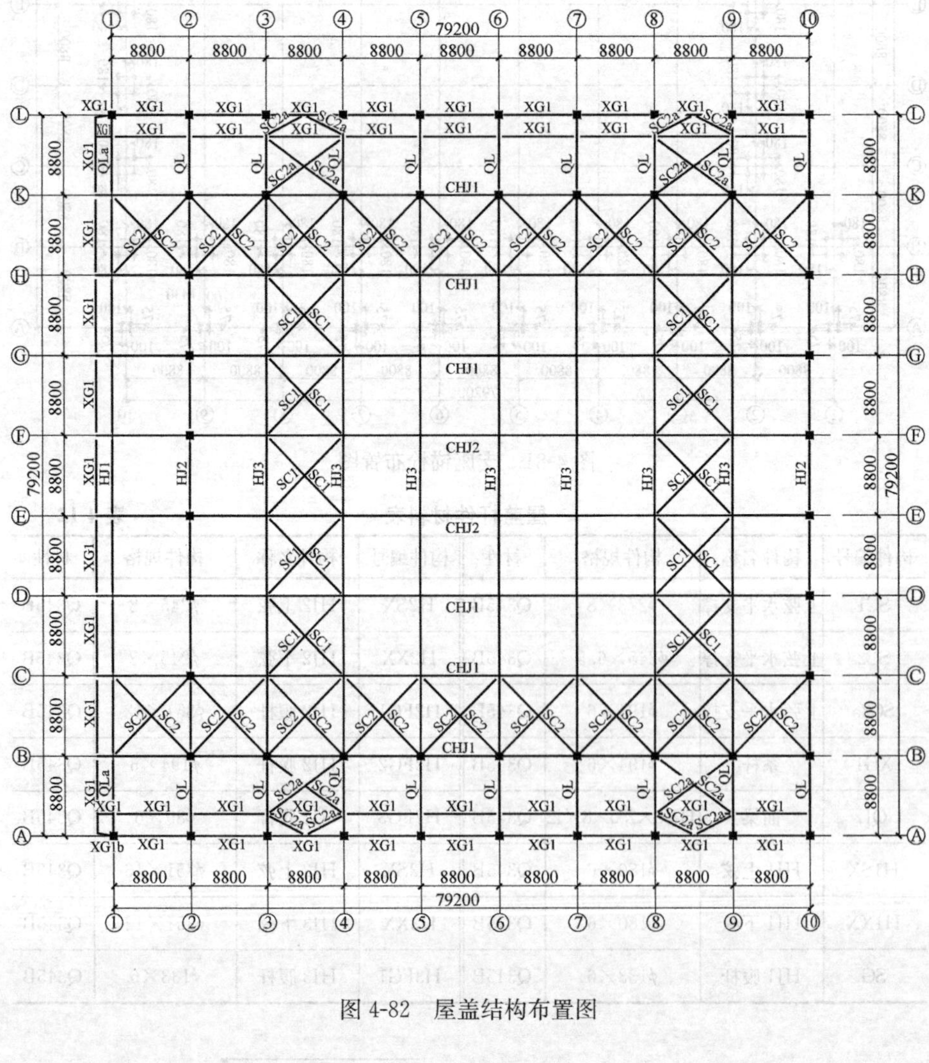

图 4-82 屋盖结构布置图

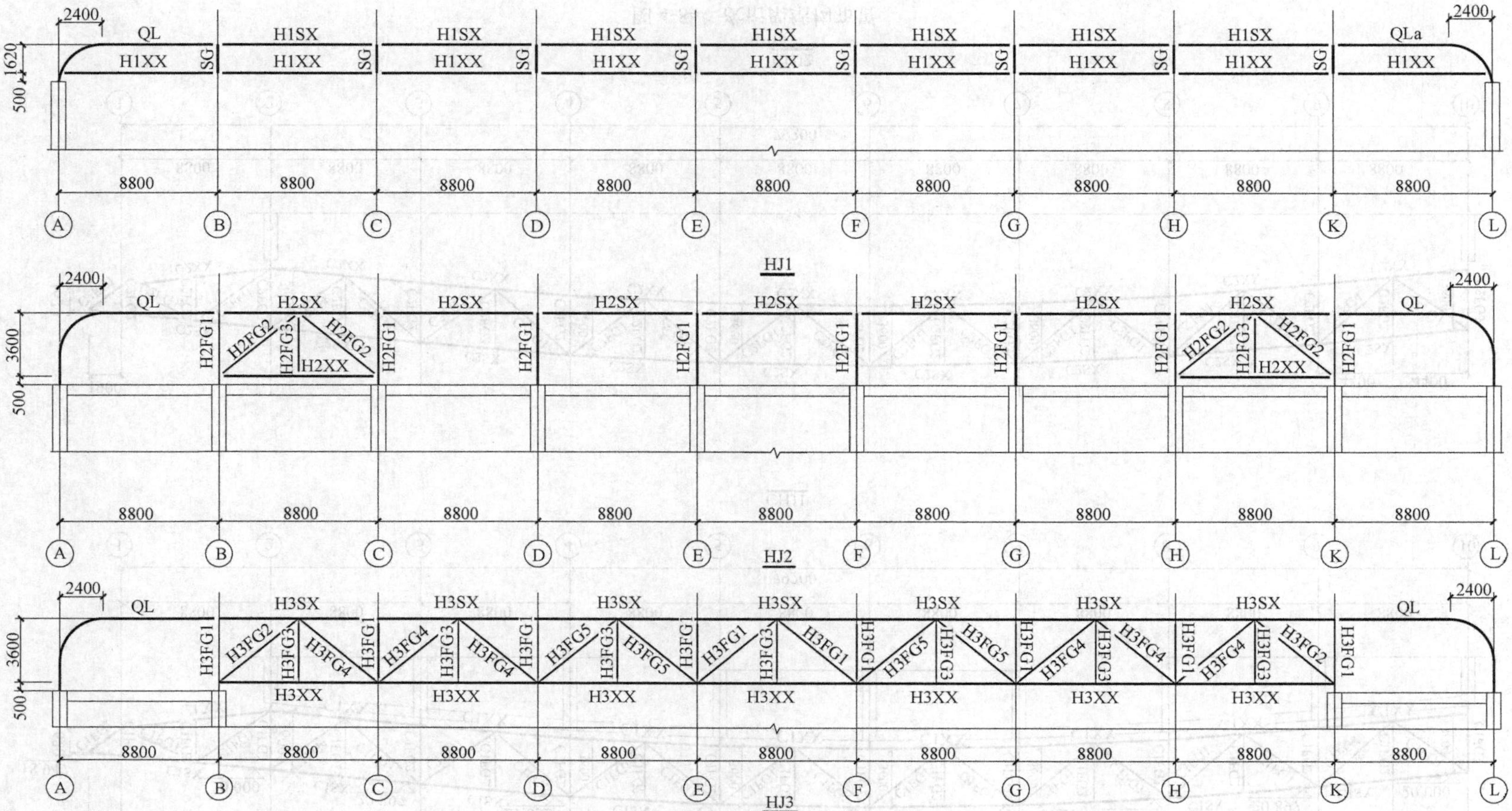

图 4-83　主桁架结构布置图

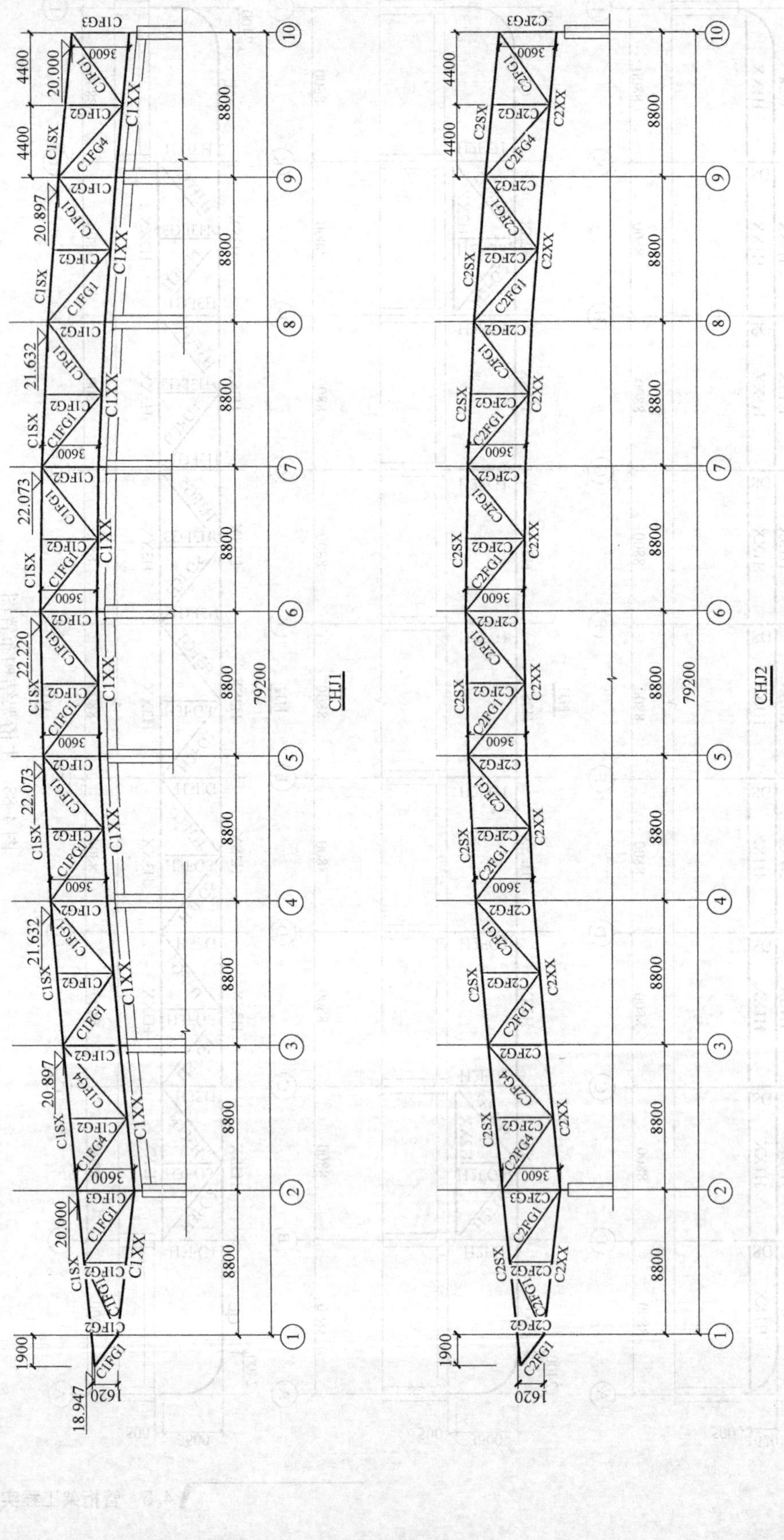

图 4-84 次桁架结构布置

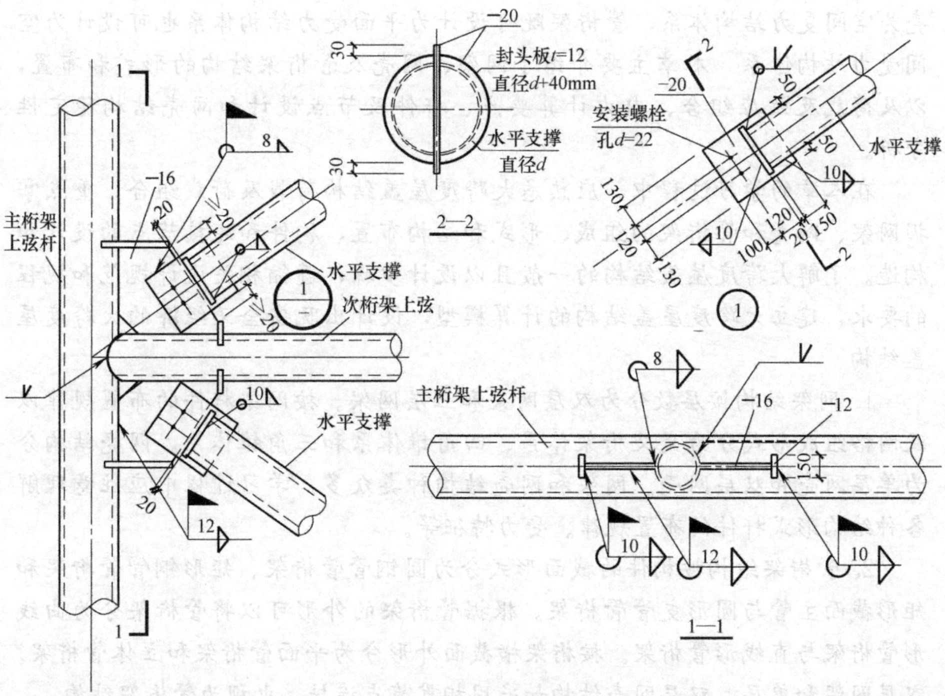

图 4-85　支撑节点详图

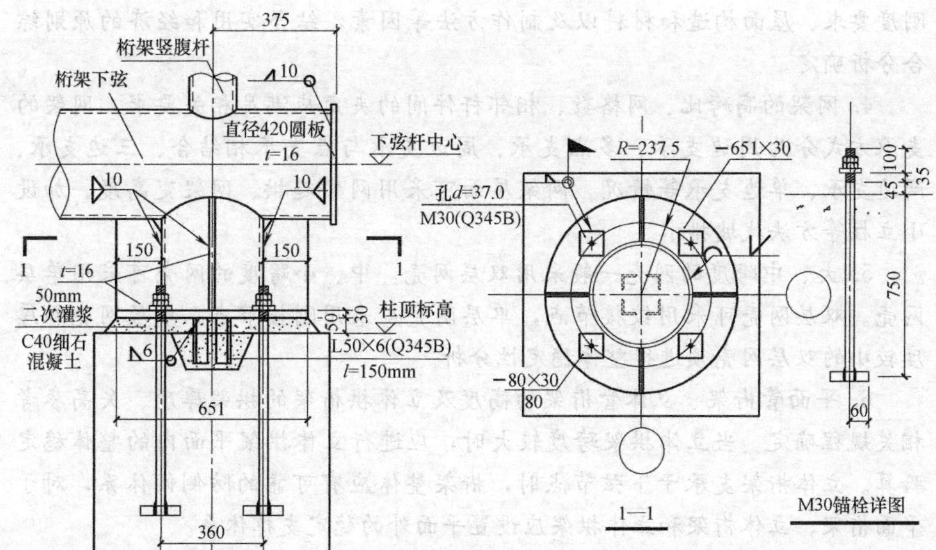

图 4-86　支座节点详图

小结及学习指导

大跨度屋盖结构中的网架、网壳及管桁架均为空间网格结构。网架和网壳为空间受力结构体系，管桁架既可设计为平面受力结构体系也可设计为空间受力结构体系。本章主要介绍了网架、网壳及管桁架结构的形式和布置，以及荷载及效应组合、内力计算要点、杆件及节点设计和网壳结构稳定性分析。

在本章的学习过程中，应熟悉大跨度屋盖结构荷载及荷载组合，重点掌握网架、网壳和管桁架的组成、形式和结构布置，构件和连接节点的设计和构造。了解大跨度屋盖结构的一般且以设计步骤，遵循相关设计规范和规程的要求，建立大跨度屋盖结构的计算模型，设计出既安全又经济的大跨度屋盖结构。

1. 网架结构按层数分为双层网架和三层网架。按网架杆件的布置规律以及网格组成形式分为交叉桁架体系、四角锥体系和三角锥体系。网壳结构分为单层网壳和双层网壳。网架和网壳结构种类众多，学习过程中应注意理解各种结构形式杆件的布置规律、受力特征等。

2. 管桁架结构按构件的截面形式分为圆钢管管桁架、矩形钢管管桁架和矩形截面主管与圆形支管管桁架。根据管桁架的外形可以将管桁架分为曲线形管桁架与直线形管桁架。按桁架横截面外形分为平面管桁架和立体管桁架。双层网架和单层、双层网壳结构如采用相贯节点连接，也视为管桁架结构。

3. 网架选型应根据工程的建筑造型、平面形状、跨度、支承条件、荷载、刚度要求、屋面构造和材料以及制作方法等因素，结合实用和经济的原则综合分析确定。

4. 网架的高跨比、网格数、相邻杆件间的夹角应满足相关要求。网架的支承方式分为周边支承、多点支承、周边支承与点支承相结合、三边支承、两边支承、单边支承等情况。网架屋面可采用网架起拱、网架变高度、加设小立柱等方法找坡排水。

5. 大、中跨度的网壳一般采用双层网壳，中、小跨度的网壳可采用单层网壳。双层网壳可采用铰接节点，单层网壳应采用刚接节点。单层网壳和厚度较小的双层网壳须进行整体稳定性分析。

6. 平面管桁架、立体管桁架的高度及立体拱桁架的拱架厚度、矢高参考相关规程确定。当立体拱架跨度较大时，应进行立体拱架平面内的整体稳定验算。立体桁架支承于下弦节点时，桁架整体应有可靠的防侧倾体系，对于平面桁架、立体桁架和立体拱架应设置平面外的稳定支撑体系。

7. 网架和双层网壳结构内力计算采用空间杆单元模型，杆件之间的连接节点可假定为铰接。单层网壳内力计算采用空间梁单元模型，杆件之间的连接节点采用刚性连接。管桁架内力计算时，根据杆端弯矩情况以及节点的刚度大小可选用铰接模型，刚接模型，主管为刚接、支管与主管之间为铰接的模型。

8. 网架、网壳及管桁架结构杆件宜采用高频焊接管或无缝钢管，有条件时可采用薄壁管型截面。杆件采用的钢材牌号和质量等级应符合相关规范要求，构件强度及稳定应按相关规范或规程进行计算。网架、网壳及桁架杆件的计算长度和长细比限值应按有关规程选取，结构的容许挠度亦应满足相关要求。

9. 网架和网壳结构的连接节点主要有焊接空心球节点和螺栓球节点。空心球的大小主要由杆件大小及其空间几何关系确定，厚度由计算确定。螺栓球节点由钢球、高强度螺栓、套筒、紧固螺钉、锥头或封板等组成。螺栓球大小主要由螺栓伸入球体的长度、锥头或封板的大小及其空间关系确定。螺栓承受拉力，套筒承受压力。

10. 网架和网壳的支座节点主要有压力支座、拉力支座、可滑移与转动的弹性支座、橡胶板式支座及刚性支座，可根据支座受力要求进行选用。

11. 管桁架相贯节点的破坏模式主要与支管和主管直径比的平均值有关，通过验算支管在节点处的承载力，确定相贯节点的承载能力。

思考题与习题

4-1 网架按弦杆层数不同分为哪两种？

4-2 交叉桁架系网架、四角锥系网架和三角锥系网架有哪些常用形式？

4-3 简述两向正交正放网架、三向网架、正放四角锥网架、正放抽空四角锥网、三角锥网架的组成。

4-4 网架结构有哪几种支承方式？

4-5 网架结构屋面找坡有哪几种方法？

4-6 网架的常用节点形式有哪几种？

4-7 简述螺栓球节点的构造组成、各部分的作用及杆件受压或杆件受拉时的传力途径。

4-8 网壳的结构形式有哪些？

4-9 网壳结构的选型原则是什么？

4-10 管桁架的结构形式有哪些？

4-11 管桁架结构的节点形式有哪些？

附录1　常用的冷弯薄壁型钢截面表

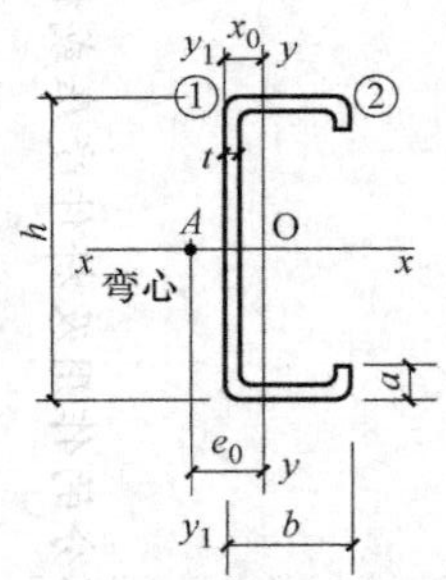

卷边槽钢

附表 1-1

尺寸 (mm)				截面面积 (cm^2)	每米长质量 (kg/m)	x_0 (cm)	$x-x$			$y-y$				y_1-y_1	e_0 (cm)	I_t (cm^4)	I_w (cm^6)	k (cm^{-1})	W_{w1} (cm^4)	W_{w2} (cm^4)
h	b	a	t				I_x (cm^4)	i_x (cm)	W_x (cm^3)	I_y (cm^4)	i_y (cm)	W_{ymax} (cm^3)	W_{ymin} (cm^3)	I_{y1} (cm^4)						
80	40	15	2.0	3.47	2.72	1.452	34.16	3.14	8.54	7.79	1.50	5.36	3.06	15.10	3.36	0.0462	112.9	0.0126	16.03	15.74
100	50	15	2.5	5.23	4.11	1.706	81.34	3.94	16.27	17.19	1.81	10.08	5.22	32.41	3.94	0.1090	352.8	0.0109	34.47	29.41
120	50	20	2.5	5.98	4.70	1.706	129.40	4.65	21.57	20.96	1.87	12.28	6.36	38.36	4.03	0.1246	660.9	0.0085	51.04	48.36
120	60	20	3.0	7.65	6.01	2.106	170.68	4.72	28.45	37.36	2.21	17.74	9.59	71.31	4.87	0.2296	1153.2	0.0087	75.68	68.84
140	50	20	2.0	5.27	4.14	1.590	154.03	5.41	22.00	18.56	1.88	11.68	5.44	31.86	3.87	0.0703	794.79	0.0058	51.44	52.22
140	50	20	2.2	5.76	4.52	1.590	167.40	5.39	23.91	20.03	1.87	12.62	5.87	34.53	3.84	0.0929	852.46	0.0065	55.98	56.84
140	50	20	2.5	6.48	5.09	1.580	186.78	5.39	26.68	22.11	1.85	13.96	6.47	38.38	3.80	0.1351	931.89	0.0075	62.56	63.56
140	60	20	3.0	8.25	6.48	1.964	245.42	5.45	35.06	39.49	2.19	20.11	9.79	71.33	4.61	0.2476	1589.8	0.0078	92.69	79.00
160	60	20	2.0	6.07	4.76	1.850	236.59	6.24	29.57	29.99	2.22	16.19	7.23	50.83	4.52	0.0809	1596.28	0.0044	76.92	71.30
160	60	20	2.2	6.64	5.21	1.850	257.57	6.23	32.20	32.45	2.21	17.53	7.82	55.19	4.50	0.1071	1717.82	0.0049	83.82	77.55
160	60	20	2.5	7.48	5.87	1.850	288.13	6.21	36.02	35.96	2.19	19.47	8.66	61.49	4.45	0.1559	1887.71	0.0056	93.87	86.63
160	70	20	3.0	9.45	7.42	2.224	373.64	6.29	46.71	60.42	2.53	27.17	12.65	107.20	5.25	0.2836	3070.5	0.0060	135.49	109.92
180	70	20	2.0	6.87	5.39	2.110	343.93	7.08	38.21	45.18	2.57	21.37	9.25	75.87	5.17	0.0916	2934.34	0.0035	109.50	95.22
180	70	20	2.2	7.52	5.90	2.110	374.90	7.06	41.66	48.97	2.55	23.19	10.02	82.49	5.14	0.1213	3165.62	0.0038	119.44	103.58
180	70	20	2.5	8.48	6.66	2.110	420.20	7.04	46.69	54.42	2.53	25.82	11.12	92.08	5.10	0.1767	3492.15	0.0044	133.99	115.73
200	70	20	2.0	7.27	5.71	2.000	440.04	7.78	44.00	46.71	2.54	23.32	9.35	75.88	4.96	0.0969	3672.33	0.0032	126.74	106.15
200	70	20	2.2	7.96	6.25	2.000	479.87	7.77	47.99	50.64	2.52	25.31	10.13	82.49	4.93	0.1284	3963.82	0.0035	138.26	115.74
200	70	20	2.5	8.98	7.05	2.000	538.21	7.74	53.82	56.27	2.50	28.18	11.25	92.09	4.89	0.1871	4376.18	0.0041	155.14	129.75
220	75	20	2.0	7.87	6.18	2.080	574.45	8.54	52.22	56.88	2.69	27.35	10.50	90.93	5.18	0.1049	5313.52	0.0028	158.43	127.32
220	75	20	2.2	8.62	6.77	2.080	626.85	8.53	56.99	61.71	2.68	29.70	11.38	98.91	5.15	0.1391	5742.07	0.0031	172.92	138.93
220	75	20	2.5	9.73	7.64	2.070	703.76	8.50	63.98	68.66	2.66	33.11	12.65	110.51	5.11	0.2028	6351.05	0.0035	194.18	155.94

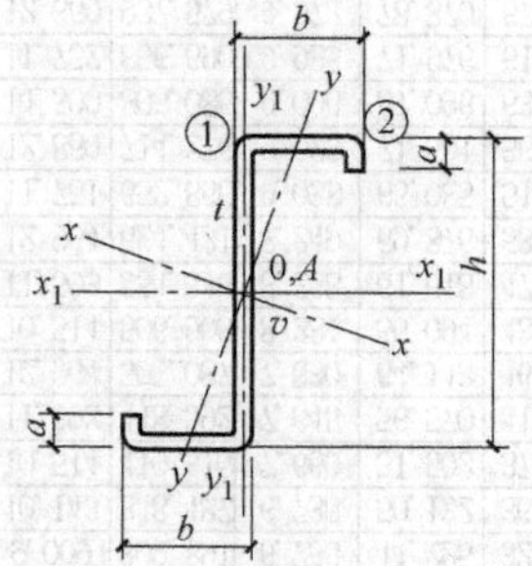

附表 1-2

卷边Z形钢

尺寸(mm)				截面面积	每米长质量	θ	x_1-x_1			y_1-y_1			$x-x$				$y-y$				I_{x1y1}	I_1	I_ω	k	$W_{\omega1}$	$W_{\omega2}$
							I_{x1}	i_{x1}	W_{x1}	I_{y1}	i_{y1}	W_{y1}	I_x	i_x	W_{x1}	W_{x2}	I_y	i_y	W_{y1}	W_{y2}						
h	b	a	t	(cm^2)	(kg/m)		(cm^4)	(cm)	(cm^3)	(cm^4)	(cm)	(cm^3)	(cm^4)	(cm)	(cm^3)	(cm^3)	(cm^4)	(cm)	(cm^3)	(cm^3)	(cm^4)	(cm^4)	(cm^6)	(cm^{-1})	(cm^4)	(cm^4)
100	40	20	2.0	4.07	3.19	24°1′	60.04	3.84	12.01	17.02	2.05	4.36	70.70	4.17	15.93	11.94	6.36	1.25	3.36	4.42	23.93	0.0542	325.0	0.0081	49.97	29.16
100	40	20	2.5	4.98	3.91	23°46′	72.10	3.80	14.42	20.02	2.00	5.17	84.63	4.12	19.18	14.47	7.49	1.23	4.07	5.28	28.45	0.1038	381.9	0.0102	62.25	35.03
120	50	20	2.0	4.87	3.82	24°3′	106.97	4.69	17.83	30.23	2.49	6.17	126.06	5.09	23.55	17.40	11.14	1.51	4.83	5.74	42.77	0.0649	785.2	0.0057	84.05	43.96
120	50	20	2.5	5.98	4.70	23°50′	129.39	4.65	21.57	35.91	2.45	7.37	152.05	5.04	28.55	21.21	13.25	1.49	5.89	6.89	51.30	0.1246	930.9	0.0072	104.68	52.94
120	50	20	3.0	7.05	5.54	23°36′	150.14	4.61	25.02	40.88	2.41	8.43	175.92	4.99	33.18	24.80	15.11	1.46	6.89	7.92	58.99	0.2116	1058.9	0.0087	125.37	61.22
140	50	20	2.5	6.48	5.09	19°25′	186.77	5.37	26.68	35.91	2.35	7.37	209.19	5.67	32.55	26.34	14.48	1.49	6.69	6.78	60.75	0.1350	1289.0	0.0064	137.04	60.03
140	50	20	3.0	7.65	6.01	19°12′	217.26	5.33	31.04	40.83	2.31	8.43	241.62	5.62	37.76	30.70	16.52	1.47	7.84	7.81	69.93	0.2296	1468.2	0.0077	164.94	69.51
160	60	20	2.5	7.48	5.87	19°59′	288.12	6.21	36.01	58.15	2.79	9.90	323.13	6.57	44.00	34.95	23.14	1.76	9.00	8.71	96.32	0.1559	2634.3	0.0048	205.98	86.28
160	60	20	3.0	8.85	6.95	19°47′	336.66	6.17	42.08	66.66	2.74	11.39	376.76	6.52	51.48	41.08	26.56	1.73	10.58	10.07	111.51	0.2656	3019.4	0.0058	247.41	100.15
160	70	20	2.5	7.98	6.27	23°46′	319.13	6.32	39.89	87.74	3.32	12.76	374.76	6.85	52.35	38.23	32.11	2.01	10.53	10.86	126.37	0.1663	3793.3	0.0041	238.87	106.91
160	70	20	3.0	9.45	7.42	23°34′	373.64	6.29	46.71	101.10	3.27	14.76	437.72	6.80	61.33	45.01	37.03	1.98	12.39	12.58	146.86	0.2836	4365.0	0.0050	285.78	124.26
180	70	20	2.5	8.48	6.66	20°22′	420.18	7.04	46.69	87.74	3.22	12.76	473.34	7.47	57.27	44.88	34.58	2.02	11.66	10.86	143.18	0.1767	4907.9	0.0037	294.53	119.41
180	70	20	3.0	10.05	7.89	20°11′	492.61	7.00	54.73	101.11	3.17	14.76	553.83	7.42	67.22	52.89	39.89	1.99	13.72	12.59	166.47	0.3016	5652.2	0.0045	353.32	138.92

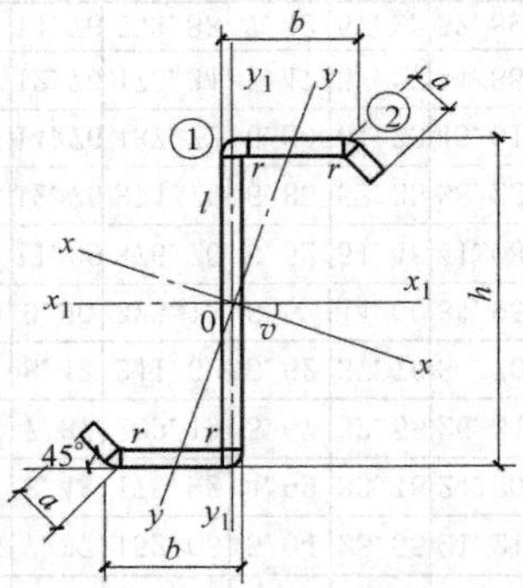

斜卷边Z形钢

附表 1-3

尺寸(mm)				截面面积	每米长质量	θ	x_1-x_1			y_1-y_1			$x-x$								I_{x1y1}	I_t	I_ω	k	$W_{\omega1}$	$W_{\omega2}$
h	b	a	t	(cm²)	(kg/m)	(°)	I_{x1} (cm⁴)	i_{x1} (cm)	W_{x1} (cm³)	I_{y1} (cm⁴)	i_{y1} (cm)	W_{y1} (cm³)	I_x (cm⁴)	i_x (cm)	W_{x1} (cm³)	W_{x2} (cm³)	I_y (cm⁴)	i_y (cm)	W_{y1} (cm³)	W_{y2} (cm³)	(cm⁴)	(cm⁴)	(cm⁶)	(cm⁻¹)	(cm⁴)	(cm⁴)
140	50	20	2.0	5.392	4.233	21.986	162.065	5.482	23.152	39.363	2.702	6.234	185.962	5.872	30.377	22.470	15.466	1.694	6.107	8.067	59.189	0.0719	1298.621	0.0046	118.28	59.185
140	50	20	2.2	5.909	4.638	21.998	176.813	5.470	25.259	42.928	2.695	6.809	202.926	5.860	33.352	24.544	16.814	1.687	6.659	8.823	64.638	0.0953	1407.575	0.0051	130.014	64.382
140	50	20	2.5	6.676	5.240	22.018	198.446	5.452	28.349	48.154	2.686	7.657	227.828	5.842	37.792	27.598	18.771	1.667	7.468	9.941	72.659	0.1391	1563.520	0.0058	147.558	71.926
160	60	20	2.0	6.192	4.861	22.104	246.830	6.313	30.854	60.271	3.120	8.240	283.680	6.768	40.271	29.603	23.422	1.945	8.018	9.554	90.733	0.0826	2559.036	0.0035	175.940	82.223
160	60	20	2.2	6.789	5.329	22.113	269.592	6.302	33.699	65.802	3.113	9.009	309.891	6.756	44.225	32.367	25.503	1.938	8.753	10.450	99.179	0.1095	2779.796	0.0039	193.430	89.569
160	60	20	2.5	7.676	6.025	22.128	303.090	6.284	37.886	73.935	3.104	10.143	348.487	6.738	50.132	36.445	28.537	1.928	9.834	11.775	111.642	0.1599	3098.400	0.0044	219.605	100.26
180	70	20	2.0	6.992	5.489	22.185	356.620	7.141	39.624	87.417	3.536	10.514	410.315	7.660	51.502	37.679	33.722	2.196	10.191	11.289	131.674	0.0932	4643.994	0.0028	249.609	111.10
180	70	20	2.2	7.669	6.020	22.193	389.835	7.130	43.315	95.518	3.529	11.502	448.592	7.648	56.570	41.226	36.761	2.189	11.136	12.351	144.034	0.1237	5052.769	0.0031	274.455	121.13
180	70	20	2.5	8.676	6.810	22.205	438.835	7.112	48.759	107.460	3.519	12.964	505.087	7.630	64.143	46.471	41.208	2.179	12.528	13.923	162.307	0.1807	5654.157	0.0035	311.661	135.81
200	70	20	2.0	7.392	5.803	19.305	455.430	7.849	45.543	87.418	3.439	10.514	506.903	8.281	56.094	43.435	35.944	2.205	11.109	11.339	146.944	0.0986	5882.294	0.0025	302.430	123.44
200	70	20	2.2	8.109	6.365	19.309	498.023	7.837	49.802	95.520	3.432	11.503	554.346	8.268	61.618	47.533	39.197	2.200	12.138	12.419	160.756	0.1308	6403.010	0.0028	332.826	134.66
200	70	20	2.5	9.176	7.203	19.314	560.921	7.819	56.092	107.462	3.422	12.964	624.421	8.249	69.876	53.596	43.962	2.189	13.654	14.021	181.182	0.1912	7160.113	0.0032	378.452	151.08
220	75	20	2.0	7.992	6.274	18.300	592.787	8.612	53.890	103.580	3.600	11.751	652.866	9.038	65.085	51.328	43.500	2.333	12.829	12.343	181.661	0.1066	8483.845	0.0022	383.110	148.38
220	75	20	2.2	8.769	6.884	18.302	648.520	8.600	58.956	113.220	3.593	12.860	714.276	9.025	71.501	56.190	47.465	2.327	14.023	13.524	198.803	0.1415	9242.136	0.0024	421.750	161.95
220	75	20	2.5	9.926	7.792	18.305	730.926	8.581	66.448	127.443	3.583	14.500	805.086	9.006	81.096	63.392	53.283	2.317	15.783	15.278	224.175	0.2068	10347.65	0.0028	479.804	181.87
250	75	20	2.0	8.592	6.745	15.389	799.640	9.647	63.791	103.580	3.472	11.752	856.690	9.985	71.976	61.841	46.532	2.327	14.553	12.090	207.280	0.1146	11298.92	0.0020	485.919	169.98
250	75	20	2.2	9.429	7.402	15.387	875.145	9.634	70.012	113.223	3.465	12.860	937.579	9.972	78.870	67.773	50.789	2.321	15.946	14.211	226.864	0.1521	12314.34	0.0022	535.491	184.53
250	75	20	2.5	10.676	8.380	15.385	986.898	9.615	78.952	127.447	3.455	14.500	1057.30	9.952	89.108	76.584	57.044	2.312	18.014	16.169	255.870	0.2224	13797.02	0.0025	610.188	207.38

附录 2　阶形柱的计算长度系数

柱上端为自由的单阶柱下段的计算长度系数 μ_2　　　　附表 2-1

简图	η_1 \ K_1	0.06	0.08	0.10	0.12	0.14	0.16	0.18	0.20	0.22	0.24	0.26	0.28	0.3	0.4	0.5	0.6	0.7	0.8
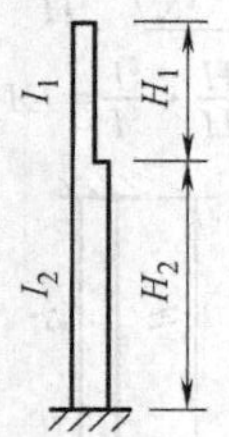	0.2	2.00	2.01	2.01	2.01	2.01	2.01	2.01	2.02	2.02	2.02	2.02	2.02	2.02	2.03	2.04	2.05	2.06	2.07
	0.3	2.01	2.02	2.02	2.02	2.03	2.03	2.03	2.04	2.04	2.05	2.05	2.05	2.06	2.08	2.10	2.12	2.13	2.15
	0.4	2.02	2.03	2.04	2.04	2.05	2.06	2.07	2.07	2.08	2.09	2.09	2.10	2.11	2.14	2.18	2.21	2.25	2.28
	0.5	2.04	2.05	2.06	2.07	2.09	2.10	2.11	2.12	2.13	2.15	2.16	2.17	2.18	2.24	2.29	2.35	2.40	2.45
	0.6	2.06	2.08	2.10	2.12	2.14	2.16	2.18	2.19	2.21	2.23	2.25	2.26	2.28	2.36	2.44	2.52	2.59	2.66
	0.7	2.10	2.13	2.16	2.18	2.21	2.24	2.26	2.29	2.31	2.34	2.36	2.38	2.41	2.52	2.62	2.72	2.81	2.90
	0.8	2.15	2.20	2.24	2.27	2.31	2.34	2.38	2.41	2.44	2.47	2.50	2.53	2.56	2.70	2.82	2.94	3.06	3.16
	0.9	2.24	2.29	2.35	2.39	2.44	2.48	2.52	2.56	2.60	2.63	2.67	2.71	2.74	2.90	3.05	3.19	3.32	3.44
	1.0	2.36	2.43	2.48	2.54	2.59	2.64	2.69	2.73	2.77	2.82	2.86	2.90	2.94	3.12	3.29	3.45	3.59	3.74
	1.2	2.69	2.76	2.83	2.89	2.95	3.01	3.07	3.12	3.17	3.22	3.27	3.32	3.37	3.59	3.80	3.99	4.17	4.34
	1.4	3.07	3.14	3.22	3.29	3.36	3.42	3.48	3.55	3.61	3.66	3.72	3.78	3.83	4.09	4.33	4.56	4.77	4.97
$K_1=\frac{I_1}{I_2}\cdot\frac{H_2}{H_1}$	1.6	3.47	3.55	3.63	3.71	3.78	3.85	3.92	3.99	4.07	4.12	4.18	4.25	4.31	4.61	4.88	5.14	5.38	5.62
	1.8	3.88	3.97	4.05	4.13	4.21	4.29	4.37	4.44	4.52	4.59	4.66	4.73	4.80	5.13	5.44	5.73	6.00	6.26
$\eta_1=\frac{H_1}{H_2}\sqrt{\frac{N_1}{N_2}\cdot\frac{I_2}{I_1}}$	2.0	4.29	4.39	4.48	4.57	4.65	4.74	4.82	4.90	4.99	5.07	5.14	5.22	5.30	5.66	6.00	6.32	6.63	6.92
N_1——上段柱的轴心力；	2.2	4.71	4.81	4.91	5.00	5.10	5.19	5.28	5.37	5.46	5.54	5.63	5.71	5.80	6.19	6.57	6.92	7.26	7.58
N_2——下段柱的轴心力	2.4	5.13	5.24	5.34	5.44	5.54	5.64	5.74	5.84	5.93	6.03	6.12	6.21	6.30	6.73	7.14	7.52	7.89	8.24
	2.6	5.55	5.66	5.77	5.88	5.99	6.10	6.20	6.31	6.41	6.51	6.61	6.71	6.80	7.27	7.71	8.13	8.52	8.90
	2.8	5.97	6.09	6.21	6.33	6.44	6.55	6.67	6.78	6.89	6.99	7.10	7.21	7.31	7.81	8.28	8.73	9.16	9.57
	3.0	6.39	6.52	6.64	6.77	6.89	7.01	7.13	7.25	7.37	7.48	7.59	7.71	7.82	8.35	8.86	9.34	9.80	10.24

注：表中的计算长度系数 μ_2 值系按下式计算得出：

$$\eta_1 K_1\cdot\tan\frac{\pi}{\mu_2}\cdot\tan\frac{\pi\eta_1}{\mu_2}-1=0$$

柱上端可移动但不转动的单阶柱下段的计算长度系数 μ_2 　　附表 2-2

简图	K_1 / η_1	0.06	0.08	0.10	0.12	0.14	0.16	0.18	0.20	0.22	0.24	0.26	0.28	0.3	0.4	0.5	0.6	0.7	0.8
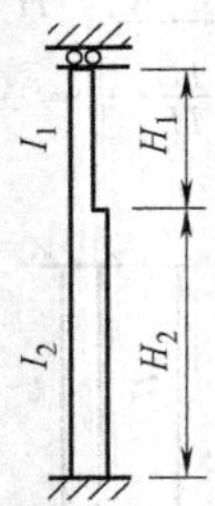 $K_1=\frac{I_1}{I_2}\cdot\frac{H_2}{H_1}$ $\eta_1=\frac{H_1}{H_2}\sqrt{\frac{N_1}{N_2}\cdot\frac{I_2}{I_1}}$ N_1——上段柱的轴心力； N_2——下段柱的轴心力	0.2	1.96	1.94	1.93	1.91	1.90	1.89	1.88	1.86	1.85	1.84	1.83	1.82	1.81	1.76	1.72	1.68	1.65	1.62
	0.3	1.96	1.94	1.93	1.92	1.91	1.89	1.88	1.87	1.86	1.85	1.84	1.83	1.82	1.77	1.73	1.70	1.66	1.63
	0.4	1.96	1.95	1.94	1.92	1.91	1.90	1.89	1.88	1.87	1.86	1.85	1.84	1.83	1.79	1.75	1.72	1.68	1.66
	0.5	1.96	1.95	1.94	1.93	1.92	1.91	1.90	1.89	1.88	1.87	1.86	1.85	1.85	1.81	1.77	1.74	1.71	1.69
	0.6	1.97	1.96	1.95	1.94	1.93	1.92	1.91	1.90	1.90	1.86	1.88	1.87	1.87	1.83	1.80	1.78	1.75	1.73
	0.7	1.97	1.97	1.96	1.95	1.94	1.94	1.93	1.92	1.92	1.91	1.90	1.90	1.89	1.86	1.84	1.82	1.80	1.78
	0.8	1.98	1.98	1.97	1.96	1.96	1.95	1.95	1.94	1.94	1.93	1.93	1.93	1.92	1.90	1.88	1.87	1.86	1.84
	0.9	1.99	1.99	1.98	1.98	1.98	1.97	1.97	1.97	1.97	1.96	1.96	1.96	1.96	1.95	1.94	1.93	1.92	1.92
	1.0	2.00	2.00	2.00	2.00	2.00	2.00	2.00	2.00	2.00	2.00	2.00	2.00	2.00	2.00	2.00	2.00	2.00	2.00
	1.2	2.03	2.04	2.04	2.05	2.06	2.07	2.07	2.08	2.08	2.09	2.10	2.10	2.11	2.13	2.15	2.17	2.18	2.20
	1.4	2.07	2.09	2.11	2.12	2.14	2.16	2.17	2.18	2.20	2.21	2.22	2.23	2.24	2.29	2.33	2.37	2.40	2.42
	1.6	2.13	2.16	2.19	2.22	2.25	2.27	2.30	2.32	2.34	2.36	2.37	2.39	2.41	2.48	2.54	2.59	2.63	2.67
	1.8	2.22	2.27	2.31	2.35	2.39	2.42	2.45	2.48	2.50	2.53	2.55	2.57	2.59	2.69	2.76	2.83	2.88	2.93
	2.0	2.35	2.41	2.46	2.50	2.55	2.59	2.62	2.66	2.69	2.72	2.75	2.77	2.80	2.91	3.00	3.08	3.14	3.20
	2.2	2.51	2.57	2.63	2.68	2.73	2.77	2.81	2.85	2.89	2.92	2.95	2.98	3.01	3.14	3.25	3.33	3.41	3.47
	2.4	2.68	2.75	2.81	2.87	2.92	2.97	3.01	3.05	3.09	3.13	3.17	3.20	3.24	3.38	3.50	3.59	3.68	3.75
	2.6	2.87	2.94	3.00	3.06	3.12	3.17	3.22	3.27	3.31	3.35	3.39	3.43	3.46	3.62	3.75	3.86	3.95	4.03
	2.8	3.06	3.14	3.20	3.27	3.33	3.38	3.43	3.48	3.53	3.58	3.62	3.66	3.70	3.87	4.01	4.13	4.23	4.32
	3.0	3.26	3.34	3.41	3.47	3.54	3.60	3.65	3.70	3.75	3.80	3.85	3.89	3.93	4.12	4.27	4.40	4.51	4.61

注：表中的计算长度系数 μ_2 值系按下式计算得出：

$$\tan\frac{\pi\eta_1}{\mu_2}+\eta_1 K_1\cdot\tan\frac{\pi}{\mu_2}=0$$

柱上端为自由的双阶柱下段的计算长度系数 μ_3　　　　附表 2-3

简图	η_1	K_1 / K_2 / η_2	0.05											0.10										
			0.2	0.3	0.4	0.5	0.6	0.7	0.8	0.9	1.0	1.1	1.2	0.2	0.3	0.4	0.5	0.6	0.7	0.8	0.9	1.0	1.1	1.2
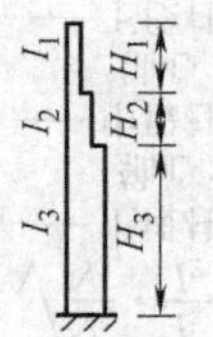	0.2	0.2	2.02	2.03	2.04	2.05	2.05	2.06	2.07	2.08	2.09	2.10	2.10	2.03	2.03	2.04	2.05	2.06	2.07	2.08	2.08	2.09	2.10	2.11
		0.4	2.08	2.11	2.15	2.19	2.22	2.25	2.29	2.32	2.35	2.39	2.42	2.09	2.12	2.16	2.19	2.23	2.26	2.29	2.33	2.36	2.39	2.42
		0.6	2.20	2.29	2.37	2.45	2.52	2.60	2.67	2.73	2.80	2.87	2.93	2.21	2.30	2.38	2.46	2.53	2.60	2.67	2.74	2.81	2.87	2.93
		0.8	2.42	2.57	2.71	2.83	2.95	3.06	3.17	3.27	3.37	3.47	3.56	2.44	2.58	2.71	2.84	2.96	3.07	3.17	3.28	3.37	3.47	3.56
		1.0	2.75	2.95	3.13	3.30	3.45	3.60	3.74	3.87	4.00	4.13	4.25	2.76	2.96	3.14	3.30	3.46	3.60	3.74	3.88	4.01	4.13	4.25
		1.2	3.13	3.38	3.60	3.80	4.00	4.18	4.35	4.51	4.67	4.82	4.97	3.15	3.39	3.61	3.81	4.00	4.18	4.35	4.52	4.68	4.83	4.98
	0.4	0.2	2.04	2.05	2.05	2.06	2.07	2.08	2.09	2.09	2.10	2.11	2.12	2.07	2.07	2.08	2.08	2.09	2.10	2.11	2.12	2.12	2.13	2.14
		0.4	2.10	2.14	2.17	2.20	2.24	2.27	2.31	2.34	2.37	2.40	2.43	2.14	2.17	2.20	2.23	2.26	2.30	2.33	2.36	2.39	2.42	2.46
		0.6	2.24	2.32	2.40	2.47	2.54	2.62	2.68	2.75	2.82	2.88	2.94	2.28	2.36	2.43	2.50	2.57	2.64	2.71	2.77	2.84	2.90	2.96
		0.8	2.47	2.60	2.73	2.85	2.97	3.08	3.19	3.29	3.38	3.48	3.57	2.53	2.65	2.77	2.88	3.00	3.10	3.21	3.31	3.40	3.50	3.59
		1.0	2.79	2.98	3.15	3.32	3.47	3.62	3.75	3.89	4.02	4.14	4.26	2.85	3.02	3.19	3.34	3.49	3.64	3.77	3.91	4.03	4.16	4.28
		1.2	3.18	3.41	3.63	3.82	4.01	4.19	4.36	4.52	4.68	4.83	4.98	3.24	3.45	3.65	3.85	4.03	4.21	4.38	4.54	4.70	4.85	4.99.
$K_1=\frac{I_1}{I_3}\cdot\frac{H_3}{H_1}$	0.6	0.2	2.09	2.09	2.10	2.10	2.11	2.12	2.12	2.13	2.14	2.15	2.15	2.22	2.19	2.18	2.17	2.18	2.18	2.19	2.19	2.20	2.20	2.21
		0.4	2.17	2.19	2.22	2.25	2.28	2.31	2.34	2.38	2.41	2.44	2.47	2.31	2.30	2.31	2.33	2.35	2.38	2.41	2.44	2.47	2.49	2.52
		0.6	2.32	2.38	2.45	2.52	2.59	2.66	2.72	2.79	2.85	2.91	2.97	2.48	2.49	2.54	2.60	2.86	2.72	2.78	2.84	2.90	2.96	3.02
$K_2=\frac{I_2}{I_3}\cdot\frac{H_1}{H_2}$		0.8	2.56	2.67	2.79	2.90	3.01	3.11	3.22	3.32	3.41	3.50	3.60	2.72	2.78	2.87	2.97	3.07	3.17	3.27	3.36	3.46	3.55	3.64
		1.0	2.88	3.04	3.20	3.36	3.50	3.65	3.78	3.91	4.04	4.16	4.26	3.04	3.15	3.28	3.42	3.56	3.70	3.83	3.95	4.08	4.20	4.31
		1.2	3.26	3.46	3.66	3.86	4.04	4.22	4.38	4.55	4.70	4.85	5.00	3.40	3.56	3.74	3.91	4.09	4.26	4.42	4.58	4.73	4.88	5.03
$\eta_1=\frac{H_1}{H_3}$	0.8	0.2	2.29	2.24	2.22	2.21	2.21	2.22	2.22	2.22	2.23	2.23	2.24	2.63	2.49	2.43	2.40	2.38	2.37	2.37	2.36	2.36	2.37	2.37
		0.4	2.37	2.34	2.34	2.36	2.38	2.40	2.43	2.45	2.48	2.51	2.54	2.71	2.59	2.55	2.54	2.54	2.55	2.57	2.59	2.61	2.63	2.65
		0.6	2.52	2.52	2.56	2.61	2.67	2.73	2.79	2.85	2.91	2.96	3.02	2.86	2.76	2.76	2.78	2.82	2.86	2.91	2.96	3.01	3.07	3.12
$\sqrt{\frac{N_1}{N_3}\cdot\frac{I_3}{I_1}}$		0.8	2.74	2.79	2.88	2.98	3.08	3.17	3.27	3.36	3.46	3.55	3.63	3.06	3.02	3.06	3.13	3.20	3.29	3.37	3.46	3.54	3.63	3.71
		1.0	3.04	3.15	3.28	3.42	3.56	3.69	3.82	3.95	4.07	4.19	4.31	3.33	3.35	3.44	3.55	3.67	3.79	3.90	4.03	4.15	4.26	4.37
		1.2	3.39	3.55	3.73	3.91	4.08	4.25	4.42	4.58	4.73	4.88	5.02	3.65	3.73	3.86	4.02	4.18	4.34	4.49	4.64	4.79	4.94	5.08
$\eta_2=\frac{H_2}{H_3}$	1.0	0.2	2.69	2.57	2.51	2.48	2.46	2.45	2.45	2.44	2.44	2.44	2.44	3.18	2.95	2.84	2.77	2.73	2.70	2.68	2.67	2.66	2.65	2.65
		0.4	2.75	2.64	2.60	2.59	2.59	2.59	2.60	2.62	2.63	2.65	2.67	3.24	3.03	2.93	2.88	2.85	2.84	2.84	2.84	2.85	2.86	2.87
		0.6	2.86	2.78	2.77	2.79	2.83	2.87	2.91	2.96	3.01	3.06	3.10	3.36	3.16	3.09	3.07	3.08	3.09	3.12	3.15	3.19	3.23	3.27
$\sqrt{\frac{N_2}{N_3}\cdot\frac{I_3}{I_2}}$		0.8	3.04	3.01	3.05	3.11	3.19	3.27	3.35	3.44	3.52	3.61	3.69	3.52	3.37	3.34	3.36	3.41	3.46	3.53	3.60	3.67	3.75	3.82
		1.0	3.29	3.32	3.41	3.52	3.64	3.76	3.89	4.01	4.13	4.24	4.35	3.74	3.64	3.67	3.74	3.83	3.93	4.03	4.14	4.25	4.35	4.46
		1.2	3.60	3.69	3.83	3.99	4.15	4.31	4.47	4.62	4.77	4.92	5.06	4.00	3.97	4.05	4.17	4.31	4.45	4.59	4.73	4.87	5.01	5.14
N_1——上段柱的	1.2	0.2	3.16	3.00	2.92	2.87	2.84	2.81	2.80	2.79	2.78	2.77	2.77	3.77	3.47	3.32	3.23	3.17	3.12	3.09	3.07	3.05	3.04	3.03
		0.4	3.21	3.05	2.98	2.94	2.92	2.90	2.90	2.90	2.90	2.91	2.92	3.82	3.53	3.39	3.31	3.26	3.22	3.20	3.19	3.19	3.19	3.19
轴心力；		0.6	3.30	3.15	3.10	3.08	3.08	3.10	3.12	3.15	3.18	3.22	3.26	3.91	3.64	3.51	3.45	3.42	3.42	3.42	3.43	3.45	3.48	3.50
		0.8	3.43	3.32	3.30	3.33	3.37	3.43	3.49	3.56	3.63	3.71	3.78	4.04	3.80	3.71	3.68	3.69	3.72	3.76	3.81	3.86	3.92	3.98
N_2——中段柱的		1.0	3.62	3.57	3.60	3.68	3.77	3.87	3.98	4.09	4.20	4.31	4.42	4.21	4.02	3.97	3.99	4.05	4.12	4.20	4.29	4.39	4.48	4.58
		1.2	3.88	3.88	3.98	4.11	4.25	4.39	4.54	4.68	4.83	4.97	5.10	4.43	4.30	4.31	4.38	4.48	4.60	4.72	4.85	4.98	5.11	5.24
轴心力；	1.4	0.2	3.66	3.46	3.36	3.29	3.25	3.23	3.20	3.19	3.18	3.17	3.16	4.37	4.01	3.82	3.71	3.63	3.58	3.54	3.51	3.49	3.47	3.45
		0.4	3.70	3.50	3.40	3.35	3.31	3.29	3.27	3.26	3.26	3.26	3.26	4.41	4.06	3.88	3.77	3.70	3.66	3.63	3.60	3.59	3.58	3.57
N_3——下段柱的		0.6	3.77	3.58	3.49	3.45	3.43	3.42	3.42	3.43	3.45	3.47	3.49	4.48	4.15	3.98	3.89	3.83	3.80	3.79	3.78	3.79	3.80	3.81
		0.8	3.87	3.70	3.64	3.63	3.64	3.67	3.70	3.75	3.81	3.86	3.92	4.59	3.28	4.13	4.07	4.04	4.04	4.06	4.08	4.12	4.16	4.21
轴心力		1.0	4.02	3.89	3.87	3.90	3.96	4.04	4.12	4.22	4.31	4.41	4.51	4.74	4.45	4.35	4.32	4.34	4.38	4.43	4.50	4.58	4.66	4.74
		1.2	4.23	4.15	4.19	4.27	4.39	4.51	4.64	4.77	4.91	5.04	5.17	4.92	4.69	4.63	4.65	4.72	4.80	4.90	5.10	5.13	5.24	5.36

续表

简图：

$K_1=\frac{I_1}{I_3}\cdot\frac{H_3}{H_1}$

$K_2=\frac{I_2}{I_3}\cdot\frac{H_3}{H_2}$

$\eta_1=\frac{H_1}{H_3}\sqrt{\frac{N_1}{N_3}\cdot\frac{I_3}{I_1}}$

$\eta_2=\frac{H_2}{H_3}\sqrt{\frac{N_2}{N_3}\cdot\frac{I_3}{I_2}}$

N_1——上段柱的轴心力；

N_2——中段柱的轴心力；

N_3——下段柱的轴心力

η_1	K_1	0.20											0.30										
	η_2 \ K_2	0.2	0.3	0.4	0.5	0.6	0.7	0.8	0.9	1.0	1.1	1.2	0.2	0.3	0.4	0.5	0.6	0.7	0.8	0.9	1.0	1.1	1.2
0.2	0.2	2.04	2.04	2.05	2.06	2.07	2.08	2.08	2.09	2.10	2.11	2.12	2.05	2.05	2.06	2.07	2.08	2.09	2.09	2.10	2.11	2.12	2.13
	0.4	2.10	2.13	2.17	2.20	2.24	2.27	2.30	2.34	2.37	2.40	2.43	2.12	2.15	2.18	2.21	2.25	2.28	2.31	2.35	2.38	2.41	2.44
	0.6	2.23	2.31	2.39	2.47	2.54	2.61	2.68	2.75	2.82	2.88	2.94	2.25	2.33	2.41	2.48	2.56	2.63	2.59	2.76	2.83	2.89	2.95
	0.8	2.46	2.60	2.73	2.85	2.97	3.08	3.18	3.29	3.38	3.48	3.57	2.49	2.62	2.75	2.87	2.98	3.09	3.20	3.30	3.39	3.49	3.58
	1.0	2.79	2.98	3.15	3.32	3.47	3.61	3.75	3.89	4.02	4.14	4.26	3.82	3.00	3.17	3.33	3.48	3.63	3.76	3.90	4.02	4.15	4.27
	1.2	3.18	3.41	3.62	3.82	4.01	4.19	4.36	4.52	4.68	4.83	4.98	3.20	3.43	3.64	3.83	4.02	4.20	4.37	4.53	4.69	4.84	4.99
0.4	0.2	2.15	2.13	2.13	2.14	2.14	2.15	2.15	2.16	2.17	2.17	2.18	2.26	2.21	2.20	2.19	2.19	2.20	2.20	2.21	2.21	2.22	2.23
	0.4	2.24	2.24	2.26	2.29	2.32	2.35	2.38	2.41	2.44	2.47	2.50	2.36	2.33	2.33	2.35	2.38	2.40	2.43	2.46	2.49	2.51	2.54
	0.6	2.40	2.44	2.50	2.56	2.63	2.69	2.76	2.82	2.88	2.94	3.00	2.54	2.54	2.58	2.63	2.69	2.75	2.81	2.87	2.93	2.99	3.04
	0.8	2.66	2.74	2.84	2.95	3.05	3.15	3.25	3.35	3.44	3.53	3.62	2.79	2.83	2.91	3.01	3.10	3.20	3.30	3.39	3.48	3.57	3.66
	1.0	2.98	3.12	3.25	3.40	3.54	3.68	3.81	3.94	4.07	4.19	4.30	3.11	3.20	3.32	3.46	3.59	3.72	3.85	3.98	4.10	4.22	4.33
	1.2	3.35	3.53	3.71	3.90	4.08	4.25	4.41	4.57	4.73	4.87	5.02	3.47	3.60	3.77	3.95	4.12	4.28	4.45	4.60	4.75	4.90	5.04
0.6	0.2	2.57	2.42	2.37	2.34	2.33	2.32	2.32	2.32	2.32	2.32	2.33	2.93	2.68	2.57	2.52	2.49	2.47	2.46	2.45	2.45	2.45	2.45
	0.4	2.67	2.54	2.50	2.50	2.51	2.52	2.54	2.56	2.58	2.61	2.63	3.02	2.79	2.71	2.67	2.66	2.66	2.67	2.69	2.70	2.72	2.74
	0.6	2.83	2.74	2.73	2.76	2.80	2.85	2.90	2.96	3.01	3.06	3.12	3.17	2.98	2.93	2.93	2.95	2.98	3.02	3.07	3.11	3.16	3.21
	0.8	3.06	3.01	3.05	3.12	3.20	3.29	3.38	3.46	3.55	3.63	3.72	4.37	3.24	3.23	3.27	3.33	3.41	3.48	3.56	3.64	3.72	3.80
	1.0	3.34	3.35	3.44	3.56	3.68	1.80	3.92	4.04	4.15	4.27	4.38	3.63	3.56	3.60	3.69	3.79	3.90	4.01	4.12	4.23	4.34	4.45
	1.2	3.67	3.74	3.88	4.03	4.19	4.35	4.50	4.65	4.80	4.94	5.08	3.94	3.92	4.02	4.15	4.29	4.43	4.58	4.72	4.87	5.01	5.14
0.8	0.2	3.25	2.96	2.82	2.74	2.69	2.66	2.64	2.62	2.61	2.61	2.60	3.78	3.38	3.18	3.06	2.98	2.93	2.89	2.86	2.84	2.83	2.82
	0.4	3.33	3.05	2.93	2.87	2.84	2.83	2.83	2.83	2.84	2.85	2.87	3.85	3.47	3.28	3.18	3.12	3.09	3.07	3.06	3.06	3.06	3.06
	0.6	3.45	3.21	3.12	3.10	3.10	3.12	3.14	3.18	3.22	3.26	3.30	3.96	3.61	3.46	3.39	3.36	3.35	3.36	3.38	3.41	3.44	3.47
	0.8	3.63	3.44	3.39	3.41	3.45	3.51	3.57	3.64	3.71	3.79	3.86	4.12	3.82	3.70	3.67	3.68	3.72	3.76	3.82	3.88	3.94	4.01
	1.0	3.86	3.73	3.73	3.80	3.88	3.98	4.08	4.18	4.29	4.39	4.50	4.32	4.07	4.01	4.03	4.08	4.16	4.24	4.33	4.43	4.52	4.62
	1.2	4.13	4.07	4.13	4.24	4.36	4.50	4.64	4.78	4.91	5.05	5.18	4.57	4.38	4.38	4.44	4.54	4.66	4.78	4.90	5.03	5.16	5.29
1.0	0.2	4.00	3.60	3.39	3.26	3.18	3.13	3.08	3.05	3.03	3.01	3.00	4.68	4.15	3.86	3.69	3.57	3.49	3.43	3.38	3.35	3.32	3.30
	0.4	4.06	3.67	3.48	3.37	3.30	3.26	3.23	8.21	3.21	3.20	3.20	4.73	4.21	3.94	3.78	3.68	3.61	3.57	3.54	3.51	3.50	3.49
	0.6	4.15	3.79	3.63	3.54	3.50	3.48	3.49	3.50	3.51	3.54	3.57	4.82	4.33	4.08	3.95	3.87	3.83	3.80	3.80	3.80	3.81	3.83
	0.8	4.29	3.97	3.84	3.80	3.79	3.81	3.85	3.90	3.95	4.01	4.07	4.94	4.49	4.28	4.18	4.14	4.13	4.14	4.17	4.20	4.25	4.29
	1.0	4.48	4.21	4.13	4.13	4.17	4.23	4.31	4.39	4.48	4.57	4.66	5.10	4.70	4.53	4.48	4.48	4.51	4.56	4.62	4.70	4.77	4.85
	1.2	4.70	4.49	4.47	4.52	4.60	4.71	4.82	4.94	5.07	5.19	5.31	5.30	4.95	4.84	4.83	4.88	4.96	5.05	5.15	5.26	5.37	5.48
1.2	0.2	4.76	4.26	4.00	3.83	3.72	3.65	3.59	8.54	3.51	3.48	3.46	5.58	4.93	4.57	4.35	4.20	4.10	4.01	3.95	3.90	3.86	3.83
	0.4	4.81	4.32	4.07	3.91	3.82	3.75	3.70	3.67	3.65	3.63	3.62	5.62	4.98	4.64	4.43	4.29	4.19	4.12	4.07	4.03	4.01	3.98
	0.6	4.89	4.43	4.19	4.05	3.98	3.93	3.91	3.89	3.89	3.90	3.91	5.70	5.08	4.75	4.56	4.44	4.37	4.32	4.29	4.27	4.26	4.26
	0.8	5.00	4.57	4.36	4.26	4.21	4.20	4.21	4.23	4.26	4.30	4.34	5.80	5.21	4.91	4.75	4.66	4.61	4.59	4.59	4.60	4.62	4.65
	1.0	5.15	4.76	4.59	4.53	4.53	4.55	4.60	4.66	4.73	4.80	4.88	5.93	5.38	5.12	5.00	4.95	4.94	4.95	4.99	5.03	5.09	5.15
	1.2	5.34	5.00	4.88	4.87	4.91	4.98	5.07	5.17	5.27	5.38	5.49	6.10	5.59	5.38	5.31	5.30	5.33	5.39	5.46	5.54	5.63	5.73
1.4	0.2	5.53	4.94	4.62	4.42	4.29	4.19	4.12	4.06	4.02	3.98	3.95	6.49	5.72	5.30	5.03	4.85	4.72	4.62	4.54	4.48	4.43	4.38
	0.4	5.57	4.99	4.68	4.49	4.36	4.27	4.21	4.16	4.13	4.10	4.08	6.53	5.77	5.35	5.10	4.93	4.80	4.71	4.64	4.59	4.55	4.51
	0.6	5.64	5.07	4.78	4.60	4.49	4.42	4.38	4.35	4.33	4.32	4.32	6.59	5.85	5.45	5.21	5.05	4.95	4.87	4.82	4.78	4.76	4.74
	0.8	5.74	5.19	4.92	4.77	4.69	4.64	4.62	4.62	4.63	4.65	4.67	6.68	5.96	5.59	5.37	5.24	5.15	5.10	5.08	5.06	5.06	5.07
	1.0	5.86	5.35	5.12	5.00	4.95	4.94	4.96	4.99	5.03	5.09	5.15	6.79	6.10	5.76	5.58	5.48	5.43	5.41	5.41	5.44	5.47	5.51
	1.2	6.02	5.55	5.35	5.29	5.28	5.31	5.37	5.44	5.52	5.61	5.71	6.93	6.28	5.98	5.84	5.78	5.76	5.79	5.83	5.89	5.95	6.03

注：表中的计算长度系数 μ_3 值系按下式算得：

$$\frac{\eta_1 K_1}{\eta_2 K_2}\cdot\tan\frac{\pi\eta_1}{\mu_3}\cdot\tan\frac{\pi\eta_2}{\mu_3}+\eta_1 K_1\cdot\tan\frac{\pi\eta_1}{\mu_3}\cdot\tan\frac{\pi}{\mu_3}+\eta_2 K_2\cdot\tan\frac{\pi\eta_2}{\mu_3}\cdot\tan\frac{\pi}{\mu_3}-1=0$$

附表 2-4

柱顶可移动但不转动的双阶柱下段的计算长度系数 μ_3

简图

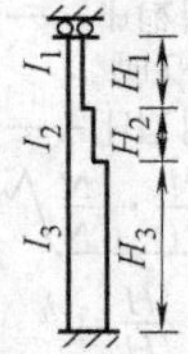

$K_1=\frac{I_1}{I_3}\cdot\frac{H_3}{H_1}$

$K_2=\frac{I_2}{I_3}\cdot\frac{H_3}{H_2}$

$\eta_1=\frac{H_1}{H_3}\sqrt{\frac{N_1}{N_3}\cdot\frac{I_3}{I_1}}$

$\eta_2=\frac{H_2}{H_3}\sqrt{\frac{N_2}{N_3}\cdot\frac{I_3}{I_2}}$

N_1——上段柱的轴心力；

N_2——中段柱的轴心力；

N_3——下段柱的轴心力

η_1	K_1 / K_2 / η_2	0.05											0.10										
		0.2	0.3	0.4	0.5	0.6	0.7	0.8	0.9	1.0	1.1	1.2	0.2	0.3	0.4	0.5	0.6	0.7	0.8	0.9	1.0	1.1	1.2
0.2	0.2	1.99	1.99	2.00	2.00	2.01	2.02	2.02	2.03	2.04	2.05	2.06	1.96	1.96	1.97	1.97	1.98	1.98	1.99	2.00	2.00	2.01	2.02
	0.4	2.03	2.06	2.09	2.12	2.16	2.19	2.22	2.25	2.29	2.32	2.35	2.00	2.02	2.05	2.08	2.11	2.14	2.17	2.20	2.23	2.26	2.29
	0.6	2.12	2.20	2.28	2.36	2.43	2.50	2.57	2.64	2.71	2.77	2.83	2.07	2.14	2.22	2.29	2.36	2.43	2.50	2.56	2.63	2.69	2.75
	0.8	2.28	2.43	2.57	2.70	2.82	2.94	3.04	3.15	3.25	3.34	3.43	2.20	2.35	2.48	2.61	2.73	2.84	2.94	3.05	3.14	3.24	3.33
	1.0	2.53	2.76	2.96	3.13	3.29	3.44	3.59	3.72	3.85	3.98	4.10	2.41	2.64	2.83	3.01	3.17	3.32	3.46	3.59	3.72	3.85	3.97
	1.2	2.86	3.15	3.39	3.61	3.80	3.99	4.16	4.33	4.49	4.64	4.79	2.70	2.99	3.23	3.45	3.65	3.84	4.01	4.18	4.34	4.49	4.64
0.4	0.2	1.99	1.99	2.00	2.01	2.01	2.02	2.03	2.04	2.04	2.05	2.06	1.96	1.97	1.97	1.98	1.98	1.99	2.00	2.00	2.01	2.02	2.03
	0.4	2.03	2.06	2.09	2.13	2.16	2.19	2.23	2.26	2.29	2.32	2.35	2.00	2.03	2.06	2.09	2.12	2.15	2.18	2.21	2.24	2.27	2.30
	0.6	2.12	2.20	2.28	2.36	2.44	2.51	2.58	2.64	2.71	2.77	2.84	2.08	2.15	2.23	2.30	2.37	2.44	2.51	2.57	2.64	2.70	2.76
	0.8	2.29	2.44	2.58	2.71	2.83	2.94	3.05	3.15	3.25	3.35	3.44	2.21	2.36	2.49	2.62	2.73	2.85	2.95	3.05	3.15	3.24	3.34
	1.0	2.54	2.77	2.96	3.14	3.30	3.45	3.59	3.73	3.85	3.98	4.10	2.43	2.65	2.84	3.02	3.18	3.33	3.47	3.60	3.73	3.85	3.97
	1.2	2.87	3.15	3.40	2.61	3.81	3.99	4.17	4.33	4.49	4.65	4.79	2.71	3.00	3.24	3.46	3.66	3.85	4.02	4.19	4.34	4.49	4.64
0.6	0.2	1.99	1.98	2.00	2.01	2.02	2.03	2.04	2.04	2.05	2.06	2.07	1.97	1.98	1.98	1.99	2.00	2.00	2.01	2.02	2.02	2.03	2.04
	0.4	2.04	2.07	2.10	2.14	2.17	2.20	2.23	2.27	2.30	2.33	2.36	2.01	2.04	2.07	2.10	2.13	2.16	2.19	2.22	2.26	2.29	2.32
	0.6	2.13	2.21	2.29	2.37	2.45	2.52	2.59	2.65	2.72	2.78	2.84	2.09	2.17	2.24	2.32	2.39	2.46	2.52	2.59	2.65	2.71	2.77
	0.8	2.30	2.45	2.59	2.72	2.84	2.95	3.06	3.16	3.26	3.35	3.44	2.23	2.38	2.51	2.64	2.75	2.86	2.97	3.07	3.16	3.26	3.35
	1.0	2.56	2.78	2.97	3.15	3.31	3.46	3.60	3.73	3.86	3.99	4.11	2.45	2.68	2.86	3.03	3.19	3.34	3.48	3.61	3.74	3.86	3.98
	1.2	2.89	3.17	3.41	3.62	3.82	4.00	4.17	4.34	4.50	4.65	4.80	2.74	3.02	3.26	3.48	3.67	3.86	4.03	4.20	4.35	4.50	4.65
0.8	0.2	2.00	2.01	2.02	2.02	2.03	2.04	2.05	2.05	2.06	2.07	2.08	1.99	1.99	2.00	2.01	2.01	2.02	2.03	2.04	2.04	2.05	2.06
	0.4	2.05	2.08	2.12	2.15	2.18	2.21	2.25	2.28	2.31	2.34	2.37	2.03	2.06	2.09	2.12	2.15	2.19	2.22	2.25	2.28	2.31	2.34
	0.6	2.15	2.23	2.31	2.39	2.46	2.53	2.60	2.67	2.73	2.79	2.85	2.12	2.19	2.27	2.34	2.41	2.48	2.55	2.61	2.67	2.73	2.79
	0.8	2.32	2.47	2.61	2.73	2.85	2.96	3.07	3.17	3.27	3.36	3.45	2.27	2.41	2.54	2.66	2.78	2.89	2.99	3.09	3.18	3.28	3.37
	1.0	2.59	2.80	2.99	3.16	3.32	3.47	3.61	3.74	3.87	3.99	4.11	2.49	2.70	2.89	3.06	3.21	3.36	3.50	3.63	3.76	3.88	4.00
	1.2	2.92	3.19	3.42	3.63	3.83	4.01	4.18	4.35	4.51	4.66	4.81	2.78	3.05	3.29	3.50	3.69	3.88	4.05	4.21	4.37	4.52	4.66
1.0	0.2	2.02	2.02	2.03	2.04	2.05	2.05	2.06	2.07	2.08	2.09	2.09	2.01	2.02	2.03	2.04	2.04	2.05	2.06	2.07	2.07	2.08	2.09
	0.4	2.07	2.10	2.14	2.17	2.20	2.23	2.26	2.30	2.33	2.36	2.39	2.06	2.10	2.13	2.16	2.19	2.22	2.25	2.28	2.31	2.34	2.37
	0.6	2.17	2.26	2.33	2.41	2.48	2.55	2.62	2.68	2.75	2.81	2.87	2.16	2.24	2.31	2.38	2.45	2.51	2..58	2.64	2.70	2.76	2.82
	0.8	2.36	2.50	2.63	2.76	2.87	2.98	3.08	3.19	3.28	3.38	3.47	2.32	2.46	2.58	2.70	2.81	2.92	3.02	3.12	3.21	3.30	3.39
	1.0	2.62	2.83	3.01	3.18	3.34	3.48	3.62	3.75	3.88	4.01	4.12	2.55	2.75	2.93	3.09	3.25	3.39	3.53	3.66	3.78	3.90	4.02
	1.2	2.95	3.21	3.44	3.65	3.82	4.02	4.20	4.36	4.52	4.67	4.81	2.84	3.10	3.32	3.53	3.72	3.90	4.07	4.23	4.39	4.54	4.68
1.2	0.2	2.04	2.05	2.06	2.06	2.07	2.08	2.09	2.09	2.10	2.11	2.12	2.07	2.08	2.08	2.09	2.09	2.10	2.11	2.11	2.12	2.13	2.13
	0.4	2.10	2.13	2.17	2.20	2.23	2.26	2.29	2.32	2.35	2.38	2.41	2.13	2.16	2.18	2.21	2.24	2.27	2.30	2.33	2.35	2.38	2.41
	0.6	2.22	2.29	2.37	2.44	2.51	2.58	2.64	2.71	2.77	2.83	2.89	2.24	2.30	2.37	2.43	2.50	2.56	2.63	2.68	2.74	2.80	2.86
	0.8	2.41	2.54	2.67	2.78	2.90	3.00	3.11	3.20	3.30	3.39	3.48	2.41	2.53	2.64	2.75	2.86	2.96	3.06	3.15	3.24	3.33	3.42
	1.0	2.68	2.87	3.04	3.21	3.36	3.50	3.64	3.77	3.90	4.02	4.14	2.64	2.82	2.98	3.14	3.29	3.43	3.56	3.69	3.81	3.93	4.04
	1.2	3.00	3.25	3.47	3.67	3.86	4.04	4.21	4.37	4.53	4.68	4.83	2.92	3.16	3.37	3.57	3.76	3.93	4.10	4.26	4.41	4.56	4.70
1.4	0.2	2.10	2.10	2.10	2.11	2.11	2.12	2.13	2.13	2.14	2.15	2.15	2.20	2.18	2.17	2.17	2.17	2.18	2.18	2.19	2.19	2.20	2.20
	0.4	2.17	2.19	2.21	2.24	2.27	2.30	2.33	2.36	2.39	2.41	2.44	2.26	2.26	2.27	2.29	2.32	2.34	2.37	2.39	2.42	2.44	2.47
	0.6	2.29	2.35	2.41	2.48	2.55	2.61	2.67	2.74	2.80	2.86	2.91	2.37	2.41	2.46	2.51	2.57	2.63	2.68	2.74	2.80	2.85	2.91
	0.8	2.48	2.60	2.71	2.82	2.93	3.03	3.13	3.23	3.32	3.41	3.50	2.53	2.62	2.72	2.82	2.92	3.01	3.11	3.20	3.29	3.37	3.46
	1.0	2.74	2.92	3.08	3.24	3.39	3.53	3.66	3.79	3.92	4.04	4.15	2.75	2.90	3.05	3.20	3.34	3.47	3.60	3.72	3.84	3.96	4.07
	1.2	3.06	3.29	3.50	3.70	3.89	4.06	4.23	4.39	4.55	4.70	4.84	3.02	3.23	3.43	3.62	3.80	3.97	4.13	4.29	4.44	4.59	4.73

续表

简图	η_1	η_2 \ K_1 / K_2	0.20: 0.2	0.3	0.4	0.5	0.6	0.7	0.8	0.9	1.0	1.1	1.2	0.30: 0.2	0.3	0.4	0.5	0.6	0.7	0.8	0.9	1.0	1.1	1.2
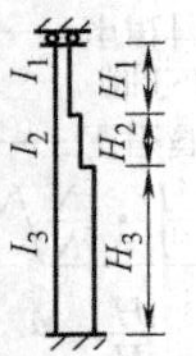	0.2	0.2	1.94	1.93	1.93	1.93	1.93	1.93	1.94	1.94	1.95	1.95	1.96	1.92	1.91	1.90	1.89	1.89	1.89	1.90	1.90	1.90	1.90	1.91
		0.4	1.96	1.98	1.99	2.02	2.04	2.07	2.09	2.12	2.15	2.17	2.20	1.95	1.95	1.96	1.97	1.99	2.01	2.04	2.06	2.08	2.11	2.13
		0.6	2.02	2.07	2.13	2.19	2.26	2.32	2.38	2.44	2.50	2.56	2.62	1.99	2.03	2.08	2.13	2.18	2.24	2.29	2.35	2.41	2.46	2.52
		0.8	2.12	2.23	2.35	2.47	2.58	2.68	2.78	2.88	2.98	3.07	3.15	2.07	2.16	2.27	2.37	2.47	2.57	2.66	2.75	2.84	2.93	3.01
		1.0	2.28	2.47	2.65	2.82	2.97	3.12	3.26	3.39	3.51	3.63	3.75	2.20	2.37	2.53	2.69	2.83	2.97	3.10	3.23	3.35	3.46	3.57
		1.2	2.50	2.77	3.01	3.22	3.42	3.60	3.77	3.93	4.09	4.23	4.38	2.39	2.63	2.85	3.05	3.24	3.42	3.58	3.74	3.89	4.03	4.17
	0.4	0.2	1.93	1.93	1.93	1.93	1.94	1.94	1.95	1.95	1.96	1.96	1.97	1.92	1.91	1.91	1.90	1.90	1.91	1.91	1.91	1.92	1.92	1.92
		0.4	1.97	1.98	2.00	2.03	2.05	2.08	2.11	2.13	2.16	2.19	2.22	1.95	1.96	1.97	1.99	2.01	2.03	2.05	2.08	2.10	2.12	2.15
		0.6	2.03	2.08	2.14	2.21	2.27	2.33	2.40	2.46	2.52	2.58	2.63	2.00	2.04	2.09	2.14	2.20	2.26	2.31	2.37	2.42	2.48	2.53
		0.8	2.13	2.25	2.37	2.48	2.59	2.70	2.80	2.90	2.99	3.08	3.17	2.08	2.18	2.28	2.39	2.49	2.59	2.68	2.77	2.86	2.95	3.03
		1.0	2.29	2.49	2.67	2.83	2.99	3.13	3.27	3.40	3.53	3.64	3.76	2.22	2.39	2.55	2.71	2.85	2.99	3.12	3.24	3.36	3.48	3.59
		1.2	2.52	2.79	3.02	3.23	3.43	3.61	3.78	3.94	4.10	4.24	4.39	2.41	2.65	2.87	3.07	3.26	3.43	3.60	3.75	3.90	4.04	4.18
$K_1=\frac{I_1}{I_3}\cdot\frac{H_3}{H_1}$	0.6	0.2	1.95	1.95	1.95	1.95	1.96	1.96	1.97	1.97	1.98	1.98	1.99	1.93	1.93	1.92	1.92	1.93	1.93	1.93	1.94	1.94	1.95	1.95
		0.4	1.98	2.00	2.02	2.05	2.08	2.10	2.13	2.16	2.19	2.21	2.24	1.96	1.97	1.99	2.01	2.03	2.06	2.08	2.11	2.13	2.16	2.18
$K_2=\frac{I_2}{I_3}\cdot\frac{H_3}{H_2}$		0.6	2.04	2.10	2.17	2.23	2.30	2.36	2.42	2.48	2.54	2.60	2.66	2.02	2.06	2.12	2.17	2.23	2.29	2.35	2.40	2.46	2.51	2.57
		0.8	2.15	2.27	2.39	2.51	2.62	2.72	2.82	2.92	3.01	3.10	3.19	2.11	2.21	2.32	2.42	2.52	2.62	2.71	2.80	2.89	2.98	3.06
		1.0	2.32	2.52	2.70	2.86	3.01	3.16	3.29	3.42	3.55	3.66	3.78	2.25	2.42	2.59	2.74	2.88	3.02	3.15	3.27	3.39	3.50	3.61
		1.2	2.55	2.82	3.05	3.26	3.45	3.63	3.80	3.96	4.11	4.26	4.40	2.44	2.69	2.91	3.11	3.29	3.46	3.62	3.78	3.93	4.07	4.20
$\eta_1=\frac{H_1}{H_3}\sqrt{\frac{N_1}{N_3}\cdot\frac{I_3}{I_1}}$	0.8	0.2	1.97	1.97	1.98	1.98	1.99	1.99	2.00	2.01	2.01	2.02	2.03	1.96	1.95	1.96	1.95	1.97	1.97	1.98	1.98	1.99	1.99	2.00
		0.4	2.00	2.03	2.06	2.08	2.11	2.14	2.17	2.20	2.22	2.25	2.28	1.99	2.01	2.03	2.05	2.08	2.10	2.13	2.15	2.18	2.21	2.23
		0.6	2.08	2.14	2.21	2.27	2.34	2.40	2.46	2.52	2.58	2.64	2.69	2.05	2.10	2.16	2.22	2.28	2.34	2.40	2.45	2.51	2.56	2.81
		0.8	2.19	2.32	2.44	2.55	2.66	2.76	2.86	2.96	3.05	3.13	3.22	2.15	2.26	2.37	2.47	2.57	2.67	2.76	2.85	2.94	3.02	3.10
		1.0	2.37	2.57	2.74	2.90	3.05	3.19	3.33	3.45	3.58	3.69	3.81	2.30	2.48	2.64	2.79	2.93	3.07	3.19	3.31	3.43	3.54	3.65
		1.2	2.61	2.87	3.09	3.30	3.49	3.66	3.83	3.99	4.14	4.29	4.42	2.50	2.74	2.96	3.15	3.33	3.50	3.66	3.81	3.96	4.10	4.23
$\eta_2=\frac{H_2}{H_3}\sqrt{\frac{N_2}{N_3}\cdot\frac{I_3}{I_2}}$	1.0	0.2	2.01	2.02	2.03	2.03	2.04	2.05	2.05	2.06	2.07	2.07	2.08	2.01	2.02	2.02	2.03	2.04	2.04	2.05	2.06	2.06	2.07	2.07
		0.4	2.06	2.09	2.11	2.14	2.17	2.20	2.23	2.25	2.28	2.31	2.33	2.05	2.08	2.10	2.13	2.16	2.18	2.21	2.23	2.26	2.28	2.31
		0.6	2.14	2.21	2.27	2.34	2.40	2.46	2.52	2.58	2.63	2.69	2.74	2.13	2.19	2.25	2.30	2.36	2.42	2.47	2.53	2.58	2.63	2.68
		0.8	2.27	2.39	2.51	2.62	2.72	2.82	2.91	3.00	3.09	3.18	3.26	2.24	2.35	2.45	2.55	2.65	2.74	2.83	2.92	3.00	3.08	3.16
		1.0	2.46	2.64	2.81	2.96	3.10	3.24	3.37	3.50	3.61	3.73	3.84	2.40	2.57	2.72	2.86	3.00	3.13	3.25	3.37	3.48	3.59	3.70
		1.2	2.69	2.94	3.15	3.35	3.53	3.71	3.87	4.02	4.17	4.32	4.46	2.60	2.83	3.03	3.22	3.39	3.56	3.71	3.86	4.01	4.14	4.28
N_1——上段柱的轴心力；	1.2	0.2	2.13	2.12	2.12	2.13	2.13	2.14	2.14	2.15	2.15	2.16	2.16	2.17	2.16	2.16	2.16	2.16	2.16	2.17	2.17	2.18	2.18	2.19
		0.4	2.18	2.19	2.21	2.24	2.26	2.29	2.31	2.34	2.36	2.38	2.41	2.22	2.22	2.24	2.26	2.28	2.30	2.32	2.34	2.36	2.39	2.41
		0.6	2.27	2.32	2.37	2.43	2.49	2.54	2.60	2.65	2.70	2.76	2.81	2.29	2.33	2.38	2.43	2.48	2.53	2.58	2.62	2.67	2.72	2.77
N_2——中段柱的轴心力；		0.8	2.41	2.50	2.60	2.70	2.80	2.89	2.98	3.07	3.15	3.23	3.32	2.41	2.49	2.58	2.67	2.75	2.84	2.92	3.00	3.08	3.16	3.23
		1.0	2.59	2.74	2.89	3.04	3.17	3.30	3.43	3.55	3.66	3.78	3.89	2.56	2.69	2.83	2.96	3.09	3.21	3.33	3.44	3.55	3.66	3.76
		1.2	2.81	3.03	3.23	3.42	3.59	3.76	3.92	4.07	4.22	4.36	4.49	2.74	2.94	3.13	3.30	3.47	3.63	3.78	3.92	4.06	4.20	4.33
N_3——下段柱的轴心力	1.4	0.2	2.35	2.31	2.29	2.28	2.27	2.27	2.27	2.27	2.27	2.28	2.28	2.45	2.40	2.37	2.35	2.35	2.34	2.34	2.34	2.34	2.34	2.34
		0.4	2.40	2.37	2.37	2.38	2.39	2.41	2.43	2.45	2.47	2.49	2.51	2.48	2.45	2.44	2.44	2.45	2.46	2.48	2.49	2.51	2.53	2.55
		0.6	2.48	2.49	2.52	2.56	2.61	2.65	2.70	2.75	2.80	2.85	2.89	2.55	2.54	2.56	2.60	2.63	2.67	2.71	2.75	2.80	2.84	2.88
		0.8	2.60	2.66	2.73	2.82	2.90	2.98	3.07	3.15	3.23	3.31	3.38	2.64	2.68	2.74	2.81	2.89	2.96	3.04	3.11	3.18	3.25	3.33
		1.0	2.77	2.88	3.01	3.14	3.26	3.38	3.50	3.62	3.73	3.84	3.94	2.77	2.87	2.98	3.09	3.20	3.32	3.43	3.53	3.64	3.74	3.84
		1.2	2.97	3.15	3.33	3.50	3.67	3.83	3.98	4.13	4.27	4.41	4.54	2.94	3.09	3.26	3.41	3.57	3.72	3.86	4.00	4.13	4.26	4.39

注：表中的计算长度系数 μ_3 值系按下式算得：

$$\frac{\eta_1 K_1}{\eta_2 K_2}\cdot\cot\frac{\pi\eta_1}{\mu_3}\cdot\cot\frac{\pi\eta_2}{\mu_3}+\frac{\eta_1 K_1}{(\eta_2 K_2)^2}\cdot\cot\frac{\pi\eta_2}{\mu_3}\cdot\cot\frac{\pi}{\mu_3}+\frac{1}{\eta_2 K_2}\cdot\cot\frac{\pi\eta_2}{\mu_3}\cdot\cot\frac{\pi}{\mu_3}-1=0$$

附录 3　框架柱的计算长度系数

无侧移框架柱的计算长度系数 μ　　**附表 3-1**

K_2 \ K_1	0	0.05	0.1	0.2	0.3	0.4	0.5	1	2	3	4	5	≥10
0	1.000	0.990	0.981	0.964	0.949	0.935	0.922	0.875	0.820	0.791	0.773	0.760	0.732
0.05	0.990	0.981	0.971	0.955	0.940	0.926	0.914	0.867	0.814	0.784	0.766	0.754	0.726
0.1	0.981	0.971	0.962	0.946	0.931	0.918	0.906	0.860	0.807	0.778	0.760	0.748	0.721
0.2	0.964	0.955	0.946	0.930	0.916	0.903	0.891	0.846	0.795	0.767	0.749	0.737	0.711
0.3	0.949	0.940	0.931	0.916	0.902	0.889	0.878	0.834	0.784	0.756	0.739	0.728	0.701
0.4	0.935	0.926	0.918	0.903	0.889	0.877	0.866	0.823	0.774	0.747	0.730	0.719	0.693
0.5	0.922	0.914	0.906	0.891	0.878	0.866	0.855	0.813	0.765	0.738	0.721	0.710	0.685
1	0.875	0.867	0.860	0.846	0.834	0.823	0.813	0.774	0.729	0.704	0.688	0.677	0.654
2	0.820	0.814	0.807	0.795	0.784	0.774	0.765	0.729	0.686	0.663	0.648	0.638	0.615
3	0.791	0.784	0.778	0.767	0.756	0.747	0.738	0.704	0.663	0.640	0.625	0.616	0.593
4	0.773	0.766	0.760	0.749	0.739	0.730	0.721	0.688	0.648	0.625	0.611	0.601	0.580
5	0.760	0.754	0.748	0.737	0.728	0.719	0.710	0.677	0.638	0.616	0.601	0.592	0.570
≥10	0.732	0.726	0.721	0.711	0.701	0.693	0.685	0.654	0.615	0.593	0.580	0.570	0.549

注：1. 表中的计算长度系数 μ 值系按下式算得：

$$\left[\left(\frac{\pi}{\mu}\right)^2+2(K_1+K_2)-4K_1K_2\right]\frac{\pi}{\mu}\cdot\sin\frac{\pi}{\mu}-2\left[(K_1+K_2)\left(\frac{\pi}{\mu}\right)^2+4K_1K_2\right]\cos\frac{\pi}{\mu}+8K_1K_2=0$$

式中，K_1、K_2 分别为相交于柱上端、柱下端的横梁线刚度之和与柱线刚度之和的比值；当梁远端为铰接时，应将横梁线刚度乘以 1.5；当横梁远端为嵌固时，则将横梁线刚度乘以 2。

2. 当横梁与柱铰接时，取横梁线刚度为零。
3. 对底层框架柱：当柱与基础铰接时，取 $K_2=0$（对平板支座可取 $K_2=0.1$）；当柱与基础刚接时，取 $K_2=10$。
4. 当与柱刚性连接的横梁所受轴心压力 N_b 较大时，横梁线刚度应乘以折减系数 α_N：

横梁远端与柱刚接和横梁远端铰支时：$\alpha_N=1-N_b/N_{Eb}$；

横梁远端嵌固时：$\alpha_N=1-N_b/(2N_{Eb})$；

式中，$N_{Eb}=\pi^2EI_b/l^2$，I_b 为横梁截面惯性矩，l 为横梁长度。

有侧移框架柱的计算长度系数 μ　　**附表 3-2**

K_2 \ K_1	0	0.05	0.1	0.2	0.3	0.4	0.5	1	2	3	4	5	≥10
0	∞	6.02	4.46	3.42	3.01	2.78	2.64	2.33	2.17	2.11	2.08	2.07	2.03
0.05	6.02	4.16	3.47	2.86	2.58	2.42	2.31	2.07	1.94	1.90	1.87	1.86	1.83
0.1	4.46	3.47	3.01	2.56	2.33	2.20	2.11	1.90	1.79	1.75	1.73	1.72	1.70
0.2	3.42	2.86	2.56	2.23	2.05	1.94	1.87	1.70	1.60	1.57	1.55	1.54	1.52
0.3	3.01	2.58	2.33	2.05	1.90	1.80	1.74	1.58	1.49	1.46	1.45	1.44	1.42
0.4	2.78	2.42	2.20	1.94	1.80	1.71	1.65	1.50	1.42	1.39	1.37	1.37	1.35
0.5	2.64	2.31	2.11	1.87	1.74	1.65	1.59	1.45	1.37	1.34	1.32	1.32	1.30
1	2.33	2.07	1.90	1.70	1.58	1.50	1.45	1.32	1.24	1.21	1.20	1.19	1.17
2	2.17	1.94	1.79	1.60	1.49	1.42	1.37	1.24	1.16	1.14	1.12	1.12	1.10
3	2.11	1.90	1.75	1.57	1.46	1.39	1.34	1.21	1.14	1.11	1.10	1.09	1.07
4	2.08	1.87	1.73	1.55	1.45	1.37	1.32	1.20	1.12	1.10	1.08	1.08	1.05
5	2.07	1.86	1.72	1.54	1.44	1.37	1.32	1.19	1.12	1.09	1.08	1.07	1.05
≥10	2.03	1.83	1.70	1.52	1.42	1.35	1.30	1.17	1.10	1.07	1.06	1.05	1.03

注：1. 表中的计算长度系数 μ 值系按下式算得：

$$\left[36K_1K_2-\left(\frac{\pi}{\mu}\right)^2\right]\sin\frac{\pi}{\mu}+6(K_1+K_2)\frac{\pi}{\mu}\cdot\cos\frac{\pi}{\mu}=0$$

式中，K_1、K_2 分别为相交于柱上端、柱下端的横梁线刚度之和与柱线刚度之和的比值；当横梁远端为铰接时，应将横梁线刚度乘以 0.5；当横梁远端为嵌固时，则应乘以 2/3。

2. 当横梁与柱铰接时，取横梁线刚度为零。
3. 对底层框架柱：当柱与基础铰接时，取 $K_2=0$（对平板支座可取 $K_2=0.1$）；当柱与基础刚接时，取 $K_2=10$。
4. 当与柱刚性连接的横梁所受轴心压力 N_b 较大时，横梁线刚度应乘以折减系数 α_N：

横梁远端与柱刚接时：$\alpha_N=1-N_b/(4N_{Eb})$；

横梁远端铰支时：$\alpha_N=1-N_b/N_{Eb}$；

横梁远端嵌固时：$\alpha_N=1-N_b/(2N_{Eb})$；

N_{Eb}的计算式见附表 3-1 注 4。

附录 5　框架施工图

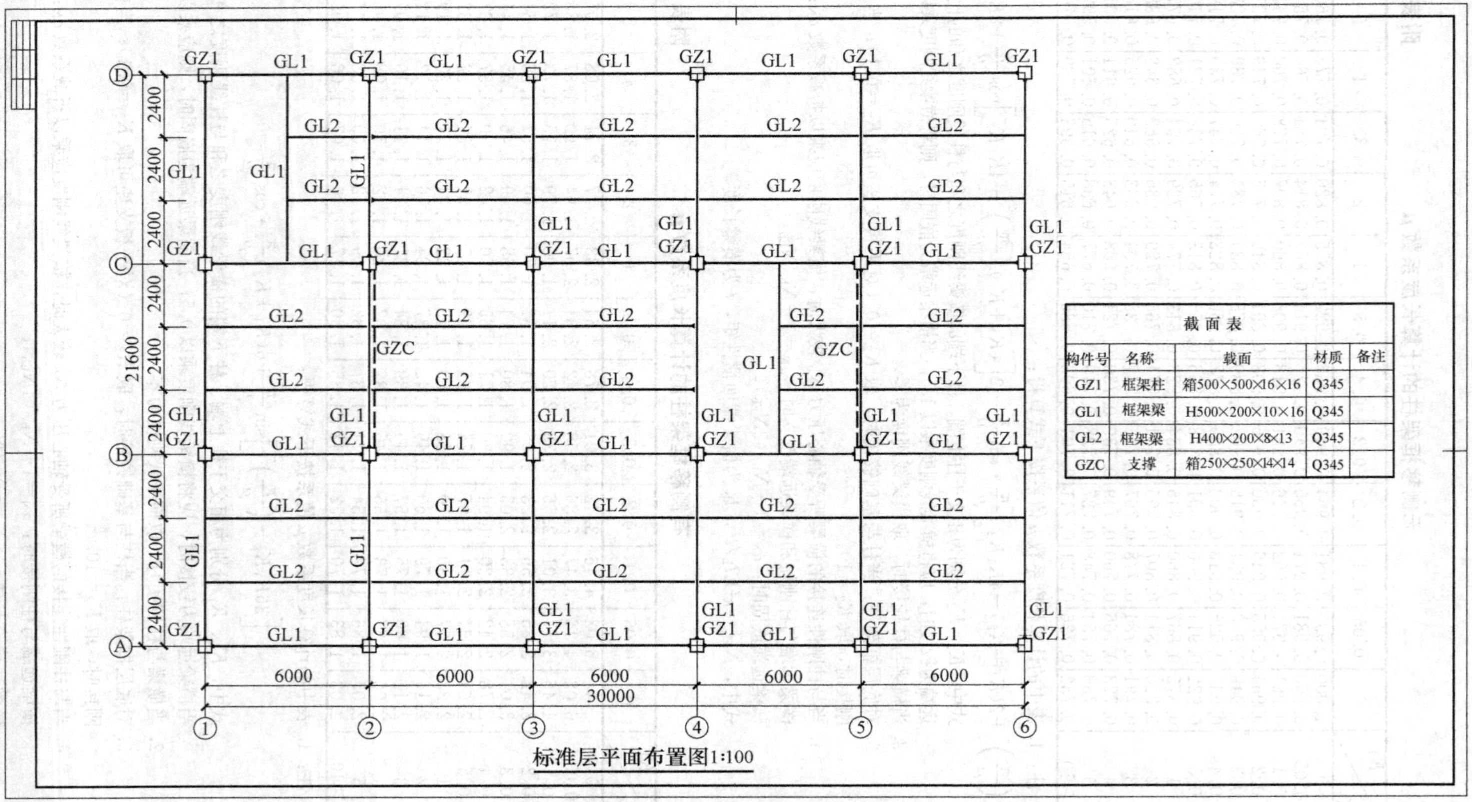

截面表				
构件号	名称	截面	材质	备注
GZ1	框架柱	箱500×500×16×16	Q345	
GL1	框架梁	H500×200×10×16	Q345	
GL2	框架梁	H400×200×8×13	Q345	
GZC	支撑	箱250×250×14×14	Q345	

图附录 5-1　标准层平面布置图

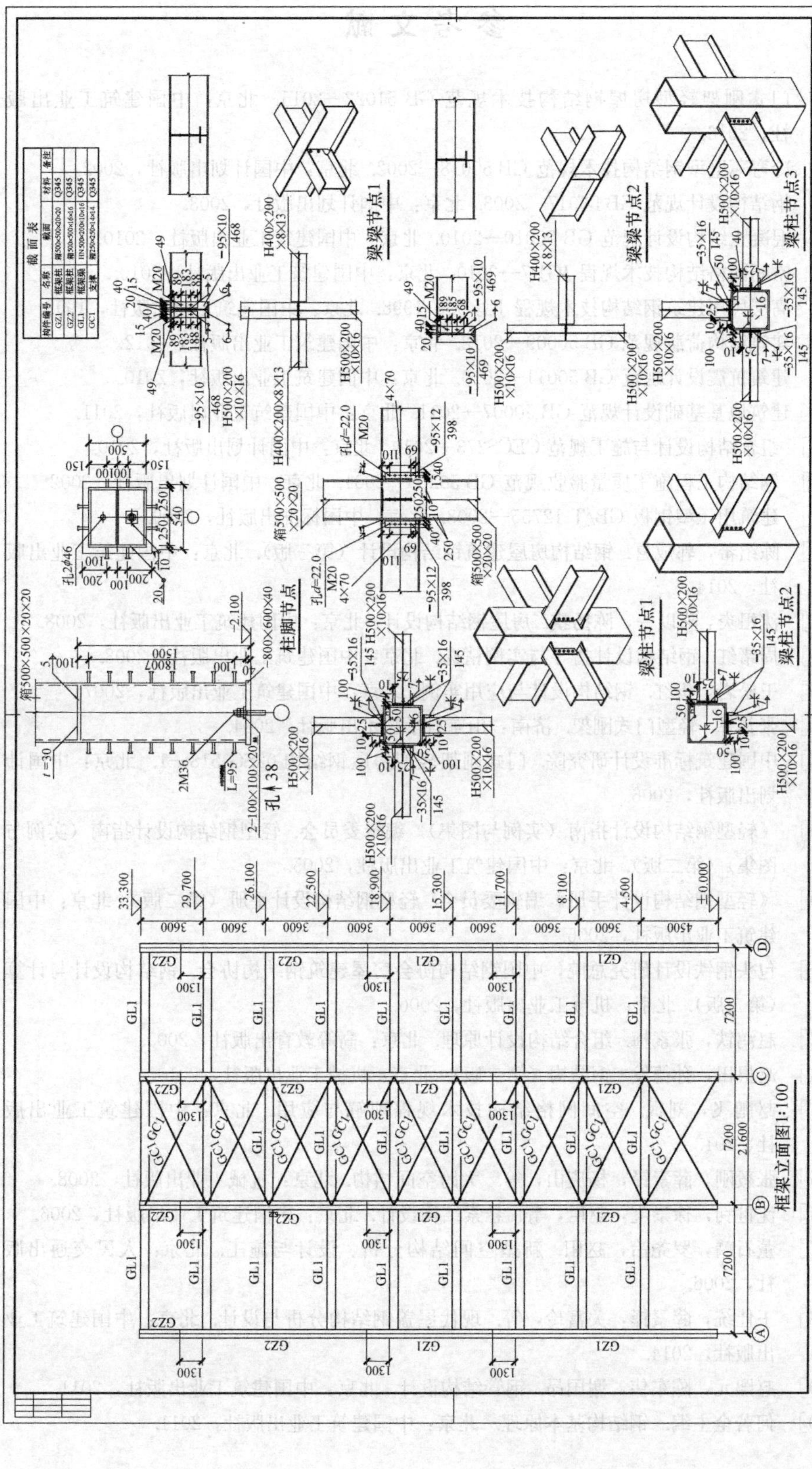

图附录 5-2 框架施工图

参 考 文 献

[1] 门式刚架轻型房屋钢结构技术规范 GB 51022—2015. 北京：中国建筑工业出版社，2016.

[2] 冷弯薄壁型钢结构技术规范 GB 50018—2002. 北京：中国计划出版社，2002.

[3] 钢结构设计规范 GB 50017—2003. 北京：中国计划出版社，2003.

[4] 混凝土结构设计规范 GB 50010—2010. 北京：中国建筑工业出版社，2010.

[5] 空间网格结构技术规程 JGJ 7—2010. 北京：中国建筑工业出版社，2010.

[6] 高层民用建筑钢结构技术规程 JGJ 99—1998. 北京：中国建筑工业出版社，1998.

[7] 建筑结构荷载规范 GB 50009—2012. 北京：中国建筑工业出版社，2012.

[8] 建筑抗震设计规范 GB 50011—2010. 北京：中国建筑工业出版社，2010.

[9] 建筑地基基础设计规范 GB 50007—2011. 北京：中国建筑工业出版社，2011.

[10] 组合结构设计与施工规范 CECS273—2010. 北京：中国计划出版社，2010.

[11] 钢结构工程施工质量验收规范 GB 50205—2001. 北京：中国计划出版社，2002.

[12] 建筑用压型钢板 GB/T 12755—2008. 北京：中国标准出版社，2009.

[13] 陈绍蕃，郭成喜. 钢结构房屋建筑钢结构设计（第三版）. 北京：中国建筑工业出版社，2014.

[14] 沈祖炎，陈以一，陈扬骥. 房屋钢结构设计. 北京：中国建筑工业出版社，2008.

[15] 周绪红. 钢结构设计指导与实例精选. 北京：中国建筑工业出版社，2008.

[16] 王松岩，焦红. 钢结构设计与应用实例. 北京：中国建筑工业出版社，2007.

[17] 张其林. 轻型门式刚架. 济南：山东科学技术出版社，2004.

[18] 中国建筑标准设计研究院. 门式刚架轻型房屋钢结构 02SG 518—1. 北京：中国计划出版社，2006.

[19] 《轻型钢结构设计指南（实例与图集）》编辑委员会. 轻型钢结构设计指南（实例与图集）(第二版). 北京：中国建筑工业出版社，2005.

[20] 《轻型钢结构设计手册》编辑委员会. 轻型钢结构设计手册（第二版）. 北京：中国建筑工业出版社，2006.

[21] 包头钢铁设计研究总院，中国钢结构协会房屋建筑钢结构协会. 钢结构设计与计算(第二版). 北京：机械工业出版社，2006.

[22] 赵鸿铁，张素梅. 组合结构设计原理. 北京：高等教育出版社，2005.

[23] 赵根田，孙德发. 钢结构（第二版）. 北京：机械工业出版社，2010.

[24] 赵鹏飞，刘枫. 空间网格结构技术规程理解与应用. 北京：中国建筑工业出版社，2013.

[25] 张毅刚，薛素铎，杨庆山，等. 大跨空间结构. 北京：机械工业出版社，2008.

[26] 沈世钊，徐崇宝，赵臣，等. 悬索结构设计. 北京：中国建筑工业出版社，2006.

[27] 董石麟，罗尧治，赵阳. 新型空间结构分析、设计与施工. 北京：人民交通出版社，2006.

[28] 王仕统，薛素铎，关富玲，等. 现代屋盖钢结构分析与设计. 北京：中国建筑工业出版社，2014.

[29] 赵熙元，陈东伟，谢国昂. 钢管结构设计. 北京：中国建筑工业出版社，2011.

[30] 何若全主编. 钢结构基本原理. 北京：中国建筑工业出版社，2011.

高等学校土木工程学科专业指导委员会规划教材（专业基础课）
（按高等学校土木工程本科指导性专业规范编写）

征订号	书名	定价	作者	备注
V21081	高等学校土木工程本科指导性专业规范	21.00	高等学校土木工程学科专业指导委员会	
V20707	土木工程概论(赠送课件)	23.00	周新刚	土建学科专业"十二五"规划教材
V22994	土木工程制图(含习题集、赠送课件)	68.00	何培斌	土建学科专业"十二五"规划教材
V20628	土木工程测量(赠送课件)	45.00	王国辉	土建学科专业"十二五"规划教材
V21517	土木工程材料(赠送课件)	36.00	白宪臣	土建学科专业"十二五"规划教材
V20689	土木工程试验(含光盘)	32.00	宋彧	土建学科专业"十二五"规划教材
V19954	理论力学(含光盘)	45.00	韦林	土建学科专业"十二五"规划教材
V20630	材料力学(赠送课件)	35.00	曲淑英	土建学科专业"十二五"规划教材
V21529	结构力学(赠送课件)	45.00	祁皑	土建学科专业"十二五"规划教材
V20619	流体力学(赠送课件)	28.00	张维佳	土建学科专业"十二五"规划教材
V23002	土力学(赠送课件)	39.00	王成华	土建学科专业"十二五"规划教材
V22611	基础工程(赠送课件)	45.00	张四平	土建学科专业"十二五"规划教材
V22992	工程地质(赠送课件)	35.00	王桂林	土建学科专业"十二五"规划教材
V22183	工程荷载与可靠度设计原理(赠送课件)	28.00	白国良	土建学科专业"十二五"规划教材
V23001	混凝土结构基本原理(赠送课件)	45.00	朱彦鹏	土建学科专业"十二五"规划教材
V20828	钢结构基本原理(赠送课件)	40.00	何若全	土建学科专业"十二五"规划教材
V20827	土木工程施工技术(赠送课件)	35.00	李慧民	土建学科专业"十二五"规划教材
V20666	土木工程施工组织(赠送课件)	25.00	赵平	土建学科专业"十二五"规划教材
V20813	建设工程项目管理(赠送课件)	36.00	臧秀平	土建学科专业"十二五"规划教材
V21249	建设工程法规(赠送课件)	36.00	李永福	土建学科专业"十二五"规划教材
V20814	建设工程经济(赠送课件)	30.00	刘亚臣	土建学科专业"十二五"规划教材